Stefanie Grollius

Analyse des gekoppelten Systems Reifen-Hohlraum-Rad-Radführung im Rollzustand und Entwicklung eines Rollgeräuschmodells

Karlsruher Schriftenreihe Fahrzeugsystemtechnik
Band 18

Herausgeber
FAST   Institut für Fahrzeugsystemtechnik
Prof. Dr. rer. nat. Frank Gauterin
Prof. Dr.-Ing. Marcus Geimer
Prof. Dr.-Ing. Peter Gratzfeld
Prof. Dr.-Ing. Frank Henning

Das Institut für Fahrzeugsystemtechnik besteht aus den eigenständigen Lehrstühlen für Bahnsystemtechnik, Fahrzeugtechnik, Leichtbautechnologie und Mobile Arbeitsmaschinen

Eine Übersicht über alle bisher in dieser Schriftenreihe erschienenen Bände finden Sie am Ende des Buchs.

Analyse des gekoppelten Systems Reifen-Hohlraum-Rad-Radführung im Rollzustand und Entwicklung eines Rollgeräuschmodells

von
Stefanie Grollius

Dissertation, Karlsruher Institut für Technologie (KIT)
Fakultät für Maschinenbau, 2013

Impressum

Karlsruher Institut für Technologie (KIT)
KIT Scientific Publishing
Straße am Forum 2
D-76131 Karlsruhe
www.ksp.kit.edu

KIT – Universität des Landes Baden-Württemberg und
nationales Forschungszentrum in der Helmholtz-Gemeinschaft

KIT Scientific Publishing 2013
Print on Demand

ISSN 1869-6058
ISBN 978-3-7315-0029-2

Analyse des gekoppelten Systems Reifen-Hohlraum-Rad-Radführung im Rollzustand und Entwicklung eines Rollgeräuschmodells

Zur Erlangung des akademischen Grades
Doktor der Ingenieurwissenschaften
der Fakultät für Maschinenbau
Karlsruher Institut für Technologie (KIT)

genehmigte
Dissertation
von

Dipl.-Ing. Stefanie Grollius

geboren in Altenkirchen

Tag der mündlichen Prüfung: 21.01.2013
Hauptreferent: Prof. Dr. rer. nat. F. Gauterin
Korreferent: Prof. Dr.-Ing. J. Wiedemann

Vorwort des Herausgebers

Die Fahrzeugtechnik ist gegenwärtig großen Veränderungen unterworfen. Klimawandel, die Verknappung einiger für Fahrzeugbau und –betrieb benötigter Rohstoffe, globaler Wettbewerb und das rapide Wachstum großer Städte erfordern neue Mobilitätslösungen, die vielfach eine Neudefinition des Fahrzeugs erforderlich machen. Die Forderungen nach Steigerung der Energieeffizienz, Emissionsreduktion, erhöhter Fahr- und Arbeitssicherheit, Benutzerfreundlichkeit und angemessenen Kosten finden ihre Antworten nicht aus der singulären Verbesserung einzelner technischer Elemente, sondern benötigen Systemverständnis und eine domänenübergreifende Optimierung der Lösungen.

Hierzu will die Karlsruher Schriftenreihe für Fahrzeugsystemtechnik einen Beitrag leisten. Für die Fahrzeuggattungen Pkw, Nfz, Mobile Arbeitsmaschinen und Bahnfahrzeuge werden Forschungsarbeiten vorgestellt, die Fahrzeugsystemtechnik auf vier Ebenen beleuchten: das Fahrzeug als komplexes mechatronisches System, die Fahrer-Fahrzeug-Interaktion, das Fahrzeug in Verkehr und Infrastruktur sowie das Fahrzeug in Gesellschaft und Umwelt.

Der vorliegende Band widmet sich dem Abrollgeräusch, das den Geräuschkomfort von Personenkraftwagen mit bestimmt. Als Bindeglied zwischen Fahrbahn und Fahrzeug trägt der Reifen hierzu grundlegend bei. Die Geometrie der Fahrbahnoberfläche, Reifenprofilierung und -ungleichförmigkeiten sowie Spannungen und Schlupf in der Bodenaufstandsfläche des Reifens regen diesen, den Luftraum im Reifen und das Rad zu Schwingungen an. Insbesondere im Frequenzbereich bis etwa 350 Hz werden die Schwingungen als Körperschall in das Fahrzeuginnere übertragen und als Abrollgeräusch wahrgenommen. Zur virtuellen Entwicklung von Fahrzeugen werden genaue, aber schnellrechnende Modell der Komponenten benötigt. Sie liegen für den Reifen hinsichtlich des Rollgeräuschs bislang nur eingeschränkt vor. Dies hat seine Ursachen in den komplexen Materialeigenschaften von Elastomeren, dem vielschichtigen anisotropen Materialverbund im Reifenaufbau, der komplexen

Mechanik des Rollkontakts und der Material-Fluid-Kopplung von Reifenstruktur, Lufthohlraum und Rad. Bisherige Rollgeräusch-Reifenmodelle berücksichtigen die Rotation des Reifens nicht vollständig und betrachten das Rad als Starrkörper. In dieser Arbeit wir erstmalig die gemeinsame Rotation von Reifen, Hohlraum und Rad und deren Schwingungskopplung berücksichtigt. Die Schwingungserregung durch den Fahrbahn-Reifen-Rollkontakt wird mit einem Kontaktmodell beschrieben und die Kopplung mit der als nicht starr angenommenen Radführung einbezogen. Ausgehend von einem komplexen FEM-Vollmodell werden Modellvereinfachungen vorgenommen, die eine schnelle Berechnung erlauben, dennoch wesentliche Effekte des Systems abbilden und eine gegenüber bisherigen Modellen verbesserte Genauigkeit liefern. Die Modelle werden in umfangreichen experimentellen Versuchen validiert.

Karlsruhe, im Februar 2013   Frank Gauterin

Kurzfassung

Die Geräuschcharakteristik eines Fahrzeugs ist für Automobilhersteller ein wichtiges Design- und Marketing-Kriterium. Im Frequenzbereich unterhalb 400 Hz wird das Fahrzeuginnengeräusch hauptsächlich durch Körperschall übertragene Schwingungsenergie dominiert. Die Interaktion des Reifens mit Fahrbahnunebenheiten führt zu Eigenschwingungen von Reifen, Hohlraum, Rad und Radführung. Die Schwingungsenergie wird in den Fahrzeugaufbau übertragen und bewirkt in den Passagierraum abstrahlende Karosserieschwingungen. Die Abstimmung einzelner Radführungskomponenten auf dem Pfad der Schwingungsenergie aufeinander, die einen effektiven Ansatz zur Optimierung der Gesamtfahrzeug-Geräuschcharakteristik bildet, wird in der frühen Entwicklungsphase in Simulationsmodellen von Gesamtfahrzeug und Reifen untersucht. Da gemessener und berechneter Körperschall bisher zu stark voneinander abweichen werden bessere, schnell rechnende Reifenmodelle benötigt.

In dieser Forschungsarbeit wird der komplizierte Rollzustand des gekoppelten Systems Reifen-Hohlraum-Rad-Radführung experimentell untersucht. Die Bedeutung des Kontakts mit der rauen Fahrbahn sowie die Schwingungsanregung des Reifens durch die Fahrbahntextur werden im Versuch analysiert. Die gewonnenen Erkenntnisse werden dazu genutzt, ein gegenüber vorherigen Ansätzen erweitertes Rollgeräuschmodell aufzubauen. Dieses enthält neben der Strukturdynamik des Reifen auch das Hohlraummedium sowie das Rad und bildet die Wechselwirkungen mit der ebenfalls modellierten Radführung ab. Zur Berücksichtigung der fahrbahnbedingten Schwingungsanregung wird ein Modell entwickelt, das neben der in bisherigen Ansätzen angenäherten Vertikalanregung auch die durch Fahrbahnunebenheiten und Abrollvorgang bedingte Deformationen der Reifenprofilelemente in Längsrichtung berücksichtigt.

Abstract

The sound characteristic of a vehicle is an important design and marketing criterion for automobile manufacturers. In the frequency range below 400 Hz the vehicle interior noise is mainly dominated by vibrational energy transferred by structure-borne noise. The interaction of tire and road surface roughness produces natural vibrations of tire, tire-cavity, wheel and suspension. Vibrational energy is transferred to the vehicle body leading to vibrations that radiate into the passenger's compartment. The adjustment of suspensions parts on the path of vibrational energy is an effective method to optimize the vehicles sound characteristic. Therefore simulations of full vehicle and tire are carried out in the early stage of development. Until now, measured and simulated structure-borne sounds diverge hence improved, fast calculating tire models are required.

In this thesis the complex state of rolling of the tire-cavity-wheel-suspension system is experimentally investigated. The influence of the contact of the tire with a rough road surface and the tire's vibrational excitation are analysed in experiments. The findings gained are used to build up an improved rolling noise model. Beyond the structural dynamics of the tire, the model includes the tire-cavity medium plus the wheel and simulates the interaction with the modeled suspension. To account for the road induced excitation a model is developed, which considers the deformations of the tire tread in longitudinal direction due to road roughness and the tire rolling process as well as the road induced excitation in vertical direction incorporated in previous approaches.

Danksagung

Die vorliegende Arbeit entstand während meiner Tätigkeit als wissenschaftliche Mitarbeiterin am Institut für Fahrzeugsystemtechnik, Lehrstuhl für Fahrzeugtechnik, der Universität Karlsruhe (TH). An erster Stelle gilt mein Dank Herrn Prof. rer. nat. Frank Gauterin, der mir die Bearbeitung des Forschungsprojekts übertragen hat, das dieser Arbeit zugrunde liegt. Für das stete Interesse, die wertvollen Anregungen und für die Übernahme des Hauptreferates bin ich sehr dankbar.

Für die Übernahme des Korreferates gebührt mein ganz besonderer Dank Herrn Prof. Dr.-Ing. Jochen Wiedemann vom Institut für Verbrennungsmotoren und Kraftfahrwesen der Universität Stuttgart. Frau Prof. Dr.-Ing. Gisela Lanza gilt ebenfalls mein Dank für die Übernahme des Prüfungsvorsitzes sowie für das fachliche Interesse an meiner Arbeit.

Während meiner Zeit am Lehrstuhl bearbeitete ich zuletzt das industriegeförderte Forschungsprojekt „Rollgeräusch-Reifenmodell". Den Partnern aus der Industrie, Dipl.-Ing. P. Ehinger, Dipl.-Ing. R. Fischle, Dipl.-Ing. A. Guellec, Dipl.-Ing. G. Jenisch und Dipl.-Ing. J.-S. Möller danke ich stellvertretend für die Unternehmen, die sie vertreten haben, für das Interesse an meiner Forschungsarbeit und die Unterstützung in Form von Modellen und Versuchsträgern.

Meinen Kollegen aus dem „NVH-Team", Dipl.-Ing. Alexander Cezanne, Dipl.-Ing. Oliver Krauss, Dipl.-Ing. Frank Stalter und M.Sc. Yaoqun Zhou danke ich für die angenehme, freundschaftliche Atmosphäre in „unserem Büro" und den freitäglichen Austausch über unsere Forschung. Besonders hervorheben möchte ich die Unterstützung bei einigen Messungen durch Oliver Krauss und Alexander Cezanne sowie deren Interesse an meiner Arbeit, das mich oft motiviert hat. Dr.-Ing. Hans-Joachim Unrau und Dr.-Ing. Michael Frey danke ich für ihre stets „offenen Ohren". Den Kollegen im Labor, Markus Diehm, Kerstin Krämer und Günter Wildemann, die den experimentellen Teil dieser Arbeit unterstützen, sei ebenfalls gedankt. Den studentischen Hilfskräften, Studienarbeitern und Diplomanden, die das Projekt „Rollgeräusch-Reifenmodell" durch Ihr Engagement unterstützten, spreche ich meinen Dank aus. Die Diskussionen mit ihnen haben diese Arbeit bereichert. Hier seien besonders Dipl.-Ing. Benedikt Gareis, Dipl.-Ing. Benjamin Kühbauch, cand. mach. Michael Rössler und Dipl.-Ing. Fabian Schirmaier genannt. Elli Hempel sei stellvertretend für die Bemühungen des Sekretariats gedankt, geeignete Termine zu finden sowie Verträge rechtzeitig auf den Weg zu bringen. Den Kollegen Dr. phil. Thomas Meyer, Claudia Gnauk, Dr.-Ing. Martin Giessler, Dipl.-Ing. Johannes Gültlinger und Dipl.-Ing. Andreas Freund danke ich für die nette Gesellschaft beim Mittagessen, dafür, dass sie durch fachliche Diskussionen, aber auch durch verschiedene private Aktivitäten zu einer angenehmen Atmosphäre, und damit ebenfalls zum Gelingen der Arbeit beigetragen haben.

Meiner Familie und meinen Freunden danke ich für den persönlichen Rückhalt im privaten Umfeld. Für sein Verständnis, seine unermüdliche Unterstützung und die unendliche Motivation, besonders wenn sie mir zu schwinden schien, sowie das Korrekturlesen der Arbeit danke ich meinem Freund Thomas zutiefst.

Karlsruhe, im Januar 2013

Stefanie Grollius

Inhalt

1 Einleitung

1.1 Gesamtfahrzeug-NVH-Simulation

Unter dem Begriff „Vibroakustik" werden alle Schwingungsphänomene im fühlbaren wie im hörbaren Frequenzbereich zusammengefasst [Zell09]. Die englischsprachige Begriffskombination *„Noise, Vibration, Harshness"* ist genauso wie ihre Abkürzung *NVH* mittlerweile im deutschen Sprachgebrauch für die Vibroakustik von Kraftfahrzeugen verbreitet [Zell09], [Heiß08]. Fühl- und hörbare Schwingungsphänomene beeinflussen das subjektive Urteil des Fahrers und der Passagiere über ein Kraftfahrzeug so stark, dass die NVH-Charakteristik eines Fahrzeugs heute für Kunden ein wichtiges Kaufkriterium [Eise08], [Rieg08] und für Automobilhersteller ein wichtiges Design- und Marketing-Kriterium ist [Moli03], [Douv06], [Kind09].

Um die NVH-Charakteristik zu optimieren, ist grundlegendes Verständnis der Geräusch- und Schwingungsquellen, sowie der Übertragungspfade in das Fahrzeug essentiell. Nach [Douv06], [Heiß08], [Zell09] sind Antrieb, Aerodynamik und die Reifen-Fahrbahn-Interaktion die Hauptgeräuschquellen, die entweder durch Luft- oder Körperschall in den Fahrzeuginnenraum übertragen werden.

In dieser Forschungsarbeit werden die Reifen-Fahrbahn-Interaktion und die Übertragung der dabei erzeugten Schwingungsenergie über die Radführung behandelt. Während des Rollprozesses wird der Reifen hauptsächlich durch Straßenunebenheiten zur Ausbildung von Eigenschwingungen angeregt [Zell09]. Die Schwingungsenergie wird durch die Radführung weiter in den Fahrzeugaufbau übertragen, wo sie in den Passagierraum abstrahlende Karosserieschwingungen bewirkt [Kung87], [Heiß08], [Kind09]. Sakata et al. [Saka90] zeigen die Korrelation zwischen Fahrzeuginnengeräusch und Kräften an der Radnabe. Im Frequenzbereich unterhalb 400 Hz wird das Fahrzeuginnengeräusch hauptsächlich durch Körperschall übertragene Schwingungsenergie [Saka90], [Douv06], die auf einzelne Strukturresonanzen des Reifens, des Rades, des Reifen-Hohlraumes [Moli03] und der Radführungskomponenten sowie der Karosserie [Thom08], [Heiß08] zurückgeführt werden kann, dominiert. Somit bildet die Modifikation einzelner Komponenten auf dem Pfad der Schwingungsenergie einen effektiven Ansatz die Gesamtfahrzeug-NVH-Charakteristik zu verbessern [Moli03].

Um das Schwingungs- und Isolationsverhalten von Lagern, Dämpfern und Komponenteneigenschaften (Steifigkeit- und Masseverteilung) auf dem Übertragungspfad optimal aufeinander abzustimmen (nach Gauterin [Gaut05]: *Modal De-alignment*), ist es nicht ausreichend Reifenkräfte im Prüfstandsversuch mit fest eingespanntem Rad oder Radträgerbeschleunigungen im Fahrversuch zu messen und als Eingangsgrößen für einen modifizierten Fahrzeugaufbau zu verwenden [LeeS03], [Rope05], [Gagl09]. Jede der genannten Modifikationen ändert das Gesamtsystem Reifen-Hohlraum-Rad-Radführung im interessierenden Frequenzbereich und dessen Strukturdynamik, so dass die Messgrößen am Radträger beeinflusst werden. Beispielsweise werden die Rotationsschwingung des Reifens durch die Trägheit des Antriebsstrangs und die Reifenlängsschwingungen durch die Randbedingungen am Rad beeinflusst [Rope05].

Aufgrund der steigenden Kundenanforderungen an die NVH und die verkürzten Entwicklungszeiten neuer Fahrzeugmodelle, erfolgte die Weiterentwicklung der numerischen Simulationsmethoden. Parallel stieg die verfügbare Rechnerleistung. Es ist daher heute allgemeine Praxis, groß dimensionierte, detaillierte Finite-Elemente-Rechenmodelle der Fahrzeugkomponenten zu entwickeln und sie mittels Substruktur-Techniken zur Analyse des Gesamtsystems zu verbinden [KaoK87], [Moli03]. Substruktur-Technik meint in diesem Zusammenhang, die Abbildung der Strukturmechanik einzelner Teilsysteme durch eine geeignete Modellierungsmethode und die Reduktion der Freiheitsgrade des Substrukturmodells, um die Dimension des Gesamtsystemmodells zu verringern.

Der Reifen ist eines dieser Teilsysteme [Moli03], dessen Modelle allerdings nicht durch die Automobilhersteller konsequent selbst entwickelt werden [Benz08], so dass in der Fahrzeugentwicklung vielfach kommerziell verfügbare Reifenmodelle RMOD-K [Oert99], BRIT und FTire (CTire, DTire) [Gips06], [Gips07] eingesetzt werden. Diese müssen durch umfangreiche Messungen parametriert werden. Um den steigenden Komfortanforderungen begegnen zu können, werden bessere, schnell rechnende, leicht zu parametrierende Reifenmodelle benötigt [Gaut05], [Herk08], [Kind09].

1.2 Stand der Forschung

Zur Abbildung der Reifenschwingungen eignen sich im Frequenzbereich bis ca. 100 Hz für Mehrkörper-Simulationen kommerziell verfügbare Modelle wie beispielsweise RMOD-K (elastisch gelagerter Kreisring bzw. Massepunkte, die durch nichtlineare Federn-/Dämpfer-Elemente gekoppelt sind) oder FTire (Flexibler-Ring-Modell) [Benz08]. In dem anschließenden, höheren Frequenzbereich werden Finite-Elemente-Modelle eingesetzt [Herk08], [Bekk10]. Finite-Elemente-Modelle stehender und rollender Reifen werden in der Literatur vielfach vorgestellt. Koishi et al. [Kois98] und Shiraishi et al. [Shir00] nutzen die explizite Zeitintegration zur Simulation des Reifenverhaltens bei Kurvenfahrt. Zum gleichen Zweck dient Faria et al. [Fari92] sowie Olatunbosun [Olat04] die implizite Zeitintegration. Ghoreishy [Ghor06] nutzt ebenfalls die implizite Formulierung, um Simulationen der Radlast-Einfederungs-Kennlinie und der Seitenkraft-Rollgeschwindigkeits-Kennlinie mit Messergebnissen abzugleichen. Kabe und Koishi [Kabe00] vergleichen die implizite und explizite Zeitintegration im Finite-Elemente-Programmsystem ABAQUS anhand der Simulation von Kurvenfahrten. Bei Nutzung expliziter Zeitintegration muss der Reifen auf dem gesamten Umfang gleichmäßig fein diskretisiert werden, was im Vergleich zu impliziten Verfahren zu längeren Rechenzeiten führt [Kabe00]. Die Reifen werden entweder profillos [Fari92], [Kois98], [Kabe00], [Raok03], [Olat04], [Raok07] oder mit umlaufenden Profilrippen [Raok03], [Ghor06] abgebildet. Dabei umfassen die frühen Modelle [Kois98], [Raok03], [Olat04] bis zu 7000 Elemente. Die Element- und somit die Freiheitsgradanzahl stieg mit steigender Rechnerleistung weiter auf über 10000 Elemente bei [Ghor06] und auf 20500 Elemente bei [Raok07]. Brinkmeier [Brin07] berechnet die komplexe Strukturdynamik rollender Reifen in Finite-Elemente-Modellen mit bis zu 69000 Elementen. Die Rollbewegung bildet er durch eine relativkinematische Beschreibung (implizite Zeitintegration) und den Bodenkontakt durch Dirichlet-Randbedingungen auf die Kontaktknoten ab. Wheeler et al. [Whee05] untersuchen anhand eines Finite-Elemente-Modells eines stehenden, unbelasteten

Reifens ohne Rad den Einfluss verschiedener Betriebsparameter auf die Lage der Eigenfrequenzen. Außer bei einem nicht rotierend modellierten Reifen-Radmodell in [Whee05] bleiben in diesen Finite-Elemente-Modellen die strukturdynamischen Eigenschaften von Rad und Hohlraum unberücksichtigt. Räder werden in der Literatur fast ausschließlich als starr modelliert. Dazu wird entweder die Definition einer starren Oberfläche (*Rigid-Surface*) bzw. von starren Elementen (*Rigid-Elements*) eingesetzt [Raok03], [Raok07] oder die Knoten am Reifenwulst als raumfest angenommen [Olat04], [Ghor06], [Brin07]. In beiden Fällen können die mechanische Nachgiebigkeit des Rades und somit dessen Eigenschwingformen nicht abgebildet werden. Feng et al. [Feng09] entwickelten ein phänomenologisches Modell zur Abbildung der Hohlraumresonanzen, das die statische Abplattung des Reifens abbildet. Die Kopplung mit der Reifenstruktur, aber nicht die Rotation, wird abgebildet. Gunda et al. [Gund00] entwickeln ein modales Reifenmodell, das sie über eine Struktur-Akustik-Kopplungsmatrix an ein Hohlraummodell koppeln. Der abgebildete Reifen und das Füllmedium rotieren dabei nicht. Kindt [Kind09] nutzt ebenfalls akustische Elemente, um die Hohlraumresonanz abzubilden. Der dem Modell zugrunde liegende Querschnitt weicht stark von der durch den Reifen bedingten Geometrie ab, auch wird die Rotation bei [Kind09] nicht berücksichtigt. Die Finite-Elemente-Modelle rollender Reifen benötigen bei entsprechend feiner Diskretisierung lange Rechenzeiten im Bereich mehrerer Tage [Brin07], obwohl Hohlraum und Rad nicht berücksichtigt werden. Ansätze Hohlraum und/oder Rad in ein Reifenmodell einzubeziehen erfolgen bei Modellen des nicht rollenden Reifens [Rich90], [Gund00], [Whee05], [Feng09], wobei teilweise starke Vereinfachungen bei der Abbildung des Reifens getroffen werden [Moli03], [Kind09]. Die langen Rechenzeiten solch gekoppelter Modelle stehen im Widerspruch zu sich ständig verkürzenden Entwicklungszyklen in der Automobilindustrie.

In der Mathematik hat der Wunsch einen komplizierten Sachverhalt z.B. eine Funktion durch eine einfache Näherung auszudrücken eine lange Geschichte, wobei erste Ansätze auf Fourier (Approximation kontinuierlicher Funktion durch Reihenentwicklung trigonometrischer Funktionen) zurückgehen [Schi08]. In der linearen Algebra zeigen Lanczos (1950) und Arnoldi (1951) jeweils Ansätze auf, eine Matrix durch eine Andere kleinerer Dimension anzunähern [Schi08]. Mit fortschreitender Entwicklung von Rechnersystemen werden in den 1960er und 1970er Jahren zur Lösung des Eigenwertproblems groß dimensionierter Modelle die heute bekannten linearen Reduktionsmethoden [Hurt60], [Hurt65], [Guya65], [Iron65], [Crai68], [MacN71], [Rubi75], [Hint75] zunächst in der Luft- und Raumfahrttechnik entwickelt. Ihr Ziel ist die strukturmechanischen Eigenschaften des Ausgangsmodells, des so genannten Vollmodells, im nach Anwendung der Methode reduzierten (Substruktur-) Modell genügend genau abzubilden. Dies geschieht zum Beispiel durch Reduktion auf ausgewählte physikalische und/oder generalisierte Freiheitsgrade. Trotz der weiter steigenden Leistungsfähigkeit von Rechnern[1] finden diese Methoden unvermindert Anwendung, da Finite-Elemente-Berechnungen komplizierter Strukturen in den letzten 50 Jahren fortwährend die verfügbare Computer-Speicherkapazität und Rechengeschwindigkeit überstiegen [QuZ04], [Schi08]. Seit den 90er Jahren werden Reduktionsmethoden und Substrukturtechniken außerdem eingesetzt, um flexible Körper in MKS-Modelle einzubinden [Walz05], [Kout09].

Im Bereich der Reifenmodellierung bilden auf ihre modalen Eigenschaften reduzierte Reifenmodelle [KaoK87], [Manc98], [LeeS03], [Gaut05] eine übliche Lösung im Frequenzbereich bis etwa 300 Hz. Diese Modelle werden aus einem Finite-Elemente-Modell [KaoK87], [Manc98], [Gaut05], [Lope07], [Bell10] oder aus Messungen [Chen03] gewonnen. Derartige Modelle weisen geringen Rechenaufwand auf und basieren auf der Annahme linearen Schwingungsverhaltens um den Arbeitspunkt der statischen Einfederung des Reifens unter Last [KaoK87], [Gaut05], [Geng07]. Um diese Modelle zu bedämpfen, werden modale Dämpfungen in experimentellen Modalanalyseversuchen bestimmt und im Modell berücksichtigt [Chen03], [Gaut05], [Bell10].

Bei Kombination eines solchen Modells mit einem Fahrzeugmodell und Einleitung einer definierten Schwingungsanregung durch die Fahrbahnoberflächentopographie, wird derzeit keine zufriedenstellende Übereinstimmung zwischen simuliertem und gemessenem Körperschall erreicht [Bell10]. In modalen Reifenmodellen bleibt die Reifen-Hohlraumresonanz, die nach Sakata et

---

[1] Nach Moore's Gesetz verdoppeln sich Geschwindigkeit und Speicherkapazität von Computern alle 18 Monate [Schi08]

al. [Saka90] im Innengeräuschspektrum durch zwei ausgeprägte Peaks gekennzeichnet ist und einen nennenswerten Anteil zum Fahrzeuginnengeräusch liefert [Bekk10] unberücksichtigt. Bei [Gund00] und [Bell10] wird nur der stehende Zustand des Hohlraums in das Modell eingeschlossen. Weiterhin werden bisher die strukturdynamischen Eigenschaften des Rades nicht in das Modell mit einbezogen, obwohl aus experimentellen Untersuchungen [Whee05] der Einfluss der Radnachgiebigkeit auf niederfrequente, durch große globale Bewegungen gekennzeichnete Reifen-Eigenfrequenzen bekannt ist. Erst in einem neueren Ansatz in [Lope07] wird der Einfluss von Rollen in ein modales Modell einer stark vereinfachten Reifenstruktur mit einbezogen. Lopez et al. [Lope07] berechnen damit das Aufspalten der Reifen-Eigenfrequenzen mit zunehmender Rotationsgeschwindigkeit, was nach [Endo84], [Huan87a], [Huan87b], [Nack00] und [Kind09] für einen elastisch gebetteten rotierenden Kreisring zwar zu erwarten ist, bei Prüfstands- und Fahrversuchen experimentell jedoch nicht belegt werden kann [Kind09], [Zell09]. In [KaoK87] bzw. [Gaut05] wird an sieben bis neun Knotenpunkten auf der Mittellinie des Reifenlatsches eine vertikale Fusspunktanregung aufgebracht, die Validierung erfolgt anhand berechneter und gemessener Achsbeschleunigung bzw. Übertragungsfunktionen im Frequenzbereich bis 100 bzw. 200 Hz. Lee et al. [LeeS03] beschreiben die vertikale Anregung an sieben bis dreizehn Punkten entlang der Latschmittellinie mittels der spektralen Dichtefunktion des Höhenprofils einer vermessenen Fahrbahntextur. Diese Verschiebungsanregung muss skaliert und mit einem Phasenbezug in Längsrichtung entsprechend der Rollgeschwindigkeit aufgebracht werden, um die Reifenantworten nicht zu überschätzen [LeeS03]. Die Skalierung wird nicht näher erläutert. In [Lope07] wird die vereinfachte Reifenstruktur an einem Punkt angeregt. Wie bei [Lope07] wird in [Gund00], [Bell10] die Übertragungsfunktion des reduzierten Modells bis 300 Hz berechnet, wobei die Anzahl und Auswahl der Anregungspunkte nicht beschrieben werden und in beiden Literaturstellen keine Validierung erfolgt. In [Manc98] wird das reduzierte Reifenmodell in eine Mehrkörper-Simulationssoftware importiert und dort mit einem Bürstenmodell verbunden, um die Längskraftverteilung abzubilden. Anhand der für das Finite-Elemente-Modell berechneten Eigenfrequenzen wird die Gültigkeit des reduzierten Modells im Frequenzbereich unterhalb 160 Hz aufgezeigt.

Gagliano et al. [Gagl09] stellen ein Reifenmodell basierend auf am stehenden Reifen gemessenen Übertragungsfunktionen vor. Zur Anregung des Modells in drei Raumrichtungen dient ein Punkt im Latsch. Die Anregungsfunktion wird durch Messung der Radträgerbeschleunigungen am fahrenden Fahrzeug und inverser Rückrechnung mittels der Reifen- und Fahrzeugübertragungsfunktionen bestimmt [Gagl09], so dass sie nicht unabhängig von Reifen und Fahrzeug ist. Dies ist den unterschiedlichen Bedingungen im Fahrversuch und bei Bestimmung der Übertragungsfunktionen geschuldet (Rotation des Reifens wird nicht berücksichtigt, vgl. Abschnitt 2.1.1).

1.3 Zielsetzung

Dem Trend der Entwicklungszeitverkürzung durch Versuchszeiteinsparung und frühem Einsatz von numerischen Simulationsmethoden in der Gesamtfahrzeug-NVH-Entwicklung folgend wird in dieser Forschungsarbeit die Voraussetzung geschaffen, den Einfluss von Radführungskomponenten (z.B. Lagern, Dämpfern) auf die Übertragungseigenschaften von Körperschall über das Fahrwerk in den Fahrzeugaufbau abzubilden. Dazu wird ein Rollgeräusch-Reifenmodell im Frequenzbereich bis 300 Hz entwickelt, das mit dem numerischen Modell des Gesamtfahrzeugs verbunden werden kann. Gegenüber vorherigen Ansätzen werden in dieser Arbeit sowohl Reifen und Hohlraum als auch das flexible Rad rotierend abgebildet. Für dieses Modell wird ein Anregungsmodell benötigt, das die abrollbedingte Schwingungsanregung des Reifens durch Straßenunebenheiten abbilden kann, um die Simulation der Rollgeräuschanregungen zu ermöglichen. Erstmals wird in dieser Arbeit neben der Vertikalanregung auch die Anregung des Reifens in der Fahrzeuglängsrichtung durch raue Fahrbahnen berücksichtigt. Für Reifen und fahrbahnbedingte Anregung wird eine Standardkonfiguration gewählt, so dass zunächst nur ein Reifentyp und eine Straßenoberfläche im Betriebszustand des freien Rollens bei Geradeausfahrt sowohl experimentell als auch numerisch untersucht werden.

Da das gekoppelte System Reifen-Hohlraum-Rad eine komplizierte Strukturdynamik aufweist und im Rollzustand innerhalb eines komplexen Kontaktzustandes mit der rauen Fahrbahn, interagiert, werden zunächst die Subsysteme einzeln beschrieben und analysiert (Abschnitt 2). Durch eine experimentelle Modalanalyse am Reifen-Hohlraum-Rad-System werden die Schwingformen des stehenden Systems im Frequenzbereich bis 300 Hz, die hauptsächlich durch die Deformation eines der Subsysteme bestimmt werden, sichtbar gemacht (Abschnitt 3.1). Der Einfluss der Betriebsbedingungen (Fülldruck, Radlast und Füllgas) auf die Systemdynamik wird ermittelt. Der Einfluss der Rollbewegung auf einzelne Resonanzen des Systems wird durch Versuche am Reifen-Innentrommel-Prüfstand (IPS) des Instituts für Fahrzeugsystemtechnik (FAST) untersucht (Abschnitt 3.2). Dabei dient die Kenntnis der Schwingformen aus der experimentellen Modalanalyse der Analyse von Betriebsbedingungseinflüssen (Fülldruck, Radlast, Füllgas, Fahrbahntextur, Rollgeschwindigkeit) auf die an der Radnabe gemessenen Kraftspektren. Die Wechselwirkung zwischen dem System Reifen-Hohlraum-Rad und der Radführung wird im Prüfstandsversuch durch Variation der mechanischen Eingangsimpedanz durch Modifikationen an der verwendeten, sogenannten Kraftschluss-Radführung des IPS untersucht (Abschnitt 3.3).

Im Stand der Forschung (Abschnitt 1.2) wurde aufgezeigt, dass detaillierte Finite-Elemente-Modelle die durch Kopplung der Teilsystems Reifen, Hohlraum, Rad auftretenden Wechselwirkungen zumindest im nicht rollenden Zustand abbilden können. Zum Aufbau eines solchen Finite-Elemente-Modells wird eine genaue Beschreibung des Reifenaufbaus einschließlich der komplexen Eigenschaften der Elastomermaterialien (vgl. Abschnitt 2.1.1) benötigt. Hierbei muss auf die Angaben des Reifenherstellers vertraut werden, jedoch ermöglicht dies die Abbildung der Reifeneigenschwingungen im interessierenden Frequenzbereich und eine Verringerung des Parametrierungsaufwandes gegenüber kommerziellen Reifenmodellen. Weiterhin können derartige Modelle für weitere Berechnungen wie Luftschallabstrahlung, Rollwiderstand oder Abriebverhalten genutzt werden [Bekk10]. Die langen Rechenzeiten groß dimensionierter Finite-Elemente-Modelle stehen im Widerspruch zu sich ständig verkürzenden Entwicklungszeiten. Um die Nutzbarkeit des Modells bei Fahrzeugherstellern zu gewährleisten, wird in einem kommerziellen Programmsystem ein Finite-Elemente-Reifenmodell aufgebaut (Abschnitt 4.2.1) und zu einer im interessierenden Frequenzbereich gültigen Substruktur reduziert. Da die Hohlraumresonanz einen deutlichen Einfluss auf den Geräuschkomfort hat, wird die Reifenstruktur-Hohlraum-Kopplung aufbauend auf den Erkenntnissen aus der experimentellen Untersuchung in dem zu entwickelnden Finite-Elemente-Modell berücksichtigt (Abschnitt 4.2.2). Da die tieffrequenten Radeigenschwingungen in den Frequenzbereich unterhalb 300 Hz und in ungünstigen Fällen in der Nähe der Hohlraumresonanz fallen, wird die Strukturdynamik des Rades sowie die Kopplung zu Reifen und Hohlraum in das Finite-Elemente-Modell mit einbezogen (Abschnitt 4.2.3). Wie in Abschnitt 1.2 dargestellt, wird die Rotation des Reifens, des Hohlraummediums und des Rades in bisherigen in ihrer Dimension reduzierten (Substruktur-) Modellen nicht abgebildet. Es wird analysiert, in wie weit rotatorische Effekte, sowie die Reifenstruktur-Hohlraum-Kopplung und die Reifenstruktur-Rad-Kopplung in reduzierten Modellen abgebildet werden können (Abschnitte 4.2.5, 4.2.6, 4.2.7, 4.2.8). Somit erfolgt insgesamt eine Weiterentwicklung der heute üblichen Substruktur-Modelle des Gesamtrades unter Berücksichtigung der in der praktischen Anwendung erforderlichen Genauigkeit.

Zur Abbildung der fahrbahnbedingten Anregung des Reifens wird der Kontakt des Reifens mit der Fahrbahntextur in vertikaler und horizontaler Richtung untersucht. Es ist bekannt, dass der Reifen nur auf den Asperitäten der Fahrbahnoberfläche aufsteht [Brin07], [Beck08], [Gaeb09], [Kind09]. Der Eindringvorgang wird neben der Fahrbahntextur durch die viskoelastischen Materialeigenschaften des Laufstreifengummis, die Biegesteifigkeit des Reifenaufbaus, die Gestaltung des Reifenprofils, die Rollgeschwindigkeit und die Betriebsbedingungen (Temperatur, Radlast und Fülldruck) beeinflusst. In horizontaler Richtung werden die Reifenprofilelemente durch den Abrollvorgang deformiert. Diese Deformation wird durch die genannten Einflussgrößen, sowie durch den Reibwert der Fahrbahn beeinflusst [Bach98], [Ludw98], [Bach99], [Fach00], [Koeh02]. Somit ergeben sich räumlich unterschiedliche Deformationsvorgänge in allen drei Raumrichtungen, die vertikale und horizontale Kräfte in der Reifenaufstandsfläche bewirken. Um diese Anregungsanteile zu quantifizieren und räumlich zuzuordnen, werden zunächst die bei den Versuchen am IPS verwendete Fahrbahntextur hochauflösend vermessen und anschließend im statischen Versuch die Kontaktdrücke in vertikaler Richtung auf einer unebenen Fahrbahn bestimmt (vgl. Abschnitt 3.4). Weiterhin werden durch eine steinähnliche sensierende Fahrbahnunebenheit die

Kontaktkräfte in allen drei Raumrichtungen dynamisch erfasst, wobei der Kontaktzustand durch weitere Unebenheiten an den Zustand auf rauen Fahrbahnen angenähert wird (vgl. Abschnitt 3.5). Anhand der Radnabenkräfte wird bei Reifenversuchen auf Fahrbahnen mit verringertem Reibwert die Bedeutung der Längsauslenkung der Profilelemente für die Schwingungsanregung des Reifens aufgezeigt. Ziel ist es aus den Erkenntnissen der experimentellen Analyse ein möglichst einfaches Anregungsmodell zu entwickeln, das die Fahrbahntextur als Eingangsgröße hat und die experimentell ermittelten Kraftverläufe bei Überrollung einer oder mehreren Unebenheiten abbilden kann (Abschnitt 4.3).

Um die experimentell analysierten Wechselwirkungen zwischen dem System Reifen-Hohlraum-Rad und der Radführung in der Simulation zu approximieren, wird ein Finite-Elemente-Modell der Kraftschluss-Radführung entwickelt. Durch experimentelle Modalanalyse wird dessen Gültigkeit aufgezeigt (Abschnitte 3.3.1, 3.3.2, 4.2.4). Um das zu entwickelnde Substrukturmodell zu validieren, wird dieses an das Kraftschluss-Radführungsmodell angebunden. Die modellierte Anregung wird aufgebracht und der Modellierungsprozess validiert sowie bewertet (Abschnitte 5.2, 5.1, 5.3), dabei wird der Einfluss überlagerter Störungen z.B. durch Reifen-Ungleichförmigkeiten abgeschätzt.

2 Systembeschreibung und -analyse

Das System aus Reifen, Hohlraum und Rad, das von der Fahrbahn angeregt wird und an eine Radführung angebunden ist, stellt ein kompliziertes Schwingungssystem dar. Der Aufbau und die Materialien der Teilsysteme werden in den Abschnitten 2.1 bis 2.5 zunächst einzeln beschrieben und analysiert. In Abschnitt 2.6 wird der Einfluss der Teilsysteme auf die Strukturdynamik des Gesamtsystems beschrieben. Das Gesamtsystem kann prinzipiell unendlich viele Eigenformen ausbilden. Im Frequenzbereich bis 300 Hz werden ca. 50 Eigenformen für das Komplettmodell Reifen-Hohlraum-Rad (Abschnitt 4.2.8) berechnet, wobei einige hauptsächlich durch die Deformationen eines der Teilsysteme gekennzeichnet sind. Andere Eigenformen werden aufgrund der Kopplung der Teilsysteme durch die Deformationen mehrerer Teilsysteme bestimmt. Zur Analyse der Strukturdynamik sind eine einheitliche Bezeichnung der Eigenformen und die Kenntnis der Einflussfaktoren auf die Eigenfrequenzen unabdingbar. Sie werden für jedes Teilsystem gesondert erläutert.

2.1 Luftreifen

2.1.1 Aufbau und Materialien

Das Rad als eine der grundlegendsten Erfindungen der Menschheit wurde, als Holzkonstruktion ausgeführt, bereits 2700 v. Chr. genutzt [Heiß08]. Bereits zu dieser Zeit wird versucht, die verschleißintensive Holzkonstruktion am äußeren der Fahrbahn zugewandten Rand zu ummanteln [Sand02]. Die Eisenummantelung von Kutschenrädern, genannt „Reifen", war im Zusammenspiel mit steinbepflasterten Fahrbahnen vor Einführung motorisierter Fahrzeuge in urbanen Gegenden die Hauptgeräuschquelle. Frühe Pioniere der Reifenentwicklung strebten also danach den Eisen-Reifen leiser zu gestalten [Sand02]. Thomson erhielt bereits 1845 ein Patent für eine am Rad befestigte, mit komprimierter Luft gefüllte Ringstruktur, deren geräuschreduzierende Wirkung er als Hauptvorteil seiner Erfindung herausstellte [Zell09]. Sein Produkt kam, im

Gegensatz zu der Erfindung Dunlops 1888, nie zu nennenswerter Anwendung [Heiß08]. Dieser erfand einen luftgefüllten Reifen, dessen Hauptaufgabe es war dem Fahrzeug guten Fahrkomfort zu bieten. Das Fahrzeug sollte auf einer Luftfeder laufen, die die ungefederten Massen abfedern und kleine Unebenheiten der Fahrbahn umhüllen kann [Sand02], [Zell09].

Im Fahrbetrieb kommt dem zur Komfortverbesserung und Geräuschreduzierung entwickelten Luftreifen besondere Bedeutung zu. Durch die Interaktion mit der Fahrbahn werden Kräfte übertragen, die für die Kontrolle der Fahrzeugbewegungen unerlässlich sind. Nach [Reim88] sind die Hauptanforderungen an Luftreifen

- Fahrsicherheit (Stabilität, Nassbremsen, Durchschlagsicherheit),

- Handling (Kurvenfestigkeit, Reibungskoeffizient bei unterschiedlichen Betriebsbedingungen),

- Komfort (Federung, Dämpfung, Gleichförmigkeit, Geräusch, Lenkaufwand),

- Effizienz (Rollwiderstand, Gewicht, Kosten, Abrieb) und

- Umweltverträglichkeit (Schallabstrahlung, Recyclingfähigkeit).

Aus der parallelen Berücksichtigung diese Anforderungen im Entwicklungsprozess eines Reifens resultiert der komplexe Aufbau heutiger (Radial-) Reifen (vgl. Abbildung 2.1).

Um Unebenheiten zu umhüllen, genügend Steifigkeit zur Ausbildung großer Kräfte zu bieten und eine ebene Reifen-Fahrbahn-Kontaktfläche aus der zylindrischen Form zu bilden, wird eine Karkassstruktur in den Reifen eingebunden. Diese besteht hauptsächlich aus Kordlagen, die radial ausgerichtet zwischen den Wulstkernen Nr. 8) liegen und in Elastomermischungen eingebettet werden. Am Reifenfuß werden die Enden der Kordlagen um die Wulstkerne gewickelt, so dass sie durch die Verankerung am Reifenfuß zusätzliche Versteifung für die untere Seitenwandregion Nr. 6) bieten. Stahldrähte zusammen mit den gefalteten Enden der Kordlagen und dem Wulstfüller Nr. 7) bilden den Wulst. Dieser muss eine starke Reibverbindung zur Felge bilden, so dass Antriebs- und Bremskräfte auf den Reifen übertragen werden können. Bei schlauchlosen Reifen muss der Wulst zusätzlich hermetisch gegen die Felge abdichten. Die innere Auskleidung (Innenseele) Nr. 5) dient ebenfalls der Abdichtung. Die Karkasse wird häufig aus einer Schicht Viskose- oder Nylonkord Nr. 4) aufgebaut. Auf den radialen Kordlagen liegt ein Gürtel Nr. 3) aus Korden, der zwei oder mehr Lagen umfasst. Diese Lagen werden wechselseitig in einem Winkel zwischen 15 und 25° relativ zur Ebene des Reifenzentrums angeordnet. Für PKW-Reifen werden diese Gürtellagen aus Stahlkorden oder einer Kombination aus Stahl-, Viskose- und Nylonkorden hergestellt. Auf den Gürtellagen liegen Decklagen Nr. 2) aus Nylon. Die Profilschicht Nr. 1) bildet den Kontakt zwischen Reifen und Straße und hält diesen aufrecht. Darüber hinaus bietet diese Lage Schutz für Karkass- und Gürtelschichten [Reim88].

Abbildung 2.1: Exemplarischer Aufbau eines PKW-Reifen, ähnlich [Gips06], zitiert nach [Herk08].

Der komplizierte Reifenaufbau bedingt einen mehrstufigen Herstellprozess [Reim88]. Variationen der Dicke und der Steifigkeit der einzelnen Komponenten führen zu Irregularitäten auf dem Umfang [Reim01]. Nach der Herstellung können Unregelmäßigkeiten durch den Fahrbetrieb oder die Montage des Reifens auf der Felge entstehen [Mich05k], [Leis09]. Üblicherweise werden Massen-, Steifigkeits- und Konturungleichförmigkeiten unterschieden, die beim Rollen Unwucht sowie Radial-, Tangential- und Lateralkraftschwankungen in der Radmitte bewirken [Reim01], [Mich05k], [GuMc09]. Auf vergleichsweise ebenen Fahrbahnen können diese Kraftschwankungen nicht ausreichen, um die Haftreibung des Dämpfers sowie in den Gelenken der Radführung zu überwinden [Reim01]. Die Kraftschwankungen sind als Vibrationen im Fahrzeugboden, Lenkrad und Sitz spürbar [Mich05k], besonders wenn diese die Vorderräder zu gegenphasigen Schwingungen in Längsrichtung oder die vertikale Achsresonanzen anregen [GuMc09]. Werden den Reifenungleichförmigkeiten die Ungleichförmigkeiten rauer Fahrbahnoberflächen überlagert, wird die Haftreibung des Dämpfers überwunden [Reim01]. Die Reifenungleichförmigkeiten werden, wenn die Anregungsfrequenz oberhalb der Achsresonanz liegt, gedämmt. Leister [Leis09] betrachtet das System Reifen-Radführung-Fahrzeug als periodisch von außen angeregt, wobei die Radfrequenz die Erregerfrequenz darstellt. Allgemein erzeugen die ersten drei Radordnungen die bedeutendsten Anregungsamplituden [Leis09], [GuMc09], beispielsweise werden Lenkradvibrationen durch die erste Ordnung der Ungleichförmigkeit im Frequenzbereich zwischen 10 und 25 Hz angeregt [Boul05].

Der in Abbildung 2.2 schematisch dargestellte Reifenquerschnitt zeigt neben den Abmaßen Profilband, Reifenschulter und Seitenwand. Das ringförmige, durch Reifen und Radfelge eingeschlossene Gasvolumen, wird innerhalb dieser Arbeit als Hohlraum bezeichnet (vgl. Abschnitt 2.2). Üblicherweise dient komprimierte Luft in PKW-Reifen als Füllmedium, die die nötige Struktursteifigkeit für die Reifen-Rad-Kombination bereitstellt. Der innerhalb dieser Forschungsarbeit zum Einsatz kommende Reifen hat die Reifengröße 255/45 R18. Dabei gibt „255" die Reifenbreite, „45" das Querschnittshöhe- zu Breiteverhältnis H/W in % und „R" die Ausführung des Reifens „radial" an. Der Raddurchmesser wird zu 18 in Zoll angegeben. Der Größenangabe folgen üblicherweise der Lastindex und der Geschwindigkeitsindex [ETRTO].

Reifenmaterialien

Mehr als 200 Rohmaterialien tragen zur Komplexität der Konstruktion Reifen bei. Neben den verstärkenden Kordlagen aus Stahl, Viskose oder Nylon bestehen heutige PKW-Reifen aus verschiedenen Elastomermischungen, die jeweils gezielt für eine bestimmt Region des Reifens ausgelegt werden. Im Wesentlichen verleihen Polymere (Natur-Kautschuk, Polybutadien-Kautschuk, Styrol-Butadien-Copolymerisat, Butyl-Kautschuk [Reim88], [Mich05r]), Vulkanisationszusätze (Schwefel, Beschleuniger, Zinkoxid) und Verstärkerfüllstoffe (Ruße, Silika/Kieselsäure) den Elastomerverbindungen ihre typischen viskoelastischen Eigenschaften.

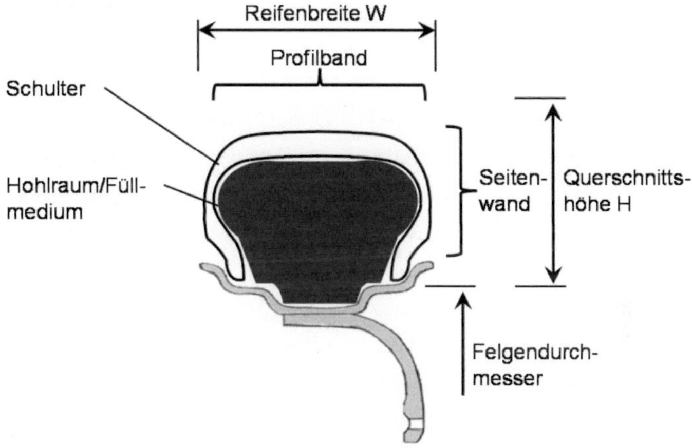

Abbildung 2.2:   Schematische Darstellung des Reifenquerschnitts.

Viskoelastische Eigenschaften

Durch die Bezeichnung „Viskoelastizität" wird die Ausprägung des mechanischen Verhaltens von Polymeren (Schmelzen und Festkörpern) beschrieben. Sie weisen sowohl viskoses, als auch elastisches Verhalten auf. Gekennzeichnet ist dieses durch temperatur-, frequenz- (komplexe dynamische Moduln) und zeitabhängiges (Kriechen und Relaxation) Antwortverhalten auf Belastung. Ferner werden Entfestigungsvorgänge während der ersten Zyklen einer Belastungsgeschichte und amplitudenabhängige Entfestigungseffekte bei rußgefüllten Elastomeren beobachtet.

Zum Verständnis der komplexen viskoelastischen Eigenschaften wird hier die grundlegende Modellvorstellung molekularen Bewegungsverhaltens von Makromolekülen in polymeren Netzwerken kurz wiedergegeben. Das komplexe Materialverhalten realen Gummis kann damit näherungsweise beschrieben werden [Gehm81], [Hein97]. Polymere bestehen aus langen Molekülketten, zusammengesetzt aus einzelnen Monomeren, wie z.B. -CH2-CH=CH-CH2- im cis-Polybutadien. Diese Moleküle sind aufgrund von Rotation an den Einfach-bindungen (-) flexibel. Sie nehmen temperaturabhängig statistisch verteilte Konformationen an. Die Konfigurationen sind im thermodynamischen Gleich-gewicht verknäult, so dass bei Anliegen einer mechanischen Spannung, so-fern die Wechselwirkung mit den Nachbarketten (C-Atome mit Quervernet-zungsbindungen, Verschlaufung) nicht zu stark ist, die Entflechtung und Aus-richtung der Ketten beginnt [Gehm81]. Ohne Quervernetzung und Verschlau-fung könnten die Ketten ungehindert aneinander vorbeilaufen, würden nur durch die innere Reibung (Viskosität) verzögert. Durch Schwefel oder andere Vulkanisationszusätze werden während der Vulkanisation (unter Temperatur- und Druckanstieg) zufällig verteilte Schwefelbrücken (feste chemische Bin-dungen, sogenannte „Knoten") zwischen den Polymer-Molekülketten gebildet, die eine Netzwerkstruktur ausbilden und hiermit das vollständige Auseinan-derlaufen der Ketten unter Zugbelastung verhindern. Dem Gummi werden Festigkeit und Elastizität verliehen [Gehm81].

Mit der Entflechtung und Ausrichtung der Ketten in Richtung der anliegen-den Spannung wird lediglich die Verteilung der Bindungswinkel geändert, wobei die Bindungsenergien zwischen den Atomen im undeformierten wie im gedehnten Zustand gleich bleiben. Mit der zunehmenden Ordnung der Ketten geht eine Abnahme der Entropie einher, die freie Enthalpie wird erhöht. Nach Entlastung streben die Makromoleküle nach der im 2. Hauptsatz der Ther-modynamik definierten Entropiemaximierung. Das Verhalten wird als Entro-pieelastizität bezeichnet [Gehm81]. Bei rein elastischen Festkörpern werden im Gegensatz dazu bei Anliegen einer mechanischen Spannung die Atomab-stände und Bindungswinkel vergrößert und somit die Innere Energie des Sys-tems erhöht. Das Verhalten wird als Energieelastizität bezeichnet [Popo09]. Nach dem 1. Hauptsatz der Thermodynamik kann die Innere Energie bei Wegnahme der Spannung vollständig zurückgewonnen werden. Auf kleine Verformungen beschränkt ist der Dehnungsversuch mechanisch und thermo-dynamisch reversibel.

Höhere Verschleiß- und Rissbildungsresistenz, damit höhere Abriebfestig-keit des Polymers wird durch Zugabe von Füllstoffen erreicht. Die Füllstoffpar-tikel erscheinen im Gummi in ihrer kleinsten möglichen Einheit als kettenarti-ge, verzweigte Aggregate [Donn05]. Auf größeren Längenskalen ergeben sich bei genügend hoher Füllstoffkonzentration Füllstoffcluster aus Agglomerationen von Aggregaten. Dieses Netzwerk hat eine geringere mechanische Stabilität als die Aggregate, so dass es unter mechanischer Belastung in kleinere Untereinheiten aufbricht [Hein97]. Das Füllstoffnetzwerk verbindet sich mit dem Elastomernetzwerk und bildet somit Strukturen aus, die im Bereich kleiner Dehnungen einen zusätzlichen Verfestigungseffekt bewirken. Die erzielte Materialsteifigkeit ermöglicht dem Zielprodukt Reifen präziseres Fahrverhalten.

Temperaturabhängigkeit

Belastungsfrequenz und Materialtemperatur üben auf Elastomere gegenläufige Effekte aus, was sich in steifem, sprödem, glasähnlichem Verhalten bei tiefen Temperaturen äußert. Dasselbe Material verhält sich bei hohen Temperaturen bzw. tiefen Frequenzen flexibel und elastisch, der Modul nimmt kleine Werte an. In Abbildung 2.3 a) ist die beschriebene Temperaturabhängigkeit von Elastomeren schematisch dargestellt. Mit fallender Temperatur nehmen die Wechselwirkungen zwischen den Ketten zu, es bilden sich Sekundärbindungen (z.B. van-der-Waals'sche) zwischen den Nebengruppen aus. Der für Gummi typisch niedrige Elastizitätsmodul im Bereich 3) um ca. 1 bis 10 Mpa [Popo09] und die hohe Deformierbarkeit existieren nicht mehr. Mit dem Übergang in Bereich 2) zu 1) verhalten sich Elastomere zunehmend spröder. Die Gleichwertigkeit von Temperatur- und Zeiteinfluss auf die dynamischen Elastomereigenschaften wird als Zeit-Temperatur-Superpositions-Prinzip bezeichnet. Im frequenzabhängigen Verlauf des Elastizitätsmoduls finden sich die gleichen drei Bereiche wie im temperaturabhängigen Graphen (Abbildung 2.3 b)), was bei der messtechnischen Bestimmung der hochfrequenten Materialeigenschaften von Elastomeren genutzt werden kann, wenn anstelle dessen bei tiefen Temperaturen gemessen wird.

Die Frequenz-Temperatur-Beziehung wird durch das William-Landel-Ferry-Gesetz (WLF) beschrieben, wonach der Effekt einer Temperaturänderung auf die viskoelastischen Eigenschaften die Multiplikation der Frequenzskala mit einem Verschiebungsfaktor ist [Will55]. Die Multiplikation einer Kurve mit einer Konstanten in logarithmischer Auftragung resultiert in einer Verschiebung a_T

der Kurve (vgl. Abbildung 2.4 a)). Die Temperaturabhängigkeit von a_T wird durch die WLF-Gleichung beschrieben [Will55]

$$\log(a_T)=\frac{-c_1(T-T_s)}{c_2+T-T_s}$$
(2.1)

mit $\quad T \quad$ der Temperatur des viskoelastischen Stoffes,

$\quad T_s \quad$ der Bezugstemperatur, meist um ca. 50 K über der Einfriertemperatur des viskoelastischen Stoffes liegend [Kram94] und

$\quad c_{1,2} \quad$ den Koeffizienten.

a)   b)

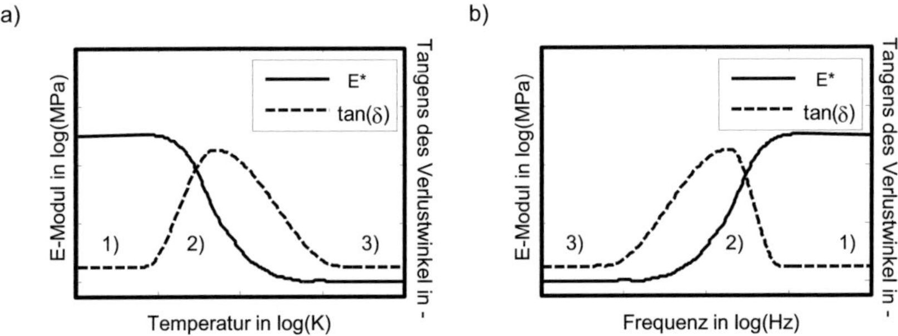

Abbildung 2.3:   Schematische Darstellung a) der Temperaturabhängigkeit des Elastizitätsmoduls und b) der Frequenzabhängigkeit des Elastizitätsmoduls von Elastomeren.

a)   b)

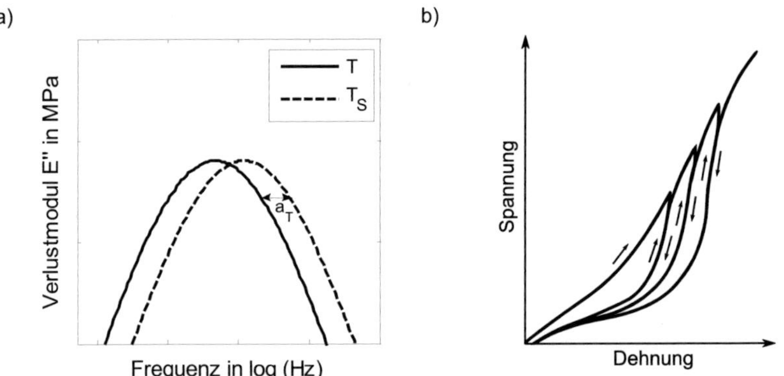

Abbildung 2.4:   Schematische Darstellung a) des Verlustmoduls in Abhängigkeit der Frequenz für zwei Temperaturen T und T_s, wobei T>T_s und b) des Mullins-Effekts

Die Koeffizienten c_1 und c_2 hängen von der Wahl der Bezugstemperatur und dem Polymer ab. Obwohl diese für das Polymer individuell ermittelt werden sollten, können als Näherung $c_1 = 8.86$ und $c_2 = 102$ eingesetzt werden [Kram94]. Die WLF-Gleichung behält ihre Gültigkeit für sogenannte thermo-rheologisch einfache Materialien, die linear-viskoelastische Eigenschaften aufweisen. Damit gilt sie nicht mehr für Gummi mit hohem Füllstoffanteil.

Die Temperaturabhängigkeit der viskoelastischen Materialien im Reifen ist in dieser Arbeit nicht Gegenstand der Modellierung. Für die Analyse und Interpretation von Versuchsergebnissen muss sie berücksichtigt werden, wenn die Umgebungsbedingungen bei Versuchen nicht exakt gesteuert werden können (vgl. Abschnitt 3.2.7).

Komplexe frequenzabhängige dynamische Moduln

Wird ein gummielastischer Körper einer einachsigen, harmonisch mit der Zeit variierenden Scherdeformation $\gamma(t)$ (definiert als Tangens des Winkels um den der Körper deformiert wird, vgl. Abbildung 2.5) unterzogen,

$$\gamma(t) = \gamma_0 \sin(\omega t) \tag{2.2}$$

mit $\quad \gamma_0 \quad$ der Deformationsamplitude und

$\qquad \omega \quad$ der Kreisfrequenz

wird die resultierende Spannung σ (definiert als tangentiale Kraft je Einheitsfläche) nach dem Einschwingvorgang

$$\sigma(t) = \sigma_0 \sin(\omega t + \delta) \tag{2.3}$$

mit $\quad \sigma_0 \quad$ der Spannungsamplitude und

$\qquad \delta \quad$ dem Phasenwinkel

ebenfalls harmonisch mit der gleichen Kreisfrequenz ω

$$\omega = 2\pi f \tag{2.4}$$

mit $\quad f \quad$ der Frequenz

zeitlich variieren. Dabei eilt sie der Deformation um den positiven Phasenwinkel δ voraus, der als Verlustwinkel bekannt ist [Kram94]. Als Ursache für die Phasenverschiebung werden molekulare Reibungsprozesse (Polymer-Polymer-Reibung) gesehen, die eine Umwandlung von innerer Bewegungsenergie in Wärmeenergie bewirken [Hein97].

Wird die Spannung in eine Komponente in Phase mit der Dehnung und eine zweite Komponente 90° außer Phase zerlegt, kann die Gesamtspannungsantwort als

$$\sigma(t)=\gamma_0\left[G'(\omega)\sin(\omega t)+G''(\omega)\cos(\omega t)\right] \tag{2.5}$$

mit $\quad G'(\omega),G''(\omega)\quad$ den Schubmoduln

geschrieben werden. Der Speichermodul $G'(\omega)$ ist ein Maß für die elastische Energie, die während der zyklischen Deformation gespeichert und zurückgewonnen wird. Der Verlustmodul $G''(\omega)$ ist ein Maß für die als Wärme dissipierte Energie. Je größer der Verlustmodul $G''(\omega)$ im Vergleich zum Speichermodul $G'(\omega)$ wird, umso mehr Verlustenergie wird im Material erzeugt. Dieser Verlust wird oft als Materialdämpfung bezeichnet und kann bei Auftragung von Spannung über Dehnung wie in Abbildung 2.5 als die Fläche innerhalb der Hystereseschleife identifiziert werden [Gehm81]. Das Verhältnis

$$G''\!/_{G'}=\tan\delta \tag{2.6}$$

gibt den Tangens des Verlustwinkels δ wieder und beschreibt die Materialdämpfungseigenschaft in Relation zur Materialsteifigkeit. Der komplexe dynamische Modul $G*$ wird durch

$$G*=G'+iG'' \tag{2.7}$$

mit $\qquad G*\qquad$ dem komplexen dynamischen Modul

erhalten. Der komplexe Young-Modul kann für harmonisch zeitlich variierende Zugdeformation vergleichbar hergeleitet werden [Kram94].

Die dynamischen Moduln und der Verlustwinkel hängen von der Frequenz ab. Für niedrige Frequenzen wird sich der Speichermodul G' dem Gleichgewichtsmodul G_e annähern und der Verlustmodul G'' wird sehr klein (vgl. Abbildung 2.3). Für harmonisch mit niedriger Frequenz variierende Deformationen verhält sich der Gummi nahezu ideal elastisch. Mit steigender Frequenz wachsen sowohl G'' als auch G' an, bis sie nahezu gleiche Größenordnung besitzen. Dieser Frequenzbereich wird gegenüber der gummiartigen Region (Bereiches 1), Abbildung 2.3) für niedrige Deformationsfrequenzen als Übergangsregion (Bereich 2)) bezeichnet. In diesem Bereich wird der Tangens des Verlustwinkels maximal. Mit weiter steigender Frequenz wird die Glasregion (Bereich 3)) erreicht. Das Gummimaterial verhält sich in diesem Frequenzbereich spröde. Es finden keine strukturellen Neuanordnungen der Polymerketten innerhalb der Schwingungsperiode statt. Der Speichermodul erreicht

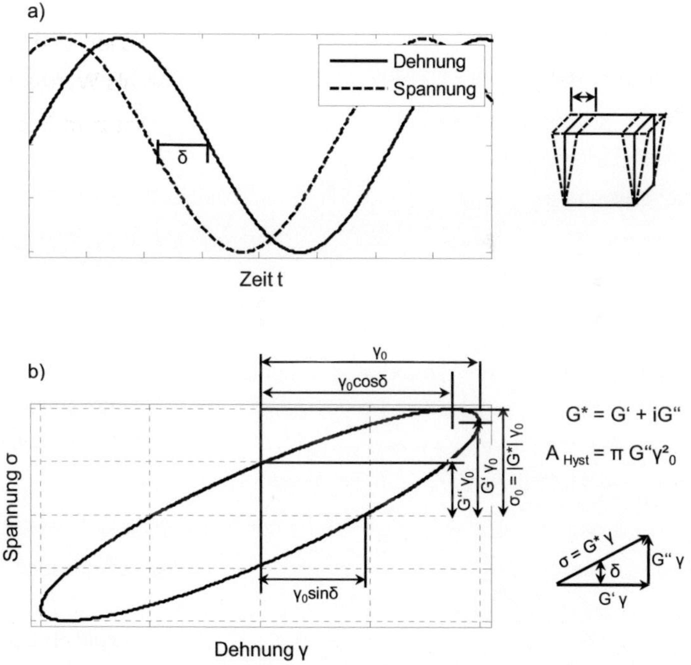

Abbildung 2.5: a) Phasenverschiebung zwischen Spannung und Dehnung bei Anliegen einer harmonisch variierenden Schubkraft, ähnlich [Gehm81], [Kram94]; b) Hystereseschleife mit Beziehungen für Phasenwinkel, Speicher- und Verlustmodul.

Werte der Größenordnung 10^9 N/m² [Kram94]. Werden Reifeneigenschwingungen im Frequenzbereich bis 300 Hz betrachtet, wird z.B. bei [Kind09] davon ausgegangen, dass sich die Materialien typisch für die gummiartige Region verhalten.

Die dynamischen Moduln und der Verlustwinkel werden als linear-viskoelastische Funktionen bezeichnet, da sie das viskoelastische Materialverhalten, das viskose und elastische Eigenschaften – Energiedissipation und Speicherung – vereinigt, beschreiben. Als „linear" gelten die Funktionen, wenn sie zwar von der Frequenz, nicht aber von der Dehnungsamplitude abhängen, sofern diese hinreichend klein ist [Kram94].

Spannungsrelaxation und Kriechverhalten

Wird ein Gummiblock plötzlich mit der Schubamplitude γ_0 beansprucht, steigt die Spannung im ersten Moment der schnellen Deformation auf ein hohes Niveau σ_0 und relaxiert dann langsam zu der um den Faktor 3 bis 4 kleineren Gleichgewichtsspannung σ_e [Popo09]. Der Spannungsrelaxationsmodul oder zeitliche Schubmodul ist eine linear-viskoelastische Funktion der Zeit

$$G(t) = \frac{\sigma(t)}{\gamma_0}. \tag{2.8}$$

Grob kann $G'(\omega)$ den Wert von $G(t)$ zur Zeit $t = \frac{1}{\omega}$ annähern [Kram94]. Die physikalische Ursache der Spannungsrelaxation liegt in der molekularen Beschaffenheit der Elastomere. Die Polymerketten brauchen einige Zeit um sich zu entflechten, somit reagiert der Gummi auf plötzliche Belastung wie ein „normaler Feststoff" [Popo09].

Die linear-viskoelastische Funktion der Kriechnachgiebigkeit $J(t)$ ergibt sich bei einer konstant anliegenden Spannung σ_0 aus der zeitabhängigen Dehnungszunahme $\gamma(t)$ [Kram94]

$$J(t) = \frac{\gamma(t)}{\sigma_0} \tag{2.9}$$

mit $\gamma(t)$ der zeitabhängigen Dehnungszunahme.

Die Kriechgeschwindigkeit wird für einen viskoelastischen Festkörper für $t \rightarrow \infty$ auf null abfallen und die Dehnung erreicht einen Gleichgewichtszustand. Der molekular ursächliche Prozess ist die kurz- und langskalige, zeitabhängige Ausrichtung der Kettenkonfigurationen.

Entfestigungseffekte

Bei kleinen Dehnungen im Bereich von 0.01 % bis 10 % zeigt sich mit zunehmendem Füllstoffgehalt in Elastomeren eine zunehmende Dehnungsamplitudenabhängigkeit des Speichermoduls, die in der Literatur [Payn60], [Lion00], [Boeh01], [Lion03], [Heim05], [Lion06] als Payne-Effekt bekannt ist. Neben dem Füllstoffgehalt zeigt sich auch eine Abhängigkeit von Struktur und Partikelgröße des Füllstoffes. [Payn60], [Boeh01] und [Haer05] zeigen, dass die Amplitudenabhängigkeit der Moduln bei ungefüllten Elastomeren verschwindet. Die Modellvorstellung erklärt die Abnahme des Speichermoduls mit wachsender Amplitude in Abbildung 2.6 durch die verformungsinduzierte Zerstörung und Neuanordnung der Rußcluster. Bei kleiner Dehnungsamplitude hingegen bleiben diese intakt. Bei großen Dehnungen liefert die Elastomermatrix dann den Hauptbeitrag zum Speichermodul [Hein97]. Der Verlustmodul nimmt mit steigender Dehnungsamplitude aufgrund der zunehmenden Zerstörung der Cluster zu und weist ein schwaches Maximum auf. In diesem Bereich laufen die Zerstörungs- und Rekombinationsvorgänge parallel ab. Bei großen Dehnungen fällt der Verlustmodul wieder ab, da die Zahl von intakten Clustern signifikant verringert ist [Lion06].

Die für ungefüllte Elastomere beschriebene Zunahme des Speichermoduls mit der Frequenz aufgrund reduzierter Entflechtungen der Polymermolekülketten ist auch für gefüllte Elastomere zu beobachten (Abbildung 2.6). Der Effekt ist weitgehend unbeeinflusst von der Dehnungsamplitude [Lion06], [Wran08]. Nach [Wran08] ist somit die frequenzabhängige Zunahme des Speichermoduls nur auf die viskoelastischen Eigenschaften der Polymermatrix, nicht auf den Füllstoff, zurückzuführen.

Der Payne-Effekt muss bei der Analyse von Messergebnissen berücksichtigt werden, da er innerhalb kurzer Zeit auch während der dynamischen Belastung regeneriert [Hoef08], [Rich11]. Die Regenerationszeit (im Bereich von

Sekunden [Hoef08]) ist dabei stark von der Temperatur abhängig und verringert sich mit zunehmender Temperatur. Somit kann dem Payne-Effekt in den geplanten Versuchen im Rollzustand, die einige Minuten dauern, nicht durch Vorkonditionierung begegnet werden.

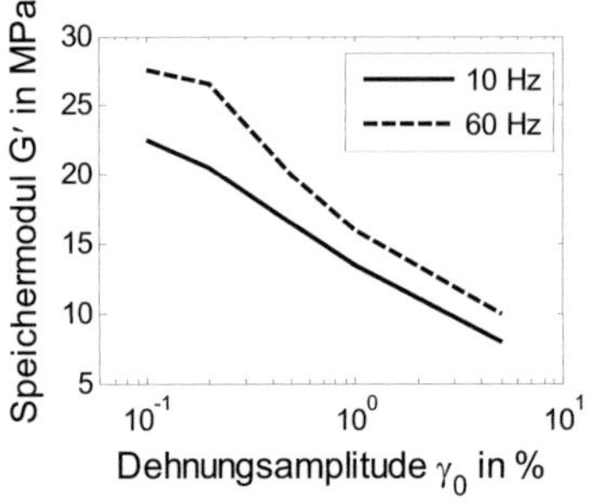

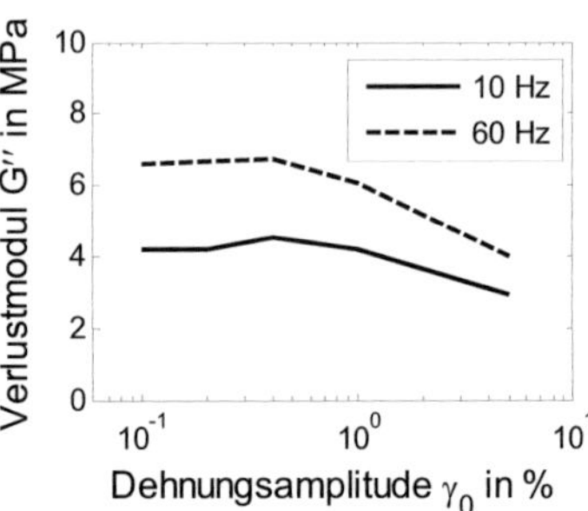

Abbildung 2.6: Schematische Darstellung des Verlaufs des Speicher- und Verlustmoduls über der Dehnungsamplitude bei unterschiedlicher Frequenz, ähnlich [Lion04].

Im realen Betriebszustand des Reifens wird dieser selten nur einer Anregung einer einzigen Frequenz ausgesetzt sein. Beim Rollen über eine raue Oberfläche werden in einem Volumenelement des russgefüllten Elastomermaterials der tieffrequent wiederkehrenden großen Deformationsamplitude bei Durchlauf der Reifenaufstandsfläche hochfrequente Deformationen durch die Fahrbahntextur überlagert. Die Frequenz der tieffrequenten Belastung hängt von der Rollgeschwindigkeit ab und bestimmt damit die Zeitdauer zur Regeneration des Materials (vgl. Abschnitt 3.2.2). Insgesamt liegt somit eine sogenannte multimodale Belastung vor, die sich von der bei Materialuntersuchungen häufig vorliegenden monomodalen Belastung unterscheidet.

Wrana und Härtel [Wran03], [Wran08] untersuchen die dissipierten Energien bei multimodaler Belastung an sehr unterschiedlich aufgebauten Elastomermischungen unter Pulsbedingungen, die den realen Deformations- bzw. Spannungsverlauf des rollenden Reifens besser beschreiben als eine rein sinusförmige Anregung. Die Amplitude der niederfrequenten (0.1 bzw. 1 Hz) Dehnung wird konstant bei 10 % gehalten, während die hochfrequente (10-, 20-, 50- und 100-fache Frequenz) Dehnungsamplitude von 0.1 % bis 10 % in logarithmischer Teilung erhöht wird (bimondale Belastung). Zur Auswertung der Messungen werden die Kraft- und Wegsignale Fourier-transformiert, die überlagerten Schwingungsanteile durch inverse Fourier-Transformation jeweils nur eines bestimmten Bereichs des Frequenzspektrums separiert [Wran03], [Wran08] und die komplexen Moduln aus den separierten Signalen bestimmt. In Abbildung 2.7 sind die Speichermoduln der hochfrequenten Dehnung über der Dehnamplitude bei Überlagerung mit einer tieffrequenten Dehnung bei 0.1 bzw. 1 Hz dargestellt. Im Bereich kleiner Deformationen liegen die Speichermoduln der hochfrequenten Schwingung vor allem bei Elastomermischungen mit aktiven Rußen bei bimodaler Anregung im Vergleich zur monomodalen Anregung deutlich unterhalb und die Verlustmoduln deutlich oberhalb der Werte der komplexen Moduln. Mit zunehmender Frequenz der überlagerten tieffrequenten Dehnung nimmt der Speichermodul der hochfrequenten Dehnung ab. Mit zunehmender Amplitude der hochfrequenten Schwingung wird eine Annäherung der Moduln von bi- und monomodaler Messung beobachtet. Für Mischungen mit weniger aktiven Rußen verhalten sich die Moduln äquivalent, aber weniger stark ausgeprägt [Wran03]. Aufgrund der Abhängigkeit vom verwendeten Füllstoff schließen die Autoren [Wran03] auf Art und Struktur des ausgebildeten Füllstoffnetzwerks als Ursache für die beobachteten Effekte. Alleine durch die Vorstellung eines Füllstoffnetzwerks mit Füllstoff-Füllstoff-Kontakten können die beobachteten Effekte jedoch nicht erklärt werden. Unter der Annahme, dass auch Füllstoff-Polymer-Füllstoff-Kontakte zur mechanischen Stabilität beitragen, kann die überproportional starke Frequenzabhängigkeit des Moduls der hochfrequenten Schwingung bei kleinen Deformationen qualitativ aus den im Vergleich zur übrigen Polymermatrix veränderten viskoelastischen Eigenschaften der immobilisierten polymeren Zwischenschicht hergeleitet werden [Wran03]. Für geringe Füllstoffmengen führt die absorbierte Polymerschicht an der Füllstoffoberfläche zu einer scheinbaren Erhöhung des Volumenanteils des Füllstoffgehalts und somit zu einer hydrodynamischen Verstärkung. Für hohen Füllstoffgehalt trägt bei Deformation die immobilisierte Schicht zunehmend zum dynamischen Verhalten bei. Bei kleinen Dehnungen wird die Deformation der agglomerierten Füllstoffaggregate durch die immobilisierten Schichten mechanisch stabilisiert, der Verformungswiderstand und damit der Modul erhöht [Wran03].

Geht man davon aus, dass das russgefüllte Elastomermaterial bei Ausbildung der Reifeneigenformen im Rollzustand mit kleinen Dehnungsamplituden ausgelenkt wird und ferner eine tieffrequente große Dehnung im Latschbereich vorliegt, wirkt das in [Wran08] ermittelte Werkstoffverhalten auch auf die Lage der Reifen-Eigenfrequenzen ein. Die Reifen-Eigenfrequenzen müssten mit zunehmender Frequenz der überlagerten tieffrequenten Dehnung fallen. Ein solcher Effekt der Geschwindigkeit auf die Lage der Eigenfrequenzen ist in der Praxis bekannt (z.B. [Ushi88], [Dorf05], [Zell09]), dabei ist allerdings davon auszugehen, dass die tieffrequente Dehnung für Rollgeschwindigkeiten von 20 bis 100 km/h im Bereich von 0 bis 14 Hz und die hochfrequente Schwingung im Bereich der Reifen-Eigenfrequenzen (30 bis 300 Hz) liegt. In [Ushi88], [Dorf05], [Zell09] ziehen die Autoren keine Verbindung zu den Effekten bei bimodaler Anregung [Wran03], vielmehr wird das Verhalten durch den gyroskopischen Effekt und/oder den Mullins-Effekt erklärt (vgl. Abschnitt 2.1.2). Die Verbindung wird von Gauterin in [Gaut07] als Hypothese formuliert und in dieser Arbeit weiter untersucht.

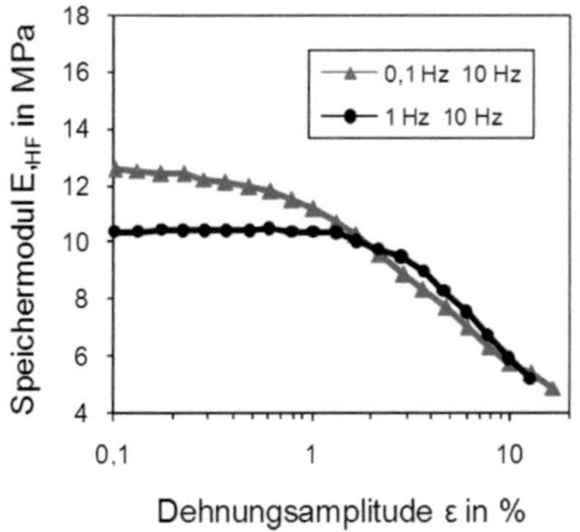

Abbildung 2.7:   Speichermodul der hochfrequenten Dehnung bei Überlagerung durch tieffrequente Dehnung mit 0.1 bzw. 1 Hz, ähnlich [Wran08].

Bei großen Dehnungen im Bereich von 10 % bis zu einigen 100 % zuvor undeformierter Elastomere ist der beobachtete Entfestigungseffekt als Mullins-Effekt bekannt [Heim05]. Dieser zeigt sich in der monotonen Abnahme der Spannungsamplitude bei zyklischen Belastungen mit konstanter Dehnungsamplitude. Nach wenigen Zyklen ist ein mehr oder weniger stationärer Zustand erreicht. Nach erneuter Erhöhung der Dehnungsamplitude tritt noch einmal die Abnahme der Spannungsamplitude auf. Insgesamt wird der Mullins-Effekt durch die maximale Deformation im Verlauf der Belastungsgeschichte bestimmt. Der Effekt ist in Abbildung 2.4 b) dargestellt. Physikalisch wird dieser Effekt durch die Zerstörung der schwächsten physikalischen Bindungen innerhalb des Materials erklärt [Lion06]. Lange Zeit wurde der Füllstoff Ruß als Ursache für den Mullins-Effekt gesehen, mittlerweile ist er als allgemeines Phänomen bekannt [Gehm81].

Dem Mullins-Effekt ist in Experimenten mit entsprechender Vorkonditionierung zu begegnen. In dieser Forschungsarbeit wird der Reifen in einer Warmlaufphase über mehrere Zyklen den im Versuch auftretenden Belastungen ausgesetzt. Die Regeneration zur ursprünglichen Festigkeit kann bis zu mehrere Tage lang dauern [Lion06].

2.1.2 Eigenformen und Einflussfaktoren

In der Literatur finden sich unterschiedliche Benennungen für die Reifen-Eigenschwingformen [Pesc90], [Whee05], [Mich05k], [Heiß08], was in der Diskussion und Interpretation von Ergebnissen zu Missverständnissen führt. Daher schließt sich die Autorin der Forderung von [Whee05], [Kind09] an, eine einheitliche Konvention für die Bezeichnung von Reifen-Eigenformen, besonders auch für die eines belasteten Reifens, einzuführen. In dieser Arbeit wird wie bereits in [Kind09] der Vorschlag von [Whee05] verwendet und um die von [Pesc90] vorgeschlagene Unterscheidung für Eigenformen des belasteten Reifens, die aus doppelten Nullstellen des Eigenwertproblems (sogenannte doppelte Eigenwerte) des unbelasteten rotationssymmetrischen Reifens resultieren, erweitert.

Abbildung 2.8 zeigt die Unterscheidung zwischen *Cylindrical-* c in der oberen Zeile und *Meridional-*Index m in der unteren Zeile, die [Whee05] in der Form [c, m] nutzt, um Reifen-Eigenschwingformen eindeutig zu identifizieren. Der Index $c = 1$ beschreibt die undeformierte Starrkörpertranslation bzw. –rotation des Gürtels, $c = 2, 3, 4, ...$ beschreibt die erste, zweite, dritte, vierte und höhere Gürtelbiegung in Umfangsrichtung. Der zweite Index gibt die Anzahl der Halb-Wellen des Gürtelprofilbandes an einer Position auf dem Umfang wieder, an der die Deformation in radialer Richtung besonders ausgeprägt ist. In der Abbildung 2.8 ist in der unteren Zeile zur Erläuterung des *Meridional-*Index nur das Profilband, ohne Seitenwand dargestellt.

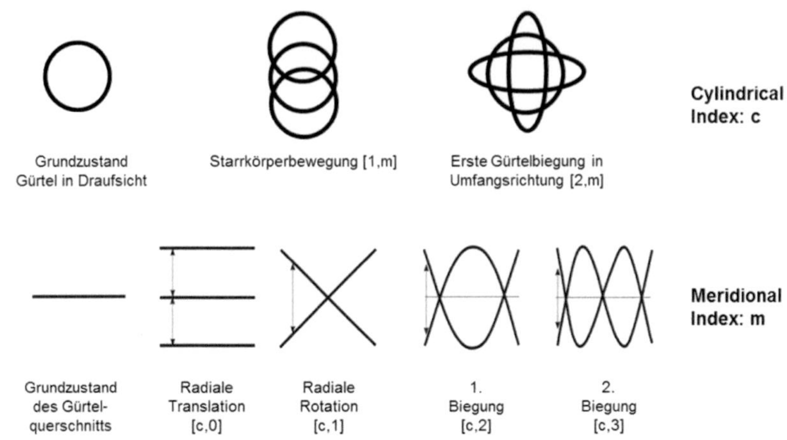

Abbildung 2.8:   Benennungskonvention der Reifenstrukturschwingformen nach [Whee05].

Mit der vorgestellten Benennungskonvention sind einige Eigenschwingformen des unbelasteten, rotationssymmetrischen Reifens nicht eindeutig beschreibbar. So gibt es beispielsweise mehr als nur eine mit [0,0] zu bezeichnete Schwingform. Für diese Schwingformen schwingt der Gürtel als Starrkörper gegen das Rad. Für die Torsion um die Reifenachse führt [Whee05] daher den Zusatz *torsional* und für die Translation in Richtung der Reifenachse den Zusatz *axial* ein.

Aufgrund der Symmetrie der Geometrie des unbelasteten Reifens sind die meisten Pole des Systems doppelt. Mit Zerstörung der Symmetrie bei Anliegen einer Radlast spalten die Pole zu zwei Einfachen auf. Der Tatsache, dass diese beiden Eigenschwingformen aus einer Eigenschwingform des symmetrischen Systems resultieren, kann durch einen Zusatz zur ursprünglichen Benennung Rechnung getragen werden. Entsprechend [Pesc90] bietet sich die Unterscheidung nach der Ausrichtung bezüglich einer vertikalen Achse in der Reifenhauptebene durch den Reifenmittelpunkt. So bilden die Schwingformen entweder eine zu dieser Achse symmetrische (*sym*) oder asymmetrische (*asym*) Schwingform aus. Innerhalb dieser Benennungskonvention sind lediglich die [1,1]-Schwingformen nicht eindeutig identifizierbar. Diese beiden Schwingformen sollten durch den Zusatz *lateral* bzw. *steering* gekennzeichnet werden. Die Reifen-Eigenformen werden in Abschnitt 3.1.3, 3.1.4, 3.2.2, 4.2.1 dargestellt und anhand der vorgeschlagenen Konvention benannt.

Zusammenfassend werden alle Schwingformen $[c,m]$ mit $m = 0$ in der Literatur häufig als *in-plane-modes* und mit $m > 0$ als *out-of-plane-modes* bezeichnet [Kind09]. Zusätzlich zu den genannten Schwingformen führt Brinkmeier [Brin07] die im Frequenzbereich zwischen 250 und 700 Hz auftretenden Seitenwandschwingformen, sowie lokale Gürtelschwingformen durch Kontakt und ab etwa 700 Hz lokale Schwingformen beispielsweise der Profilklötze auf.

Wheeler et al. [Whee05] untersuchen an einem Simulationsmodell mit starrem Rad den Einfluss verschiedener Reifenparameter auf die Lage der Reifen-Eigenfrequenzen. Ein um 2° vergrößerter Gürtelwinkel hat auf die $[c,0]$ und $[c,1]$-Eigenfrequenzen einen geringen Effekt. Die $[c,2]$ und $[c,3]$-Eigenformen werden um bis zu 6 Hz verringert. Eine Erhöhung der Karkasssteifigkeit bewirkt eine Erhöhung aller Reifen-Eigenfrequenzen. Für einen breiteren Reifen mit geringerem H/W-Verhältnis werden aufgrund der breiteren Gürtellagen die $[c,2]$ und $[c,3]$-Eigenformen besonders stark in ihrer Frequenzlage beeinflusst. Durch eine zusätzliche Nylondecklage werden die Reifen-Eigenfrequenzen um bis zu 2 Hz erhöht. Peschel [Pesc90] findet experimentell für eine härtere Lauffächenmischung höhere Eigenfrequenzen. Darüber hinaus entdeckt er einen Einfluss der Wulstkeilkonstruktion auf die Eigenfrequenzen. Allaei et al. [Alla88] zeigen, dass ein 56 g-Gewicht lokal auf dem Umfang eines ansonsten rotationssymmetrischen Reifens eine Frequenzverschiebung der Reifen-Eigenfrequenzen von bis zu 3 Hz je nach Modenform bewirkt. Eine zusätzliche lokale Steifigkeit von 17.5 N/m führt zu einer Frequenzverschiebung von bis zu 1.3 Hz [Alla88].

Neben den Materialeigenschaften, der Geometrie und den Details der Reifenkonstruktion beeinflussen die Betriebsbedingungen die Reifen-Strukturdynamik. Wheeler et al. [Whee05] finden in einer Simulation neben dem bereits beschriebenen Aufspalten der doppelten Pole für alle Eigenformen einen Anstieg der Eigenfrequenz mit der Radlast. Peschel macht dieselbe Beobachtung in der experimentellen Modalanalyse am stehenden Reifen [Pesc90], wobei die Dämpfungen mit der Last unverändert blieben. Er untersucht neben der Radlast den Einfluss des Fülldrucks [Pesc90]. Die Eigenfrequenzen nehmen mit dem Fülldruck beim unbelasteten und belasteten Reifen zu, die

Eigendämpfungen sinken mit zunehmendem Fülldruck (nur unbelasteter Reifen).

Als weitere Betriebsbedingung ist die Fahrgeschwindigkeit zu beachten. Die Autoren [Ushi88], [Zege98], [Tsuj05], [Dorf05] und [Kind09] beobachten im Versuch einen Abfall der Eigenfrequenzen sobald die Rollgeschwindigkeit ungleich Null ist. Der Wert der Frequenzverschiebung durch Rollen hängt von der Reifen-Eigenform, der Reifenkonstruktion, der Reifengröße und von der Rollgeschwindigkeit ab. Dorfi et al. [Dorf05] finden einen Frequenzabfall von 2 Hz für die erste vertikale Reifen-Eigenfrequenz zwischen 0 und 20 km/h und einen weiteren Abfall um 2 Hz zwischen 20 und 100 km/h. In [Tsuj05] nimmt der Frequenzabfall bei 50 km/h gegenüber dem stehenden Reifen im Frequenzbereich von 80 bis 165 Hz mit der Frequenz zu. In [Zell09] werden als Faustformel 7 bis 10 Hz Frequenzabfall bis zu einer Rollgeschwindigkeit von 100 km/h angegeben. In diesen Literaturstellen werden folgende Gründe genannt, die einen Einfluss auf die Eigenfrequenzen haben könnten, da die Masse unverändert bleibt

- Steifigkeitsänderung des Reifengummis bei zyklischer Belastung durch Mullins- [Dorf05], [Kind09] und Payne-Effekt [Kind09] (vgl. Abschnitt 2.1.1),

- Versteifung des Systems durch Zentrifugalkräfte [Dorf05], [Kind09] und

- Einfluss des Doppler-Effekts auf die Wellenbewegung aufgrund der Reifenrotation [Dorf05].

Mit Kenntnis des dynamischen Werkstoffverhaltens bei bimodaler Belastung (Abschnitt 2.1.1, [Wran08]) ist davon auszugehen, dass die komplizierte Belastungssituation mit einer überlagerten tieffrequenten hohen Dehnungsamplitude eine Entfestigung des russgefüllten Elastomermaterials bewirkt.

Für einen rotierenden Kreisring spalten aufgrund der Koriolisbeschleunigung die doppelten Pole (Eigenwerte) des nicht-rotierenden undeformierten Systems in zwei unterschiedliche Eigenfrequenzen abhängig von der Rotationsgeschwindigkeit auf [Nack00], [Kind09]. Diese korrespondieren mit einer Wellenbewegung mit und entgegengesetzt zur Rotation des Kreisrings. Der Doppler-Effekt meint hier die Frequenzverschiebung durch Rotation in einem raumfesten, nicht-rotierenden Bezugssystem. Nackenhorst [Nack00] leitet analytisch eine Beziehung für die Frequenzverschiebung des unbelasteten rotierenden Kreisrings her und beweist sie an einem rotierenden Glas, die näherungsweise die Frequenzverschiebung für die Reifen-Eigenfrequenz des rotierenden Reifens wiedergeben soll

$$\Delta f_{i_R} = \pm i_R \frac{\Omega}{2\pi} \tag{2.10}$$

mit $\quad \Delta f_{i_R} \quad$ der Frequenzverschiebung der radiale Eigenform i_R-ter Ordnung des rotierenden Kreisrings im nicht rotierenden Bezugssystem und

$\Omega \quad$ der Winkelgeschwindigkeit und

$i_R \quad$ i_R-te Ordnung.

Kindt [Kind09] leitet dieselbe Formulierung wie Gleichung 2.10 basierend auf den Arbeiten von Endo, Huang, Soedel et al. [Endo84], [Huan87a], [Huan87b] für den elastisch gebetteten, rotierenden Kreisring her. Er untersucht den Einfluss der Rotation auf die Reifenstrukturdynamik durch Betriebsschwingungsanalyse eines schlagleistenerregten Reifens. Durch die Schlagleiste werden hauptsächlich radiale Reifen-Schwingformen angeregt, die in Bezug auf ein raumfestes Bezugssystem stehende Wellen ausbilden [Kind09]. Nur für die *[2,0]-sym-* und beide *[5,0]*-Schwingformen zeigen sich im Bereich des Reifenauslaufs komplexe Anteile, das heißt, die Deformationen zeigen umlaufende Wellenbewegungen [Kind09]. Alle anderen identifizierten Schwingformen bis 250 Hz sind rein real und zeigen stehende Wellen. Tsujiuchi et al [Tsuj05] analysieren die Betriebsschwingformen der Seitenwand und des Ein- und Auslaufes eines auf einer Replika-Außentrommel rollenden Reifens ebenfalls mittels Laser-Doppler-Vibrometrie. Sie finden für die erste vertikale Reifenbetriebsschwingform eine stehende Welle in Bezug auf das raumfeste Messsystem. Für höhere Schwingformen werden komplexe Wellenbewegungen im Einlauf und stehende Wellen im Auslauf beobachtet, wobei die Wellenbewegung entgegen der Reifenrotationsrichtung erfolgt. Bei der höchsten betrachteten Eigenfrequenz bei 147 Hz zeigen sich komplexe Anteile im Ein- und Auslauf [Tsuj05]. Angemerkt werden muss hier, dass sich die Anregung des Systems von dem in den Untersuchungen von Kindt [Kind09] unterscheidet.

Brinkmeier [Brin07] berechnet die komplexen Eigenschwingformen eines rollenden Reifens numerisch. Die Rollbewegung bildete er durch eine relativ-kinematische Beschreibung und den Bodenkontakt durch Dirichlet-Randbedingungen auf die Kontaktknoten ab (beschrieben in Abschnitt 4.1.1 und 4.1.2). Durch diesen Bodenkontakt verschwinden die doppelten Pole und die Frequenzverschiebung nach Gleichung (2.10) durch Rotation tritt nicht auf, die Eigenfrequenzen sind leicht verringert. Brinkmeier interpretiert dies so, dass jeweils nur die Niederfrequente der durch Rotation aufgespaltenen Reifen-Eigenfrequenzen berechnet wird. Die von Brinkmeier simulierten Reifen-Eigenformen zeigen Wellenbewegungen, die im Kontakt gestört werden und sich mit zunehmender Geschwindigkeit weiter ausprägen. Nackenhorst et al. [Nack08] finden für eine rotationssymmetrische, rotierende und rollende Struktur für die Simulation von Rollen einen starken Einfluss der Kontaktrandbedingung und der Ordnung der Eigenform. Für das einfache numerische Beispiel finden sie für die ersten drei Ordnungen stehende Wellen bei der Eigenfrequenz des stehenden Systems, wohingegen die höheren Eigenformen mit und entgegengesetzt rotierende Wellenbewegungen bei zwei nach Gleichung (2.10) aufgespaltenen Eigenfrequenzen aufweisen.

2.2 Hohlraum

Der Hohlraum wird in der englischsprachigen Literatur häufig als *cavity* aber auch als *torus* bezeichnet (vgl. [Saka90], [Bede09], [Kind09], [Krau10]). In der deutschsprachigen Literatur finden sich die Übersetzungen der Englischen Bezeichnung „Hohlraum" [Have99], die innerhalb dieser Arbeit verwendet wird, sowie aufgrund seiner Form „Torus" [Bsch99], [Bsch01].

2.2.1 Aufbau und Medien

Der Reifen-Hohlraum wird üblicherweise mit Luft gefüllt. Das Medium im Reifen-Hohlraum kann, genauso wie die Reifenstruktur, durch eine entsprechende Anregung prinzipiell zu unendlich vielen Schwingformen angeregt werden.

Schwingt das Medium innerhalb des Reifens bilden sich Druckmaxima (positive Kraft auf das Felgenbett) und -minima (negative Kraft auf das Felgenbett) aus. Von den möglichen Schwingformen ist für das Füllmedium Luft diejenige, die sich über dem mittleren Hohlraumumfang als eine stehende Welle ausbildet, für den Frequenzbereich bis 300 Hz relevant. Für diese Schwingform korrespondiert die Wellenlänge mit dem mittleren Hohlraumumfang $2\pi r_H$. Schwingungen höherer Ordnung weisen Wellenlängen, die ganzzahlige Teiler des mittleren Hohlraumumfangs sind, auf. Für die Ausbreitung dieser Druckwelle bilden die nahezu schallharten Reifeninnenwände und das Felgenbett ideale Bedingungen [Bsch01], so dass auch durch die zunehmend sportlichere Abstimmung der Kraftfahrzeuge sowie die geringe Dämpfung des Gases der durch die Hohlraumresonanz bewirkte Schallpegel im Fahrzeug sehr hoch und für den Fahrer störend werden kann [Bede09]. Sakata et al. [Saka90] weisen durch Messung nach, dass die Hohlraumresonanz einen wesentlichen Anteil am Innenraumgeräusch hat.

Die Frequenzlage f_{i_H} der i-ten Hohlraumresonanz in Umfangsrichtung kann für den nicht belasteten Reifen in guter Übereinstimmung zur Messung mit

$$f_{i_H} = \frac{i_H\, c_{Gas}}{2\pi r_H} \tag{2.11}$$

mit i_H der Ordnung der Schwingung,

       c_{Gas} der Schallgeschwindigkeit des Reifen-Füllgases und

       r_H dem mittleren Hohlraumradius

berechnet werden [Saka90].

2.2.2 Eigenformen und Einflussfaktoren

Da die Hohlraumresonanz Druckschwankungen im Inneren des Reifens ausbildet, ist sie in der experimentellen Modalanalyse ohne zusätzliche Sensorik nur über die Beschleunigungsamplituden auf der Reifenoberfläche, die sie bewirkt, erkennbar. Für den unbelasteten Reifen bewirkt sie eine Translation des Reifengürtels in Anregungsrichtung, das System weist aufgrund der Rotationssymmetrie einen doppelten Pol auf (vgl. Abschnitt 3.1.30). Für den belasteten und somit unsymmetrischen Reifen bewirken die Druckschwankungen eine Gürteltranslation in horizontaler bzw. vertikaler Richtung, wobei die in vertikaler Richtung hochfrequenter ist (vgl. Abschnitt 3.1.4). Aufgrund dieses Verhaltens bietet sich die Benennung K,H bzw. K,V an. Dabei kann für höhere Ordnungen der Hohlraumresonanz der Index i_R als die Anzahl von Wellen über dem Umfang zusätzlich angeführt werden (Ki_R,H bzw. V). Für den betrachteten Frequenzbereich bis 300 Hz ist für Luft als Füllmedium keine Unterscheidung in axialer oder radialer Richtung notwendig, der Hohlraum bildet lediglich die $K1,H$ bzw. $K1,V$ aus (vgl. Abbildung 2.9).

Aus Gleichung (2.11) ist ersichtlich, dass die Frequenzlage der Hohlraumresonanz vom mittleren Hohlraumradius und von der Schallgeschwindigkeit im Füllmedium abhängt. Der mittlere Hohlraumradius wird vor allem durch Reifen- und Radgröße bestimmt. Die Schallgeschwindigkeit im Medium ergibt sich nach [Bohn88] als

$$c_{Gas} = \sqrt{\kappa_{Gas}\, \frac{p_{Gas}}{\rho_{Gas}}} = \sqrt{\kappa_{Gas}\, \frac{R\,T_{Gas}}{M_{Gas}}} \tag{2.12}$$

mit $\quad p_{Gas}\quad$ dem Druck im Reifen-Füllgas,

$\qquad \rho_{Gas}\quad$ der Dichte des Reifen-Füllgases,

$\qquad \kappa_{Gas}\quad$ dem Isentropenexponent des Gases,

$\qquad R\quad$ der Gaskonstante,

$\qquad T_{Gas}\quad$ der Gastemperatur,

$\qquad M_{Gas}\quad$ der molaren Masse des Gases.

Aus Gleichung (2.12) ergibt sich eine Abhängigkeit der Frequenzlage von der Temperatur im Gas. Krauss [Krau10] berechnete für einen Reifen der Größe 255/45R18 einen Temperaturgradienten von 1/3 Hz/K im relevanten Temperaturbereich. Wichtig ist anzumerken, dass die Hohlraum-Eigenfrequenzen mit höherer Temperatur bei höheren Frequenzen zu erwarten sind, wohingegen die Reifen-Eigenfrequenzen mit der Temperatur fallen (vgl. Messergebnisse in Abschnitt 3.1). Für Gase mit unterschiedlichen Isentropenexponenten sowie molaren Massen sind unterschiedliche Schallgeschwindigkeiten und damit andere Eigenfrequenzen zu erwarten. So zeigt [Gund00] für eine Messung mit Helium als Füllgas, dass die Hohlraumresonanz über 300 Hz hinaus, hin zu höheren Eigenfrequenzen verschoben wird.

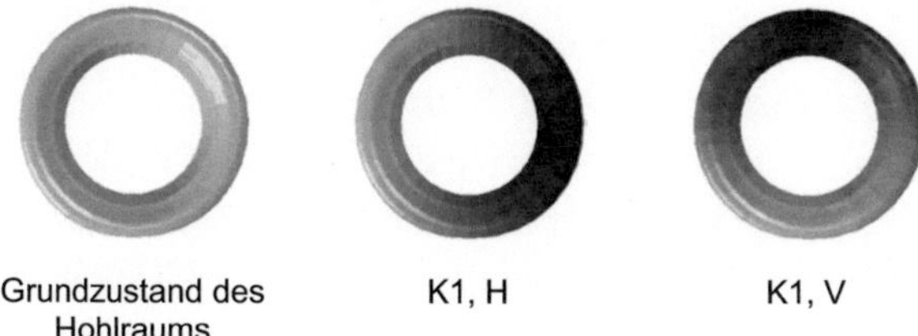

Abbildung 2.9:   Darstellung simulierter Hohlraum-Eigenformen.

Beim belasteten Reifen spaltet der doppelte Pol der Hohlraumresonanz in zwei einfache Pole auf, da die Rotationsymmetrie des Torus gestört wird. Die Schwingform, bei der die Druckschwankungen in Längsrichtung ausgerichtet sind, tritt bei einer niedrigeren Frequenz auf als die in vertikaler Richtung ausgebildeten Druckschwankungen. Es kann gezeigt werden, dass für eine stärkere Einfederung und dadurch eine längere Reifenaufstandsfläche des Reifens auch die Frequenzdifferenz zunimmt [Thom95], [Krau10]. Die Gleichung (2.11) erweitert Thompson daher um einen Term für die Abhängigkeit von der Länge der Reifenaufstandsfläche, sowie dem Quotienten m_{Fz} aus der deformierten Querschnittsfläche im Latsch und der Querschnittsfläche des unbelasteten Reifens [Thom95]

$$f_{KH,KV} = \frac{c_{Gas}}{2\pi r_H \pm (1-m_{Fz})l_A} \tag{2.13}$$

mit f_{KH} der Frequenz der horizontal ausgerichteten Resonanz,

f_{KV} der Frequenz der vertikal ausgerichteten Resonanz,

m_{Fz} dem Quotienten aus der deformierten Querschnittsfläche im Latsch und der Querschnittsfläche des unbelasteten Reifens (Radlastkoeffizient),

l_A der Länge der Reifenaufstandsfläche.

In einem später entwickelten Modell geben Feng et al. [Feng09] den Einfluss der Radlast auf die radlastbedingte Frequenzverschiebung durch empirisch ermittelte Koeffizienten an. Im Unterschied zu der Bedeutung des Quotienten m_{Fz} zeigen Sakata et al. [Saka90] und Gunda et al. [Gund00], dass die

Hohlraum-Querschnittsbreite (Reifenbreite) kaum nennenswerten Einfluss auf die Frequenzlage der Hohlraumresonanz hat.

Bei Rotation des Reifens wird das Füllgas mit der gleichen Drehgeschwindigkeit mit rotieren [Bede09], [Feng09], so dass ein nicht mitrotierender Beobachter bei MACH-Zahlen[2] signifikant größer Null eine Wellenbewegung mit der Rotation und eine entgegen gesetzt wahrnimmt. Resultierend sind an der Position dieses Beobachters (z.B. an der Radnabe) zwei der Hohlraumresonanz zuzuordnende, geschwindigkeitsabhängige Frequenzlagen messbar. Diese können theoretisch durch eine Erweiterung von Gleichung (2.11) um die von Nackenhorst [Nack00] hergeleitete Beziehung für die Frequenzverschiebung des unbelasteten rotierenden Kreisrings berechnet werden

$$f_{Ki_H,th,A1/A2} = i_H \frac{c_{Gas}}{2\pi r_H} \pm i_H n_{Rad} \tag{2.14}$$

mit $\quad f_{Ki_H,th,A1/A2} \quad$ der theoretisch berechneten Frequenz des 1. beziehungsweise 2. Astes der aufgespaltenen Hohlraumresonanz im rotierenden System,

$\quad n_{Rad} \quad$ der Raddrehzahl.

Bederna et al. [Bede09] erweitern Gleichung (2.14) um einen empirisch ermittelten, weiteren Frequenzverschiebungsterm, der nach ihnen aus der Kopplung mit dem Reifen resultiert. Feng et al. [Feng09] geben in ihrer Formulierung einen weiteren Term an, der aus den empirisch ermittelten Radlastkoeffizienten m_{Fz} gebildet wird. Beide messen an der festen Radnabe die resultierenden Kräfte, sowie innerhalb des Reifens den resultierenden Schalldruck und konstatieren eine gute Übereinstimmung zur Vorhersage. Beiden Untersuchungen gemein ist, dass der niederfrequente Peak $f_{K1,A1}$ in der Längsrichtung der Kraft eine höhere Amplitude aufweist, wohingegen der hochfrequente Peak $f_{K1,A2}$ in der Vertikalrichtung höhere Amplituden zeigt [Feng09], [Bede09]. Die Ursache für diesen Effekt ist bisher ungeklärt. Krauss [Krau09] sieht eine mögliche Erklärung in der durch Schuring et al. [Schu81] nachgewiesenen ungleichförmigen Bewegung des Füllmediums im Reifen. Eine weitere Erklärung kann die noch unzureichend bekannte Anregung und Interaktion mit Straßenunebenheiten im Kontakt sein.

---

[2] MACH-Zahl: Verhältnis der Flussgeschwindigkeit im Medium zur Schallgeschwindigkeit im Medium

Eine Fülldruckänderung im Medium bewirkt eine nahezu proportionale Dichteänderung des Fluides, so dass, eine Luftdruckänderung die Lage der Hohlraumresonanz nicht beeinflusst [Saka90]. Der Fülldruck bewirkt allerdings bei gleicher Last eine geänderte Abplattung des Reifens. Mit Gleichung (2.13) wird somit die Frequenzlage indirekt beeinflusst.

2.3 Rad

Das Rad wird umgangssprachlich häufig als Felge bezeichnet, wobei der Begriff „Felge" im eigentlichen Sinne den Teil des Rades, der den Reifen aufnimmt, bezeichnet [ETRTO], [Oost97]. In dieser Forschungsarbeit wird daher der Begriff „Rad" verwendet, wenn die komplette Konstruktion und „Felge" wenn der reifenaufnehmende Teil gemeint ist.

2.3.1 Aufbau und Materialien

Räder unterscheiden sich nach Traglast, Fahrzeughöchstgeschwindigkeit und Reifenbauart [Reim88]. Im Wesentlichen bestehen Räder aus der Felge und der Radschüssel (auch Scheibe genannt, vgl. [Oost97]). Die Felge besteht wie in Abbildung 2.10 dargestellt aus Felgenhörnern, Felgenschultern und Felgenbett [Reim88]. Die Hörner dienen als äußere seitliche Anschläge für die Reifenwülste, der Abstand zwischen ihnen wird als Maulweite bezeichnet. Über die Schultern, die Sitzflächen der Wülste, erfolgt die Kraftübertragung in Umfangsrichtung. Das Felgenbett ermöglicht als Tiefbett ausgeführt die Reifenmontage [Reim88]. Neben der Kraftübertragung an die Radschüssel dichtet die Felge den schlauchlosen Reifen gegen die Umgebung ab. Zur Sicherheit vor Luftentweichen dient eine umlaufende Wölbung, der so genannte Hump [Reim88]. Die Radschüssel verbindet Felge und Radnabe [Hoep08]. Die Schüsselform wird von Felgenform, Nabenanschluss, Bremsenkontur, Einpresstiefe und Belüftungsöffnungen zur Bremswärmeabfuhr bestimmt [Hoep08]. Reimpell [Reim88] nennt die vier Ausführungen Vollscheibenrad, Schlitzscheibenrad, Lochscheibenrad und Rippenscheibenrad, die sich in der Luftzufuhr zur Bremsenkühlung, im Fertigungsaufwand und im Design unterscheiden. Die Rippen des Rippenscheibenrades verlaufen sternförmig von der

Radnabe nach außen. Aufgrund dieses Aussehens wird die Radschüssel in diesem Fall auch als Felgenstern bezeichnet. Die Radschüssel muss hohe Festigkeitsanforderungen erfüllen, da sie die Kraftübertragung an die Radnabe gewährleisten muss. Nach [Reim88] ist in diesem Zusammenhang wichtig, dass der Radflansch an der Auflagefläche der Nabe gleichmäßig aufliegt. In DIN 74361 [D74361] werden die Anschlussmaße und Toleranzen für Scheibenräder mit Bolzenbefestigung, Lochkreisdurchmesser, Bohrungsdurchmesser, Nabendurchmesser, Bolzengewinde und Ausführung der Bolzenbohrungen aufgeführt.

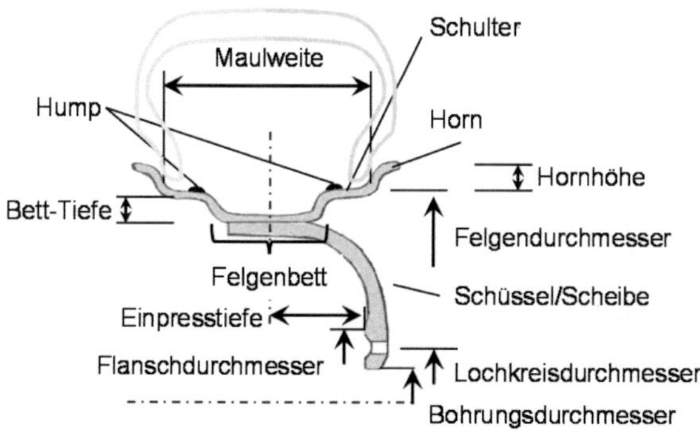

Abbildung 2.10:   Schematische Darstellung des Radquerschnitts.

Die Felgenbezeichnung gibt Maulweite, Hornausführung, Bettausführung, Felgendurchmesser und Humpausführung sowie gegebenenfalls auch den Hinweis auf das Normblatt an [D74361], [ETRTO]. Das in dieser Forschungsarbeit eingesetzte Aluminium-Rad hat die Bezeichnung 8.5 J x 18 H2 (8.5 = Maulweite in Zoll bzw. *inch*, J = Hornausführung 17.3 mm hoch, x = Tiefbett, 18 = Felgendurchmesser in Zoll bzw. *inch*, H2 = Doppel-Hump).

Felge und Schüssel werden aus kaltverformtem Stahlblech mit je nach Radlast unterschiedlichen Dicken gefertigt und entweder miteinander verschweißt oder im Fall von Leichtmetallrädern direkt einteilig gegossen oder geschmiedet. Leichtmetallräder bestehen aus Aluminium- oder Magnesiumlegierungen. Die Vorteile liegen im geringeren Gewicht, geringerem Trägheitsmoment, variableren Herstellungsverfahren und besseren Rundlaufeigenschaften [Reim88].

2.3.2 Eigenformen und Einflussfaktoren

Die Reihenfolge der Rad-Eigenformen im betrachteten Frequenzbereich hängt neben der Konstruktion auch von der Einspannung des Rades ab. Das untersuchte Aluminium-Rad weist unter frei-frei-Bedingungen neben den Starrkörperschwingformen bei 0 Hz nur eine Eigenschwingform unterhalb 400 Hz auf, bei der das Rad deformiert ist (vgl. Abschnitt 4.2.3). Bei dieser Eigenform bildet das Felgenbett ähnlich wie der Reifengürtel über dem Umfang zwei Wellenbäuche aus. Diese Eigenform wird im Folgenden erste Felgenbiegung genannt und ist in Abbildung 2.11 (Mitte) dargestellt. Für Stahl-Räder ist weiterhin die zweite Biegung, üblicherweise mit drei Wellenbäuchen über dem Felgenbettumfang in diesem Frequenzbereich möglich. Die Felgenbiegeschwingungen werden nach der Anzahl der Wellenbäuche über dem Umfang benannt, so dass die erste Felgenbiegung als *FB 2* zu bezeichnen ist. Um die Ausrichtung deutlich zu machen, erhält sie wie der Reifen die Zusätze *asym* oder *sym*. Wie bei den Reifen-Eigenformen handelt es sich auch bei der Felgenbiegung bei rotationssymmetrischen Rädern um einen doppelten Pol.

Bei Einspannung des Rades auf dem Modalanalyseprüfplatz (vgl. Abschnitt 3.1.2), ähnlich wie bei der Montage am Radträger, bilden sich im betrachteten Frequenzbereich weitere Schwingformen aus, bei denen die Radgeometrie deformiert ist. Es kommt zu Starrkörperbewegungen des Felgenbetts gegen den eingespannten Felgenstern. Zwei Ausformungen, zunächst der einfache Pol, bei dem das Felgenbett translatorisch in axialer Richtung gegen die Einspannung schwingt, (Index *A1*) und der doppelte Pol, von [Kind09] als *rim pitch* bezeichnet, bei dem das Felgenbett um eine horizontal bzw. vertikal durch die Einspannung gelegte Achse tordiert, sind denkbar. Diese Schwingform wird innerhalb dieser Forschungsarbeit mit *FP* abgekürzt. Die Schwingform ist in Abbildung 2.11 (rechts) abgebildet. In der Simulation werden neben der reinen Felgen-*Pitch*-Schwingform *FP* bei dem mit Radlast beaufschlagten System Reifenschwingformen mit Anteilen der Felgen-*Pitch*-Schwingformen $[c,m]$ + *FP* berechnet (vgl. Abschnitt 4.2.3).

Neben Radgeometrie und Einspannung werden die Eigenformen und –frequenzen des Rades durch das Material bzw. das Gewicht bestimmt. Eigenfrequenzen von Stahlrädern liegen bei vergleichbarer Ausführung niedriger als die von Leichtmetallrädern [Scav94]. Sandberg [Sand02] misst für schwere Stahlräder niedrigere Innengeräuschpegel als für vergleichbare Leichtmetallräder, jedoch mit nachteiligem Einfluss auf die Handling-Eigenschaften.

Undeformierter Zustand des Rades   Felgenbiegung: FB1   Starrkörperrotation der Felge FP

Abbildung 2.11:   Benennung und Darstellung simulierter Rad-Eigenformen bis 400 Hz.

Durch Rotation ist genau wie beim rotierenden Kreisring und dem mitrotierenden Füllgas für die Felgenbiegung und den Felgen-*Pitch* ein Aufspalten der Resonanzlage entsprechend Gleichung (2.10) zu erwarten. Messergebnisse dieses Aufspaltens berichtet nach Kenntnis der Autorin nur [Zell09] im Kraftspektrum in vertikaler Richtung im Prüfstandsversuch. Das verwendete Rad weist eine vergleichsweise niedrige erste Eigenfrequenz im Bereich um 200 Hz auf. Die Messdaten ausgelesen aus [Zell09] sind in Abschnitt 4.2.3 in Abbildung 4.9 b) dargestellt. Bei Rotation können die Eigenformen des Rades nicht mehr den Ausrichtungen *sym* und *asym* zugeordnet werden, da für einen stehenden Beobachter Wellenbewegungen mit und entgegen der Rotationsrichtung zu erwarten sind. Im rollenden Zustand werden die Zusätze durch 1 für die niederfrequente und 2 für die hochfrequente Eigenfrequenz ersetzt (Abschnitt 4.2.3).

2.4 Radführungen

Als Verbindungsglied zwischen Fahrbahn und Fahrzeug muss das Fahrwerk eine sichere und komfortable Fahrzeugführung gewährleisten. Es muss die Fahrzeugmasse abstützen, federn sowie deren Schwingungen bedämpfen, Geräusche und Schwingungen ausgehend von der Fahrbahn bedämpfen oder isolieren. Weiterhin müssen das Antriebsmoment übertragen, die Räder gelagert, geführt, gelenkt und gebremst werden [Mats98], [Heiß08]. Diese Aufgaben des Fahrwerks erfüllen die Teilsysteme Achsen, Lenkung, Federungs-,

Dämpfungs-, Brems- und Antriebssystem, Rad-Reifen sowie Fahrdynamikregelsystem [Heiß08]. Nach Heißing und Ersoy [Heiß08] ist diese funktionale Untergliederung des Fahrwerks für den konstruktiven Aufbau und die Montage nicht zweckmäßig, so dass sie die Bestandteile des Fahrwerks weiter entsprechend vormontierbarer Module untergliedern. Von diesen Modulen ist die Radführung direkt mit dem System Reifen-Hohlraum-Rad verbunden und bildet für dieses die mechanische Eingangsimpedanz.

2.4.1 Aufbau und Materialien

Die Radführung dient der Übertragung der Radaufstands-, Brems-, Antriebs-, und Seitenkräfte an den Aufbau. Sie besteht aus Lenkern, Kugelgelenken und Gummilagern, die den Radträger mit dem Aufbau bzw. Achsträger (Hilfsrahmen, Fahrschemel) verbinden [Heiß08].

Sogenannte Führungslenker führen das Rad. Traglenker tragen auch den Aufbau und Hilfslenker dienen der Verbindung von Lenkern untereinander oder mit dem Radträger. Um die relative Beweglichkeit der Lenker gegeneinander zu gewährleisten, verfügt jeder Lenker über mindestens zwei Gelenke, von denen das aufbauseitige meist durch ein Gummilager ersetzt wird. Die Lenker werden nach der Anzahl (2-Punkt-, 3-Punkt- und 4-Punkt-Lenker) und der Form der Verbindungslinie (Y-, U-, A-Form u.a., vgl. [Heiß08]) der Gelenke unterschieden. Als Lenkerwerkstoffe kommen Stahl (-bleche) und –legierungen aufgrund der hohen Festigkeit, Steifigkeit, Duktilität sowie des günstigen Preises und Aluminiumlegierungen aufgrund ihrer geringen Dichte, der guten Verarbeitbarkeit und Korrosionsbeständigkeit zum Einsatz [Heiß08].

Kugelgelenke übertragen durch das Rad eingeleitete Kräfte und Bewegungen vom Radträger zu den Lenkern. Aufgrund der dauernden gegenseitigen Berührung der Gelenkkomponenten treten innere Reibmomente auf. Wenn bei Kugelgelenken eine Rotationsachse dominiert und die übrigen Drehbewegungen sehr klein sind, werden Elastomerlager eingesetzt, da sie günstiger, unempfindlicher gegen Korrosion und wartungsfrei sind [Heiß08]. Bei der Übertragung von fahrbahnerregten Schwingungen spielen Elastomerlager eine wichtige Rolle, da sie die dynamischen Übertragungseigenschaften aller Fahrwerkskomponenten beeinflussen und als vibroakustische Abstimmglieder dienen [Sell08], [Thom08]. Das Übertragungsverhalten eines Elastomerlagers wird von der verwendeten Elastomermischung (frequenzabhängige Steifigkeit und Dämpfung, vgl. Abschnitt 2.1.1 und Abschnitt 2.4.2), der Art der Anregung, den Umgebungsbedingungen, der Formgebung und der Vorbelastung beeinflusst [Sell08].

Aufbauseitig werden die Lenker mit dem Achsträger verbunden, der die Radkräfte aufnimmt. Die unterschiedlichen Ausführungen werden aus Stahl oder Aluminium gefertigt. Trotz des hohen Gewichts und der verursachten Kosten dient der Achsträger dazu höchste Komfortansprüche zu erfüllen [Heiß08].

Radseitig sind die Lenker mit dem Radträger verbunden, der aufgrund der verschiedenen Radführungs- und Antriebskonzepte unterschiedliche geometrische Ausprägungen annimmt. Radträger werden als Guss- Schmiede- oder Blechbauteile aus Stahl oder Aluminiumlegierungen gefertigt [Heiß08].

2.4.2 Eigenformen und Einflussfaktoren

Neben der Anregung durch die Reifen-Hohlraum-Rad-Schwingungen und den Antrieb kann der Fahrwerkstruktur selbst die Ursache für Geräusche und Schwingungen sein [Heiß08]. Aufgrund der Vielzahl der Bauformen der Radführungen, Lenker und Gummilager kann das System unterschiedlichste gekoppelte Schwingformen (Starrkörper- und Kontinuumsresonanzen) annehmen, deren Eigenfrequenzlage von der Konstruktion, den Steifigkeiten und Massen der eingesetzten Bauteile abhängen. Douville et al. [Douv06] fassen die aus der Literatur bekannten Eigenfrequenzen 20, 50, 80 und 125 Hz als globale Eigenfrequenzen des gesamten Radführungssystems (einschließlich Reifen) zusammen. Dabei ist die Hauptresonanz zwischen 10 und 15 Hz [Heiß08] (die Angabe von 20 Hz in [Douv06] weicht von anderen Literaturstellen [Wall00], [Heiß08] ab) eine vertikale Starrkörperbewegung des Systems Reifen-Hohlraum-Rad beeinflusst durch die Reifensteifigkeit [Wall00]. Im Frequenzbereich zwischen 60 und 100 Hz berichten Sell et al. [Sell08] Kontinuumsresonanzen von Stahlfedern oder Biegeschwingungen der Dämpfer. Haverkamp et al. [Have04] beschreiben neben der Biegeschwingung des Stoßdämpfers im Frequenzbereich um 100 Hz Biegeeigenformen der Spurstange.

Die Fahrwerksentwicklung strebt danach die übertragenen Schwingungen zu tilgen, zu dämmen und Verstärkung durch Resonanzen zu vermindern [Heiß08]. Dazu werden Anforderungen an die erste Eigenfrequenz der Lenker, Rad- und Achsträger gestellt, da diese allgemein nur schwach gedämpft sind [Douv06]. Die Abstimmung der Elastomerlagereigenschaften, die im Fokus der Betrachtung zur Reduzierung der Körperschallübertragung ins Fahrzeug stehen [Thom08], erfolgt dabei immer im Zielkonflikt zwischen Fahrdynamik und Komfort. Für eine gute Geräuschisolation muss die mechanische Impedanz des Elastomerlagers signifikant kleiner als die der verbundenen Bauteile sein und zu hohen Frequenzen hin nur wenig verhärten [Heiß08]. Zur Schwingungsisolation werden wenig dämpfende Elastomermischungen bevorzugt, wobei eine Mindestdämpfung notwendig ist, um Eigenfrequenzen sowie stoßartige Anregungen zu bedämpfen [Sell08], [Thom08]. Nachteilig wirkt sich bei Gummilagern die dynamische Verhärtung hin zu kleinen Wegamplituden aus [Sell08], [Heiß08], was bei hohen Frequenzen, bei denen kleine Amplituden vorliegen, besonders relevant ist [Thom08]. Dann dominieren Reibungseffekte die Steifigkeit, so dass eine bedeutende Versteifung der Achse entsteht [Sell08]. Ferner wird in der Fahrwerksentwicklung versucht Freiheitsgrade auf einer Schwingungsübertragungsstrecke zu entkoppeln. Beispielsweise kann durch eine geeignet gewählte Lage der Zentralachse der Radaufhängungsschwingbewegung die Übertragung von am Rad eingeleiteten Längsschwingungen über Radträger und Querlenker auf die Spurstange verringert werden [Enge98]. Dadurch kann die durch Rad- und Bremsenungleichförmigkeiten bewirkten Lenkraddrehschwingungen reduziert werden [Enge98]. Ergänzend werden Dämmmaterialien in den Fahrzeuginnenraum eingebracht, Tilger und Sperrmassen eingesetzt [Thom08].

2.5 Fahrbahnen

Während des Rollprozesses wird der Reifen hauptsächlich durch Straßenunebenheiten zur Ausbildung von Eigenschwingungen angeregt [Zell09]. Aus diesem Grund wird im folgenden Abschnitt 2.5.1 auf den konstruktiven Aufbau und die Materialien von Straßenkonstruktionen eingegangen. In Abschnitt

2.5.2 werden die Möglichkeiten zur Charakterisierung von Fahrbahnen und die Reifen-Fahrbahn-Interaktion sowie deren Modellierung erläutert.

2.5.1 Aufbau und Materialien

Ziel der Straßenkonstruktion ist es, die durch Verkehrslasten erzeugten Spannungen so abzubauen, dass der tragende Untergrund die noch einwirkenden Lasten schadlos aufnehmen kann. Straßenschäden durch zu große Lasten, zu häufige Lastwechsel oder durch Gefrieren und Ausdehnen von eindringendem Wasser senken den Fahrkomfort und schaden, da sie Radlastschwankungen verstärken, der Straßenkonstruktion weiter. Die Straßenkonstruktion sieht Erdkörper und Straßenoberbau vor. Konstruktionsgrundsätze des Erdkörpers werden in [Vels09], [Wieh05] beschrieben.

Der für die Schwingungsanregung besonders interessante Straßenoberbau besteht je nach Untergrund und zu erwartender Verkehrsbeanspruchung aus mehreren (Trag-)Schichten [Vels09]. Die unterste Tragschicht dient meist dem Frostschutz, eventuell darüberliegende Tragschichten dienen der Verfestigung der Frostschutzschicht und der Aufnahme der Radlasten. Die oberste Schicht ist die Verschleiß- oder Deckschicht, die ruhigen Lauf, gute Reibung, Drainage für Wasser, Feuchtigkeitsschutz für die unteren Schichten und Lastverteilung gewährleisten muss [Sand02]. Die allgemein bekannten Bezeichnungen Asphalt-, Beton und Pflasterbauweise bezeichnen die Deckschicht [Vels09], wobei Asphalt und Beton die Art der Bindung der Stoffe meinen. Dabei sind die Tragschichten ungebunden oder anders gebunden als die Decke.

Der Straßenoberbau besteht zu 40 bis 55 Gewichts-% aus Gesteinskörnungen einer festgelegten Größenverteilung, zu 35 bis 45 Gewichts-% aus Sand, zu 5 bis 10 Gewichts-% aus Füllstoffen und zu 4 bis 8 Gewichts-% aus Bindemittel [Sand02], [Wieh05], [Vels09]. Das Bindemittel sorgt für einen guten Zusammenhalt der Gestein-Sand-Füllstoffmischung sowie eine feste Verbindung zur darunterliegenden Schicht. Vereinfachend ordnet Sandberg die Straßenoberflächen zwei Haupttypen, Betonoberflächen und konditionierten Oberflächen zu [Sand02].

Beton meint grundsätzlich jeden Gesteinmix, der durch ein Bindemittel gebunden wird. Betonoberflächen unterscheiden sich durch die Art des Bindemittels, Bitumen oder Zement, und dadurch nach Ihrer Festigkeit als flexibel bei bitumenartigem Bindemittel und starr bei Zementbinder. Ihre Dicke liegt zwischen 10 und 100 mm [Sand02]. Bei der Konditionierung von Oberflächen wird eine 5 bis 15 mm starke Verschleißschicht durch Besprühen der darunterliegenden, geebneten Tragschicht mit Bindemittel und anschließendem Abstreuen mit Gesteinsmischung bestimmter Körnungen erreicht.

Zur Herstellung einer bestimmten Oberflächenfestigkeit und definierten Oberflächeneigenschaften ist die Zusammensetzung der Gesteinskorngrößen wesentlich [Sand02], [Vels09], [Wieh05]. Je nach Größenverteilung und Gehalt bzw. Sorte des Bindemittels ergeben sich dichte, wasserundurchlässige, hohlraumarme oder poröse, hohlraumreiche Deckschichten. Dabei werden dichte und poröse Deckschichten sowohl bitumen- als auch zementgebunden hergestellt [Beck02].

Zu den hohlraumarmen Belägen zählen z.B. Asphaltbeton, Splittmastix-Asphalt (SMA) und Gussasphalt mit bis zu 5 % Holraumgehalt. Poröse Beläge wie der offenporige Asphalt (OPA) werden durch das Weglassen von Sand und den kleinsten Korngrößen in der Splittmischung sowie dem Zusatz von Faserstoffen im Bindemittel erreicht. Durch die Ableitung von Niederschlagwasser kann die Griffigkeit auf OPA verbessert und die Sprühfahnenbildung reduziert werden. Ein weiterer Vorteil ist die Lärmminderung beim Reifenabrollvorgang [Renk01], [Vels09].

Die Gesteinsgrößenzusammensetzung für Zementbetonoberflächen reicht über weitere Bereiche als bei Asphaltbeton und der Mix enthält mehr Sand. Dadurch werden die Oberflächen sehr eben und dicht, so dass Akustik und Griffigkeit schlechter bewertet werden [Sand02]. Zur besseren Ableitung von Wasser werden die Oberflächen einer Oberflächenbehandlung unterzogen. Bekannt sind das Abstreuen mit Gestein, das Freilegen von Steinen (z.B. Waschbeton) oder die mechanische Oberflächenbehandlungen (Besenstrich, Abschleppen mit Jutetuch, Schleifen und Ausfurchen mit Diamantsägen, Skidabrader zum Ausbrechen weicher Bestandteile), die sowohl in Längs- als auch in Querrichtung ausgeführt werden [Sand02]. Somit werden die Oberflächeneigenschaften dann stärker durch die Behandlung oder die herausstehenden Gesteinskörnungen bestimmt. Ein besonderes Merkmal von Zement-betonoberflächen ist, dass er zum Ausgleich von Temperaturspannungen in Sektionen von 10 bis 20 m Länge unterteilt werden muss. Neben der in Quer-richtung ausgeführten Oberflächenbehandlung führt auch diese Unterteilung zu Geräuschproblemen [Sand02].

Obwohl jedes Land eigene Spezifikationen für Fahrbahndeckschichten hat, werden tendenziell auf Straßen, auf denen hohe Geschwindigkeiten und viel Verkehrsaufkommen erwartet werden, Fahrbahndeckschichten mit gröberer Makrotextur eingesetzt, um eine angemessene Drainage und somit gute Nassreibeigenschaften zu erreichen [Sand02]. Ursächlich ergeben sich in Zu-sammenhang mit der erhöhten Geschwindigkeit auf diesen Straßen hohe Lärmbelastungen und Komforteinbußen für die Fahrzeuginsassen.

2.5.2 Charakterisierung von Fahrbahnen und Reifen-Fahrbahn-Interaktion

Charakterisierung

Die Abweichungen einer Fahrbahnoberfläche von einer ebenen planen Fläche werden in dieser Arbeit als Unebenheiten bezeichnet. In der Längs- bzw. Fahrtrichtung beeinflussen sie aufgrund der Schwingungsanregung der Fahr-zeuge sowie der entstehenden Vertikalbeschleunigungen den Fahrkomfort, die Beanspruchung der Straßenkonstruktion und die Fahrsicherheit [Vels09]. Die World Road Association hat 1987, entsprechend ihres Einflusses auf Ge-brauchseigenschaften wie Griffigkeit, Abrieb, Geräusch, Komfort u. a. die Be-reiche der Unebenheitswellenlängen λ festgelegt

- Mikrotextur ($\lambda < 0.5$ mm),

- Makrotextur($0.5 < \lambda < 50$ mm) und

- Megatextur ($50 < \lambda < 500$ mm).

Die Definitionen wurden im ISO-Standard [I13473] weiter entwickelt. Dieser definiert als Textur die Abweichungen der Fahrbahnoberfläche von einer ebe-nen Fläche. Von Profil ist die Rede, wenn das Messergebnis der Abtastung einer solchen Textur mit einem Sensor entlang einer Raumachse gemeint ist. Wird ein derartiges zweidimensionales (2-D) Profil in den Frequenzbereich überführt, kann die Texturwellenlänge λ als Kehrwert der räumlichen Frequenz gewonnen werden. Die Texturwellenlängen im Bereich der Makrotextur liegen in vergleichbarer Größenordnung wie Reifenprofilelemente. Unebenheiten in diesem Bereich werden durch Steine innerhalb der Asphaltmischung und die in Abschnitt 2.5.1 beschriebenen Oberflächenbehandlungsverfahren erzielt. Die Reifenlatschlänge fällt in den Wellenlängenbereich der Megatextur. Der Bereich von Wellenlängen größer 500 mm wird „Unebenheit" genannt. Unebenheiten entstehen durch Alterung der Fahrbahndecke, sowie z.B. durch Brückenübergänge. Die spektrale Darstellung der Texturamplitude über der Wellenlänge bzw. der räumlichen Frequenz wird zur Bewertung von Straßenoberflächen und in der Simulation der Straßenanregung eingesetzt [Dods73], [LeeS03], [Gimm05], [Schu05], [Vels09]. Aufgrund der fraktalen Gestalt von Straßenoberflächen können durch Definition einer Ausgleichsgeraden für die spektrale Darstellung charakteristische Kennwerte gewonnen werden. Die Bestimmung dieser Kennwerte und von Gestaltfaktoren ist in Abschnitt 3.4.2 beschrieben. Die Rauheit, die geometrische Feingestalt von Oberflächentexturen, wird über die Abstände zwischen Profilspitzen, die mittlere Profiltiefe MPD und den quadratischen Mittelwert (RMS) der Rautiefen gekennzeichnet [Sand02], [Brin07], [Vels09].

Anregung des Reifens

Die spektrale Darstellung sowie die gewonnen Kennwerte geben, wenn sie aus einem zweidimensionalen Texturprofil gewonnen werden, nur näherungsweise die über die gesamte Reifenaufstandsfläche eingeleitete Anregung wieder. Probleme entstehen zum Beispiel, wenn die Anregung über der Reifenbreite in Phase erfolgt, z.B. bei gefurchten Straßen [Sand02]. Aus diesem Grund finden de Roo et al. [DeRo99] bedeutende Unterschiede bei Simulation des abgestrahlten Schalls bei Anregung des Reifens mit dreidimensionalen (3-D) spektralen Unebenheitsfunktionen der Straße im Vergleich zur Anregung mit einer zweidimensionalen spektralen Unebenheitsfunktionen jeweils über der gesamten Reifenbreite. Die Unterschiede zwischen der Anregung mit einem synthetischen Anregungssignal, das aus der spektralen Unebenheitsfunktionen erzeugt wird (aufgrund unzureichender Phaseninformation wird die typische Struktur einer Straße aus Poren und Steinen nicht wiedergegeben), und der Anregung mit dem gemessenen Anregungssignal sind dagegen verschwindend gering.

In Modellen, wie beispielsweise dem von Brinkmeier [Brin07], die die Reifenrotation und das Reifenkurvenverhalten abbilden, wird von einer starren Fahrbahn ausgegangen (vgl. [Ghor06], [Kois98], [Kabe00], [Oden86], [Olat02], [Olat04], [Raok03]). Diese Annahme ist berechtigt, da bei der Interaktion der rollende Reifen eine weitaus geringere Steifigkeit aufweist als die darunterliegende Straße [Ande08]. Bei Modellen [Seta03], die die Interaktion mit weichem Untergrund oder Schnee abbilden, ist diese Annahme nicht länger gültig, da die Deformationen des Reifens und des Untergrunds vergleichbare Größenordnungen haben.

Das Kontaktverhalten von Reifen und Fahrbahn hängt von der Fahrbahntextur, den Fahrbahnmaterialien, dem Vorhandensein eines Zwischenmediums, den viskoelastischen Materialeigenschaften des Reifens, der Biegesteifigkeit des Reifenaufbaus, der Rollgeschwindigkeit und der Radlast ab. Einer visuellen Untersuchung ist der Kontaktbereich nicht zugänglich. Somit werden Kontaktuntersuchungen, mit dem Ziel die Eindringtiefe des Reifens in eine unebene Fahrbahnoberfläche abzubilden, zunächst mit dünnen deformierbaren Folien von Dieckmann [Diec92] und Eichhorn [Eich94], später auch von Brinkmeier [Brin07] durchgeführt. Nach dem Überrollen der Folien mit dem zu untersuchenden Reifen wird die Foliendeformation beziehungsweise die Kontakttiefe optisch ausgewertet [Eich94] oder vermessen [Brin07]. Eichhorn ermittelt mit dieser Methode eine mit der Fahrgeschwindigkeit abnehmende Eindringtiefe was er durch die dynamische Verhärtung des viskoelastischen Materials erklärt [Eich94]. Wie auch in dieser Forschungsarbeit (Abschnitt 3.4.3) werden bei Bachmann [Bach98], im Projekt Silence [Chal06], bei Majumdar et al. [Maju07] und Gäbel [Gaeb09] drucksensitive Folien zur Untersuchung des Kontakts eingesetzt. Bachmann findet eine generelle Abnahme der Kontakttiefe mit zunehmender Geschwindigkeit [Bach98], obwohl die drucksensitiven Folien laut Herstellerangaben für dynamische Messungen nicht geeignet sind. Gäbel [Gaeb09] findet in experimentellen Untersuchungen eines Profilblocks, der quasistatisch mit nomineller Last auf zwei Fahrbahnoberflächen gepresst wird, einen linearen Zusammenhang zwischen Traganteil, dem Quotienten aus wahrer Kontaktfläche und nomineller Kontaktfläche, und Kontaktdruck. Aus der visuellen Betrachtung der drucksensitiven Folien unter steigender nomineller Last ergibt sich für kleine nominelle Lasten zunächst eine Zunahme der lokalen Kontaktstellen auf rauen Oberflächen [Gaeb09]. Mit weiter steigender Last steigt die Kontaktfläche an bestehenden Kontaktstellen an, wobei der lokale Kontaktdruck signifikant ansteigt [Gaeb09]. Die Ursachen sieht Gäbel in der Oberflächenprofilierung und den viskoelastischen Materialeigenschaften [Gaeb09]. Gleichzeitig misst Gäbel in den Versuchen die resultierende Normalverschiebung, mit deren Kenntnis er die Kontaktsteifigkeit (also der Widerstand gegen das Eindringen eines weichen Profilblocks in die profilierte Textur) als Verhältnis eines aufgebrachten Normalkraftinkrements zur resultierenden Normalverschiebung definiert [Gaeb09]. Bei Auftragung der Kontaktsteifigkeit einer Oberfläche ausgeprägter Makrotextur über der resultierenden Normalverschiebung ergibt sich der in Abbildung 2.12 b) schematisch dargestellte nichtlineare Verlauf (vgl. [Ande05], [Chal06], [Ande08], [Gaeb09]). Der starke Anstieg bei geringen Normalverschiebungen entsteht durch Bildung neuer Kontaktgebiete, der geringe Anstieg bei mittleren bis hohen Normalverschiebungen durch Ausweitung bestehender Kontaktgebiete [Gaeb09]. Die vergleichende Messung auf einer Korundoberfläche mit geringer maximaler Rautiefe ergibt aufgrund des hohen Traganteils eine sehr hohe Kontaktsteifigkeit. Die Auftragung der aufgebrachten Last über dem Eindringweg zeigt auf der Makrotextur die in Abbildung 2.12 a) dargestellte nichtlineare Charakteristik. Auch hier zeigt sich der Einfluss der makroskopischen Textur der Fahrbahnoberfläche [Chal06], [Ande08], [Gaeb09] in starken Unterschieden des Kurvenverlaufs je nach Position des Profilblocks auf der Fahrbahn. Auf der ebeneren Korundoberfläche zeigt sich eine annähernd lineare Charakteristik.

Aufbauend auf experimentell gewonnenen Erkenntnissen entwickeln verschiedene Autoren [Eich91], [Bach98], [Trab05], [Ande05], [Ande08], [Gaeb09] Modelle des komplizierten, nichtlinearen Reifen-Fahrbahn-Kontakts wobei die Fahrbahn als mechanisch starr angenommen wird. Die notwendige feine Diskretisierung des Kontaktbereichs verursacht lange Rechenzeiten, so dass sich ein Zielkonflikt zwischen Detaillierungsgrad und Berechnungszeit ergibt. Diesem Zielkonflikt sowie der Komplexität der Kontaktmodellierung begegnen die Autoren durch

- Vereinfachende Annahmen (z.B. Vernachlässigung der Mikrorauheit),

- Berücksichtigung von ausschließlich Normalkräften/-verschiebungen [Eich91], [Bach98], [Trab05], [Brin07] und

- Modulare Modellierung (z.B. Trennung von Normal- und Tangential-anregung) [Ande08], [Gaeb09], [Mold10].

a)   b)

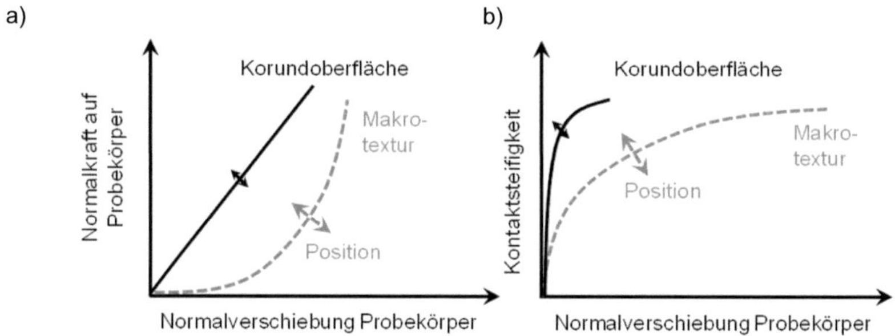

Abbildung 2.12:   Schematische Darstellung a) der Normalkraft-Verschiebungs-Charakteristik und b) der Kontaktsteifigkeit-Verschiebungs-Charakteristik, nach [Chal06], [Gaeb09].

Zur Modellierung des Reifen-Fahrbahn-Kontaktes werden häufig wie in [Krop92] die Winkler-Bettung [John85] und deren Weiterentwicklungen einge-setzt. Die klassische Winkler-Bettung [John85] vernachlässigt die Kopplung der einzelnen Materialpunkte, was nach Andersson et al. [Ande05], [Ande08] ein großer Nachteil dieser Methode ist. Ohne Kopplung der Federn wird der-selben Texturhöhe unabhängig von der konkreten Unebenheitsverteilung der gleiche Normaldruck bzw. die gleiche Normalkraft zugewiesen. Die realen Druckverhältnisse werden verfälscht [Eich94]. Eichhorn und Roth [Eich91] entwickeln aufbauend auf den Erkenntnissen aus ihren Versuchen ein zwei-dimensionales Kontakttiefenmodell auf Basis der Winkler-Bettung. In diesem Modell werden an der Reifenprofiloberkante in Normalenrichtung wirkende, parallele Federn fest angebunden, von denen jede Feder mit zwei Nachbarfe-dern durch Koppelfedern verbunden ist. Die Prinzipdarstellung des Modells zeigt Abbildung 2.13 a). Alle Federn werden als linear elastisch und ihre Län-genänderung als klein gegenüber der Ausgangslänge angenommen. Ferner ist die Federsteifigkeit konstant und es sind nur vertikale Verschiebungen erlaubt. Das Modell berechnet den Gleichgewichtszustand ohne Berücksichti-gung dynamischer Effekte nach

$$\mathbf{F}_N = \underline{\mathbf{K}}_N \mathbf{u}_N \tag{2.15}$$

mit $\quad\mathbf{F}_N\quad$ dem Kraftvektor der lokalen Kräfte $f_{n,i}$ an der Feder an der Position i,

$\quad\underline{\mathbf{K}}_N\quad$ der Steifigkeitsmatrix in normaler Richtung und

$\quad\mathbf{u}_N\quad$ dem Vektor der lokalen Einfederung $u_{n,i}$ der lokalen Federn an der Position i.

Die Lösung von (2.15) erfolgt iterativ und verschiebungsgesteuert bis die Summe der lokalen Kontaktkräfte an allen Federn der vorgegebenen Normallast entspricht [Eich94]

$$F_{N,Soll} = \sum_i f_{n,i} \tag{2.16}$$

mit $\quad F_{N,Soll}\quad$ der vorgegebenen Normalkraft.

Das Modell kann mit einer Auflösung von 25 Federn je 2 mm in Längsrichtung die gemessenen Kontakttiefen mit einer Abweichung von 0.1 mm vorhersagen [Eich94]. Dieser zweidimensionale Modellansatz wird von Bachmann [Bach98] um eine Parallelschaltung von Feder und Dämpfern (sogenannte *Kelvin-Voigt (KV)*-Modelle) anstelle der diskreten Federn erweitert. Das Prinzip des Modells ist in Abbildung 2.13 b) dargestellt. Damit gelingt die Berücksichtigung des Einflusses der Eindringgeschwindigkeit des Profilelastomers in die unebene Fahrbahn. Die Modellparameter werden anhand der durchgeführten Messungen ermittelt [Bach98]. Von Trabelsi wird der zweidimensionale Modellansatz von Eichhorn und Roth zu einem dreidimensionalen Modell erweitert [Trab05]

$$\mathbf{F}_N = \underline{\mathbf{K}}_N \mathbf{u}_N \tag{2.17}$$

mit $\quad\mathbf{F}_N\quad$ dem Kraftvektor der lokalen Kräfte $f_{n,i,j}$ an der Feder an der Position i,j,

$\quad\underline{\mathbf{K}}_N\quad$ der Steifigkeitsmatrix und

$\quad\mathbf{u}_N\quad$ dem Vektor der lokalen Einfederung $u_{n,i,j}$ der lokalen Federn an der Position i,j.

$$F_{N,Soll} = \sum_j \sum_i f_{n,i,j} \qquad (2.18)$$

mit $F_{N,Soll}$ der vorgegebenen Normalkraft.

a)   b)

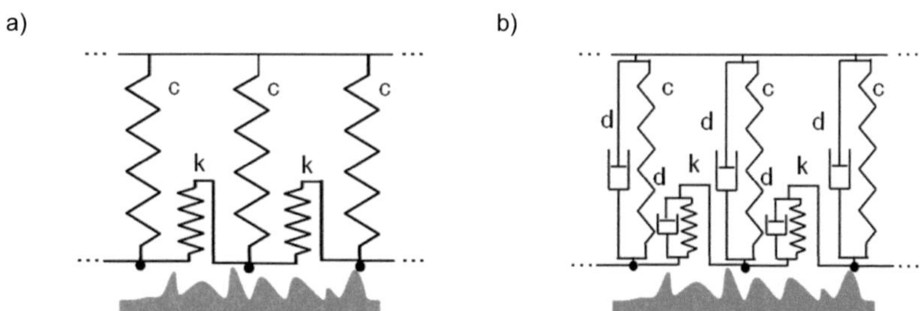

Abbildung 2.13:   Prinzipdarstellung des zweidimensionalen Normalkontaktmodells a) nach Eichhorn und Roth [Eich91] und b) nach Bachmann [Bach98].

Dies entspricht einer Erweiterung der Prinzipdarstellung aus Abbildung 2.13 a) in die dritte Dimension. Somit wird der Kontakt zwischen Reifen und Fahrbahn in der Fläche vollständig berechnet, wobei die Verteilung der Unebenheiten in zwei Raumrichtungen den lokalen Kontakt beeinflusst. Die Ansätze von Trabelsi und Bachmann werden von Gäbel verknüpft, um den Profilblock-Fahrbahn-Kontakt quasi-dynamisch und flächig zu berechnen [Gaeb09]. Das Modell bedeutet eine Erweiterung der Prinzipdarstellung aus Abbildung 2.13 b) in die dritte Dimension. Die Modellparameter identifiziert Gäbel durch Versuchsergebnisse und eine vergleichenden FE-Simulation, wobei er die Textur in der FE-Simulation an einigen Stellen glättet, um numerische Konvergenz zu erreichen [Gaeb09]. Für die in Abbildung 2.12 dargestellten Normalkraft- und Kontaktsteifigkeitscharakteristika erreicht Gäbel eine gute Übereinstimmung zwischen Simulation und Versuch im Gleichgewichtszustand. Bei dynamischen Eindringversuchen ermittelt Gäbel eine Zunahme der Normalkraft und eine verminderte Eindringtiefe mit zunehmender Geschwindigkeit v [Gaeb09]. Der Effekt ist in Abbildung 2.14 a) dargestellt. Die quasi-dynamische Modellierung mit

$$\mathbf{F}_N = \left(\underline{\mathbf{K}}_N + \frac{1}{t_{E,v}(v)} \underline{\mathbf{D}}_N \right) \mathbf{u}_N \qquad (2.19)$$

mit $\mathbf{F}_N$ dem Kraftvektor der lokalen Kräfte $f_{n,i,j}$ an der Feder an der Position i, j,

      $\underline{\mathbf{D}}_N$ der Dämpfungsmatrix und

      $t_{E,v}$ der Eindringzeit bei der Geschwindigkeit v

kann die gemessenen Effekte qualitativ abbilden [Gaeb09].

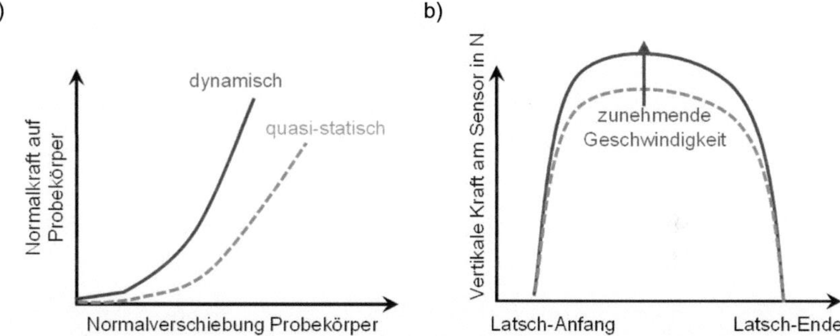

Abbildung 2.14:   Schematische Darstellung a) der Normalkraft-Verschiebungs-Charakteristik im dynamischen Eindringversuch, nach [Gaeb09]; b) der vertikalen Kontaktkraft an der Unebenheit mit zunehmender Geschwindigkeit (vgl. Ergebnisse Abschnitt 3.5).

Der Reifenschlupf ist Voraussetzung für eine tangentiale Kraftübertragung, wobei sich der Gesamtschlupf in Deformations- und Gleitschlupfanteile untergliedern lässt [Kumm66]. Bei kleinem Reifenschlupf dominiert der Deformationsschlupfanteil. Dies führt zu einem steilen Anstieg der Reibwert-Schlupf-Kurve bei kleinem Reifenschlupf [Fach00]. Bei Auftreten eines Zwischenmediums im Reifen-Fahrbahn-Kontakt wie z.B. Wasser wird das Niveau der Reibwert-Schlupf-Kurve verringert [Kumm64]. Da in der vorliegenden Forschungsarbeit der Zustand des freien Rollens betrachtet wird, ist davon auszugehen, dass der überwiegende Teil des Reifenschlupfs aus Deformationen der Reifenprofilelemente resultiert [Fach00]. Doporto [Dopo03] zufolge ergibt sich der Anfangsgradient der Umfangskraft-Schlupf-Kennlinie aus dem Elastizitätsmodul der Elastomermischung des Reifenprofils, einem Steifigkeitsfaktor (bestimmt durch geometrische Daten der Profilstruktur), dem Profilpositivanteil und der mittleren Länge der Reifenaufstandsfläche. Gäbel [Gaeb09] untersucht tangentiale Kontaktzustände von Profilelementen bei denen zunächst kein globales Abgleiten betrachtet wird. Mit steigender Normalkraft findet er zunehmende lokale Kontaktdrücke und eine stärkere Verzahnung zwischen Profilblock und rauer Fahrbahnoberfläche, wodurch sich der Effekt des Mirkogleitens reduziert und die übertragbare Tangentialkraft ansteigt [Gaeb09]. Bei einer definierten Tangentialkraft sinkt mit zunehmender Normallast die tangentiale Auslenkungen des Profilelementes [Gaeb09]. Die sinkende Auslenkung bedeutet eine zunehmende Tangentialsteifigkeit. Für definierte tangentiale Verschiebungen zeigt der Verlauf der Kontaktsteifigkeit mit zunehmender Normalkraft eine nichtlineare Charakteristik [Gaeb09]. Die geringe Zunahme der tangentialen Kontaktsteifigkeit bei hohen Normallasten führt Gäbel darauf zurück, dass ab einer bestimmten Normallast auf einer ausgeprägten Makrotextur kaum neue Kontaktgebiete erschlossen werden [Gaeb09].

Aufbauend auf seinen Erkenntnissen aus Versuchen entwickelt Gäbel [Gaeb09] ein Tangentialkontaktmodell, das im Anschluss an eine Normalkontaktsimulation ausgeführt wird. Aufgrund der Ähnlichkeit der Ergebnisse zur Normalkontaktanalyse wählt er in Tangentialrichtung ebenfalls eine Bettungsmodellierung. Nachdem in der Normalkontaktsimulation die Summe der lokalen Federkräfte der anliegenden Sollnormalkraft entspricht (Abbildung 2.15 a)), wird die Information über die Lage der in Kontakt stehenden, aktiven Federelemente an das dreidimensionale Tangentialmodell übergeben [Gaeb09]. Das Tangentialmodell des Profilblocks besteht aus einer Parallelanordnung von miteinander gekoppelten, linear-elastischen Federelementen. Die zweidimensionale schematische Darstellung des Modells zeigt die Abbildung 2.15 b). An allen in normaler Richtung aktiven Federelementen wird eine tangentiale Verschiebung s_t appliziert [Gaeb09]. Die Tangentialspannungsverteilung berechnet Gäbel [Gaeb09] aus den Federkräften der Elemente, die in tangentialer Richtung an den Fahrbahnunebenheiten anliegen. Mikrogleiten und eine Rückwirkung auf die Normalkontaktsituation werden im Modell vernachlässigt. Das Modell ist in der Lage den Verlauf der gemessenen Kontaktsteifigkeitskennlinie in der Simulation qualitativ abzubilden [Gaeb09].

Dynamische Reifenmodelle, beispielsweise von Mancosu et al. [Manc97], nutzen zur Beschreibung der tangentialen Kontaktsituation elastische Bürstenelemente. In Umfangsrichtung werden diskrete, linear-elastische Bürstenelemente bei haftendem Kontakt ausgelenkt. Proportional zur Auslenkung bildet sich eine tangentiale Kontaktkraft aus. Je nach Implementierung des

Bürstenmodells sind die Bürsten miteinander gekoppelt [Lupk03] oder ungekoppelt [Manc97], [Sven03].

a)   b)

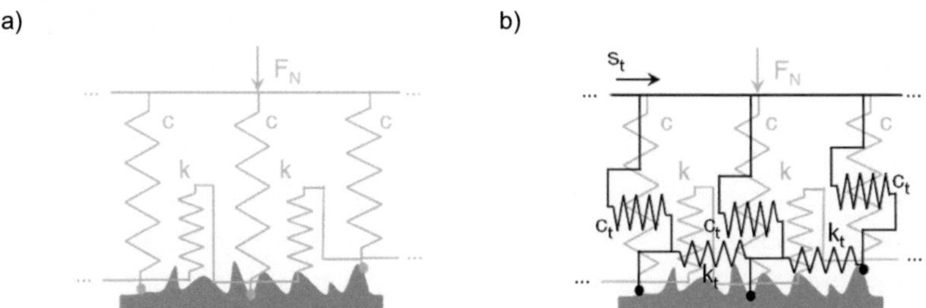

Abbildung 2.15:   Prinzipdarstellung a) des eingefederten, normalen Profilblockmodells nach [Gaeb09] b) des Modellansatzes in tangentialer Richtung nach [Gaeb09].

2.6 Kopplung der Teilsysteme

Bei dem System Reifen-Hohlraum-Rad-Radführung handelt es sich um ein gekoppeltes System. Reifen und Rad, sowie Hohlraum und Rad sind, wie die Systembeschreibung in den vorherigen Abschnitten gezeigt hat, über einen Rand großer Dimension miteinander verbunden. Über diesen Rand kann Schwingungsenergie ausgetauscht werden. Um zu analysieren an welchen Stellen gegebenenfalls Modellvereinfachungen getroffen werden können, wird in diesem Abschnitt beschrieben wie die Eigenschaften eines Teilsystems die modalen Eigenschaften des anderen beeinflussen.

Reifen-Hohlraum-Kopplung

Die Eigenfrequenzen des Reifens werden durch das Füllmedium nur wenig beeinflusst [Whee05]. Bei zwei unterschiedlichen Füllmedien werden in der Messung der Übertragungseigenschaften die Eigenfrequenzen des Reifens nicht erkennbar verändert [Scav94]. Die Amplituden der gemessenen Übertragungsfunktion werden bis 200 Hz kaum beeinflusst. Im Bereich der Hohlraum-Eigenfrequenz des Mediums Luft erfolgte eine Beeinflussung der Amplitude [Scav94].

Bederna et al. [Bede09] ermitteln durch Messung und Simulation empirisch eine Frequenzverschiebung von 0.5 Hz für die Hohlraum-Eigenfrequenz, die sie der Kopplung mit dem Reifen zuschreiben. Nach Sakata et al. [Saka90] wird ein Reifen gleicher Größe mit unterschiedlichem strukturellem Aufbau oder anderen Materialen nicht die Lage der Hohlraum-Eigenfrequenz wohl aber die Amplitude beeinflussen. In Abschnitt 2.2.2 wurde beschrieben, dass die Eigenfrequenz des Hohlraums nicht durch den Reifenfülldruck beeinflusst wird. Bei stehendem Rad ist eine Beeinflussung der Frequenzlage aufgrund einer Änderung der Reifeneinfederung möglich. In Kopplung mit dem Reifen wird, wenn der Reifenfülldruck verändert wird, eine Änderung der Amplitude der Hohlraumresonanz gemessen [Krau10], da die Reifensteifigkeit geändert wird.

Reifen-Rad-Kopplung

Richards et al. [Rich86] berichten eine Abhängigkeit der Lage der ersten Reifen-Eigenfrequenz [1,0]-*asym* + *torsional* abhängig von der Masse des Rades bei Untersuchungen der Hochgeschwindigkeits-Reifen-Ungleichförmigkeit. Sie beschreiben eine Rotation des Rades entgegen einer Scherdeformation der Reifenseitenwand für diese Eigenform.

Wheeler et al. [Whee05] finden durch experimentelle Modalanalyse an einem Stahl- und einem Aluminiumrad einen Einfluss der Radsteifigkeit auf die niederfrequenten [2,1]- und die *Steering*-Reifen-Eigenform. Für das Stahlrad sind die Eigenfrequenzen rd. 2 Hz geringer. Im Gesamtsystem Reifen-Hohlraum-Rad haben umgekehrt auch Reifenmasse und -steifigkeit einen Einfluss auf die Lage der Rad-Eigenfrequenzen.

Hohlraum-Rad-Kopplung

Scavuzzo et al. [Scav94] untersuchen den Einfluss der Hohlraumresonanz und der modalen Eigenschaften des Rades aufeinander. Sie finden heraus, dass die Eigenfrequenzen typischer Pkw-Räder mit der Hohlraumresonanz koppeln können und dass durch eine Rad-Eigenfrequenz in der Nähe zur Hohlraum-Eigenfrequenz eine Amplitudenerhöhung in der Übertragungsfunktion des Systems resultiert. Im Pkw-Innenraum messen sie Pegeldifferenzen von 12 dB für zwei unterschiedliche Räder.

In experimentellen Untersuchungen findet Hayashi [Haya07] für die zweite Hohlraumresonanz (zwei Wellenbäuche über dem Umfang) eine durch die Druckdifferenzen bewirkte erzwungene Deformation des Rades entsprechend dessen erster Eigenform (FB 2). Für das untersuchte Rad liegt die erste Rad-Eigenfrequenz für sich betrachtet niederfrequenter. Die erste Hohlraumresonanz bewirkt ein Moment um die Längsachse durch die Radnabe. Hayashi [Haya07] untersucht den Einfluss der Radscheibentorsionssteifigkeit aus der Scheibenebene hinaus auf die Achsschenkelbeschleunigung in lateraler Richtung. Mit zunehmender Torsionssteifigkeit der Scheibe findet er geringere Geräuschpegel im Fahrzeuginnenraum [Haya07]. Weiterhin empfiehlt er geringere Radbreiten, um den Hebelarm zur Scheibenebene und damit die Achsschenkelbeschleunigungen zu reduzieren.

Kopplung des Systems Reifen-Hohlraum-Rad mit der Radführung

Nach Wheeler et al. [Whee05] fallen in den Frequenzbereich von 30 bis 80 Hz einige Familien von Reifen-Eigenformen, die große globale, hauptsächlich vertikale und horizontale Bewegungen ausführen und die somit zum körperübertragenen Energietransfer über die Radführung beitragen. Höhere $[c,2]$- und $[c,3]$-Reifen-Eigenformen im Frequenzbereich zwischen 220 und 250 Hz bewirken ebenfalls große globale Bewegungen.

Die $[1,0]$-*asym*-Reifen-Eigenfrequenz wird in ihrer Lage durch eine höhere Längssteifigkeit der Radführung zu höheren Frequenzen verschoben [Rope05]. Weiterhin kann das Massenträgheitsmoment um die Querachse die Lage der Reifen-Torsions-Eigenfrequenz beeinflussen. Ropers [Rope05] zeigt, dass die Kopplung mit einer Radführung mit höherem Massenträgheitsmoment die Reifen-Torsions-Eigenfrequenz verringert. Darüber hinaus zeigt er, dass Aufbaudämpfung und ungefederte Massen die Beschleunigungsamplituden am Radträger im relevanten Frequenzbereich beeinflussen.

Da die Hohlraumresonanz maßgeblich über Körperschall in den Fahrzeug-Innenraum übertragen wird, hat der Übertragungspfad beginnend mit der Radführung großen Einfluss auf die Geräuschamplitude der Hohlraumresonanz [Saka90]. Deshalb kann es vorkommen, dass die Hohlraumresonanz bei gleicher Rad-Reifen-Dimension bei unterschiedlichen Fahrzeugen unterschiedliche Amplituden aufweist [Mich05k].

Douville et al. [Douv06] untersuchen an einem Viertel-Fahrzeugprüfstand mit steifer Anbindung der Lenker und des Dämpferdoms bei nicht rollendem Reifen die Übertragungspfade der Radführung bei Shaker-Anregung des Systems bis 250 Hz und klassifizieren sie nach ihrer Bedeutung je Eigenresonanz des Gesamtsystems. Sie [Douv06] heben hervor, dass jeder Radführungsaufbau spezielle Übertragungseigenschaften aufweist und diese durch Radlast, Reifentyp und -luftdruck usw. beeinflusst werden. Analysen dieser Einflussfaktoren werden nicht präsentiert. Sell et al. [Sell08] heben ebenfalls die Analyse des Übertragungsverhaltens des Gesamtsystems Fahrwerk hervor. Ihnen dient die Prüfstandsuntersuchung bei steifer Anbindung mit Schlagleistenanregung der Validierung eines MKS-Radführungsmodells. Der Einfluss von Kugelgelenk- und Kolbenstangenreibung, Dämpfungscharakteristik von Elastomer- und Hydrolagern nicht aber des Systems Reifen-Hohlraum-Rad werden untersucht. Im Gegensatz dazu stehen die von Eisele et al. [Eise08] sowie Yoo und Chang [YooC05] durchgeführten Untersuchungen am Gesamtfahrzeug mittels Transferpfadanalyse. Sie heben als Vorteil ihrer Methode die Berücksichtigung der flexiblen Karosserie auf die Fahrwerks-Übertragungseigenschaften hervor und vermeiden den System verändernden Einbau von Kraftmessdosen wie bei [Sell08]. Da die Transferpfadanalyse immer auf einen Versuchsträger angewiesen ist, kann sie in der frühen Entwicklungsphase nicht oder nur an einem Vorgängerfahrzeug eingesetzt werden. Somit bietet sich die Gesamtfahrzeugsimulation an.

3 Experimentelle Untersuchung des Schwingungssystems

3.1 Strukturdynamik des Systems im nicht rollenden Zustand

3.1.1 Theoretische Grundlagen der experimentellen Modalanalyse

Alle in diesem Abschnitt wiedergegebenen Grundlagen sind, wenn nicht anders gekennzeichnet, aus [Ewin00] und [HeFu01] entnommen. Als rechnerunterstütztes Messverfahren dient die experimentelle Modalanalyse, EMA, der Analyse der dynamischen Eigenschaften von Strukturen durch Bestimmung ihrer modalen Parameter (Eigenfrequenzen, Dämpfungen und Eigenvektoren) aus gemessenen Übertragungsfunktionen. Die Struktur wird in eine Anzahl diskreter Punkte, an denen die Systemantwort auf ein eingeleitetes Eingangssignal aufgenommen wird, unterteilt und als Mehrmassenschwinger verstanden. Unter der Voraussetzung linearen Systemverhaltens wird das dynamische Verhalten der Struktur durch die Überlagerung des Schwingungsverhaltens von mehreren Einmassenschwingern beschrieben.

Voraussetzung für eine EMA ist die messbare Anregung der Struktur durch mechanische Krafteinwirkung, die die Struktur zu ihren Eigenschwingungen anregt. Als Signalformen für die Anregung bieten sich harmonische, stochastische (pseudostochastische) und transiente Signale an. Als einfaches und schnell zu realisierendes Anregungssignal gilt der durch einen Impulshammer erzeugte transiente Kraftimpuls. Dabei wird die Bandbreite des Spektrums durch auswechselbare Hammerspitzen an den interessierenden Frequenzbereich angepasst. Vorteilhaft sind die gute Leckageunterdrückung sowie die Möglichkeit der Entdeckung von Nichtlinearitäten, nachteilig sind die schlechte Reproduzierbarkeit von Anregungsrichtung und -amplitude sowie das Risiko von Doppelschlägen. Richtung und -amplitude der stochastischen Anregung durch einen elektrodynamischen, -hydraulischen, -magnetischen oder piezoelektrischen Shaker können genau gesteuert werden. Ferner sind die bestmögliche lineare Approximation des Schwingungssystems und der ausreichende Signal-Rauschabstand positiv zu bewerten. Eine pseudostochastische Anregung eliminiert das Leakage-Problem, das zu Fehlern bei stochastischer Anregung führt. Ein pseudostochastisches Signal besteht aus diskreten Frequenzen zusammengesetzt aus ganzzahligen Vielfachen der Frequenzauflösung der Fourier-Transformation, es ist periodisch mit randomisierter Amplituden- und Phasenverteilung. Bei harmonischer Anregung enthält das sinusförmige Kraftsignal zum Zeitpunkt der Messung eine einzige Frequenz und wird mit vorgegebener Schrittweite über dem interessierenden Frequenzband variiert. Mit nur einem Shaker wird die Modalanalyse dadurch sehr zeitaufwändig. Die Wahl der Anregung beeinflusst das Ergebnis der Modalanalyse sehr stark.

Als Reaktion auf die dynamische Kraftanregung wird die Strukturantwort z.B. durch Beschleunigungsaufnehmer erfasst. Die Lage der Messpunkte auf der Struktur beeinflusst dabei das Ergebnis der Analyse entscheidend. Es ist ein Kompromiss zwischen einfacher Systembeschreibung und hinreichend genauer Wiedergabe des Strukturverhaltens anzustreben. Zum Beispiel kann eine Eigenform nicht erfasst werden, wenn die Lage des Messpunktes identisch mit einem Schwingungsknoten für diese Eigenform ist.

Werden Kraftanregung und Beschleunigungsantwort zum Beispiel durch einen piezoelektrischen Kraft- und Beschleunigungsaufnehmer erfasst, verstärkt und einem FFT-Analysator zugeführt, kann die Übertragungsfunktion[3] (*FRF*) $H(\omega)$ gebildet werden. Sie ist definiert als die Fourier-Transformierte $X(\omega)$ des Antwortsignals $x(t)$ geteilt durch die Fourier-Transformierte $F(\omega)$ des Anregungssignals $f(t)$

$$H(\omega)=\frac{X(\omega)}{F(\omega)} \tag{3.1}$$

mit $\quad X(\omega)\quad$ der Fourier-Transformierten des Antwortsignals und

$\qquad\quad F(\omega)\quad$ der Fourier-Transformierten des Anregungssignals.

In der Zweikanal-Spektralanalyse ist eine FRF definiert als Kreuzspektrum aus Anregung und Antwort $S_{FX}(\omega)$ dividiert durch das Autospektrum der Anregung $S_{FF}(\omega)$, damit erhält man den rauschfreien FRF-Schätzer $H_1(\omega)$ zu

---

[3] engl. Frequency Response Function, FRF

$$H_1(\omega) = \frac{S_{FX}(\omega)}{S_{FF}(\omega)} \tag{3.2}$$

mit $S_{FX}(\omega)$ dem Kreuzspektrum von Anregung und Antwort sowie

      $S_{FF}(\omega)$ dem Autospektrum der Anregung.

Unter der Voraussetzung, dass die Messung ohne Rauschen und Messfehler erfolgte, kann der gleiche FRF-Schätzer durch Bildung des Quotienten aus dem Autospektrum der Antwort $S_{XX}(\omega)$ und dem Kreuzspektrum von Anregung und Antwort $S_{XF}(\omega)$ erhalten werden

$$H(\omega) = H_1(\omega) = H_2(\omega) = \frac{S_{XX}(\omega)}{S_{XF}(\omega)} \tag{3.3}$$

mit $S_{XX}(\omega)$ dem Autospektrum der Antwort.

Da reale Messungen nicht rauschfrei sind, werden die FRF durch Mehrfachmessung und Mittelwertbildung berechnet, wobei unterschiedliche Methoden zur Unterdrückung des Rauschens Anwendung finden. Die H_1-Methode in Formel (3.2) unterdrückt das Rauschen $M(\omega)$, das im Zeitbereich untrennbar mit der Anregung $F(\omega)$ kombiniert ist. Unter der Voraussetzung, dass das Störsignal in Bezug auf die Anregung unkorreliert ist und dass ausreichend viele Messungen gemittelt werden, strebt das Kreuzleistungsspektrum von Störsignal und Anregung gegen Null. Die H_2-Methode in Formel (3.3) berücksichtigt unter gleichen Vorrausetzungen und Annahmen das Rauschen $N(\omega)$ auf dem Antwortsignal. An Resonanzstellen resultiert aus Zusammenspiel von Shaker und Struktur ein Abfall des Kraftsignals, so dass Messrauschen das Anregungssignal dominiert, während das hohe Niveau des Beschleunigungssignals einen guten Signal-Rausch-Abstand gewährleistet. Der H_1-Schätzer unterschätzt folglich die FRF. Wird die FRF nahe den Resonanzstellen ausgewertet, sollte somit der H_2-Schätzer dem H_1-Schätzer vorgezogen werden.

Die H_1 und H_2-Schätzer sind durch die Kohärenzfunktion $\gamma_{FX}^2(\omega)$ miteinander verknüpft

$$\gamma_{FX}^2(\omega) = \frac{\left|S_{FX}(\omega)\right|^2}{S_{FF}(\omega)S_{XX}(\omega)} \qquad (3.4)$$

Physikalisch gesehen bedeutet die Kohärenz die Kausalität und Linearität zwischen Systemausgang $x(t)$ und Systemeingang $f(t)$. Die Kohärenzfunktion nimmt Werte zwischen 0 und 1 an, wobei 1 bedeutet, dass Anregung und Antwort nicht von Störsignalen überlagert werden. Abweichungen von 1 deuten auf unkorreliertes Rauschen auf den Messsignalen, Messfehler, Nichtlinearitäten oder zeitvariantes Strukturverhalten.

Aus den gemessenen Übertragungsfunktionen im Frequenzbereich werden durch Kurvenanpassung[4] eines mathematischen Modells die modalen Parameter bestimmt. Dieses Modell enthält Annahmen zur Anzahl der Freiheitsgrade der Struktur, ihren Dämpfungstyp und möglichst der Zahl der Eigenfrequenzen im betrachteten Frequenzbereich, so dass ein mathematischer Ausdruck für jede FRF-Kurve der Messung vorgegeben ist. Erfolg und Genauigkeit des *Curve-Fitting*-Prozesses, wiedergegeben durch Minimierung einer Fehlerfunktion, hängen essentiell von der Wahl eines adäquaten mathematischen Modells ab.

Die Modelle werden allgemein zwei Kategorien zugeordnet [Ewin00]

- Einfreiheitsgradverfahren[5]: Die Struktur wird durch ein System entkoppelter Einmassenschwinger beschrieben, so dass der Einfluss benachbarter Schwingformen ignoriert wird [Trou02]. Damit ist ein großer Frequenzabstand erforderlich. Bei der in dieser Arbeit genutzten Analyse-Software stehen z.B. die *Peak-* und *CoQuad*-Methode zur Verfügung (vgl. [Vibr03]).

- Mehrfreiheitsgradverfahren[6]: Bei der Ermittlung der Resonanzstellen, Dämpfungen und Amplituden werden gleichzeitig mehrere Schwingformen berücksichtigt. *MDOF*-Verfahren erlauben eine genauere Beschreibung, da bei realen Strukturen nur in seltenen Fällen die Voraussetzung entkoppelter Systeme erfüllt ist. Die genutzte Analyse-

---

[4] engl. Curve-Fitting

[5] engl. Single-Degree-of-Freedom, SDOF

[6] engl. Multi-Degree-of-Freedom, MDOF

Software bietet die *Polynominal-*, *Complex-* und *Exponential*-Methode an (vgl. [Vibr03]).

Bei den in dieser Arbeit durchgeführten Messungen wird die *Polynominal*-Methode angewandt, die eine globale Frequenzbereich-Methode ist. Das heißt, durch das *Curve-Fitting* mit der Methode der kleinsten Fehlerquadrate[7] wird ein globaler Frequenz- und Dämpfungs-Schätzer berechnet, da alle FRF zusammen herangezogen werden [Vibr03]. Zur Nutzung des Verfahrens wird zunächst die Anzahl der Schwingformen innerhalb eines Frequenzbandes bestimmt. Dann erfolgt die Berechnung der Schätzer für die Eigenfrequenz sowie Dämpfung und für diese Schätzer die Bestimmung der Residuen. Für die auf diese Weise bestimmten Eigenschwingformen werden in der Software die einzelnen Bewegungsabläufe animiert und hinsichtlich der Teilsysteme analysiert.

3.1.2 Versuchsaufbau und Methodik der Untersuchung

Versuchsaufbau

In der vorliegenden Arbeit werden unterschiedliche Randbedingungen für das System Reifen-Hohlraum-Rad z.B. Anbindung des Rades messtechnisch untersucht. Bei der Bestimmung der Strukturdynamik ist wichtig, die zu untersuchende Struktur frei von Schwingungen aus der Umgebung zu untersuchen. Die verwendete Prüfeinrichtung darf nicht selbst Ursache von störenden Eigenschwingungen sein. Die zu entwickelnde Prüfeinrichtung soll es somit ermöglichen, die Struktur unter

- freien Randbedingungen (genannt „frei-frei"), d.h. das System Reifen-Hohlraum- Rad wird weder an der Anregungsstelle (korrespondierend mit dem Latsch des rollenden Reifens), noch am Anbindungspunkt zur Radführung gefesselt

- festen Randbedingungen, d.h. Fixierung des Reifens durch Montage des Rades an einer radträgerähnlichen Struktur und Erzeugung sowie Einstellbarkeit der über der Versuchsdauer konstant gehaltenen Latschfläche bzw. Radlast, sowie

---

[7] engl: Least-Squares-Fit

- frei von Einflüssen aus der Prüfeinrichtung oder der Umgebung

auf ihre modalen Eigenschaften hin zu untersuchen.

Der zu diesem Zweck entwickelte Modalanalyseprüfplatz ist in Abbildung 3.1 dargestellt. Er besteht aus einem zur Isolation von Schwingungen aus der Umgebung auf Luftfedern gelagerten seismischen Tisch Nr. 1) mit einer Masse größer 2 t. Die Tischplatte enthält ein Bohrmuster zur Fixierung eines Aufhängungsrahmens Nr. 2) für die frei-frei-Messungen, sowie der starren Modalanalyse-Radaufhängung Nr. 3) und des einstellbaren Radlastwinkels Nr. 4) zur Erzeugung der Radlast. Der Radlastwinkel ist stufenlos verstell- und fixierbar, so dass prinzipiell alle Radlasten realisierbar sind. Bei frei-frei-Messungen können Struktur und Shaker am Rahmen an elastischen Seilen aufgehängt werden.

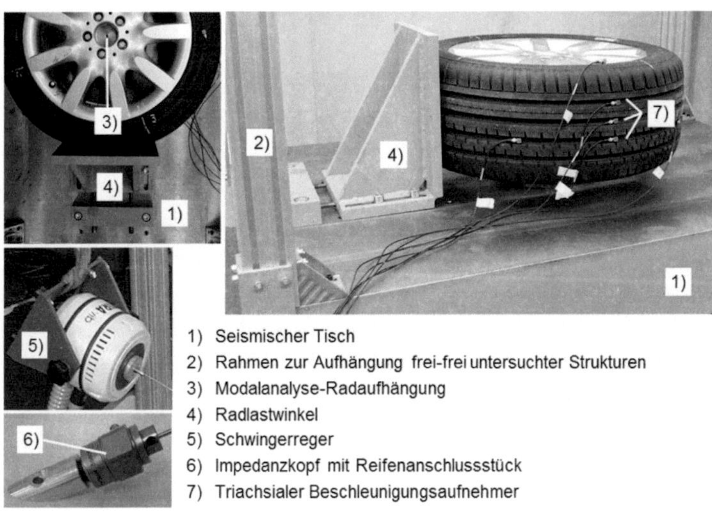

1) Seismischer Tisch
2) Rahmen zur Aufhängung frei-frei untersuchter Strukturen
3) Modalanalyse-Radaufhängung
4) Radlastwinkel
5) Schwingerreger
6) Impedanzkopf mit Reifenanschlussstück
7) Triachsialer Beschleunigungsaufnehmer

Abbildung 3.1:   Versuchsaufbau am Modalanalyseprüfplatz für den mit Radlast beaufschlagten Reifen.

Zur Einstellung der Radlast mittels Radlastwinkel am Modalanalyseprüfplatz wurde zuvor für alle vorgesehenen Versuche die Einfederung zum Ausgleich der Krümmung auf einer im Reifen-Innentrommel-Prüfstand montierbaren ebenen Platte ermittelt. Abbildung 3.2 enthält für verschiedene Fülldrücke die sich einstellende Einfederung des Reifens für die zu untersuchenden Radlasten. Zur Einstellung einer Radlast am Modalanalyseprüfplatz wird der Radlastwinkel bei nicht aufgepumptem Reifen so eingestellt, dass sich unter dem zu untersuchenden Reifenfülldruck die gewünschte Radlast ergibt. Nach Fixierung des Radlastwinkels wird der Reifenfülldruck eingestellt.

Zur Anregung wird das Reifenanschlussstück Nr. 6) in Abbildung 3.1 mit dem Reifen durch Klebstoff verbunden. An das Anschlussstück wird der Impedanzmesskopf durch einen Gewindestift gekoppelt. Dieser verfügt über eine Klemmverbindung für den Aluminium-Stinger, der durch den luftgekühlten Schwingerreger des Typs *Schwingerreger S 51144* der TIRA GmbH Nr. 5) angeregt wird. Die technischen Daten des Schwingerregers [Tira08] sind in Tabelle A.1 in Anhang A.3 zusammengefasst.

Messtechnik und Software

Zur Durchführung einer Strukturanalyse werden meist mehrkanalige Messsysteme eingesetzt. Diese Messsysteme bilden eine Messkette aus

- Sensorik zur Erzeugung und Aufnahme der Anregung (Shaker oder Impulshammer mit Impedanzmesskopf) und Antwort (Beschleunigungsaufnehmer),

- Datenerfassungseinheit (Frontend), sowie

- Anzeige und Analysesoftware.

Mittels des Impedanzmesskopfs der Firma *Dytran Instruments Incorporated* (Typenbezeichnung *5860 B*) werden die eingeleitete Kraft und gleichzeitig die Beschleunigung an der Anregungsstelle erfasst. Zur Aufnahme der Systemantwort werden sechs triachsiale piezo-elektrische Beschleunigungsaufnehmer des *Typs 4520* der Firma *Brüel & Kjær* mit einem Gewicht von jeweils 2.9 g eingesetzt. Als Datenerfassungseinheit kommt das *Multichannel Portable PULSE* vom *Typ 3560 D* von *Brüel & Kjær* zum Einsatz. Es besteht aus einem Befestigungsrahmen, der neben der Gleichstromversorgungseinheit und dem Kontrollmodul mit bis zu fünf weiteren Modulen für Ein- und Ausgänge belegt werden kann. Es wird mit einem Einzelplatzrechner über eine LAN-Schnittstelle im Kontrollmodul verbunden, über die die vorverstärkten und digitalisierten Signale an die Auswerte-Software übertragen werden.

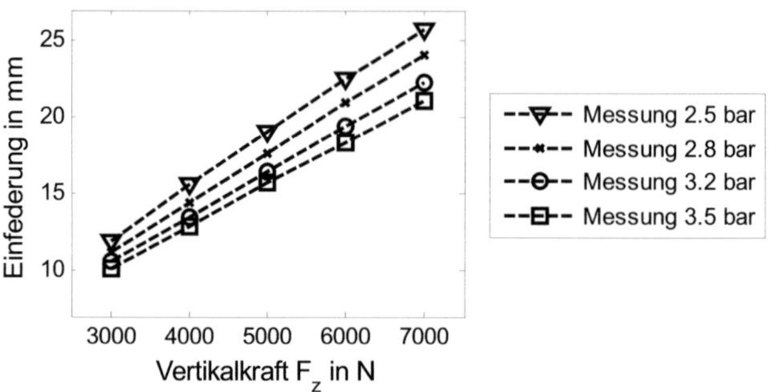

Abbildung 3.2:   Experimentell ermittelte Einfederung des Reifens abhängig von Radlast und Fülldruck.

Zur Anzeige und Analyse der Messdaten werden die Software-Pakete *Pulse Labshop* in der Version 13.5.0 zur Steuerung und Durchführung der Messung und *ME'scope VES* in der Version 4.0.0.98 zur Bestimmung der Modalparameter und Schwingformen eingesetzt. *Pulse Labshop* ist eine Softwarelösung von *Brüel & Kjær*, die für akustische Messungen den Aufbau der Messumgebung, die Kalibrierung der Sensoren und die Aufnahme der Messdaten bis hin zur Validierung bzw. dem Export zur Postprocessing Software durch vorgefertigte Dateivorlagen unterstützt.

Der erste Schritt der EMA besteht in der Abbildung der zu untersuchenden Struktur Reifen-Hohlraum-Rad in der Software *Pulse Labshop* durch eine Anzahl von Punkten (Netzmodell) an denen die Übertragungsfunktionen bestimmt werden. Das entwickelte Netzmodell besteht aus insgesamt 333 Messpunkten, die auf dem Reifenumfang im Winkel von 10° zueinander angeordnet sind und jeweils acht Messpunkten über der Reifenbreite auf dem Laufstreifen sowie der Seitenwand (vgl. Abbildung 3.3). Somit ist theoretisch die Identifikation von Eigenschwingformen mit weniger als achtzehn Wellenlängen auf dem Umfang möglich. Die Strukturantwort des Rades wird mit zwei Aufnehmern auf jeder Speiche und dreimal neun Aufnehmern über dem Umfang an der Felgeninnenseite erfasst. Für die Felgenbiegung wurden maximal drei Wellenbäuche über dem Umfang im betrachteten Frequenzbereich erwartet. Mit sechs Aufnehmern sind somit 56 Einzelmessungen notwendig, um innerhalb eines Versuches (vgl. Versuchsdurchführung) das Systemverhalten des gesamten Systems zu erfassen.[8]

Zur Anregung der Struktur dient ein pseudostochastisches Signal mit Frequenzanteilen bis 800 Hz. Es wird eine Frequenzauflösung von 0.5 Hz gewählt. Die Software *Pulse Labshop* berechnet aus diesen Vorgaben die Abtastrate zum 2.56-fachen von 1600 Hz, um das Abtasttheorem und den *Anti-Aliasing*-Filter (*Butterworth* 3. Ordnung) zu berücksichtigen [Skee05]. Anregungspunkte sowie die -richtungen werden innerhalb der Software definiert. Für einige Versuche werden zwei Anregungspunkte vorgesehen, für die der Winkel γ_A die Lage in Bezug zu dem durch die Radlast gebildeten Latsch vorgibt. Ist der Winkel $\gamma_A=0$ liegt der Anregungspunkt genau senkrecht über dem Latschmittelpunkt (vgl. Abbildung 3.3 a)). Der Winkel β_A ist durch die Konstruktion des Anschlussstückes auf 30° festgelegt, er ergibt sich zwischen Anregungsrichtung und Tangentialebene im Anregungs- und Referenzpunkt. Der Winkel α_A ist der Winkel, der sich zwischen Anregungsrichtung und x-z-Ebene ergibt (vgl. Abbildung 3.3 b)). Die Lage des Referenzpunktes ist vollständig beschrieben, wenn die Position auf der Reifenbreite bekannt ist. Dazu werden die Profilrippen von eins bis fünf nummeriert, wobei die erste Rippe diejenige ist, die dem Felgenstern in Querrichtung am nächsten ist. Tabelle 3.1 fasst für die beiden Anregungspunkte die Positionsangaben zusammen[8].

	Anregungspunkt 1	**Anregungspunkt 2**
α_A in °	16	-49
β_A in °	30	30
γ_A in °	350	67.5
Profilrippe	1	3

Tabelle 3.1: Positionsangabe zu den Anregungspunkten

---

[8] Die Wahl der beschriebenen Messpunkte wurde durch die Autorin bestimmt. Die Wahl der Anregungspunkte und –richtungen, sowie der Fensterfunktion wurde im Rahmen einer Diplomarbeit [Grom09] erarbeitet. Weiterhin wurden die Versuche einschließlich Curve-Fitting innerhalb dieser Diplomarbeit durchgeführt. Die Auswertung der gewonnen Eigenfrequenzen, Eigenformen und Dämpfungen erfolgte im Rahmen dieser Forschungsarbeit durch die Autorin.

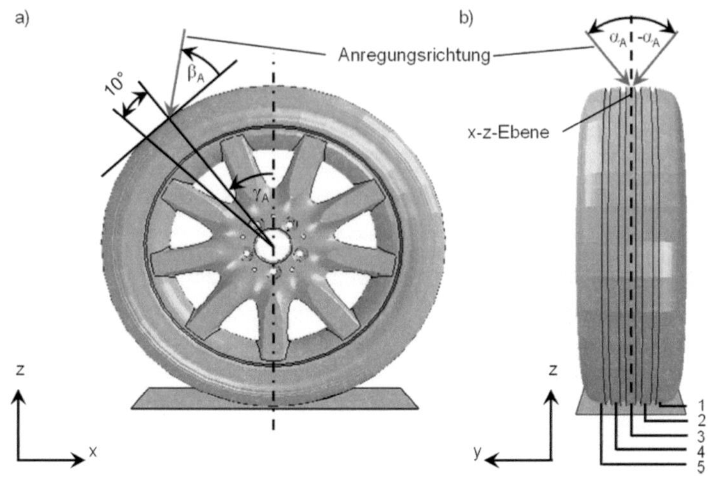

Abbildung 3.3:   Schematische Darstellung der Lage der Mess- und Anregungspunkte am unter Radlast stehenden Reifen.

Innerhalb der Software *Pulse Labshop* wird die Übertragungsfunktion als arithmetisches Mittel von 100 Spektren berechnet und anschließend nach *ME'scope VES* exportiert. Wie in Abschnitt 3.1.1 beschrieben, werden Eigenfrequenzen, -dämpfungen, Schwingformen und Eigenvektoren bestimmt.

Versuchsdurchführung

Neben den Standard-Betriebsbedingungen für Reifenfülldruck und Radlast, 2.8 bar und 5 kN (bei einer Temperatur zwischen 29 und 34°C, vgl. Anhang A.2), wird der Reifen ebenfalls bei 2.5 bar und 3.5 bar Reifenfülldruck, sowie unter 6 kN Radlast untersucht. Zur Analyse der Hohlraum-Eigenform und der Kopplung von Reifen- und Hohlraum-Eigenform werden als Füllgas Luft, Helium sowie Kohlenstoffdioxid (CO_2) eingesetzt. Der gesamte Versuchsplan ist in Tabelle 3.2 dargestellt. Für die Versuche 2 bis 5 wurde der Reifen in zwei Experimenten mit jeweils unterschiedlichen Anregungspunkten angeregt, die Temperaturangabe in Tabelle 3.2 bezieht sich dann jeweils auf den Anregungspunkt.

Wiederholgenauigkeit

Die Untersuchung des Reifens unter konstanten Versuchsbedingungen und konstanter Temperatur (Versuch 4) aber unterschiedlichem Anregungspunkt und -richtung zeigte nach Auswertung der Schwingformen, dass die Eigenfrequenzen im Frequenzbereich bis 200 Hz jeweils mit einer Abweichung von maximal ±1 Hz bestimmt werden. Im höheren Frequenzbereich 200 bis 300 Hz nimmt die Wiederholgenauigkeit leicht ab, da hier aufgrund der hohen Eigenformdichte die Fähigkeit des Programms abnimmt, die Lage der Peaks in der Übertragungsfunktion eindeutig zu berechnen. Darüber hinaus wird es für den Nutzer schwieriger, die Ordnung der Gürtelbiegung eindeutig zu bestimmen. Peschel [Pesc90] sowie Yam et al. [YamG00] finden Abweichungen vergleichbarer Größenordnung (1.5 Hz) bis 180 Hz bzw. 12 Hz bei 264 Hz.

Nr.	Füllgas	Fülldruck in bar	Radlast in kN	Temperatur in °C	Randbedingungen
1	Luft	2.5	0	21.5	Rad fix
2	Luft	2.5	5	29 / 24	Rad fix, Radlastwinkel fix
3	Helium	2.5	5	26.5 / 26	Rad fix, Radlastwinkel fix
4	CO_2	2.5	5	18 / 18	Rad fix, Radlastwinkel fix
5	Luft	3.5	5	19 / 21	Rad fix, Radlastwinkel fix
6	Luft	2.5	6	23	Rad fix, Radlastwinkel fix
7	Luft	2.8	5	18.6	Rad fix, Radlastwinkel fix
8	Luft		5	26	Rad fix, Radlastwinkel fix Gasmasse wie Versuch 7
9	Luft		5	28	Rad fix, Radlastwinkel fix Gasmasse wie Versuch 7
10	Luft		5	50	Rad fix, Radlastwinkel fix Gasmasse wie Versuch 7

Tabelle 3.2: Versuchsplan für die experimentelle Modalanalyse am stehenden Luftreifen.

Die Dämpfungen werden im Versuch 4 mit einer maximalen Abweichung von 11 % bezogen auf die mittlere Dämpfung aus den zwei betrachteten Versuchen (Nr. 4, unterschiedlicher Anregungspunkt und –richtung) bestimmt. Wobei für einzelne Reifeneigenschwingungen, wenn deren Schwingformen Anteile der Rad-Eigenschwingungen aufweisen, höhere Abweichungen (bis 50 %) der Dämpfungen beobachtet werden. Bei Peschel [Pesc90] liegen die maximalen Abweichungen der Dämpfung bei 9 % (bezogen auf die mittlere Dämpfung der Eigenfrequenz). Bei Yam et al. [YamG00] liegen die Abweichungen der Dämpfungen bei 11 bis 75 % bezogen auf die bei rein radialer Anregung ermittelte Dämpfung.

Einfluss der Temperatur

Wie bereits in Abschnitt 2.1.1 erläutert, werden die mechanischen Eigenschaften von Elastomermischungen stark durch die Temperatur beeinflusst. Aus diesem Grund ist ein Einfluss der Temperatur auf die modalen Parameter zu erwarten, der zwar nicht explizit in dieser Arbeit untersucht wird, dessen Kenntnis für die Beurteilung der Versuchsergebnisse aber essentiell ist.

Zur Ermittlung des Temperatureinflusses wird der gesamte Prüfstand thermisch abgedichtet. Am Reifen werden sechs Beschleunigungsaufnehmer aufgeklebt. Nach der Messung bei 18.6°C wird das den Reifen umgebende Luftvolumen im abgedichteten Raum durch einen Elektroheizer auf über 50°C erwärmt. Dadurch erhöht sich die Reifentemperatur mit der Zeit. Um ein möglichst gleichmäßiges Aufheizen der Struktur zu gewährleisten wird der warme Luftstrom nicht direkt auf den Reifen gerichtet. Die Reifentemperatur wird an mehreren Stellen durch ein berührungsloses Infrarot-Thermometer gemessen. Bei Erreichen der Temperaturen 26°, 28° und 50°C (nach ca. 60 min.) werden Übertragungsfunktionen an sechs Messpositionen aufgenommen (Tabelle 3.2). Aus der gemittelten Übertragungsfunktion werden anschließend die Eigenfrequenzen ermittelt. Die thermische Abdichtung des Prüfstandes ist für die Ermittlung der Temperaturgradienten sehr nützlich. Sie kann jedoch nicht für eine komplette EMA des Reifen-Hohlraum-Rad-Systems eingesetzt werden, da die Zugänglichkeit des Systems sehr stark eingeschränkt wird. Die Eigenfrequenzen werden in den folgenden Abschnitten unter Berücksichtigung der ermittelten Temperaturgradienten analysiert.

Tabelle 3.3 und Tabelle 3.4 enthalten die ermittelten Eigenfrequenzen und -dämpfungen für die Eigenformen des Reifen-Hohlraum-Rad-Systems. Die Eigenfrequenzen und -dämpfungen der Reifen- und Rad-Eigenformen fallen mit zunehmender Temperatur wie aufgrund der Elastomermaterialeigenschaften zu erwarten. Die Eigenfrequenzen der Hohlraumresonanzen steigen, was auf den Temperatureinflusses auf die Schallgeschwindigkeit zurückzuführen ist.

Tem-peratur	18.6°C		26°C		28°C		50°C	
Form	f in Hz	d in %	f in Hz	d in %	f in Hz	d in %	f in Hz	d in %
[1,1] lateral	65.3	2.98	63.6	2.83	63	2.74	60.1	2.49
[1,0] asym	109	5.58	102	5.44	101	5.44	90.9	4.11
[1,0] sym	-	-	109	3.95	108	4.26	100	3.17
[2,1] asym	126	4.29	122	3.48	121	3.39	114	2.65
[2,0] sym	141	4.1	136	3.23	135	3.08	129	2.23
[2,0] asym	-	-	152	3.55	151	3.13	145	1.96
[3,0] sym	167	3.3	164	2.72	164	2.59	159	1.73
[4,0] asym	183	3.17	180	2.45	179	2.37	175	1.66
[4,0] sym	194	2.26	192	2.12	191	2.17	188	3.26
[6,0] sym	236	3.28	235	2.85	235	2.67	229	1.56
[6,0] asym	247	3.06	245	2.14	245	1.98	244	1.14
	312	2.52	308	2.11	308	2.01	304	1.97
	328	2.49	325	2.13	324	2.09	317	0.0018
	369	3.53	366	3.52	367	3.52	358	1.88

Tabelle 3.3: Eigenformen, Eigenfrequenzen und Dämpfungen des belasteten Systems, fix eingespanntes Rad (Radlast 5 kN, Fülldruck 2.8 bar) für Anregungspunkt 1 für verschiedene Temperaturen.

Wird der Temperaturgradient aus diesen Versuchen bestimmt und über den bei einer Bezugstemperatur T_{Bezug} von 18.6°C gefitteten Eigenfrequenzen aufgetragen, erkennt man in Abbildung 3.4 für die *[1,0]*- und *[2,1]*-Schwingformen den höchsten Einfluss der Temperatur. Die Seitenwand wird für diese Eigenformen besonders stark deformiert. Da die Seitenwand nicht stahlverstärkt ist, wird die Lage der Eigenfrequenzen in besonderem Maße von der Temperatur bestimmt. Für die höheren Reifen-Eigenformen (z.B. [6,0] asym) im untersuchten Frequenzbereich nimmt der Temperaturgradient ab. Zur Ausformung dieser Schwingformen wird die Seitenwand in geringerem Maße deformiert, so dass die Eigenfrequenzen stärker durch die Gürtelsteifigkeit bestimmt werden. Für die Eigenfrequenzen der Rad-Eigenschwingformen, die wieder stärker durch die Seitenwandsteifigkeiten bestimmt werden, ist der Temperaturgradient höher als der der [6,0]-*asym*-Reifeneigenformen. Da zwischen Temperaturänderung und Eigenfrequenzänderung kein linearer Zusammenhang vorliegt, nimmt der Temperaturgradient abhängig von der Differenz zwischen Referenztemperatur und untersuchter Temperatur, unterschiedliche Werte an.

Die bei 50°C gebildeten Temperaturgradienten sind geringer als die für 26 und 28°C, so dass davon auszugehen ist, dass der Temperatureinfluss mit steigender Temperatur abnimmt.

Temperatur	18.6°C		26°C		28°C		50°C	
Form	f in Hz	d in %	f in Hz	d in %	f in Hz	d in %	f in Hz	d in %
KH	197	0.548	199	0.419	200	0.421	204	0.702
KV	209	1.34	210	1.24	210	0.978	210	1.11
FB sym	269	2.08	265	1.37	265	1.28	263	1.24
FB asym	-	-	-	-	-	-	271	0.563
FP	288	2.69	285	1.88	285	1.76	282	1.52

Tabelle 3.4: Eigenformen, Eigenfrequenzen und Dämpfungen bei belastetem System, fix eingespanntes Rad (Radlast 5 kN, Fülldruck 2.8 bar) für Anregungspunkt 1 der Rad- und Hohlraum-Eigenschwingformen für verschiedene Temperaturen.

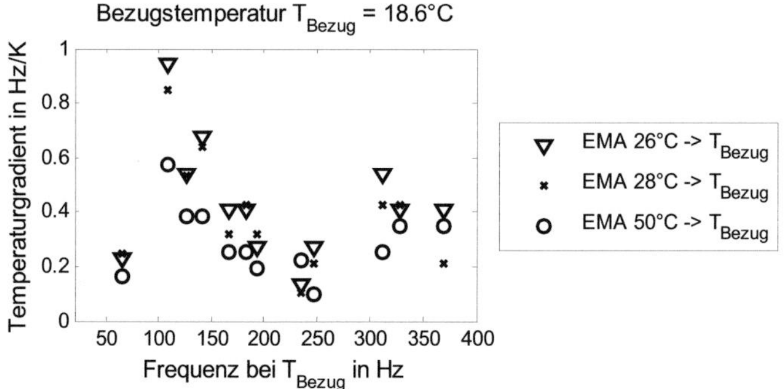

Abbildung 3.4:   Temperaturgradient bei belastetem System, fix eingespanntes Rad (Radlast 5 kN, Fülldruck 2.8 bar) für Anregungspunkt 1 der Reifen-Eigenfrequenzen.

Ab einem Temperaturunterschied von 2 K zwischen zwei Messungen wird der Temperatureinfluss auf die System-Eigenfrequenzen in dieser Arbeit analysiert. Bei geringeren Temperaturunterschieden wird davon ausgegangen, dass die Unsicherheiten des Messverfahrens, des Fittings und der Schwingformanalyse größer sind als der Temperatureinfluss.

Nach dem von [Krau10] für die Hohlraumresonanz berechneten Temperaturgradienten ist bei einer Temperaturdifferenz von 3 K eine Frequenzänderung von 1 Hz zu erwarten. Dieser Sachverhalt spiegelt sich in Tabelle 3.3

und Tabelle 3.4 wieder. Interessant ist dabei das die Frequenzdifferenz zwischen den Hohlraumresonanzen mit zunehmender Temperatur geringer ist (18.6°C: Δf = 12 Hz, 50°C: 6 Hz). Eine zwischen beiden Resonanzen gedachte mittlere Frequenz steigt mit zunehmender Temperatur an. Dieser Effekt ist durch die Zunahme der Schallgeschwindigkeit mit der Temperatur begründbar (vgl. Gleichung (2.12)). Gleichzeitig nimmt der Fülldruck durch die Temperaturerhöhung zu. Bei erhöhtem Luftdruck nimmt das Aufspalten der Hohlraumresonanzen im stehenden System ab.

3.1.3 Dynamisches Verhalten des unbelasteten Systems

In Versuch 1 (vgl. Tabelle 3.2) ist der Reifen über das Rad und dessen Radbolzen fest eingespannt. Ohne anliegende Radlast liegt ein nahezu symmetrisches System vor. Alle identifizierten Eigenfrequenzen, modalen Dämpfungen und Eigenformen nach der Benennungskonvention in Abschnitt 2 sind in Tabelle 3.5 dargestellt.

Einige *out-of-plane* Schwingformen wie beispielsweise die *[3,1]*, *[4,1]* und *[5,1]* werden nicht identifiziert. Für diese Schwingformen könnte der Frequenzabstand zu den benachbarten Eigenformen so gering sein, dass er kleiner als die modale Dämpfung ist. Als Daumenregel gibt [Ewin00] an, dass zwei individuelle Schwingformen nur dann identifiziert werden können, wenn ihr Frequenzabstand größer als die modale Dämpfung ist. Da nur ein Anregungspunkt und eine -richtung untersucht werden, werden die *out-of-plane* Schwingformen eventuell zu wenig angeregt, um eine Identifizierung zu ermöglichen.

Bei der Hohlraumresonanz, des unbelasteten Reifens gekennzeichnet durch ihre geringe Dämpfung gleicht die Schwingform, die die Struktur ausbildet, der Reifen-Eigenform *[1,0]*. Sie enthält keine Anteile der nächstgelegenen *[5,n]*- oder *[6,n]*-Reifen-Schwingformen.

Für das Rad wird nur die erste Felgenbiegung (*FB*) in diesem Versuch nachgewiesen. Die Schwingform des Komplettsystems enthält dabei Anteile an der Felgenbiegung sowie an der *[7,0]*-Reifen-Eigenform. Zur Anregung der Felgen-*Pitch*-Schwingform *FP* wird, wie bei den *out-of-plane* Schwingformen des Reifens, eine Anregung in lateraler Richtung benötigt. Unter Umständen reichte die aufgebrachte Anregung nicht aus, um diese Schwingform zu identifizieren.

Form	Eigenfrequenz in Hz	Dämpfung in %
[0,0] axial	53.2	2.82
[1,1] steering/lateral	72.6	3.55
[1,0] + torsional	104	4.55
[2,0]	119	3.91
[2,1]	135	4.5
[3,0]	146	3.3
[3,1]	-	-
[4,0]	169	2.71
[4,1]	-	-
[5,0]	193	2.24
[5,1]	-	-
K	203	0.345
[6,0]	225	1.91
[6,1]	230	2.36
[7,0] + FB	259	1.78
[7,1]	-	-
[8,0]	-	-
[8,2]	299	2.14
[9,0]	339	2.36

Tabelle 3.5: Eigenformen, Eigenfrequenzen in Hz und Dämpfungen als Anteil an der kritischen Dämpfung angegeben in Prozent des unbelasteten Systems, fix eingespanntes Rad.

3.1.4 Dynamisches Verhalten des belasteten Systems

In Versuch 2 ist der Reifen über die Radbolzen am Modalanalyseprüfplatz fest eingespannt und die der Radlast von 5000 N entsprechende Einfederung eingestellt. Der Tabelle 3.2 können Fülldruck und -gas sowie die Anregungspunkte entnommen werden. Da dieser Zustand die Standard-Betriebsbedingungen (vgl. Anhang A.2) bildet, werden zwei Anregungspunkte untersucht, um mehr Schwingformen im betrachteten Frequenzbereich zu identifizieren. Alle ermittelten Eigenfrequenzen, modalen Dämpfungen und Eigenschwingformen sind in Tabelle 3.6 sowie Tabelle 3.7 dargestellt. Für die mit Anregungspunkt 1 identifizierten Eigenfrequenzen wird eine Temperaturkorrektur basierend auf den unter Abschnitt 3.1.2 ermittelten Temperaturgradienten neben der gefitteten Eigenfrequenz in Klammern mit in den Tabellen angegeben.

Form	Eigenfrequenz in Hz	Dämpfung in %
[1,1] lateral	61.5	2.86
[1,1] steering	82.3	3.7
[1,0] asym	100	5.43
[1,0] sym	106	4.06
[2,1] asym	119	3.5
[2,0] sym	130*(+3 Hz)	3.45*
[2,1] sym	135	0.424
[2,0] asym	-	-
[3,0] asym	144	1.25
[3,0] sym	160	3.54
[3,1] asym	-	-
[3,1] sym	-	-
[4,0] asym	176	3.36
[4,0] sym	186	2.63
[4,1] sym	186* (+1.5 Hz)	2.61
[4,1] asym	-	-
[5,0] sym	-	-
[5,1] sym	-	-
[6,0] sym	219	1.88
[6,0] asym	233	2.12
[7,0] sym	-	-
[7,1] asym	-	-
[7,1] sym	-	-
[8,0] sym	290	2.31
[8,0] asym	310	2.31
[8,1] sym	-	-
[8,1] asym	-	-
[9,2] asym	349	3.09

Tabelle 3.6: Schwingformen, Eigenfrequenzen und Dämpfungen der Reifen-Eigenformen beim belasteten System, fix eingespanntem Rad (Radlast 5 kN, Fülldruck 2.5 bar) für Anregungspunkt 1 (Schwingformen mit * gekennzeichnet, temperaturkorrigiert) und Anregungspunkt 2.

Form	Eigenfrequenz in Hz	Dämpfung in %
KH + [5,0] asym	198	0.706
KV + [5,1] asym	208	0.392
FB sym + [6,1] sym	253	1.67
FB asym + [6,1] sym	252* (+ 2 Hz)	1.82
FP + [7,0] asym	269	1.13

Tabelle 3.7: Eigenformen, Eigenfrequenzen und Dämpfungen der Rad- und Hohlraum-Eigenformen beim belasteten System, fix eingespanntes Rad (Radlast 5 kN, Fülldruck 2.5 bar) für Anregungspunkt 1 (Schwingformen mit * gekennzeichnet, temperaturkorrigiert) und Anregungspunkt 2.

Wie in Abschnitt 2.1.2 beschrieben, ist bei zerstörter Symmetrie des Reifens ein Aufspalten der doppelten Pole des Systems zu zwei getrennten einfachen Polen zu erwarten. Der Effekt wird für fast alle *in-plane*-Schwingformen bis c = 8 und für einige der *out-of-plane*-Schwingformen beispielsweise für c = 2 beobachtet. In der zweiten Zeile der Tabelle 3.5 ist die Eigenfrequenz der [1,1]-Eigenform angegeben. Diese liegt im unbelasteten Zustand bei 72.6 Hz. Im belasteten Zustand spaltet diese beispielhaft herausgegriffene Eigenfrequenz nahezu symmetrisch zu zweien auf, es ergeben sich zwei Eigenformen. Die Eigenfrequenzen der Formen [1,1]-*lateral* und [1,1]-*steering* liegen bei 61.5 und 82.3 Hz.

Bei der Hohlraumresonanz fällt auf, dass der doppelte Pol des unbelasteten Reifens zu zwei Polen aufspaltet und die Eigenformen jeweils Anteile der umliegenden Reifen-Eigenformen zeigt. Die horizontal ausgebildete Schwingform des Hohlraums *KH* zeigt Anteile der Reifenstrukturschwingung mit fünf Wellen *[5,0] asym* über dem Umfang. Zusätzlich wird eine Radschwingung bewirkt, deren Ausformung der Felgen-*Pitch*-Eigenform *FP asym* entspricht. Die vertikal ausgerichtete Schwingform *KV* ist zusätzlich durch die Reifen-Eigenform mit fünf Wellen über dem Umfang mit überlagerter Gürtelbiegung *[5,1] asym* gekennzeichnet. Zusätzlich wird eine Radschwingung (Felgen-*Pitch*-Eigenform *FP sym*) erzwungen. Die reinen Reifen-Eigenschwingformen *[5,0]* und *[5,1]* werden in diesem Versuch nicht identifiziert. Die reinen Radeigenformen werden bei 252/253 (*FB*) und 269 Hz (*FP*) identifiziert. Somit erscheint der Kontakt des Reifens mit dem Untergrund für die Hohlraum-Reifen-Rad-Kopplung eine große Bedeutung zu haben, da die umliegenden Reifen-

Eigenschwingformen im unbelasteten Zustand nicht mit der Hohlraumresonanz koppeln (vgl. Abschnitt 3.1.3).

Für die Radresonanzen ist zu beobachten, dass die Schwingform des Komplettsystems bei Felgenbiegung *FB* auch Anteile der *[6,1]*-Reifen-Eigenform sowie bei Felgen-*Pitch FP* auch Anteile an der *[7,0]*-Reifen-Eigenform aufweist. Allgemein liegen die asymmetrische und symmetrische Eigenform der Radresonanzen nahe zusammen, so dass z.B. bei Anregungspunkt 2 nur die symmetrische und bei Anregungspunkt 1 nur die asymmetrische Felgenbiegung ermittelt wird. Beim Felgen-*Pitch* weist die Eigenschwingform sowohl symmetrische als auch asymmetrische Anteile auf.

3.1.5 Einfluss des Reifenfülldrucks

Zur Ermittlung des Einflusses des Reifenfülldrucks auf die modalen Parameter wird der Reifenfülldruck in drei Versuchen auf 2.5, 2.8 und 3.5 bar jeweils bei einer Radlast von 5 kN eingestellt (vgl. Tabelle 3.2). Der Reifenfülldruck hat einen starken Einfluss auf die modalen Parameter des Gesamtsystems aus Reifen, Rad und Hohlraum.

Für die Analyse des Fülldruckeinflusses dient der Fülldruck von 2.5 bar als Bezugsfülldruck p_{Bezug}. In Abbildung 3.5 ist der Druckgradient der Eigenfrequenzen bei Fülldruckerhöhung über der bei Bezugsfülldruck ermittelten Eigenfrequenz aufgetragen. Für alle Reifen-Eigenfrequenzen wird eine Erhöhung der Eigenfrequenzen mit Erhöhung des Fülldrucks beobachtet. Auffällig ist, dass der Druckgradient zu höheren Frequenzen hin zunimmt (ab 200 Hz). Peschel [Pesc90] sowie Yam et al. [YamG00] finden Druckgradienten in vergleichbarer Größenordnung und ebenfalls den Anstieg des Druckgradienten mit der Ordnung der Gürtelbiegung. Ferner wird in der Abbildung 3.5 deutlich, dass der Fülldruck nichtlinear auf die Lage der Eigenfrequenzen einwirkt. Die Dämpfungen der Reifeneigenschwingungen verringern sich, wie in [Pesc90], mit zunehmendem Reifenfülldruck um 0.01 bis 0.4 % pro 0.1 bar für die untersuchten Bedingungen, wobei der Dämpfungs-Druckgradient ebenfalls mit der Eigenfrequenz zunimmt.

Die beobachteten Effekte können durch den geringeren Einfluss der Seitenwandsteifigkeit auf die Lage der Reifen-Eigenfrequenzen höherer Ordnung erklärt werden (vgl. Abschnitt 3.1.2). Da die Deformation der Seitenwand bei den niederfrequenten Eigenformen am größten ist, haben die mechanischen Eigenschaften der Seitenwand einen stärkeren Einfluss auf diese niederfrequenten Eigenformen als der Fülldruck.

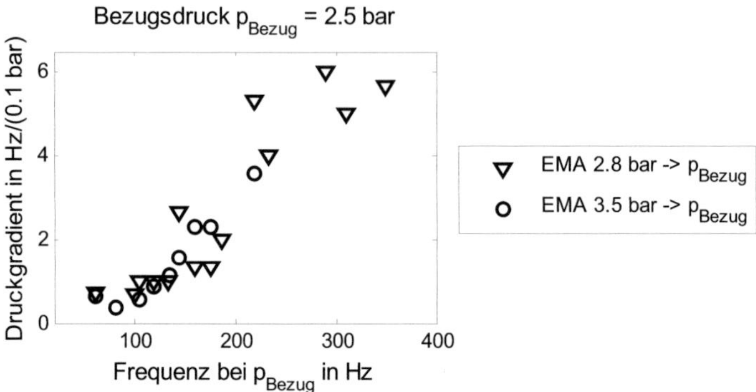

Abbildung 3.5:   Druckgradient der Eigenfrequenzen für Reifenfülldruckerhöhung.

Nach den Berechnungen von Bederna [Bede09] ist mit der durch den Reifenfülldruck einhergehenden geringeren Abplattung des Reifens ein Anstieg der horizontalen Hohlraumresonanz von etwa 0.5 Hz und ein geringer Abfall (<0.5 Hz) der vertikalen Hohlraumresonanz zu erwarten. Für beide Hohlraumresonanzen (198 und 208 Hz bei Bezugsfülldruck) werden Erhöhungen der Eigenfrequenzen zwischen 1 und 2 Hz gemessen (vgl. Tabelle 3.8), die im Bereich der Messgenauigkeit liegen. Hierbei ist der Einfluss der Temperatur auf die Hohlraumresonanz größer einzuschätzen, als der Einfluss der Geometrieänderung. Mit dem in [Krau10] berechneten Temperaturgradienten vom 1/3 Hz/K der Hohlraum-Eigenfrequenz eines 255/45R18 Reifens im relevanten Temperaturbereich ist allein durch die Temperaturdifferenz zwischen Versuch 2 und 5 eine Frequenzverringerung von 1 Hz zu erwarten.

Tabelle 3.8 gibt auch die identifizierten Eigenformen bei 2.5 und 3.5 bar Fülldruck wieder. Mit erhöhtem Fülldruck ist die Schwingform der Hohlraumresonanzen mit den umliegenden *[4,0]*-Reifenschwingformen gekoppelt. Ferner wird ebenfalls bei erhöhtem Fülldruck durch die Hohlraum-Schwingformen eine Raddeformation vergleichbar mit der Felgen-*Pitch*-Eigenschwingform (200 Hz: FP asym; 209 Hz: FP sym) bewirkt. Bei 2.8 bar Fülldruck können die

Schwingformen aufgrund der geringen Messpunktanzahl nicht bestimmt werden.

Fülldruck in bar	Form	Eigenfrequenz in Hz	Dämpfung in %	Temperatur in °C
2.5	KH + [5,0] asym	198	0.706	24
2.5	KV + [5,1] asym	208	0.392	24
2.8	-	199	0.419	26
2.8	-	210	1.24	26
3.5	KH + [4,0] asym	200	0.517	21
3.5	KV + [4,0] sym	209	1.08	21

Tabelle 3.8: Eigenformen, Eigenfrequenzen und Dämpfungen beim belasteten System, fix eingespanntes Rad (Radlast 5 kN) bei verschiedenen Fülldrücken für Anregungspunkt 2 für Rad- und Hohlraum-Eigenformen.

Der Einfluss der Fülldruckerhöhung auf die Rad-Eigenfrequenzen ist besonders für die Felgen-*Pitch*-Eigenform, die als Starrkörpertorsion des Felgenbettes gegen den Stern als Einspannung verstanden werden kann, sehr deutlich. Zwar werden sie nicht so stark beeinflusst wie die umliegenden Reifen-Eigenfrequenzen zwischen 220 und 300 Hz, dennoch wird der Einfluss der Reifensteifigkeit auf die Lage der Rad-Eigenfrequenzen bei Erhöhung des Reifenfülldrucks deutlich.

3.1.6 Einfluss der Radlast

In Versuch 6 wird die Radlast gegenüber dem Referenzzustand auf 6 kN erhöht (vgl. Tabelle 3.2). Der Versuch wird nur bei einer Anregungsrichtung durchgeführt.

Die Eigenfrequenzen der *[1,0]*-, *[2,0]*- und *[2,1]*-Schwingformen werden durch diese Radlasterhöhung um 2 bis 4 Hz angehoben. Für die höheren Reifen-, Rad- und Hohlraum-Eigenformen wird im Rahmen der Messgenauigkeit keine Änderung der Eigenfrequenzen beobachtet. Die Frequenzerhöhung kann aus der Verkürzung der frei schwingenden Gürtellänge erklärt werden. Die modalen Reifen- und Rad-Dämpfungen werden durch die Radlasterhöhung nicht beeinflusst. Dieser Sachverhalt stützt die Ergebnisse in [Pesc90] zum Dämpfungseinfluss, wonach die Last die Dämpfung nicht beeinflusst.

3.1.7 Einfluss des Füllgases

In den Versuchen 3 und 4 werden wie Luft zuvor auch Helium und Kohlenstoffdioxid (CO_2) als Füllgase untersucht. Durch Variation des Füllgases wird die Frequenzlage der Hohlraumresonanz variiert und der Einfluss auf umliegende Reifen-Eigenfrequenzen kann untersucht werden. Die Füllprozedur sieht vor, dem Reifen die enthaltene Luft abzulassen, dann Gas einzufüllen. Anschließend wird das Ventil wieder geöffnet, Gas entweicht und es erfolgt eine erneute Füllung mit Gas bis zum gewünschten Fülldruck. Danach enthält das Luft-Gas-Gemisch nach der idealen Gasgleichung 8.28 Volumen-% Luft. Das entspricht dem in Tabelle 3.9 angegebenen Massenanteil.

Tabelle 3.9 enthält die für Luft und CO_2 ermittelten Eigenformen, -frequenzen und -dämpfungen. Für Helium liegt die Hohlraumresonanz aufgrund der viel höheren Schallgeschwindigkeit im Medium nicht innerhalb des betrachteten Frequenzbereichs. Für CO_2 liegt die Hohlraumresonanz bei 159 bzw. 167 Hz. Die Eigenformen weisen Anteile an der *[3,0] sym*-Reifenschwingform auf. Es wird keine erzwungene Raddeformation beobachtet. Für den Versuch 2 mit Luft bewirken die Eigenformen beider Hohlraumresonanzen Radschwingungen vergleichbar zum Felgen-*Pitch*. Offenbar ist im Frequenzbereich um 200 Hz die dynamische Steifigkeit des Rades durch die Nähe zur ersten Radresonanz verringert, so dass die durch die Hohlraumresonanz wirkenden Kräften zu einer Deformation des Rades führen.

Im Frequenzbereich 140 bis 180 Hz, dem Bereich um die Hohlraumresonanz im CO_2-Versuch, werden die umliegenden Reifen-Eigenfrequenzen gegenüber dem Luft-Versuch nicht über die Messgenauigkeit hinaus beeinflusst. Im umgekehrten Fall, dem Frequenzbereich 190 bis 230 Hz, liegt die Eigenfrequenz der *[5,0]-asym*-Schwingform bei den Versuchen mit CO_2 und Helium um 4 Hz höher als die Eigenfrequenz der anteiligen *KH + [5,0] asym + FP asym* des Luft-Versuches. Für Luft könnte demnach eine Kopplung mit den umliegenden Eigenformen dieses Reifens vorliegen. Möglich ist auch, dass die eigentliche Reifen-Eigenform im Luftversuch aufgrund der höheren Modendichte in diesem Frequenzbereich nicht von der mit dem Hohlraum gekoppelten Eigenform zu unterscheiden war. Die Ergebnisse hinsichtlich der Beeinflussung der Reifen- und Hohlraum-Eigenfrequenzen decken sich mit den Untersuchungen von Scavuzzo et al. [Scav94], die in einem vergleichbaren Versuchsaufbau Luft und Helium als Füllgase untersuchen, wobei angemerkt werden muss, dass die Autoren die einzelnen Reifen-Eigenformen nicht identifizierten.

Die Hohlraumresonanzen weisen bei allen Gasen sehr geringe modale Dämpfungen auf. Dies lässt sich aus der geringen Dämpfung des Mediums erklären. Für Luft werden geringere Dämpfungen als bei CO_2 ermittelt. Die modalen Reifen- und Raddämpfungen werden durch die Füllgasänderung nicht erkennbar beeinflusst.

Füllgas	Massenanteil Luft in %	Form	Eigenfrequenz in Hz	Dämpfung in %
Luft	100	KH + [5,0] asym	198	0.706
		KV + [5,1] asym	208	0.392
CO_2	5.6	KH + [3,0] sym	159	1.06
		KV + [3,0] sym	167	0.947
Helium	39.5	Eigenfrequenz liegt nicht im betrachteten Frequenzbereich		
		Eigenfrequenz liegt nicht im betrachteten Frequenzbereich		

Tabelle 3.9: Eigenformen, Eigenfrequenzen und Dämpfungen der Hohlraumresonanz bei belastetem Reifen, fix eingespanntem Rad (Radlast 5 kN, Fülldruck 2.8 bar) für Anregungspunkt 2.

3.2 Strukturdynamik des Systems im Rollzustand

Aus [Ushi88], [Zege98], [Dorf05] und [Kind09] ist bekannt, dass die Eigenfrequenzen von stehenden Reifen von denen rotierender Reifen abweichen. Neben der in Abschnitt 2.2.2 erläuterten Abhängigkeit der Hohlraumresonanz von der Rotationsgeschwindigkeit zeigt [Zell09] auch eine von der Rotationsgeschwindigkeit abhängige Lage der Rad-Eigenfrequenzen. In den folgenden Abschnitten wird der Einfluss von Rollen auf die modalen Eigenschaften des Systems analysiert. Auch für das rollende System werden Fülldruck-, Füllgas- und Radlastvariationen durchgeführt. Zur Untersuchung des Einflusses der Anregung im Kontaktbereich auf die resultierenden Kraftspektren des rollenden Systems am Verbindungspunkt zur Kraftschluss-Radführung werden die

Fahrbahnrauigkeit und der Reibbeiwert variiert. Im folgenden Abschnitt werden zunächst der verwendete Prüfstand, sowie die Versuchsmethodik beschrieben.

3.2.1 Versuchsaufbau und Methodik der Untersuchung

Der Reifen-Innentrommel-Prüfstand, IPS, des FAST wird seit den 70er Jahren für Untersuchungen des Reifenkraftschlussverhaltens sowie des Rollwiderstands auf unterschiedlichen Fahrbahnen und unter variierenden Betriebsbedingungen eingesetzt [Gnad95], [Frey95], [Fisc99]. Darüber hinaus wird der IPS ebenfalls für Komfortuntersuchungen [Trou02] und zu Messungen des Reifen-Fahrbahn-Geräuschs [Gaut08], [Gaut09] genutzt. Der Prüfstand wird kontinuierlich weiterentwickelt, um z.B. auch Reifenuntersuchungen auf Schnee [Gieß10] unter reproduzierbaren Bedingungen durchzuführen, so dass mittlerweile vom ursprünglichen Aufbau nur noch die Trommel besteht.

Versuchsaufbau

Innerhalb des IPS läuft der zu untersuchende Reifen auf der Innenseite einer zylindrischen Trommel mit einem Durchmesser von 3.8 m. Das Reifen-Hohlraum-Rad-System ist dazu über einen Adapter[9] mit einer Messnabe verbunden und wird durch die so genannte Kraftschluss-Radführung, geführt. Diese Radführung ermöglicht mithilfe hydraulischer Regelungen die gleichzeitige, stufenlose Verstellung von Schräglaufwinkel, Sturzwinkel und Einfederung. Zur Realisierung der vielfachen Einstellmöglichkeiten werden verschiedene Lagerungen für die einzelnen Komponenten der Radführung eingesetzt. Somit ergibt sich schließlich die komplizierte Strukturdynamik des Systems, die einschließlich der vorgenommenen Versteifungsmaßnahmen in Abschnitt 3.3 beschrieben wird. Die Trommelkonstruktion ermöglicht verschiedene Oberflächen über austauschbare Kassetten einzubringen (vgl. Abschnitt 3.4). Die Trommel wird elektrisch angetrieben. Je nach verwendeter Messnabe kann der Reifen über einen Motor hydraulisch angetrieben werden. In den in dieser

---

[9] In dieser Forschungsarbeit wurde für die verwendete Messnabe, die für spezielle Prüfstandsräder konzipiert ist, ein Adapter für konventionelle Fahrzeug-Räder konstruiert. Der Adapter ist in Anhang A.3 dargestellt.

Arbeit beschriebenen Versuchen wird der Reifen nicht angetrieben. Die technischen Daten des IPS sind in Anhang A.3 zusammengefasst. Abbildung 3.6 a) und b) zeigen Darstellungen des IPS.

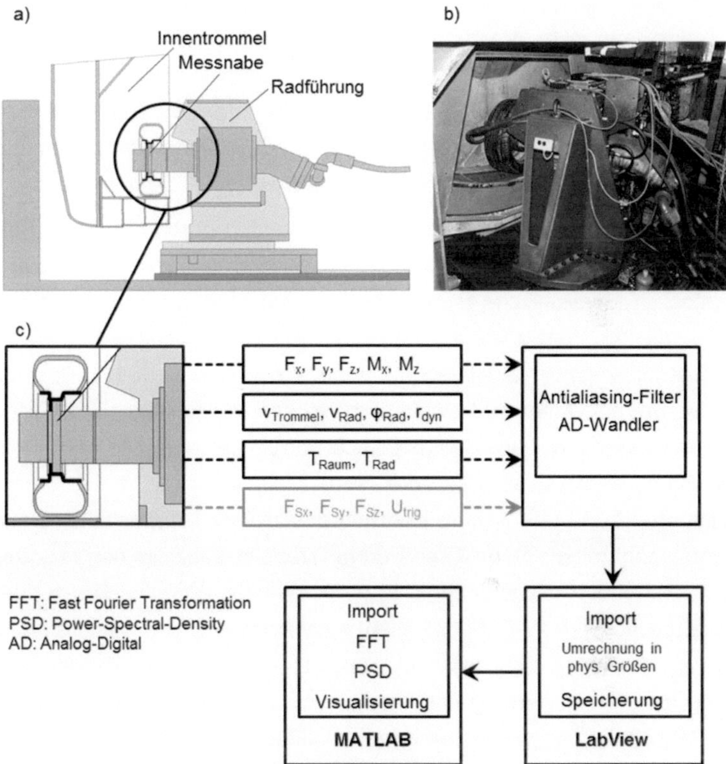

Abbildung 3.6:   a) Schematische Darstellung des IPS, b) Photographie des IPS, c) Schematische Darstellung der Messdatenverarbeitung.

Messtechnik und Software

Für die Aufnahme der Reifenkräfte und -momente im Zentrum des Reifens wird in allen Versuchen eine Piezo-Messnabe der Firma *Kistler* eingesetzt. Diese Nabe ist eine Fünf-Komponenten-Messnabe, die die Erfassung der Reifenkräfte in drei Raumrichtungen (Radlast F_z, Längskraft F_x, Seitenkraft F_y) und der Momente um die Längsachse (Kippmoment) sowie um die Vertikalachse (Rückstellmoment) erlaubt. Als Messprinzip wird der piezo-elektrische Effekt genutzt. Als weitere Reifenkenngröße wird die dynamische Einfederung r_{dyn} gemessen. Als kinematische Größen werden die Trommelgeschwindigkeit $v_{Trommel}$, die Radgeschwindigkeit v_{Rad} und der Raddrehwinkel φ_{Rad} erfasst. In allen Versuchen werden darüber hinaus die Umgebungs-T_{Raum} und die Reifentemperatur T_{Rad} aufgenommen. Für die Messung der Kräfte im Reifen-Fahrbahn-Kontakt werden zusätzlich die Sensorkräfte F_{Sx}, F_{Sy}, F_{Sz}, sowie ein Lichtschrankensignal U_{trig} zur Positionsbestimmung des Sensors auf dem Trommelumfang aufgezeichnet (vgl. Abschnitt 3.5).

Die aufgenommenen Spannungssignale werden durch ein in der Software *Labview* der Firma *National Instruments Inc.* ® implementiertes Datenerfassungstool in physikalische Größen (Kräfte und Momente) umgerechnet und als diskretisierte Zeitsignale abgespeichert. Die Abtastrate der Signale beträgt bei allen in Abschnitt 3.2 beschriebenen Versuchen 2000 Hz. Ein entsprechender Tiefpass-Filter wird eingesetzt, um *Aliasing* zu vermeiden. Die Messdaten werden in **.txt*- und **.tdms*-Dateien abgespeichert. Die weitere Datenverarbeitung erfolgt in *MATLAB* der Firma *Mathworks Inc.* ®. Die Daten werden importiert und über ein im Rahmen dieser Arbeit entwickeltes Datenverarbeitungstool mittels Short-Time-Fourier-Transformation in den Frequenzbereich transformiert (Fensterlänge 1024 Messwerte, *Hanning*-Fensterfunktion, Frequenzauflösung 1.95 Hz bei allen Auswertungen) und visualisiert. Abbildung 3.6 c) zeigt eine schematische Darstellung der Messdatenverarbeitung. Wichtig für die Auswertung des Rückstellmoments ist, dass dieses von der Piezo-Messnabe für einen Bezugspunkt außerhalb des Reifenzentrums bestimmt wird. Somit muss eine Korrektur durchgeführt werden, die die Einpresstiefe des Rades, die Breite des Radadapters und den Abstand zwischen Reifenzentrum und dem Bezugspunkt berücksichtigt. Anhand der Kraft- bzw. Momentenpeaks in der spektralen Darstellung werden einzelne Eigenschwingformen für den Reifen bzw. die Hohlraum- und Rad-Eigenschwingformen identifiziert. Eine Aufnahme der Betriebsschwingformen gestaltet sich für rotierende Systeme schwierig und wäre nur mittels Laser Doppler Vibrometer wie z.B. in [Kind09] möglich. Dies erfordert die freie Zugänglichkeit des rollenden Systems, die innerhalb des IPS nicht gegeben ist.

Versuchsdurchführung

Die in diesem Abschnitt beschriebenen Versuche wurden im Zeitraum Mai 2009 bis November 2010 in drei Versuchsreihen aufgenommen. Diejenigen Versuche, die miteinander verglichen werden, wurden wenn nicht explizit anders angegeben am selben Tag durchgeführt. Vor Beginn jeder Versuchsreihe werden die untersuchten Reifen mindestens 30 min bei einer Geschwindigkeit von 80 km/h warmgefahren (vgl. Abschnitt A.2). Innerhalb dieser Zeit werden Reifen und Messnabe auf Temperatur gebracht. Zur Untersuchung des Geschwindigkeitseinflusses auf die Strukturdynamik wird in einem Ausrollversuch der Reifen auf 100 km/h gebracht und anschließend bis zum Stillstand ausgerollt. Der Ausrollversuch dauert rd. 10 min. Die untersuchten Faktoren und die jeweiligen Faktorstufen sind in Tabelle 3.10 zusammengefasst. Dabei ist zu berücksichtigen, dass kein voll-faktorieller Versuchsplan durchgeführt wird.

Der Reifenfülldruck- und Radlasteinfluss werden durch Variation auf zwei Faktorstufen, (Tabelle 3.10) untersucht. Der Fülldruck liegt für den warmen Reifen bei 2.8 bzw. 3.5 bar. Dazu wird für den kalten Reifen der Reifenfülldruck auf 2.5 bzw. 3.2 bar eingestellt. Durch die Warmfahrprozedur erhöht sich der im kalten Zustand eingestellte Reifenfülldruck. Vor den Versuchen wird der Fülldruck kontrolliert und ggf. der vorgesehene Druck nachjustiert. Die Radlast von 5 bzw. 6 kN wird über eine eigene Hydraulik eingestellt. Anschließend wird die Kraftschluss-Radführung verblockt (vgl. Abschnitt 3.3.2) und die Hydraulik abgeschaltet. Somit werden störende Schwingungen durch die Radlast-Hydraulik vermieden. Durch die manuelle Einstellung der Radlast am langsam drehenden Rad und die mechanische Verblockung der Radführung wird der vorgegebene Wert der Radlast bei höheren Geschwindigkeiten überschritten. Aus diesem Grund wird bei den Analysen die gemessene, mittlere Radlast mit angegeben und bei der Analyse mit berücksichtigt. Zur Füllgasvariation (Luft, Helium, He, und Kohlenstoffdioxid, CO_2) wird die in Abschnitt 3.1.7 beschriebene Befüllungsprozedur eingesetzt. Bei den meisten der beschriebenen Versuche war eine 0/16-Waschbeton-Fahrbahn in die Prüfstandstrommel eingebaut. Zu Vergleichszwecken wird in einzelnen Versuchen der Reifen auch auf einer 0/11-Beton-Fahrbahn und auf einer Aluminiumoberfläche gefahren. Um die Reifenprofilelementverformung im Kontaktbereich in horizontaler Richtung bei gleichbleibenden Texturamplituden zu beeinflussen wird die Oberflächenbeschaffenheit auf der 0/16-Waschbeton und der Aluminiumoberfläche variiert. Dazu wird Geschirrspülmittel als Schmiermittel über eine Dosiervorrichtung bei drehender Trommel auf die Fahrbahnoberfläche aufgebracht. In Vorversuchen wurde die Durchflussmenge des Schmiermittels in mehreren Tests für den Fahrbahnzustand bestimmt, bei dem die Oberfläche mit Schmiermittel befeuchtet ist, aber keine Flüssigkeit im tiefsten Trommelpunkt steht (vgl. Abbildung 3.28). Bei einer Menge von 160 g/min wurde ein reproduzierbarer Zustand ermittelt. Mittels des SRT-Pendels[10] wurde auf der trockenen und auf der befeuchteten Oberfläche der SRT-Wert bestimmt. Für die Reibpaarung aus SRT-Pendel-Gummi und betrachteter Oberflächenbeschaffenheit ergeben sich die in Tabelle 3.10 zusammengefassten SRT-Werte. Unabhängig vom genauen Reibbeiwert, der durch das beschriebene Verfahren für die Reibpaarung aus Versuchsreifengummi und betrachteter Oberflächenbeschaffenheit nicht bestimmt werden kann, wird durch das Aufbringen von Schmiermittel der Reibbeiwert stark verändert.

Geschwin-digkeit in km/h	Fülldruck in bar (warm)	Radlast in kN	Füllgas	Fahrbahn	Oberflächen-beschaffenheit
20	2.8	5	Luft	0/16	Trocken Ø85 SRT
60	3.5	6	Helium	0/11	Mit 160 g/min Schmiermittel befeuchtet Ø31 SRT
100			CO_2	Aluminium	
100 … 0					

Tabelle 3.10: Faktoren und Faktorstufen für alle Versuche.

Wiederholgenauigkeit

Um die Wiederholgenauigkeit zu bestimmen, werden zwei Ausrollversuche bei Standard-Betriebsbedingungen mit demselben Reifen an einem Tag durchgeführt. Reifen und Messnabe werden vor jedem Versuch für 30 min

---

[10] Abkürzung für: Skid Resistance Tester, SRT. Stationäres Handmessgerät zur Messung der Mikrorauheit von technischen Oberflächen z.B. Fahrbahnoberflächen.

warm gefahren. Werden die maximalen Amplitudenunterschiede in den Kraft-spektren der Längs- und Vertikalkraft betrachtet, so sind diese im Bereich der [1,0]-Reifen-Eigenfrequenz mit 15 N maximal. Bei der Hohlraumresonanz liegen sie bei 10 N und ansonsten bei 7 N. Die maximal beobachtete Abweichung der Frequenzlage der Peaks entspricht der Frequenzauflösung 1.95 Hz. Dies kann durch den Temperaturunterschied von 1 K und die manuelle Radlast- und Fülldruckeinstellung begründet werden. Aufgrund der beschriebenen manuellen Radlasteinstellung beträgt die maximal gemessene Abweichung von der Soll-Radlast in allen durchgeführten Versuchen 10 %.

Ein weiterer Ausrollversuch mit einem Reifen gleicher Bauart aus der gleichen Fertigungscharge bei identischer Warmfahrprozedur und Betriebsbedingungen ergibt maximale Amplitudenunterschiede in den Kraftspektren der Längs- und Vertikalkraft von 16 N im Bereich der [1,0]-Reifenresonanzen. Abweichungen in der Frequenzlage der Peaks werden nicht beobachtet. Neben dem Temperaturunterschied von 2 K bewirken die manuelle Radlast- und Fülldruckeinstellung sowie die Reifen- und Radungleichförmigkeiten diese Unterschiede.

3.2.2 Dynamisches Verhalten des belasteten rollenden Systems

Identifikation der Eigenfrequenzen

Zur Identifikation der Eigenschwingformen des Reifens werden in Abbildung 3.7, Abbildung 3.8, Abbildung 3.9 und Abbildung 3.10 die spektralen Darstellungen der Längskraft F_x, Lateralkraft F_y, Vertikalkraft F_z und des Rückstellmoments M_z für die Standard-Betriebsbedingungen (Fülldruck 2.8 bar, Radlast 5 kN, vgl. Anhang A.2) bei einem Ausrollversuch 100 bis 0 km/h abgebildet. Farbskaliert dargestellt ist jeweils die Kraft- bzw. Momentenamplitude in N bzw. Nm, wobei rot die maximale Amplitude und schwarz eine Amplitude von 0 N bzw. 0 Nm kennzeichnet. Die abgebildeten Wasserfalldiagramme bieten sich an, wenn die zeitliche Änderung der spektralen Eigenschaften einer Größe z.B. aufgrund der Änderung einer Variablen mit der Zeit mittels Short-Time-Fourier-Transformation untersucht wird. Die betrachtete Variable ist die Geschwindigkeit. Sie ist auf der Ordinate aufgetragen. Geschwindigkeitsunabhängige Resonanzen wie die Eigenfrequenzen der Kraftschluss-

Radführung werden in den Diagrammen rein senkrecht ausgerichtete Amplitudenerhöhungen bewirken. Rein horizontal ausgerichtete Amplitudenerhöhungen weisen auf impulsartige Anregungen zu einem bestimmten Zeitpunkt während der Messung hin. Schräg ausgerichtete Amplitudenerhöhungen, die ihren Ursprung bei einer Geschwindigkeit von 0 km/h haben und eine positive Steigung aufweisen, deuten auf Reifenordnungen hin. Im linken Teil der Abbildungen a) ist jeweils der Frequenzbereich bis 350 Hz, im rechten Teil b) bis 150 Hz, in dem die größten Amplituden auftreten, dargestellt. In Abschnitt 3.2.5 werden die spektralen Darstellungen für den Frequenzbereich 150 bis 250 Hz detailliert dargestellt und diskutiert. In den Abbildung 3.12 bis Abbildung 3.13 werden die spektralen Darstellungen im Frequenzbereich 220 bis 450 Hz abgebildet. In der Abbildung 3.11 sind die ersten fünf Ordnungen der Längs- und Lateralkraft dargestellt. In dieser Darstellung können Eigenfrequenzen identifiziert werden, wenn sich Reifenordnung und Resonanz bei einer bestimmten Geschwindigkeit treffen.

Die Längskraft F_x (Abbildung 3.7) weist bei ca. 36, 75 und 100 Hz nahezu vertikal ausgerichtete Amplitudenerhöhung auf, die auf Eigenfrequenzen des Systems (Reifen-Hohlraum-Rad-Radführung) hinweisen. Bei der ersten Resonanz treten Amplituden bis über 110 N bei 30 km/h auf. Sie wird als die *[1,0]-asym+torsional*-Reifen-Eigenform identifiziert, da aus der EMA am stehenden, belasteten Reifen (Abschnitt 3.1.4) bekannt ist, dass der undeformierte Reifengürtel bei dieser Eigenform als Starrkörper in Längsrichtung gegen die Reifenseitenwände schwingt. Somit bewirkt die Eigenschwingform Wechselkräfte in Längsrichtung. Die Eigenfrequenz dieser Eigenform fällt im Rollzustand sehr stark gegenüber der stehend Gemessenen ab. Die zweite Resonanz bewirkt Amplitudenüberhöhungen bis 60 N bei 80 km/h. In der Radlast F_z werden bei dieser Frequenz ebenfalls Amplitudenüberhöhungen beobachtet, so dass diese der *[1,0]-sym*-Reifen-Eigenform zugeordnet werden, bei der der Reifengürtel hauptsächlich vertikal ausgerichtete Starrkörperbewegungen ausführt (Abschnitt 3.1.4). Trotz der Ausrichtung der Eigenform in vertikaler Richtung könnte sie auch Amplitudenüberhöhungen in der Längsrichtung bewirken. Außerdem ist davon auszugehen, dass durch die *[1,0]-sym*-Reifen-Eigenform Resonanzen der Radführung angeregt werden. Die dritte Resonanz wird als *[2,0]-asym*-Reifen-Eigenform identifiziert. Im Frequenzbereich von 150 bis 175 Hz sind drei weitere im Diagramm vertikal ausgerichtete Amplitudenüberhöhungen bis 20 N erkennbar, die von höheren Ordnungen der Reifen-Eigenformen *[c,0]* und *[c,1]* herrühren könnten.

a) Längskraft F_x in N bis 350 Hz

b) Längskraft F_x in N bis 150 Hz

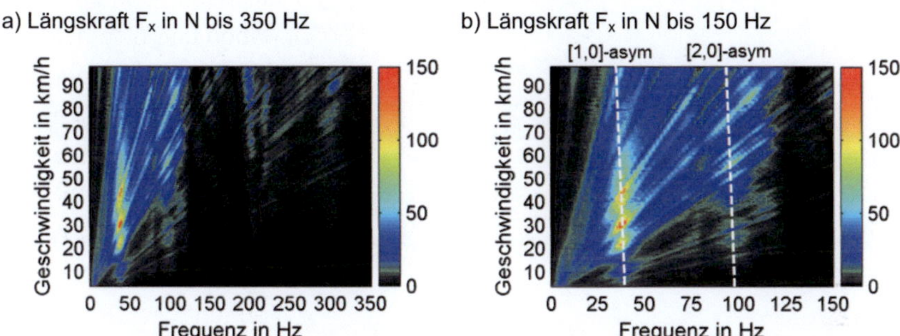

Abbildung 3.7:   Spektrale Darstellung der Längskraft F_x in N bei einem Reifenfülldruck von 2.8 bar und 5 kN Radlast.

a) Lateralkraft F_y in N bis 350 Hz

b) Lateralkraft F_y in N bis 150 Hz

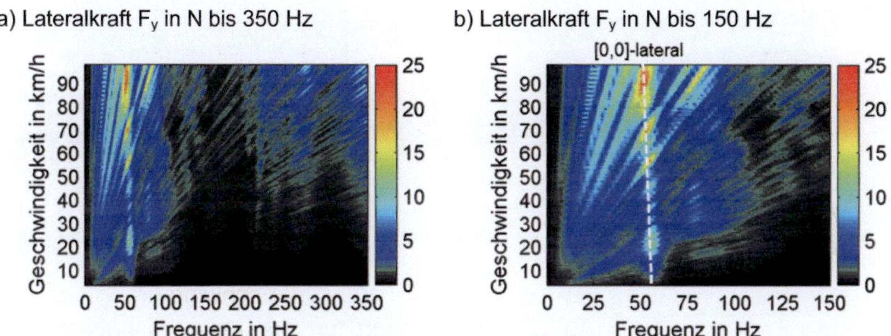

Abbildung 3.8:   Spektrale Darstellung der Lateralkraft F_y in N bei einem Reifenfülldruck von 2.8 bar und 5 kN Radlast.

Im Bereich der Hohlraumresonanzen (ca. 200 bis 220 Hz) sind zwei geschwindigkeitsabhängige Amplitudenerhöhungen bis 20 N erkennbar. Die niederfrequente Resonanz (1. Ast) wird für zunehmende Geschwindigkeiten zu geringeren Frequenzen, die hochfrequente Resonanz (2. Ast) zu höheren Frequenzen verschoben. Aufgrund dieses speziellen Erscheinungsbildes und des nach Gleichung (2.14) zu erwartenden Frequenzunterschiedes beider Äste durch Rotation werden diese Resonanzen dem Hohlraum zugewiesen.

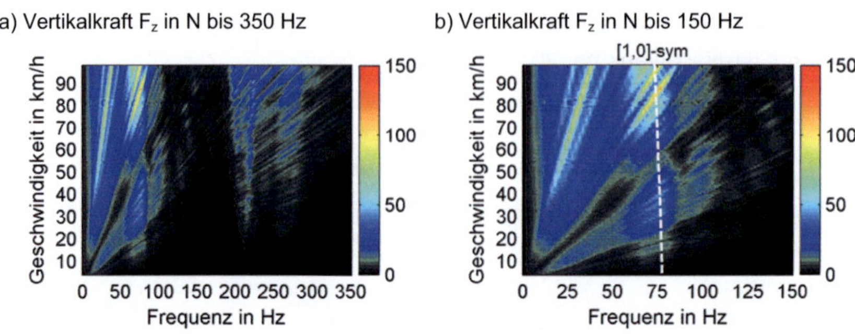

Abbildung 3.9: Spektrale Darstellung der Vertikalkraft F_z in N für einen Reifenfülldruck von 2.8 bar und 5 kN Radlast.

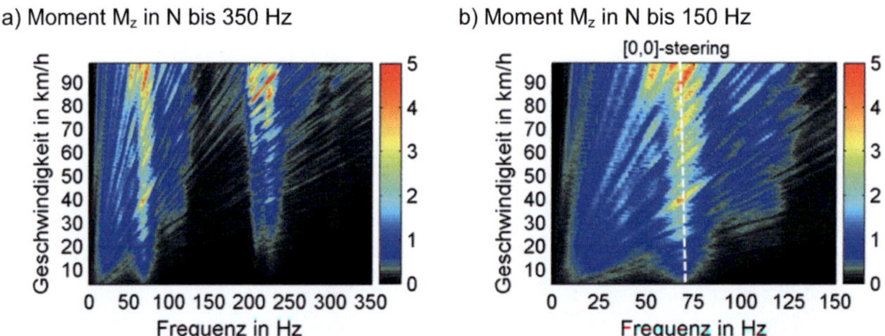

Abbildung 3.10: Spektrale Darstellung des Rückstellmoments M_z in N für einen Reifenfülldruck von 2.8 bar und 5 kN Radlast.

In der Lateralkraft F_y (Abbildung 3.8) sind bis 150 Hz zwei nahezu geschwindigkeitsunabhängige Amplitudenerhöhungen bei rd. 60 und 80 Hz erkennbar, wobei die niederfrequentere von beiden die höchsten Amplituden mit 20 N aufweist. Diese Resonanz wird als *[1,1]-lateral*-Eigenform identifiziert, bei der der Reifengürtel in lateraler Richtung schwingt (Abschnitt 3.1.4). Gegenüber der Frequenzlage im EMA-Versuch am stehenden, belasteten Reifen wird diese Eigenfrequenz um ca. 5 Hz verringert. Die höherfrequente Resonanz könnte von einer *[2,1]*-Reifen-Eigenform oder einer Resonanz der Kraftschluss-Radführung herrühren. In der Lateralkraft ist der zweite Ast der Hohlraumresonanz deutlich zu erkennen, der erste Ast ist schwächer ausgebildet.

Insgesamt liegen die Lateralkraftschwankungen auf geringerem Niveau als die Längskraftschwankungen.

In der Vertikalkraft F_z in Abbildung 3.9 ist vor allem die nahezu geschwindigkeitsunabhängige Amplitudenerhöhung bis 110 N um 75 Hz auffällig. Diese wird der *[1,0]-sym*-Reifen-Eigenform zugeordnet, für die aus der EMA bekannt ist, dass der undeformierte Reifengürtel in der vertikalen Richtung schwingt (vgl. Abschnitt 3.1.4). Im Gegensatz zu den zuvor beschriebenen Resonanzen in der Längs- und Querkraft erscheint diese Resonanz sehr breit im Spektrum, was vermutlich auf eine Eigenform der Kraftschluss-Radführung (vgl. Abschnitt 3.3) hindeutet. Bei rd. 100 Hz tritt die nächste Amplitudenerhöhung um 20 N auf, die die höchsten Amplituden im Geschwindigkeitsbereich von 30 bis 60 km/h aufweist. Aus der EMA ist zu erwarten, dass diese von der *[2,0]-sym*-Eigenform herrührt. Im Bereich der Hohlraumresonanz erscheinen in der Vertikalkraft beide geschwindigkeitsabhängigen Äste, von denen der zweite Ast höhere Amplituden bis 55 N aufweist.

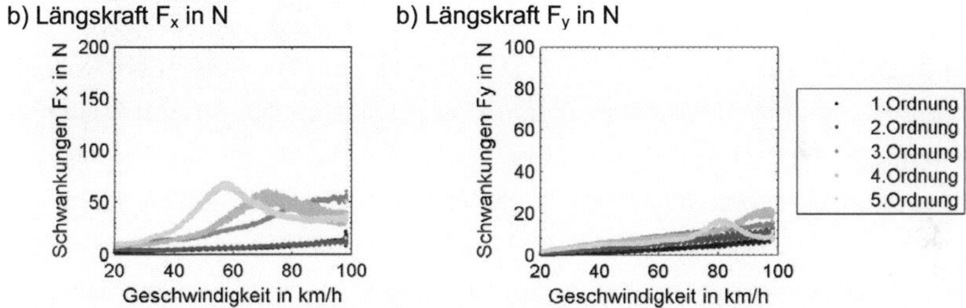

Abbildung 3.11:   Ordnungsspektrogramm a) der Längskraft F_x und b) der Lateralkraft F_y bei einem Reifenfülldruck von 2.8 bar und 5 kN Radlast.

Einfluss der Geschwindigkeit

Besonders in Abbildung 3.7 b), Abbildung 3.8 b), Abbildung 3.9 b), sowie Abbildung 3.10 b) wird deutlich, dass die Reifen-Eigenfrequenzen nicht geschwindigkeitsunabhängig sind. Mit zunehmender Geschwindigkeit verringern sich die Eigenfrequenzen des Reifens. Angesichts der Beobachtungen von Kindt [Kind09], wonach nahezu alle Reifen-Eigenformen rein real sind und stehende Wellen zeigen, kann die Strukturerweichung mit steigender Geschwindigkeit nur durch eine Absenkung des komplexen Speichermoduls des Elastomermaterials erklärt werden (vgl. Abschnitt 2.1.1). Der Mullins-Effekt wird aufgrund des Versuchsablaufs ausgeschlossen. Da dieser eine Material-entfestigung über den ersten Belastungszyklen bewirkt, müssten im Auslauf-versuch bei geringeren Geschwindigkeiten geringere Eigenfrequenzen auftre-ten. Darüber hinaus regeneriert die Entfestigung durch den Mullins-Effekt erst nach längerer Zeit. Der Payne-Effekt und die Entfestigung bei bimodaler Be-lastung (vgl. Abschnitt 2.1.1) regenerieren sofort und auch während dynami-scher Belastung. Auch in direkt aufeinanderfolgenden Versuchen werden Strukturerweichungen mit höherer Geschwindigkeit beobachtet. Die verringer-ten Eigenfrequenzen im Rollzustand sind auf den Payne-Effekt zurückzufüh-ren. Das Reifenelastomermaterial wird fortlaufend stark deformiert und der Speichermodul sinkt. Bei einer Geschwindigkeit von 100 km/h erfolgt die nie-derfrequente große Deformation bei Latschdurchlauf mit höherer Frequenz als bei geringeren Geschwindigkeiten. Bei überlagerter Belastung mit einer hoch-frequenten Deformation geringerer Amplitude (bimodale Belastung) verringert sich der Speichermodul des hochfrequenten Anteils des Antwortsignals. Somit erscheint es plausibel, dass das Elastomermaterial zu höheren Geschwindig-keiten hin weitere Entfestigung erfährt. Die Eigenfrequenzen des rollenden Reifens sind in Tabelle 3.11 im Vergleich zu denen des stehenden Reifens und des Hohlraums für die Standardgeschwindigkeiten 20, 60 und 100 km/h zusammengefasst. Sie werden aus den spektralen Darstellungen ausgelesen. Die Frequenzverschiebungen mit zunehmender Geschwindigkeit liegen in vergleichbarem Bereich wie in [Dorf05] und fallen geringer aus als in [Zell09]. Diese Unterschiede können durch den Füllstoffanteil in der Gummimischung erklärt werden. Außerdem könnte die geringere Entfestigung bei den be-schriebenen Ausrollversuchen durch den Versuchsablauf begründet werden. Die Radlast wird bei geringer Rollgeschwindigkeit zu Beginn des Versuchs eingestellt, bevor die Kraftschluss-Radführung verblockt wird (Abschnitt 3.2.1). Mit zunehmender Rollgeschwindigkeit nimmt die Last auf den Reifen in radialer Richtung zu, so dass die Kontaktlänge im Latsch zunimmt und die frei schwingende Gürtellänge abnimmt. Dadurch werden die Eigenfrequenzen tendenziell erhöht, so dass die gesteigerte Radlast dem Geschwindigkeitsein-fluss (Materialentfestigung) entgegen wirkt.

Die Kraftamplituden weisen in allen Raumrichtungen eine Abhängigkeit von der Geschwindigkeit auf. Dies ist zum einen durch eine Änderung der Anregung durch das schnellere Auftreffen des Reifens auf die Fahrbahnunebenheiten, zum anderen aber auch durch die geänderten Dämpfungseigenschaften des Reifengummis zu erklären. Mit steigender Geschwindigkeit nimmt die Dämpfung aufgrund der bimodalen Belastungssituation (vgl. Abschnitt 2.1.1) zu, die Amplitudenerhöhungen in den Spektren werden breiter.

Form	Eigenfrequenz in Hz			
	Stehender belasteter Reifen, Rotation fix	Rollender Reifen, 2.8 bar, 5 kN		
		20 km/h	60 km/h	100 km/h
[1,1]-lateral	61.5	56.6	54.6	50.7
[1,1]-steering	82.3	70.3	70.3	66.4
[1,0]-asym	100	38	37	37
[1,0]-sym	106	74.2	72.2	70.3
[2,0]-asym	-	99.6	97.6	-
[2,0]-sym	130*(+3 Hz)	-	99.6	95.7
[3,0]-sym		119.1	-	-
KH+[5,0]-asym	198	K, 1. Ast:	205	197.2
KV+[5,1]-asym	208	K, 2. Ast:	218	222.7

Tabelle 3.11: Schwingformen und Eigenfrequenzen des belasteten, fix eingespannten Reifens (Radlast 5 kN, Fülldruck 2.5 bar, vgl. Tabelle 3.6) im Vergleich zu den Eigenfrequenzen des belasteten rollenden Reifens (Radlast 5 kN, Fülldruck 2.8 bar).

Im Frequenzbereich 220 bis 300 Hz sind in den Längs-, Lateral- und Vertikalkraftspektren weitere Amplitudenerhöhungen erkennbar. In der Längskraft (Abbildung 3.12) weist eine Resonanz um 290 Hz die höchsten Amplituden von bis zu 25 N auf. In den Lateral- und Vertikalkraftspektren (Abbildung 3.12 und Abbildung 3.13) sind Amplitudenerhöhungen um 10 N bzw. um 40 N um 270 Hz erkennbar. Eine Resonanz bei derselben Frequenz ist für sehr hohe Geschwindigkeiten ab 90 km/h auch in der Längskraft in Abbildung 3.12 erkennbar. Weitere Resonanzen werden in der Lateralkraft und dem Rückstellmoment ab ca. 350 Hz beobachtet, die außerhalb des betrachteten Frequenzbereichs liegen. Anhand der Spektren alleine ist es schwierig die beschriebenen Resonanzen unterhalb 300 Hz eindeutig einem der Teilsysteme Reifen, Rad oder Radführung zuzuordnen. Aus der Betriebsmodalanalyse der Radführung kann diese ausgeschlossen werden. Höhere Reifen-Eigenformen *[c,2]* oder *[c,3]*, die große globale Bewegungen ausführen, sind nach [Whee05] zwischen 220 und 250 Hz zu erwarten. Kindt [Kind09] identifiziert oberhalb von 250 Hz in einer Betriebsschwingungsanalyse keine Reifen-Eigenformen. Die EMA am stehenden System in Abschnitt 3.1 zeigt, dass die Rad-Eigenformen in den Frequenzbereich von 250 bis 280 Hz fallen. Da die Felgenbiegung (*FB-*) und die Felgen-*Pitch*-Eigenformen (*FP*) doppelte Pole aufweisen, ist ein rotationsbedingtes Aufspalten der Eigenfrequenzen wie für den Hohlraum im Rollzustand zu erwarten (vgl. [Zell09]).

a) Längskraft F_x in N 220 bis 450 Hz   b) Längskraft F_y in N 220 bis 450 Hz

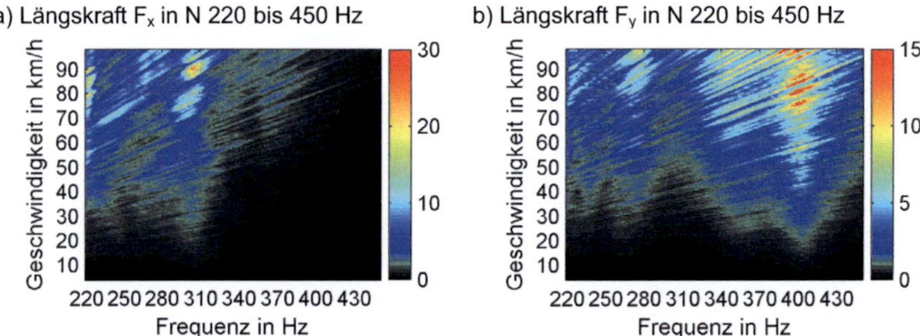

Abbildung 3.12:   Spektrale Darstellung a) der Längskraft F_x und b) der Lateralkraft F_y in N bei einem Reifenfülldruck von 2.8 bar und 5 kN Radlast.

a) Vertikalkraft F_z in N 220 bis 450 Hz   b) Rückstellmoment M_z in N 220 bis 450 Hz

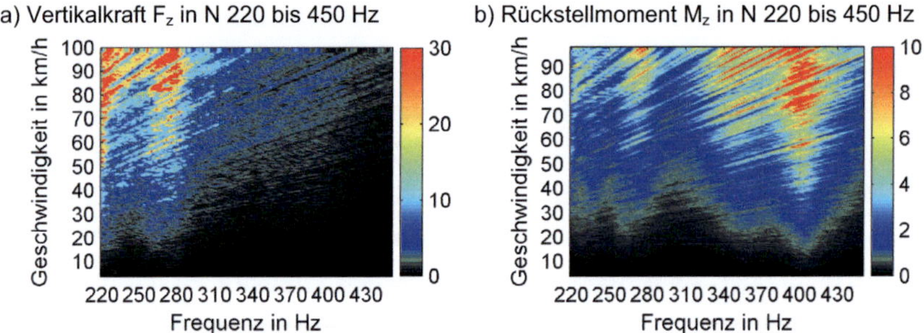

Abbildung 3.13:   Spektrale Darstellung a) der Vertikalkraft F_z und b) des Rückstellmoments M_z bei einem Reifenfülldruck von 2.8 bar und 5 kN Radlast.

Die Resonanzen um 290 Hz in der Längskraft sowie um 270 Hz in der Vertikal- und Lateralkraft zeigen zwischen 50 und 100 km/h geschwindigkeitsabhängige Amplitudenüberhöhungen, die für höhere Geschwindigkeiten zu höheren Frequenzen verschoben werden. Dem Frequenzbereich entsprechend können diese beiden Resonanzen als Rad-Eigenfrequenzen gedeutet werden (vgl. Abschnitt 3.1.4). Es ist auffällig, dass nur der zweite Ast dieser Radeigenformen in den spektralen Darstellungen erscheint. Bei der Hohlraumresonanz wird der zweite Ast ebenfalls stärker angeregt als der Erste. Demnach könnte die Anregung in diesem Frequenzbereich nicht ausreichen, um beide Äste stark genug anzuregen.

3.2.3 Einfluss des Reifenfülldrucks

Tabelle 3.12 fasst die Versuchsbedingungen bei der Untersuchung des Fülldruckeinflusses zusammen. Die Abbildung 3.14, Abbildung 3.15, Abbildung 3.16 und Abbildung 3.17 zeigen für zwei Fülldrücke die Kraft- und Momentenspektren bei der Rollgeschwindigkeit 100 km/h.

	2.8 bar	3.5 bar
Radlast in N	5510	5246
Füllgas	Luft	Luft
Verblockung Kraftschluss-Radführung	Mod. 2	Mod. 2

Tabelle 3.12:   Bedingungen bei Untersuchung des Einflusses des Reifenfülldrucks.

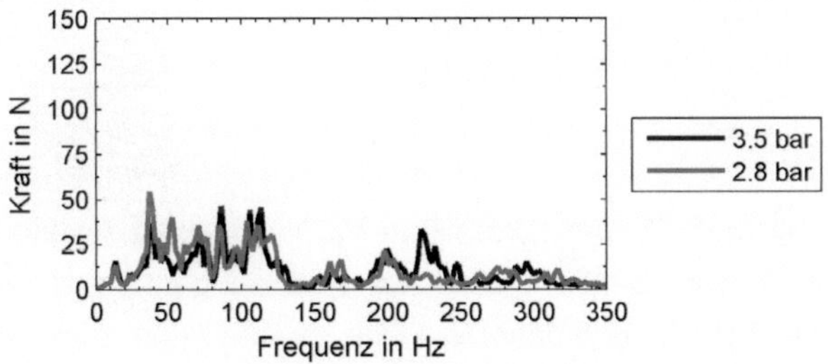

Abbildung 3.14:   Spektrale Darstellung der Längskraft F_x bei 2.8 und 3.5 bar bei 100 km/h.

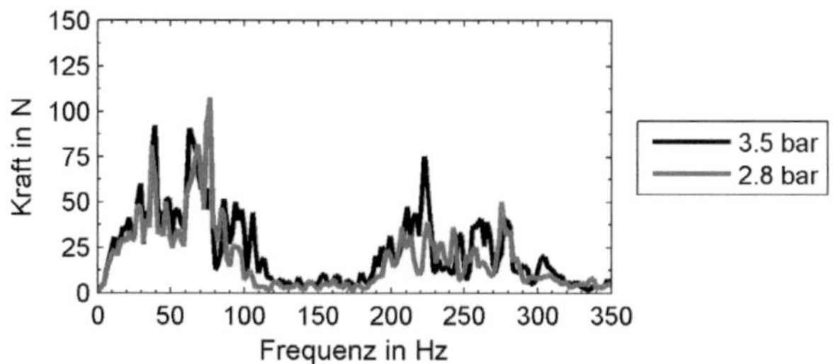

Abbildung 3.15:   Spektrale Darstellung der Vertikalkraft F_z bei 2.8 und 3.5 bar bei 100 km/h.

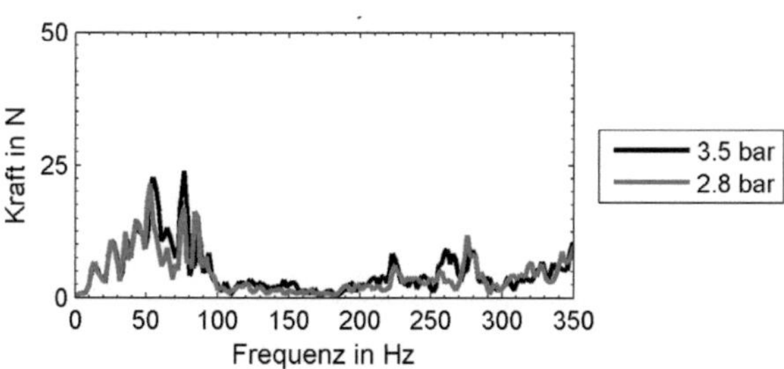

Abbildung 3.16:   Spektrale Darstellung der Lateralkraft F_y bei 2.8 und 3.5 bar bei 100 km/h.

	2.8 bar 5 kN	3.5 bar 5 kN
Eigenfrequenz erster Ast in Hz	197.2	199.2
Eigenfrequenz zweiter Ast in Hz	222.7	222.7

Tabelle 3.13:   Frequenzlage der Hohlraum-Eigenform unter Fülldruckeinfluss bei 100 km/h.

In der Längskraft F_x, der Lateralkraft F_y, Vertikalkraft F_z und dem Rückstellmoment M_z wird deutlich, dass die Reifen-Eigenfrequenzen unterhalb 200 Hz um 1.95 Hz für den höheren Fülldruck ansteigen. Dies entspricht der Frequenzauflösung. Mit 0.27 Hz/0.1 bar wirkt sich die Druckerhöhung für den rotierenden Reifen weniger stark aus als für den stehenden Reifen (Druckkoeffizienten größer 1 Hz/0.1 bar). Die Kraft- und Momentenamplituden nehmen durch die Druckerhöhung zwischen 30 und 120 Hz um ca. 30 % zu.

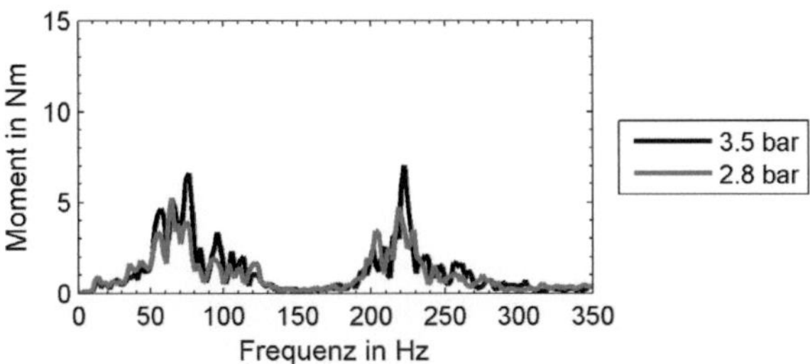

Abbildung 3.17:   Spektrale Darstellung des Moments M_z bei 2.8 und 3.5 bar bei 100 km/h.

Für die Hohlraumresonanz ist die deutliche Zunahme der Amplitude des zweiten Astes in der Längskraft, Vertikalkraft und im Rückstellmoment auffällig. Das System Reifen-Hohlraum-Rad wird durch die Druckerhöhung versteift. Die Eigenfrequenzen der Hohlraumresonanzen (1. und 2. Ast) nehmen bei der Fülldruckerhöhung wie in Tabelle 3.13 dargestellt zu. Die Änderung der Eigenfrequenzen liegt im Bereich der Messauflösung. Bei der untersuchten Fülldruckerhöhung wird die Differenz der Eigenfrequenzen des ersten und zweiten Astes im Bereich der Messauflösung verringert.

3.2.4 Einfluss der Radlast

Analog zum EMA-Versuch am stehenden Reifen wird für das rollende System der Einfluss der Radlast auf das dynamische Verhalten des Systems entsprechend der Versuchsbedingungen in Tabelle 3.14 untersucht. Abbildung 3.18, Abbildung 3.19, Abbildung 3.20 und Abbildung 3.21 zeigen die spektrale Darstellung der Längskraft F_x, der Vertikalkraft F_z, der Lateralkraft F_y sowie des Rückstellmoments M_z im Vergleich bei 100 km/h.

In der Darstellung der Kräfte und des Rückstellmoments wird deutlich, dass die Reifen-Eigenfrequenzen bis 180 Hz um 1.95 Hz (Frequenzauflösung) ansteigen. Im Frequenzbereich der ersten Eigenfrequenz ist besonders für die Längskraft eine Amplitudenzunahme um 30 bis 48% zu erkennen. Die Vertikalkraft weist bei einer Frequenz von ca. 85 Hz eine starke Amplitudenzunahme auf.

	5 kN	6 kN
Reifenfülldruck in bar	2.8	2.8
Radlast in N	5510	6496
Füllgas	Luft	Luft
Verblockung Kraftschluss-Radführung	Mod. 2	Mod. 2

Tabelle 3.14:   Bedingungen bei Untersuchung des Einflusses der Radlast.

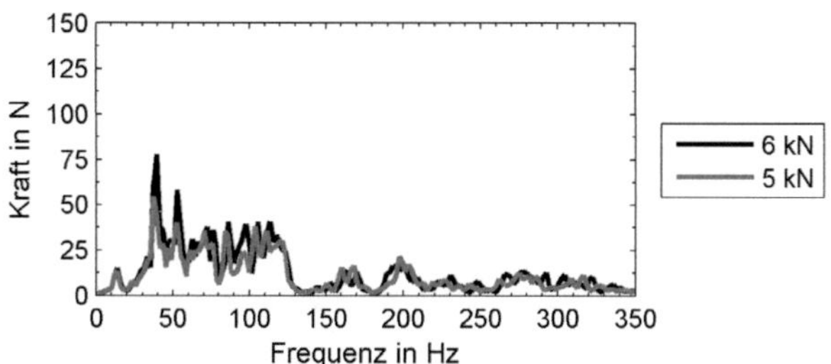

Abbildung 3.18:   Spektrale Darstellung der Längskraft F_x für 5 und 6 kN Radlast bei 100 km/h.

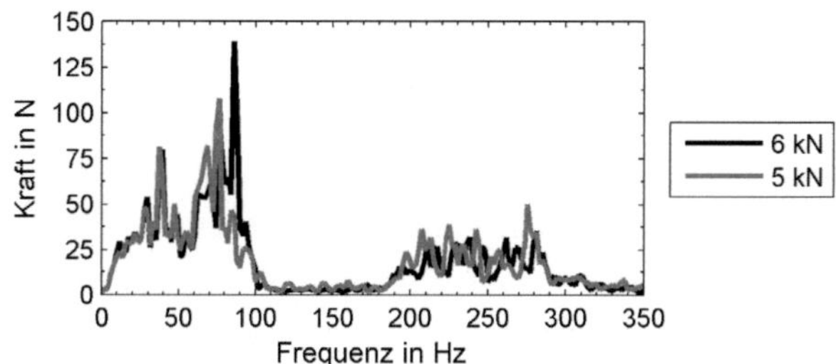

Abbildung 3.19:   Spektrale Darstellung der Vertikalkraft F_z für 5 und 6 kN Radlast bei 100 km/h.

Die beobachtete Eigenfrequenzzunahme ist geringer als beim stehenden Reifen (vgl. Abschnitt 3.1.6), bei dem die Frequenzzunahme durch die Verkürzung der frei schwingenden Gürtellänge erklärt wurde. Beim rollenden Reifen wirkt zusätzlich der Payne-Effekt, der bei höherer Radlast und somit größerer Deformation eine stärkere Entfestigung des Elastomermaterials bewirkt (vgl. Abschnitte 2.1.1). In Summe ist die bewirkte Frequenzerhöhung geringer als im EMA-Versuch allein durch die Gürtellängenverkürzung. Mit der Radlasterhöhung steigen die lokalen Kontaktdrücke zwischen Reifen und Fahrbahn (vgl. 3.4.3), so dass von einer stärkeren Anregung des Reifens durch die Fahrbahn auszugehen ist. Dies resultiert in höheren Kraftamplituden an der Messnabe.

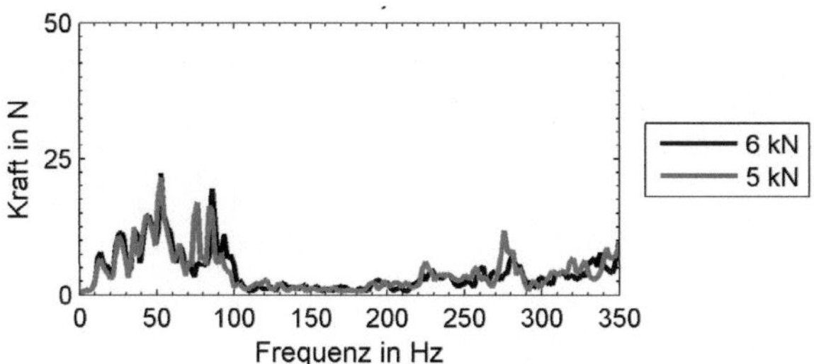

Abbildung 3.20: Spektrale Darstellung der Lateralkraft F_y für 5 und 6 kN Radlast bei 100 km/h.

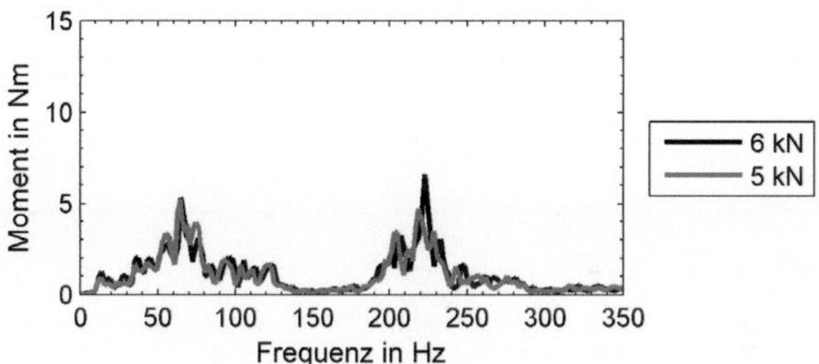

Abbildung 3.21: Spektrale Darstellung des Moments M_z für 5 und 6 kN Radlast bei 100 km/h.

In den Spektren ist bei ca. 200 Hz der 1. Ast der Hohlraumresonanzen zu erkennen. Die Eigenfrequenzen beider Äste sind für die beiden Versuche in Tabelle 3.15 zusammengefasst. Durch die erhöhte Radlast werden beide Äste der Eigenfrequenz der Hohlraumresonanz im Rahmen der Messgenauigkeit angehoben. In der Analyse des stehenden Reifens wurde der 2. Ast der Hohlraumresonanz um 1 Hz angehoben, was dabei innerhalb der Messgenauigkeit lag. Durch die Verkürzung der frei schwingenden Gürtellänge des Subsystems Reifen werden aufgrund der Akustik-Struktur-Kopplung die Eigenfrequenzen des Hohlraums erhöht. Die Peaks, die im Vertikalkraftspektrum den Radresonanzen zugeordnet werden (vgl. Abschnitt 3.2.2), treten mit höherer

Radlast bei höheren Frequenzen auf. Somit wirkt auch hier die Kopplung des Gesamtsystems. Die geringere frei schwingende Masse des Teilsystems Reifen bewirkt eine Erhöhung der Radeigenfrequenz.

	2.8 bar 5 kN	2.8 bar 6 kN
Eigenfrequenz erster Ast in Hz	197.2	199.2
Eigenfrequenz zweiter Ast in Hz	222.7	224.6

Tabelle 3.15:   Zusammenfassung der Frequenzlage der Hohlraum-Eigenform unter Radlasteinfluss bei 100 km/h.

3.2.5 Einfluss des Füllgases

Zur Ermittlung des Füllgaseinflusses auf die Strukturdynamik der gekoppelten Struktur wird das Füllgas, wie in Tabelle 3.16 dargestellt, variiert. Abbildung 3.22 und Abbildung 3.23 zeigen die Wasserfalldiagramme der Kräfte, in den die geschwindigkeitsabhängigen Hohlraumresonanzen am besten identifiziert werden können, für die Füllmedien CO_2 und Luft.

	Luft	CO_2	Helium
Reifenfülldruck in bar	2.8	2.8	2.8
Radlast in N	5519	5316	5041
Fahrbahn	0/16	0/16	0/16
Verspannung Kraftschluss-Radführung	Mod. 1 + Mod. 2	Mod. 1 + Mod. 2	Mod. 1

Tabelle 3.16:   Bedingungen bei Untersuchung des Einflusses des Füllgases.

Für CO_2 tritt die Eigenfrequenz erster Ordnung des Hohlraums (bei 80 km/h 153 und 175 Hz) bei geringerer Frequenz auf als für Luft (bei 80 km/h 197 und 218 Hz). Die Frequenzdifferenz durch den Geschwindigkeitseinfluss ist für beide Gase vergleichbar. Für Helium fallen die Eigenfrequenzen des Hohlraums nicht in den untersuchten Frequenzbereich. Für CO_2 und Luft ist unabhängig von der jeweiligen Frequenzlage der zweite Ast der Hohlraumresonanz bei $f_{K1,A2}$ in der Vertikalkraft stärker ausgeprägter als der erste Ast. In der Längskraft ist hingegen für beide Füllmedien der erste Ast stärker ausgeprägt. In der Literatur genannte mögliche Ursachen werden in Abschnitt 2.2.2 wiedergegeben, wobei sie bisher nicht belegt wurden. Der erste Ast im CO_2-Versuch weist in der Vertikalkraft geringere Amplituden auf als im Luft-Versuch. Diese Eigenform wies im EMA-Versuch mit Luft eine erzwungene Felgen-Pitch(FP)-Schwingung auf, mit CO_2 als Füllgas nicht. Diese Kopplung zwischen Hohlraum- und Radresonanz könnte die Ursache für die erhöhten Amplituden sein.

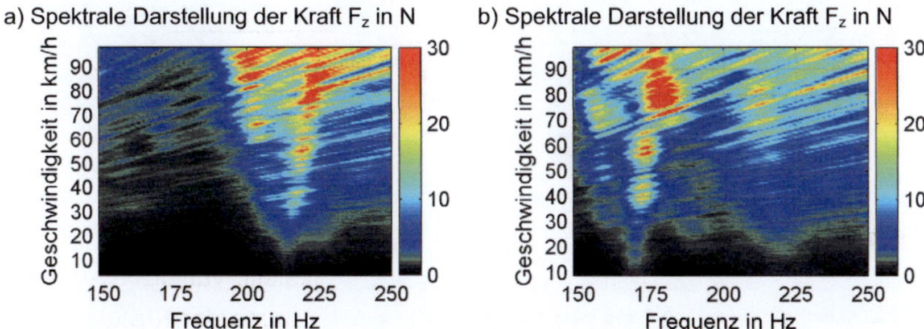

Abbildung 3.22: Spektrale Darstellung der Nabenkraft F_z in vertikaler Richtung bei a) Luft und b) CO_2.

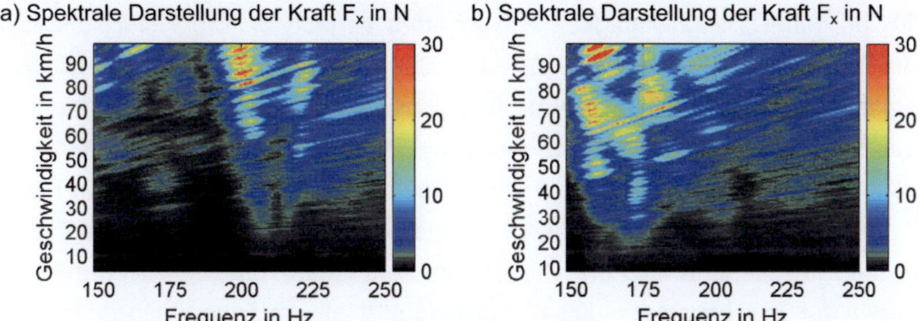

Abbildung 3.23: Spektrale Darstellung der Nabenkraft F_x in Längsrichtung a) Luft b) CO_2.

Auch in den spektralen Darstellungen der Lateralkraft und des Rückstellmoments in Abbildung 3.24 kann die Hohlraumresonanz identifiziert werden. Die Reifen-Hohlraum-Rad-Struktur bildet aufgrund der Akustik-Struktur-Kopplung die für die Hohlraumresonanz beschriebenen Eigenformen (Abschnitt 3.1.4) aus Reifen-Eigenform höherer Ordnung mit erzwungener Felgen-Pitch-Schwingform aus. Aufgrund der Verspannung des Reifens gegen die Fahr-

bahn und deren Unebenheiten resultieren durch diese Eigenformen Kraft-
bzw. Momentenanteile im Spektrum. In den Lateralkraft- und Momentenspektren weist ebenfalls der zweite Ast höhere Amplituden auf.

a) Spektrale Darstellung der Kraft F_y in N

b) Spektrale Darstellung des Moments M_z in N

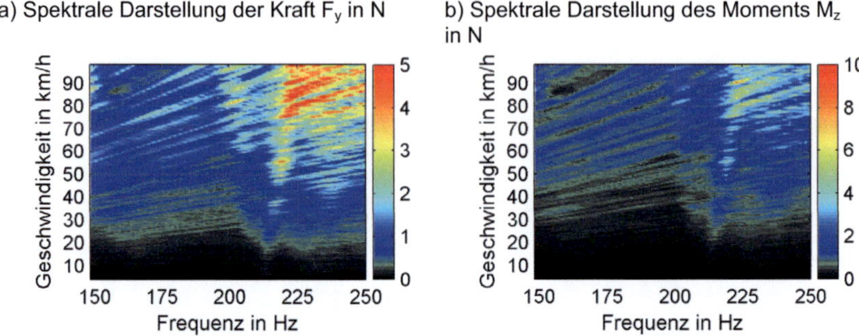

Abbildung 3.24:   Spektrale Darstellung a) der Nabenkraft F_y in lateraler Richtung und b) des Rückstellmoments M_z für das Füllmedium Luft.

Um den Einfluss der Hohlraumresonanzen auf die umliegenden Reifen- und Radresonanzen zu analysieren, sind in Abbildung 3.25 und Abbildung 3.26 die spektralen Darstellungen der Vertikalkraft und der Längskraft für Luft und CO_2 bei einer Geschwindigkeit von 80 km/h abgebildet. Die Hohlraumreso- nanz für CO_2 fällt in einen Frequenzbereich, in dem die Reifen-Eigenformen eher geringe Amplituden hervorrufen, so dass im Vergleich zum Luft-Versuch eine bedeutende Amplitudenerhöhung beider Kraftkomponenten auftritt. Im Falle der Luftresonanz fallen die Amplitudenerhöhung gegenüber dem CO_2- Versuch geringer aus. Möglicherweise bietet die Anregung durch die Fahr- bahn im Frequenzbereich der CO_2-Hohlraumresonanz günstigere Vorausset- zungen für die Anregung dieser Schwingform als im Frequenzbereich der Luft-Hohlraumresonanz. In der Vertikalkraft erscheint im CO_2-Versuch um 78 Hz eine bedeutende weitere Amplitudenerhöhung. In diesem Frequenzbe- reich liegt eine vertikal ausgerichtete Eigenform des Reifens, die offenbar mit der Hohlraumresonanz koppelt, wenn diese einen geringen Frequenzabstand aufweist. Auch im Vergleich der Gase, Luft und Helium, wird für diese Reifen- Eigenform eine leichte Amplitudenerhöhung im Luft- gegenüber dem Helium- versuch gemessen. Die Lage der Reifen-Eigenfrequenzen wird durch das Füllgas innerhalb der gewählten Frequenzauflösung nicht beeinflusst. Dies deckt sich mit den Ergebnisse der EMA (vgl. Abschnitt 3.1.7) und von Scavuzzo [Scav94] ebenfalls bei einer EMA.

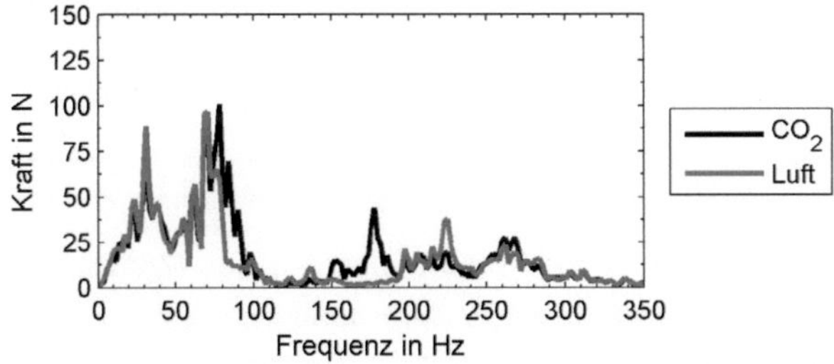

Abbildung 3.25: Spektrale Darstellung der Vertikalkraft F_z für die Füllmedien Luft und CO_2 bei 80 km/h.

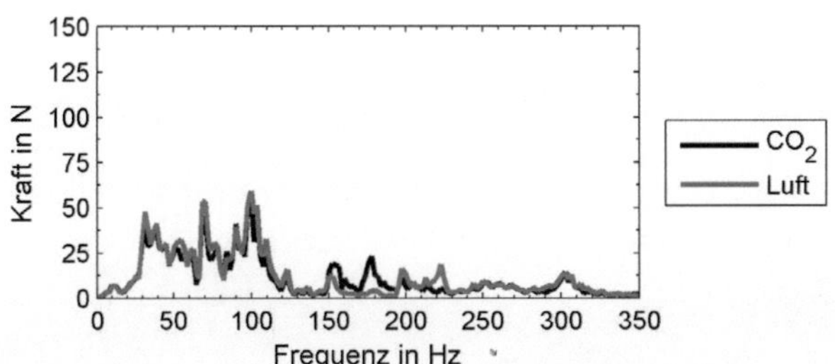

Abbildung 3.26: Spektrale Darstellung der Längskraft F_x für die Füllmedien Luft und CO_2 bei 80 km/h.

3.2.6 Einfluss der Fahrbahnrauigkeit

Da Umbau und Präparierung der Fahrbahnen im IPS die Rüstzeiten für die beschriebenen Versuche stark verlängern, wird zur Untersuchung des Einflusses der Fahrbahnrauigkeit ein Versuch auf einer 0/11-Beton-Fahrbahn (vgl. Abschnitt 3.4.1), zu einem späteren Zeitpunkt durchgeführt. Die erzielten Ergebnisse sind daher nur bedingt vergleichbar, da die Bedingung, alle zu vergleichenden Versuche an einem Tag durchzuführen, aufgrund der Rüstzeiten nicht eingehalten werden kann. Zusätzlich waren in dem Versuch mit der 0/11-Beton-Fahrbahn die Spannkeile nicht montiert, so dass die Kraftschluss-Radführung in ihrem Ausgangszustand (vgl. Abschnitt 3.3.1, Versuchsbedingungen in Tabelle 3.17) vorliegt.

	0/16	**0/11**
Reifenfülldruck in bar	2.8	2.8
Radlast in N	5519	5377
Füllgas	Luft	Luft
Verblockung Kraftschluss-Radführung	Mod. 1	Ausgangszustand

Tabelle 3.17:   Bedingungen bei Untersuchung des Einflusses der Fahrbahnrauigkeit.

In den Spektren der Vertikal- und Längskraft des Ausrollversuchs auf beiden Fahrbahnen in Abbildung 3.27 wird deutlich, dass vor allem die Reifen-Eigenfrequenzen ab 75 Hz und die Hohlraumresonanz (200 bis 220 Hz) auf der raueren 0/16-Waschbeton-Fahrbahn stärker angeregt werden.

a) Kraft F_z in N für 85 km/h b) Kraft F_x in N für 85 km/h

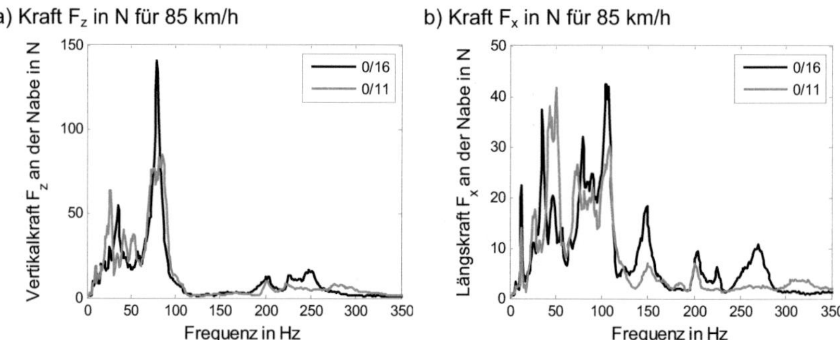

Abbildung 3.27:   Spektrale Darstellung a) der Nabenkraft F_z in vertikaler Richtung und b) der Längskraft F_x für die Fahrbahnen 0/11-Beton und 0/16-Waschbeton, ähnlich [Grol12].

Die stärkere Anregung ist auf die spektralen Eigenschaften der beiden Fahrbahnen zurückzuführen. Die 0/16-Waschbeton-Fahrbahn weist eine um drei- bis viermal höhere spektrale Intensität auf als die 0/11-Beton-Fahrbahn (vgl. Abbildung 3.42 in Abschnitt 3.4.2 und Tabelle 3.23). Darüber hinaus stehen die einzelnen Steine der 0/16-Waschbeton-Fahrbahn stärker aus dem Beton heraus (vgl. Abbildung 3.43), so dass lokal höhere Kontaktdrücke als auf der 0/11-Beton-Fahrbahn auftreten (vgl. Abschnitt 3.4.3). Für diese Fahrbahn sind gleichmäßigere Kontaktdrücke im Reifen-Fahrbahn-Kontakt zu erwarten.

3.2.7 Einfluss des Reibbeiwertes

Ludwig et al. [Ludw98], [Bach98], [Bach99], [Fach00] beschreiben Messungen der Profilelementverformung bei verschiedener Oberflächenbeschaffenheit (trockene Fahrbahn, Eis) mit dem Darmstädter Reifensensor. Der Sensor kann die Profilelementverformung beim Latschdurchlauf in drei Raumrichtungen messen. Bei verringertem Reibbeiwert nimmt die maximale Profilelementverformung ab, Gleitvorgänge treten auf. Neben dem Reibbeiwert beeinflussen andere Reifenbedingungen (Fülldruck, Radlast, Material) die maximale Profilelementverformung.

Um die in der Reifenaufstandsfläche ablaufenden horizontalen Verformungsvorgänge der Profilelemente zu beeinflussen, wird auf einer Fahrbahntextur die Oberflächenbeschaffenheit verändert (vgl. Abschnitt 3.2.1). Auf diese Weise wird der Reibbeiwert der Oberfläche stark verringert. Wird nun durch einen verringerten Reibwert die maximale horizontale Profilelementverformung verringert und gleichzeitig eine geringere Kraftamplitude an der Messnabe gemessen, kann dies als Indiz für die Bedeutung der horizontalen Profilelementverformung für der Anregung der Reifenschwingungen gewertet werden.

Die Untersuchung des Reibwerteinflusses wird unter Standard-Betriebsbedingungen, Fülldruckerhöhung und Radlasterhöhung bei trockener und schmiermittelbenetzter Fahrbahnoberfläche (Abbildung 3.28) durchgeführt. Obwohl der Reifen vor den Versuchen wie in Abschnitt 3.2.1 beschrieben durch eine Warmfahrprozedur auf Temperatur gebracht wird, ist die Reifentemperatur gegenüber trockener Fahrbahn um 5 bis 8 K reduziert (Tabelle 3.18). Die Wärme des Reifens wird durch das Schmiermittel abgeleitet. Geht man davon aus, dass die Profilelementverformung reduziert wird, wird außerdem weniger Verlustleistung erzeugt.

Abbildung 3.29, Abbildung 3.30, Abbildung 3.31 und Abbildung 3.32 zeigen die spektrale Darstellung der Nabenkräfte und der Momentenkomponente bei einer Geschwindigkeit von 60 km/h bei den in Tabelle 3.18 zusammengefassten Bedingungen. Besonders in der Längs- und der Querkraft sind die Amplituden auf der Fahrbahn mit geringerem Reibbeiwert reduziert. Die Amplitudenverringerung ist für die niederfrequenten Reifen-Eigenfrequenzen (bis ca.

100 Hz) und die Hohlraumresonanzen am stärksten. Diese niederfrequenten Reifen-Eigenfrequenzen können zusätzlich auch in den Ordnungsspektrogrammen der Kraftkomponenten identifiziert werden.

a) Trockene Fahrbahn

b) Schmiermittelbefeuchtete Fahrbahn

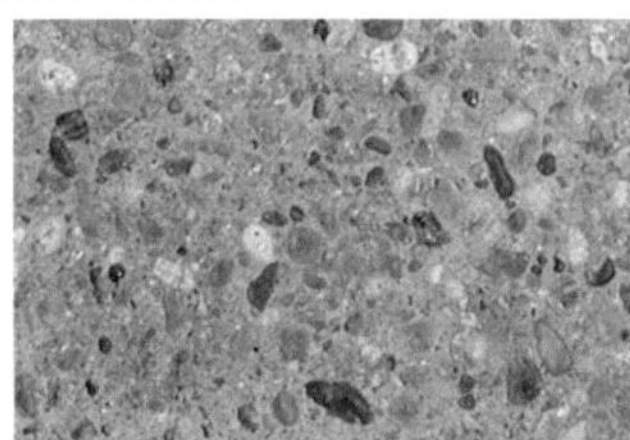 

Abbildung 3.28:   Fahrbahnoberflächenbeschaffenheit a) trocken und b) schmiermittelbefeuchtet „nass" im Trommeltiefpunkt.

	Trocken	Schmiermittel
Reifenfülldruck in bar	2.8	2.8
Radlast in N	5164	5141
Fahrbahn	0/16	0/16
Reifentemperatur Start in °C	34.6	29.2
Reifentemperatur Ende in °C	32.2	27.8
Verblockung Kraftschluss-Radführung	Mod. 2	Mod. 2

Tabelle 3.18:   Bedingungen bei Untersuchung des Einflusses der Fahrbahnoberflächenbeschaffenheit.

In Abbildung 3.33 und Abbildung 3.34 sind die ersten fünf Radordnungen der Nabenkraft in Längs- und Querrichtung über der Geschwindigkeit aufgetragen. Neben der beschriebenen Amplitudenverringerung durch das Schmiermittel ist erkennbar, dass das Maximum in der 3., 4. und 5. Ordnung auf der befeuchteten Fahrbahn bei geringerer Geschwindigkeit als auf trockener Fahrbahn erreicht wird. Basierend auf dieser Erkenntnis werden alle Versuche (Reifenfülldruck- und Radlasterhöhung) für einzelne Reifen- und die Hohlraumresonanzen auf Amplitudenänderung und Frequenzverschiebung analysiert.

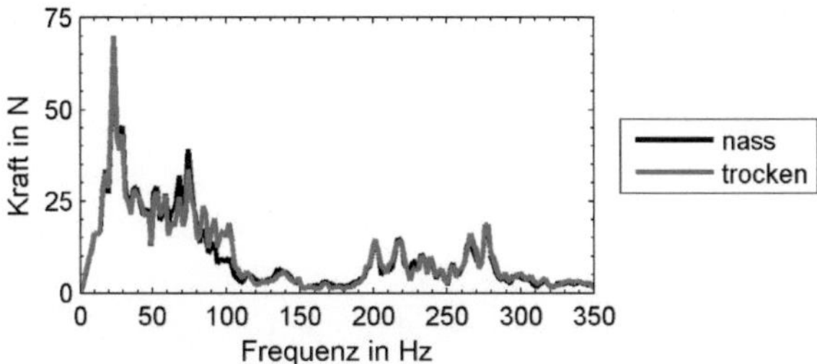

Abbildung 3.29: Spektrale Darstellung der Nabenkraft F_z für trockene und schmiermittel-benetzte „nass" Fahrbahnbeschaffenheit.

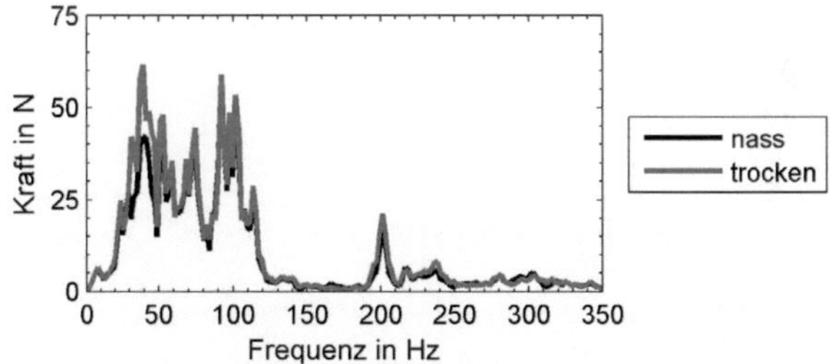

Abbildung 3.30: Spektrale Darstellung der Längskraft F_x für trockene und schmiermittel-benetzte „nass" Fahrbahnbeschaffenheit.

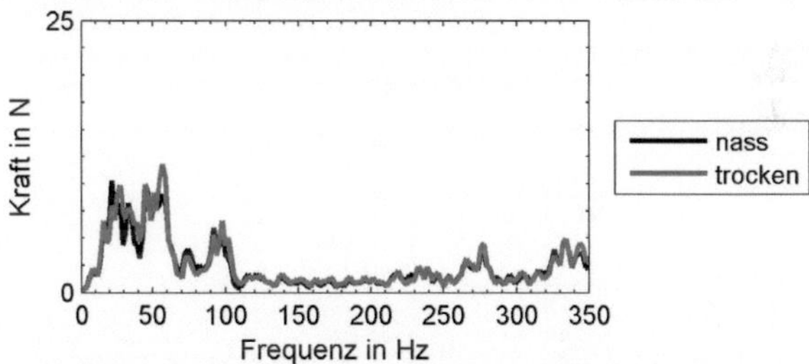

Abbildung 3.31: Spektrale Darstellung der Nabenkraft F_y für trockene und schmiermittel-benetzte „nass" Fahrbahnbeschaffenheit bei 60 km/h.

Alle Versuche zeigen bei einzelnen Reifenresonanzen mehr oder weniger stark ausgeprägt die beschriebene Amplitudenverringerung und eine leichte Verschiebung hin zu geringeren Frequenzen. Es wird zunächst die Frequenzverschiebung betrachtet. Durch die Absenkung der Reifentemperatur müsste nach den Erkenntnissen aus Abschnitt 3.1.2 eine Erhöhung der Reifen-Eigenfrequenzen resultieren. Dass die Eigenfrequenzen im Gegensatz dazu sinken, deutet darauf hin, dass das schwingungsfähige System Reifen-Hohlraum-Rad an seiner Verbindungsstelle mit der Fahrbahn durch das Schmiermittel stark entfestigt wird. Die Verbindung zur Fahrbahn beeinflusst demnach sowohl im trockenen als auch im schmiermittelbenetzten Zustand die Strukturdynamik des Gesamtsystems stark (vgl. Abbildung 3.35). Weiterhin ist denkbar, dass durch das Schmiermittel Reifen-Fahrbahn-Kontaktbereiche, die auf trockener Fahrbahn haften, zum Gleiten übergehen. Dadurch würde die bei einer Reifeneigenform schwingende Gürtelmasse im Vergleich zur trockenen Fahrbahn erhöht und die Eigenfrequenzen sinken.

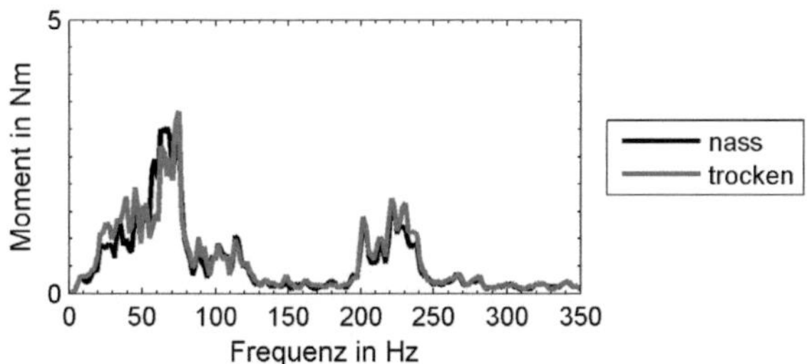

Abbildung 3.32:   Spektrale Darstellung des Rückstellmoments M_z für trockene und schmiermittelbenetzte „nass" Fahrbahnbeschaffenheit bei 60 km/h.

a) Trocken   b) Nass

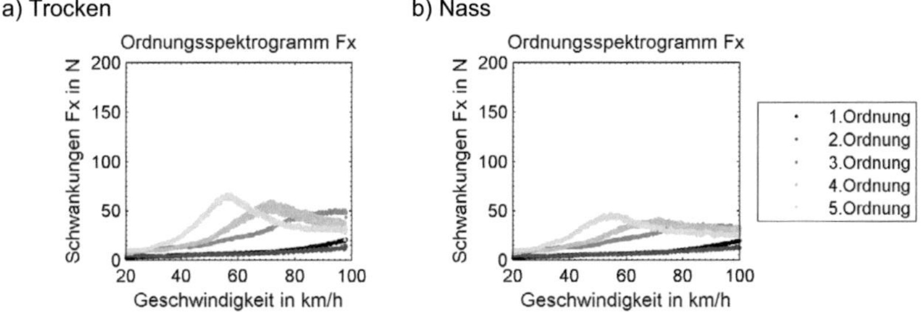

Abbildung 3.33:   Ordnungsspektrogramm der Nabenkraft F_x a) für trockene und b) schmiermittelbenetzte Fahrbahnbeschaffenheit.

Das entfestigte System könnte nun auf eine unveränderte Anregung an genau dieser entfestigten Verbindungsstelle mit verringerten Amplituden antworten. Um weiter zu analysieren, ob die verringerten Amplituden auf die Entfestigung der Struktur oder auf eine verringerte Anregung zurückzuführen ist, ist die Kenntnis um den Einfluss verschiedener Oberflächenbeschaffenheiten auf die Profilelementverformung in Zusammenspiel mit Fülldruck- und Radlaständerung unerlässlich. Fach misst in [Fach00] die Gleitbewegung zusammen mit der Profilelementverformung für den Latschdurchlauf. Bei freiem Rollen und ohne Seitenkraft misst er auf einer Plexiglasoberfläche mit Reibbeiwert $\mu = 0.9$ keine Gleitvorgänge. Diese treten erst unter der Einwirkung äußerer Kräfte auf. Innere Kräfte durch die Abplattung des Reifens können den Reibbeiwert in ähnlicher Weise beanspruchen wie die äußeren Kräfte, wenn zum Beispiel bei stark verringertem Fülldruck die geometrischen und kinematischen Verzwängungen im Reifenlatsch zu erheblich gesteigerten lokalen Schubspannungen führen [Fach00]. Ferner führt der verringerte Fülldruck zu einer Verlängerung des Latsches [Ludw98] und abnehmenden lokalen vertikalen Kräften auf die Profilelemente, Gleiten kann bei niedrigem Fülldruck bereits bei freiem Rollen einsetzen [Fach00]. Ludwig [Ludw98] untersucht den Einfluss des Reibbeiwertes auf die Profilelementverformung auf einer trockenen Asphaltfahrbahn, auf Schnee und auf Eis. Mit abnehmendem Reibwert fallen die übertragbaren Kräfte und damit die auftretenden Verformungen in Längs- und Querrichtung. Bei einem niedrigen Reifenfülldruck und gleichzeitig niedrigem Reibwert auf Eis tritt Gleiten auf [Ludw98].

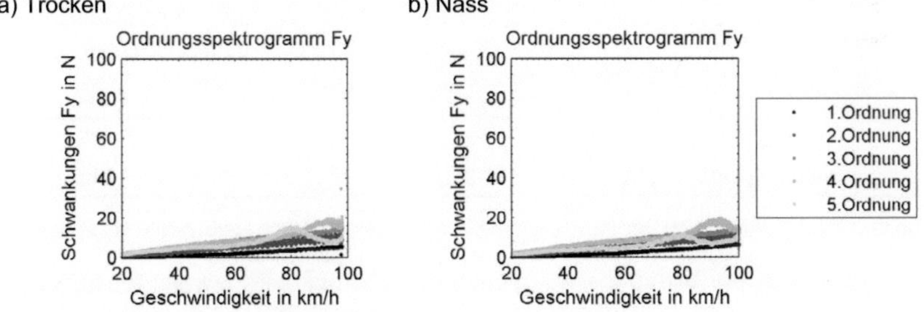

Abbildung 3.34: Ordnungsspektrogramm der Nabenkraft F_y a) für trockene und b) schmiermittelbenetzte Fahrbahnbeschaffenheit.

Tabelle 3.19 fasst die ermittelten Amplituden- und Frequenzverringerungen für die [1,0]-*asym* Reifen-Eigenform bei allen untersuchten Versuchsbedingungen zusammen. Die größten Amplitudenverringerungen treten nicht bei den Versuchen auf, bei denen auch die größten Frequenzverringerungen beobachtet werden. Offensichtlich korrelieren Amplitudenverringerung und Entfestigung der Struktur für diese Eigenform nicht. Da die Reibwertminderung für eine verringerte Profilelementverformung in Längsrichtung verantwortlich ist, ist davon auszugehen, dass diese Profilelementverformung Anteil an der Anregung dieser Eigenform hat. Somit kann die Hypothese formuliert werden, dass die in Längsrichtung schwingende [1,0]-*asym*-Reifen-Eigenform durch die Profilelementverformung in Längsrichtung in nennenswerter Weise angeregt wird.

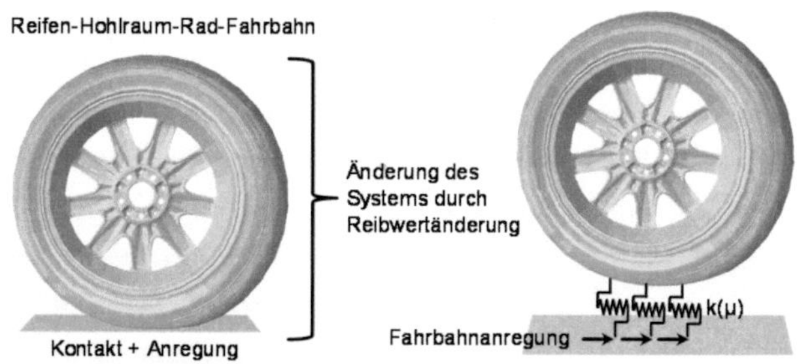

Abbildung 3.35:   Schematische Darstellung des in der [1,0]-asym-Reifen-Eigenform schwingenden Systems (Reifen-Hohlraum-Rad) mit Kontakt zur anregenden Fahrbahn und Modellvorstellung des Reibwerteinflusses.

[1,0]-asym	2.8 bar 5 kN	3.5 bar 5 kN	2.8 bar 6 kN	3.5 bar 6 kN
Frequenzänderung F_x in %	-2.0	-1.5	-4.1	-3.5
Amplitudenänderung F_x in %	-32.9	-25.8	-29.5	-14.0

Tabelle 3.19:   Änderung der [1,0]-asym Reifen-Resonanz durch Reibwertverringerung.

Bei Vergleich der Versuche mit gleichem Fülldruck wird jeweils für den Versuch mit der geringeren Radlast die Kraftamplitude an der Nabe durch das Schmiermittel stärker verringert. Dieser Sachverhalt stützt die formulierte Hypothese. Durch den lokal höheren vertikalen Kontaktdruck bei den Versuchen mit großer Radlast bleibt trotz Reibwertminderung ein höheres Reibwertpotential erhalten, die Profilelementverformungen in Längsrichtung werden weniger stark verringert. Die Frequenzverringerung bei dieser Eigenform korreliert mit der Länge des Latsches, die bei gleich bleibendem Fülldruck mit der Radlast zunimmt und bei gleicher Radlast mit abnehmendem Fülldruck zunimmt (vgl. Abschnitt 3.2.4).

Für andere Reifen-Eigenformen, die keine so klare Ausrichtung in Längsrichtung aufweisen, wie die dargestellte [1,0]-*asym*-Form, zum Beispiel die [1,1]-*steering* bzw. die [1,1]-*lateral* werden ebenfalls Amplituden- und Frequenzverringerungen im Rückstellmoment bzw. der Querkraft festgestellt. Auch hier korrelieren starke Strukturentfestigungen nicht mit starken Amplitudenverringerungen, so dass auch für die Anregung dieser Eigenformen von einem Einfluss der Profilelementverformung auszugehen ist. Für vertikal ausgerichtete [1,0]-*sym*-Reifen-Eigenform werden die beschriebenen Effekte nicht beobachtet. Es wird davon ausgegangen, dass diese Form weniger durch die Profilelementverformungen in Längsrich-tung angeregt wird.

Interessant ist weiterhin die Analyse des Reibwerteinflusses auf die Hohlraumresonanzen. Beide Äste der Hohlraumresonanz weisen in allen Versuchen eine Frequenzverringerung von rd. 2 Hz auf. Diese kann der verringerten Reifentemperatur im Vergleich zur trockenen Messung zugewiesen werden (vgl. Abschnitt 3.1.2). Auffällig ist hingegen die Amplitudenverringerung für den ersten Ast der Hohlraumresonanz, die in Tabelle 3.20 dargestellt ist. Offenbar bedeutet die Profilelementverformung in Längsrichtung auch für diese Resonanz eine Anregung. Somit ist ein Beleg gefunden, dass der erste Ast der Hohlraumresonanz in Längsrichtung eine Anregung erfährt. Dies korrespondiert mit der erhöhten Amplitude des ersten Astes in der Nabenkraft in Längskraft F_x im Vergleich zum zweiten Ast.

3.3 Strukturdynamik der verwendeten Labor-Radführung

Wie bereits in Abschnitt 3.2.1 ausgeführt, wird der Reifen bei Versuchen innerhalb des Reifen-Innentrommel-Prüfstandes durch die so genannte Kraftschluss-Radführung geführt. Durch die vielfachen Einstellmöglichkeiten der Radführung kann diese, wie bereits von Troulis [Trou02] beschrieben, für den betrachteten Frequenzbereich nicht als steif angenommen werden. Aus diesem Grund wurden die Strukturdynamik der Kraftschluss-Radführung in ihrem Ausgangszustand in Abschnitt 3.3.1 untersucht, anschließend Modifikationen in Abschnitt 3.3.2 konzipiert und in Abschnitt 3.3.30 eingesetzt, um die mechanische Eingangsimpedanz für das angekoppelte Reifen-Hohlraum-Radsystem zu variieren.

	2.8 bar 5 kN	3.5 bar 5 kN	2.8 bar 6 kN	3.5 bar 6 kN
Amplitudenänderung F_z erster Ast in %	-18.6	-32.2	-44.3	-33.8
Amplitudenänderung F_z zweiter Ast in %	-17.12	+12.4	-23.2	-0.7

Tabelle 3.20:　　Amplitudenänderung der Hohlraum-Resonanz durch Reibwertverringerung.

3.3.1 Ausgangszustand

Versuchsaufbau und Methodik der Untersuchung

Die Strukturdynamik der Kraftschluss-Radführung im Ausgangszustand wird durch die Methode der EMA (Grundlagen in Abschnitt 3.1.1) ermittelt. Abbildung 3.36 a) zeigt schematisch den Aufbau der Kraftschluss-Radführung inklusive ihrer Komponenten sowie die eingesetzten Verspann- und Verblockungselemente. Der Versuchsaufbau sieht eine mechanische Verblockung des Sturzkastens durch Pratzhebel und Verblockungsstützen, des Radlastkastens durch Verblockungsstützen sowie des Schräglaufkastens durch Ketten vor. Die Hydraulik für die Verstellung von Einfederung, Schräglauf- und Sturzwinkel sind außer Betrieb. Die in Abschnitt 3.2 beschriebene Messnabe ist montiert nicht aber der Reifen.

Im Unterschied zur EMA am Luftreifen (Abschnitt 3.1.2) wird die Kraftschluss-Radführung mit einem Impulshammer der Firma *PCB Piezotronics* der Masse m = 6.4 kg (Messprinzip: Quarzmesszelle, Typ: *PCB 205C*) über ein PVC-Koppelelement angeregt. Damit bleibt das Autoleistungsspektrum der anregenden Kraft über dem interessierenden Frequenzbereich auf konstantem Niveau. Die Anregung erfolgt in drei Raumrichtungen, wobei jeweils ein fester Anregungspunkt bei wandernden Aufnehmern gewählt wird. Die Aufnahme der Strukturantwort erfolgt durch triachsiale Beschleunigungsaufnehmer der Firma *Bruel&Kjaer* an 280 Punkten eines Netzmodells des IPS,

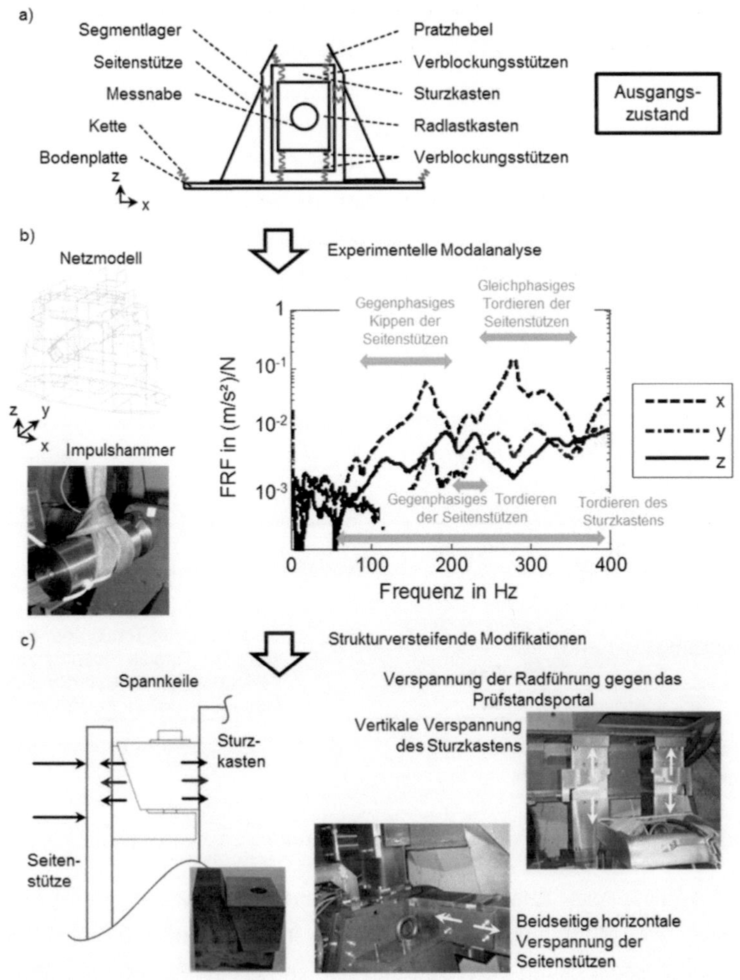

Abbildung 3.36: a) Schematische Darstellung der Kraftschluss-Radführung im Ausgangszustand, b) Netzmodell, Sensorik und Übertragungsfunktion FRF aus der EMA, c) strukturversteifende Modifikationen.

das zuvor in einem 3D-CAD-Programm[11] erstellt wurde (Abbildung 3.36 b) für
Netzmodell und Sensorik). Die Signalverarbeitung erfolgt in *PULSE LabShop*,

---

[11] CAD: Computer Aided Design: zu Deutsch: rechnergestütztes Konstruieren

Curve-Fitting (*Polynominal*-Methode) und Berechnung der Dämpfung in *ME' scope VES* wie in Abschnitt 3.1.2 beschrieben.

In Abbildung 3.36 b) ist die Übertragungsfunktion für drei Anregungsrichtungen jeweils im Anregungspunkt dargestellt. Bei Anregung in der x-Richtung treten die höchsten Amplituden der FRF auf. Den Peaks der Übertragungsfunktion werden anhand der Animationen der schwingenden Struktur die Schwingformen zugewiesen. Die Eigenfrequenzen und Schwingformen sind in Tabelle 3.21 zusammengefasst. Die Strukturdynamik der Radführung wird durch die Lagersteifigkeit der Segmentlager bestimmt. Um die Eigenfrequenzen der Struktur aus dem interessierenden Frequenzbereich zu eliminieren bzw. zumindest die mechanische Eingangsimpedanz für das System Reifen-Hohlraum-Rad nennenswert zu variieren, werden als nächstes strukturversteifende Modifikationen konzipiert.

Zustand	Anregung	Eigen- frequenz	Form
Ausgangszustand	Hammerschlag in x-, y-, z- Richtung	170 Hz	Gegenphasiges Kippen der Seitenstützen + Torsion Sturzkasten
		225 Hz	Gegenphasige Torsion der Seitenstützen + Torsion Sturzkasten
		280 Hz	Gleichphasige Torsion der Seitenstützen + Torsion Sturzkasten

Tabelle 3.21: Eigenfrequenzen und Schwingformen der Kraftschluss-Radführung im Ausgangszustand bei experimenteller Modalanalyse.

3.3.2 Modifikationen der Strukturdynamik

Nach Analyse des Ausganszustandes werden zur Strukturversteifung der Struktur zwei Maßnahmen umgesetzt, die in Abbildung 3.36 c) dargestellt sind. Zur Überbrückung der Lagerung des Sturzkastens und um die Verbindung zwischen Seitenstützen und Sturzkasten zu versteifen, werden sogenannte Spannkeile eingesetzt (Modifikation 1: „Mod. 1"). Die Spannkeile können sehr einfach und schnell eingebaut werden und beeinflussen den Versuchsablauf somit kaum. Als Modifikation 2 „Mod. 2" wird die gesamte Struktur der Kraftschluss-Radführung gegen das Prüfstandsportal verspannt. Die Verspannung bewirkt, dass die insgesamt durch Spannkeile versteifte Struktur aus Seitenstützen, Sturzkasten, Radlastkasten und Nabe (Gesamtaufbau) in vertikaler und Längsrichtung versteift wird. Das Wirkprinzip dieser Verspannung ist dem der Spannkeile nachempfunden, um somit die Segmentlagerung der Bodenplatte zu versteifen. Die Montage der Verspannelemente bedeutet einen großen Zeitaufwand, wenn Radlastvariationen untersucht werden. Bei Luftdruckvariationen wird der Reifen schwerer zugänglich.

Die Wirkung der strukturversteifenden Modifikationen wird mittels der Methode der Betriebsmodalanalyse, engl. *operational modal analysis „OMA",* gleichzeitig mit Durchführung der ersten Reifenversuche überprüft, um signifikant Versuchszeit einzusparen. Bei der *OMA* wird eine Struktur durch eine unbekannte Anregung, die bei Betrieb der Struktur auftritt, angeregt und nur die Antwort der Struktur gemessen (*Output-Only*-Verfahren). Unter der Annahme, dass diese unbekannte Anregung einem weißen Rauschen entspricht, können zwei Hauptverfahren zur Identifikation der modalen Parameter genutzt werden. Neben den Verfahren im Zeitbereich werden Identifikationsmethoden im Frequenzbereich angewandt. Die *Enhanced Frequency Domain Decomposition*[12] und deren Erweiterung die *Curve-Fitting Frequency Domain Decomposition*[13] implementiert in der verwendeten Software *PULSE LabShop* werden in dieser Forschungsarbeit genutzt. Die beiden Methoden bilden Leistungsdichteschätzer für die Zeitsignale an jedem Messpunkt. Diese werden einer Singulärwertzerlegung unterzogen, so dass ein Set von Leistungsdichten für ein Einfreiheitsgrad-(*SDOF*-) System erhalten wird. Bei der *EFDD* wird durch Bildung der inversen *FFT* der Leistungsdichten der *SDOF*-Systeme ein Schätzer der Eigenfrequenzen erhalten. Bei der *CFDD* werden Eigenfrequenz- und Dämpfungsschätzer durch *Curve-Fitting* im Frequenzbereich ermittelt. In den meisten Anwendungsfällen, besonders bei mechanischen Strukturen entspricht die Anregung nicht weißem Rauschen, sondern es sind harmonische Anteile überlagert [Moha03], [Jaco07]. In diesem Fall werden harmonisch angeregte Frequenzen als virtuelle Eigenfrequenzen behandelt. Für die mathematischen Grundlagen und Anwendungsbeispiele der *OMA* sei auf [Brinc01], [Bate02], [Moha03], [Zhan05], [Cunh06], [Brinc07] und [Jaco07] verwiesen.

---

[12] Kurz: EFDD, engl. für Erweiterte Frequenzbereichs-Dekomposition

[13] Kurz: CFDD, engl. für Kurven-Anpassungs-Frequenzbereichs-Dekomposition

Für die Strukturmodifikationen Mod. 1 und Mod. 2 werden die in Tabelle 3.22 zusammengefassten Betriebsschwingformen bei den angegebenen Frequenzen identifiziert. Für die Betriebsschwingformen, die durch die *OMA* ermittelt werden, ist es schwierig zwischen Eigenformen der Kraftschluss-Radführung und übertragenen Reifenschwingungen zu differenzieren. Zu diesem Zweck werden die Eigenfrequenzen nach den beschriebenen Verfahren einmal für alle Messpunkte und einmal unter Vernachlässigung der Naben-Messpunkte ausgewertet. Da die zweite und dritte Resonanzfrequenz ohne die Naben-Messpunkte nicht identifiziert werden, werden 80 und 145 Hz (Mod. 1) dem Reifen (*[1,0]*- und *[3,0]*-Eigenform) zugeschrieben. Weiterhin weisen die Naben-Messpunkte bei diesen Frequenzen besonders hohe, die Seitenstützen- und Sturzkasten-Messpunkte hingegen marginale Beschleunigungsamplituden auf. Für die Resonanz bei 36 Hz werden an allen Messpunkten vergleichbare Beschleunigungsamplituden gemessen. Die vierte Resonanz wird der Kraftschluss-Radführung zugeschrieben.

Zustand	Anregung	Eigen-frequenz	Form
Modifikation 1 (Ausgangszustand + Spannkeile)	Anregung durch Reifen im Versuch mit konstanter Geschwindigkeit 20, 60 und 100 km/h	36 Hz	Schwingung des Gesamtaufbaus in Längs- und Vertikalrichtung
		80 Hz	Schwingung des Gesamtaufbaus in Längs- und Vertikalrichtung
		145 Hz	Schwingung des Gesamtaufbaus in Längs- und Vertikalrichtung
		245 Hz	Schwingung Aufbau oberhalb der Bodenplatte in Längsrichtung
Modifikation 2 (Ausgangszustand + Spannkeile + Verspannung gegen Portal)	Anregung durch Reifen im Ausrollversuch zwischen 100 und 60 km/h	68 Hz	Erhöhte Beschleunigungsamplitude der Schwingung des Gesamtaufbaus in y-Richtung gegenüber Modifikation 1
		201 Hz	Übertragung der Hohlraumschwingung auf die Struktur

Tabelle 3.22: Eigenfrequenzen und Schwingformen der Kraftschluss-Radführung in Modifikation 1 und Modifikation 2 bei der Betriebsmodalanalyse.

Bei der zweiten Strukturmodifikation (Mod. 2) wird die Betriebsschwingform bei einer Resonanzfrequenz von 201 Hz der Hohlraumresonanz zugeordnet. Bei ca. 70 Hz weist die Kraftschluss-Radführung erhöhte Beschleunigungsamplituden in y-Richtung auf. Insgesamt werden in der z- und x-Richtung die

Beschleunigungsamplituden an der Radführung im Vergleich zu Mod. 1 stark reduziert. Entsprechend werden keine weiteren Resonanzfrequenzen ermittelt. Insgesamt kann die Struktur durch die beschriebenen Modifikationen gegen dominante Eigenschwingformen versteift werden. Es kann aufgrund der multiplen Verstellmöglichkeiten der Kraftschluss-Radführung allerdings nicht davon ausgegangen werden, dass die Anbindung des Reifens vollkommen steif ist. Aus diesem Grund wird die Modellierung der Kraftschluss-Radführung in Abschnitt 4.2.4 vorgenommen, um das Gesamtsystem Reifen-Hohlraum-Radführung realitätsnah abbilden zu können.

3.3.3 Einfluss der mechanischen Eingangsimpedanz der Kraftschluss-Radführung auf die Strukturdynamik des Reifen-Hohlraum-Rad-Systems

Abbildung 3.37, Abbildung 3.38 und Abbildung 3.39 zeigen Vertikal-, Längs- und Querkraftspektren an der Nabe bei Betrieb des Reifens unter Standard-Betriebsbedingungen für die beiden untersuchten Modifikationen (Mod. 1 und Mod. 2). Bei Einsatz der Mod. 1 treten in der Längskraft bei ca. 100, 145 und 245 Hz und in der Vertikalkraft vor allem bei 70 und 80 Hz höhere Amplituden auf. Bei Mod. 2 weisen die Längskraft bei ca. 70 Hz und im Bereich der Hohlraumresonanz sowie bei 300 Hz und die Vertikalkraft zwischen 250 und 300 Hz erhöhte Amplituden im Vergleich zur Mod. 1 auf. Bei Mod. 1 treten in der Lateralkraft im Frequenzbereich bis zur Hohlraumresonanz höhere Amplituden auf als bei Mod. 2, bei der im Frequenzbereich zwischen 250 und 300 Hz höhere Amplituden gemessen werden.

Die Amplitudenüberhöhungen in den Kraftspektren bei 80, 145 und 245 Hz bei Mod. 1 und bei ca. 70 Hz bei Mod. 2 korrespondieren mit den durch die OMA identifizierten Eigenfrequenzen des gekoppelten Systems Reifen-Hohlraum-Rad-Radführung. In den Frequenzbereich unterhalb 150 und um 250 Hz fallen einige Reifeneigenformen, die große Schwingwege bewirken. Fallen diese mit den Resonanzen der Radführung zusammen, regen sie die Radführung zu Eigenschwingungen an und die Kraftamplituden werden erhöht.

a) Mod. 1
Längskraft F_x in N bis 350 Hz

b) Mod. 2
Längskraft F_x in N bis 350 Hz

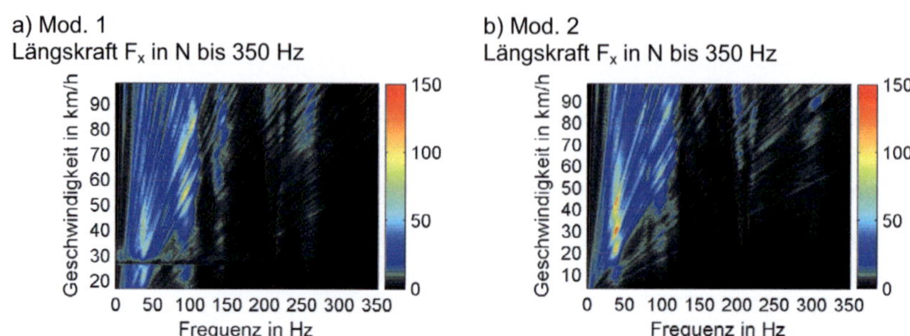

Abbildung 3.37:   Längskraftschwankungen F_x in N für Mod. 1 und Mod. 2 im Ausrollversuch.

a) Mod. 1
Vertikalkraft F_z in N bis 350 Hz

b) Mod. 2
Vertikalkraft F_z in N bis 350 Hz

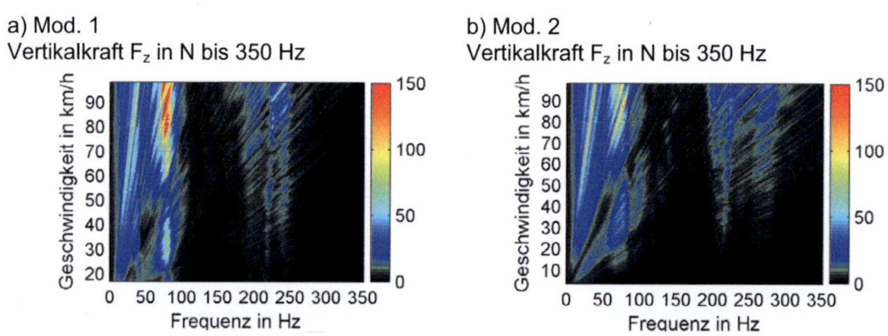

Abbildung 3.38:   Vertikalkraftschwankungen F_z in N für Mod. 1 und Mod. 2 im Ausrollversuch.

a) Mod. 1
Lateralkraft F_y in N bis 350 Hz

b) Mod. 2
Lateralkraft F_y in N bis 350 Hz

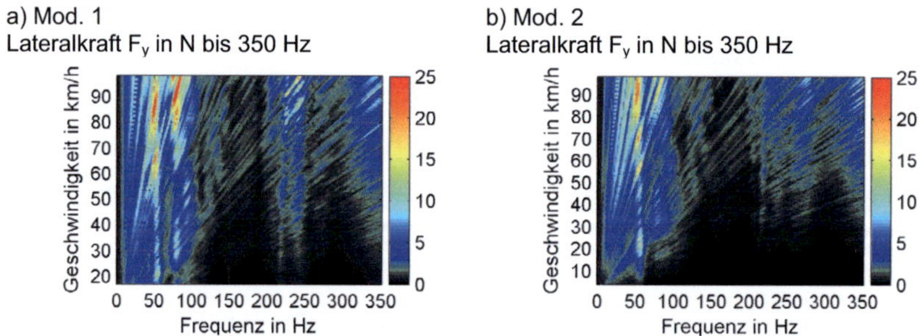

Abbildung 3.39:   Lateralkraftschwankungen F_y in N für Mod. 1 und Mod. 2 im Ausrollversuch.

3.4 Untersuchung der Fahrbahntextur und der resultierenden statischen Normalkraftverteilung im Reifen-Fahrbahn-Kontakt

3.4.1 Versuchsaufbau und Methodik der Untersuchung

Nach [Sand02] müssen Fahrbahnoberflächen für Trommelprüfstände bestimmte Kriterien, wie eine definierte Textur, gewisse mechanische Impedanz, gute Widerstandsfähigkeit für Betriebslasten und ausreichende Verschleißfestigkeit erfüllen. Trommeloberflächen, die als Imitationen realer Fahrbahnen dienen, werden nach [Sand02] durch drei unterschiedliche Methoden hergestellt

- Kommerziell hergestellte flexible Materialien von ausreichender Textur und Festigkeit (z.B. *„Safety-Walk*[14]*"* oder *APS-4*[15]) werden auf die Trommeloberfläche geklebt.

- Auf der Trommeloberfläche werden Gemische (z.B. aus Epoxidharz und vulkanischem Gestein) aufgebracht.

- Steife Trommelsegmente werden aus weichen Formen, die Negative realer Straßenoberflächen sind, gegossen („Replika").

Die im IPS eingesetzten Fahrbahnen werden nach einer vierten Methode in acht austauschbaren Stahl-Kassetten hergestellt. Dazu wird aufgeheiztes Beton-Binder-Gemisch über einen Trichter bei langsam drehender Trommel in die montierten Kassetten geleitet. Eine Prinzipskizze des Trommelaufbaus ist in Abbildung 3.40 c) dargestellt. Durch im Prüfstand montierbare und zustellbare Walzen wird das Gemisch verdichtet. Gegebenenfalls wird anschließend eine Oberflächenbehandlung z.B. Auswaschen durchgeführt. Somit entstehen Fahrbahnoberflächen, die realistische Oberflächeneigenschaften aufweisen. Die Kassetten können nach Herstellung der Fahrbahn demontiert und durch Kassetten mit anderen Oberflächen bei gleichem Herstellungsprozess ersetzt werden. Die Übergänge zwischen zwei Kassetten werden vor den Reifenversuchen von Hand mit einem Epoxidharz-Sandgemisch aufgefüllt. Die Oberfläche unterscheidet sich hier optisch von den eingesetzten Fahrbahnen

---

14 Safety-Walk: selbstklebender Anti-Rutschbelag der, von der Firma 3M produziert wird.

15 APS-4: „Moquette Routiere", Oberflächenbelag mit 10 mm großen Steinen, die in eine Polyurethanmatte gegossen oder eingebunden werden. Die Steine stehen aus der Oberfläche heraus.

(Abbildung 3.40a)). Um eine dominante Anregung durch die Übergänge aus-zuschließen, werden diese in Abschnitt 3.4.2 analysiert [Grol12].

In dieser Forschungsarbeit wird bei Reifenversuchen (vgl. Abschnitt 3.2) ei-ne Zementbetonfahrbahn mit besonders ausgeprägter Makrotextur – *0/16-Waschbeton* – eingesetzt. Durch Auswaschen stehen die größeren Steine im Gemisch aus der Oberfläche heraus. Zu Vergleichszwecken wird zusätzlich eine weitere Zementbetonfahrbahn – *0/11-Beton* – analysiert.

Zwischen der Trommel und den Kassetten ist *Safety-Walk*[14] aufgeklebt, der vor allem bei Rollwiderstandsmessungen eingesetzt wird. Der Belag besteht aus Aluminiumoxid und Polyester. Die Oberfläche weist eine gleichmäßige Rauigkeit auf und ist mit Schmirgelpapier vergleichbar. Safety-Walk wird in dieser Forschungsarbeit zu Vergleichszwecken als Oberfläche eingesetzt (vgl. Abschnitt 3.4.3).

Eine weitere, sehr ebene Oberfläche (kaum Makrotextur) wird aus Alumi-nium-Kassetten, die auf den Trommelradius gebracht und in einem aufwändi-gen Prozess oberflächenbehandelt werden, hergestellt und innerhalb dieser Forschungsarbeit genutzt (vgl. Abschnitt 3.5).

Zur Validierung des zu entwickelnden Reifenmodells müssen die für die Reifenanregung wichtigen Eigenschaften der Fahrbahnen des IPS bekannt sein. Da die Texturvermessung äußerst zeitintensiv ist und große Datenmen-gen erzeugt werden, werden drei aufeinanderfolgende Kassetten zusammen mit zwei Übergängen vermessen.

Messprinzip

Grundsätzlich bieten sich taktile und berührungslose Verfahren zur Vermes-sung von Oberflächen an. Taktile Verfahren scheiden aufgrund der niedrigen Abtastgeschwindigkeit, dem morphologischen Abtasttheorem und der erfor-derlichen morphologischen Filterung aus. Bei den berührungslosen Verfahren dominieren optische Messverfahren wie Streifenprojektion, Laserlichtschnitt-verfahren, Triangulation und Interferometrie. Von diesen wurde die doppelte Triangulation aufgrund der einfachen Applikation an die besonderen Gege-benheiten im IPS, der geringen Kosten und Komplexität im Einsatz, sowie der vorliegenden positiven Erfahrungen am FAST [Fisc99] ausgewählt.

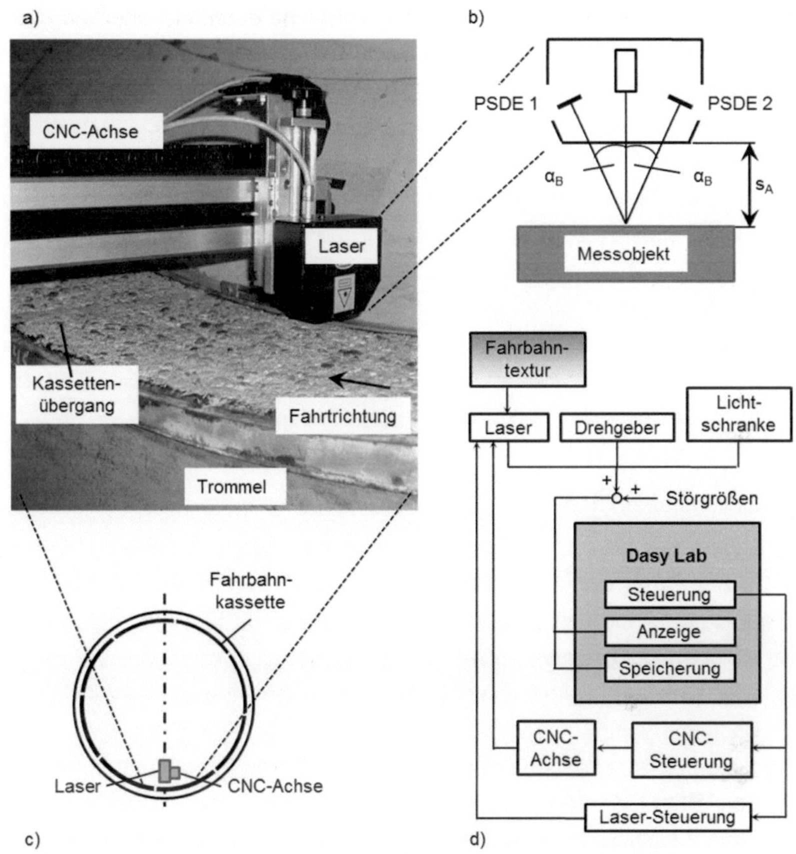

Abbildung 3.40:   a) Versuchsaufbau in der Prüfstandstrommel, b) Messprinzip,
c) Anordnung der Sensorik und CNC-Achse in der Prüfstandstrommel und
d) Strukturbild des Messaufbaus.

Beim Prinzip der doppelten Triangulation wird ein Laserstrahl senkrecht auf die zu vermessende Oberfläche gerichtet (Abbildung 3.40 b)). In definiertem Winkel α_B zum Laserstrahl sind symmetrisch zwei Kamerasensoren, sogenannte *Position Sensitive Device Elements (PSDE)*, die der Ortsauflösung dienen, angeordnet. Ist die Entfernung von Laser und Messobjekt gleich dem Bezugsabstand s_A weist das Ausgangssignal eine Spannung von 0 V auf. Das heißt, zwischen optischer Achse des Kamerasensors und Laserpunkt besteht kein Versatz. Liegt auf der zu vermessenen Oberfläche eine Unebenheit vor, entsteht auf dem Kamerasensor ein Versatz. Über den bekannten Bezugsabstand kann mittels Triangulationsbeziehungen die Unebenheitshöhe bestimmt werden. Vergleichsmessungen mit einfacher Triangulationstechnik bestätigen, dass die symmetrische Anordnung zweier Kamerasensoren zu besserer Auflösung und Reproduzierbarkeit führt [Fisc99]. Bei diesem Messprinzip bestimmt der Messbereich s_B die maximal messbaren Höhendifferenzen. Die Linearität des Spannungssignals in Abhängigkeit vom Messobjektabstand ist essentiell für eine fehlerfreie Wandlung des Spannungssignals in ein Abstandssignal. Da die Größe des Lichtpunktdurchmessers die Ortsauflösung bestimmt, ist ein sehr kleiner Lichtpunktdurchmesser notwendig. Die technischen Daten des Lasers sind in Anhang A.3 aufgeführt.

Versuchsdurchführung

Zu Beginn der Versuchsdurchführung wird der Laser auf einer *CNC-Achse LES 4* der Firma *isel* ® [Isel09] oberhalb des tiefsten Punktes der Fahrbahn ausgerichtet (Abbildung 3.40c)). Jeweils während der Messung eines zweidimensionalen (2-D) Linienprofils steht der Laser still, die Fahrbahn wird mit geringer Geschwindigkeit von 2.77 km/h darunter hinweg bewegt. Die Geschwindigkeit wurde in Vorversuchen als diejenige Geschwindigkeit mit den geringsten Schwankungen über einer Trommelumdrehung ermittelt [Kueh09]. Vor dem Start jeder Messung wird der Laser auf der CNC-Achse in Richtung der Trommelachse (quer zur Fahrtrichtung) um 0.1 mm verfahren. Laser und CNC-Achse werden durch ein in *DasyLab* der Firma *measX* ® implementiertes Messtool gesteuert. Das Strukturbild des Messaufbaus ist in Abbildung 3.40 d) dargestellt. Eine Lichtschranke zeigt innerhalb der Trommel den geometrischen Startwert der ersten zu vermessenden Kassette an und dient bei der Auswertung der Daten als Bezugswert. Die Signale des Lasers, des Drehgebers zur Erfassung der Trommeldrehgeschwindigkeit und der Lichtschranke werden mit $f_a = 10\,kHz$ abgetastet, digitalisiert und im ASCII-Format gespeichert. Die weitere Datenverarbeitung erfolgt in *MATLAB* (vgl. Abschnitt 3.4.2).

Messgenauigkeit

Die Genauigkeit des Lasers wird durch den Hersteller bei einer Linearität der Spannung von 0.1 % des Messbereichs (für $s_B = \pm 3$ mm) mit 0.6 µm für die vertikale Auflösung angegeben. Der Mittelwert der Auslöseverzögerung der Lichtschranke wurde zu $\mu_A = 0.002$ s ermittelt[16]. Die Trommeldrehgeschwindigkeit bestimmt zusammen mit der Abtastrate die Auflösung der Messdaten in Fahrtrichtung des Reifens. Die Trommelgeschwindigkeit beträgt im Mittel 2.77 km/h. Zusammen mit den Standardabweichungen für Auslöseverzögerung und Trommeldrehgeschwindigkeit wird eine Auflösung von 0.077 mm in Fahrtrichtung bei einer maximalen Abweichung von 8 % errechnet [Kueh09]. Die Wiederholgenauigkeit mit der bestimmte Punkte mit der CNC-Achse angefahren werden, wird durch den Hersteller mit $\pm$ 0.02 mm angegeben. Damit ergibt sich die Genauigkeit der Auflösung quer zur Fahrtrichtung (Richtung der CNC-Achse). Um weitere systematische Ungenauigkeiten bei der Messung innerhalb der Trommel auszuschließen, muss die CNC-Achse, auf der der Laser verfährt, auf einem von der Trommel entkoppelten Aufbau mittels Winkel und Wasserwaage genau ausgerichtet werden. Die Ausrichtung der Messapparaturen wurde während den Messungen fortlaufend überprüft [Kueh09].

3.4.2 Analyse der Fahrbahntexturdaten

Datenverarbeitung

Die Verarbeitung der Messdaten in *MATLAB* umfasst das Einlesen der ASCII-Dateien in den *MATLAB*-Arbeitsspeicher, die Detektion des Lichtschranken-signals als Startpunkt des 2-D Linienprofils und das Zusammensetzen der gesamten Fahrbahn aus einzelnen nebeneinanderliegenden Linienprofilen. Bei der graphischen Darstellung der Messdaten wird deutlich, dass durch die Schwankungen der Trommeldrehgeschwindigkeit Ungenauigkeiten entstehen. Die einzelnen 2-D-Linienprofile weisen Verschiebungen gegeneinander auf, die sich vom Startpunkt bei Auslösen der Lichtschranke bis zum Ende der

---

[16] Die Aufnahme der Fahrbahntexturdaten (Abschnitt 3.4.1) sowie die Aufnahme der statischen Normalkraft in Abschnitt 3.4.3 wurden im Rahmen einer Studienarbeit [Kueh09] durchgeführt. Die Berechnung der Messgenauigkeit wurde von Studienarbeiter und Autorin gemeinsam hergeleitet. Die Analyse der Messdaten in Abschnitt 3.4.2 sowie 3.4.3 erfolgte im Anschluss an die Studienarbeit durch die Autorin selbst. Die Ergebnisse wurden in [Grol12] gemeinsam veröffentlicht.

Messung an der dritten Kassette immer stärker auswirken. Somit kann die Auslöseverzögerung der Lichtschranke als Ursache ausgeschlossen werden. Zur Kompensation der Trommelgeschwindigkeitsschwankungen werden die zeitäquidistant abgetasteten Texturdaten mittels der aufgezeichneten Trommeldrehgeschwindigkeit in den Wegbereich überführt. Zur besseren Handhabbarkeit der großen Datenmenge werden die Messdaten für eine wegäquidistante Abtastung von 0.1 mm interpoliert. Wie die Abbildung 3.41 zeigt, wiesen die einzeln vermessenen 2-D-Linienprofile nach einer derartigen Verarbeitung kaum mehr Verschiebungen gegeneinander auf. Die Trommeldrehgeschwindigkeitsschwankungen kann sehr gut kompensiert werden.

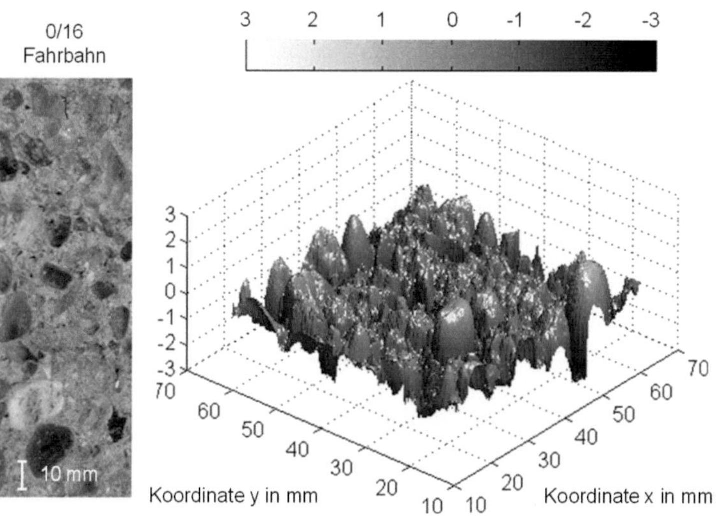

Abbildung 3.41:   Links: Photographie des 0/16 Waschbetons; Rechts: 3-D-Darstellung der Vermessung eines 50 x 50 mm 0/16-Waschbeton-Textur-Abschnitts inklusive Kompensation der Geschwindigkeitsdifferenzen.

Um einzelne Ausreißer durch Reflexionen während der Messung auszugleichen, wird in [Brin07] ein gleitender Mittelwertfilter eingesetzt. Trotz der gleitenden Mittelung werden aufgrund der ausgeprägten Rauheit der vermessenen Waschbeton-Fahrbahn und des beschränkten Messbereichs des Lasers in den Messdaten extreme Ausreißer identifiziert. Diese korrespondieren mit dem Maximalwert des Ausgangssignals des Lasers. Da die Ausreißer jeweils bei ausgeschlagenen Steinen, also besonders tiefen Tälern der Fahrbahn, und bei den von Hand modellierten Kassettenübergängen auftreten, ist davon auszugehen, dass hier der Messbereich des Lasers verlassen wird. Um diese Ausreißer aus den aufgezeichneten Messsignalen zu entfernen, wird ein Grenzwert für die Differenz zweier aufeinanderfolgender Messwerte definiert. Wird in den Daten eine Überschreitung des Grenzwertes detektiert, wird der zweite Messwert auf den Wert des ersten gesetzt. Der Grenzwert wurde für jede Fahrbahn empirisch ermittelt [Kueh09]. Diese Methode ist zulässig, da die auftretenden Ausreißer durch die verwendete Messtechnik bedingt sind. Da die Ausreißer auf Nachbarwerte gesetzt werden, die bei besonders tiefen Tälern bereits geringe Texturhöhen und bei besonders hohen Asperitäten bereits hohe Texturhöhen aufweisen, wird der Fehler minimiert. Kühbauch [Kueh09] zeigt, dass die beschriebene Methode (Filterung und Ausreißerdetektion) nur im Bereich der Mikrotextur ab einer Wellenzahl von ca. 700/m Einfluss auf die spektrale Leistungsdichte hat.

Ergebnisse

Neben dem rein visuellen Vergleich werden Fahrbahntexturen auch anhand ihrer spektralen Eigenschaften hinsichtlich ihrer akustischen Eigenschaften bewertet. In [Schu05], [Gimm05] wird dazu die spektrale Leistungsdichte $S_{\xi\xi}$ des Unebenheitssignals $\xi(s)$ nach dem Wiener-Khintchine-Theorem[17] gebildet, wenn die Fahrbahntextur als stationärer Zufallsprozess betrachtet werden kann [Schu05]

$$S_{\xi\xi}(\Omega) = \int_{-\infty}^{+\infty} R_{\xi\xi}(s) e^{-j\Omega s}\, ds \tag{3.5}$$

mit $S_{\xi\xi}$ der Spektralen Leistungsdichte,

          Ω der Wellenzahl,

          $\xi(s)$ dem Unebenheitssignal und

          $R_{\xi\xi}$ der Autokorrelationsfunktion.

---

[17]Die spektrale Leistungsdichte kann durch Fourier-Transformation der Autokorrelationsfunktion eines Signals gebildet werden. Als Bedingung muss das Signal Resultat eines stationären Zufallsprozesses sein. In Anhang A.3 wird gezeigt, dass für beide Fahrbahnen näherungsweise ein normalverteilter Zufallsprozess zugrunde liegt.

Da die Messdaten aus dem Zeitbereich in den Wegbereich transformiert werden, weist die Wellenlänge des Unebenheitssignals die Einheit der Länge (bspw. Meter) auf. Der Kehrwert wird physikalisch als Wellenzahl Ω bezeichnet. Die Wellenzahl hat die Dimension 1/m. Die Weg-Kreisfrequenz in der Dimension rad/m ergibt sich aus Ω durch Multiplikation mit 2π. Die spektrale Leistungsdichte wird in der Praxis bei doppelt-logarithmischer Auftragung für typische Landstraßen und Autobahnen durch Geraden approximiert (vgl. [Brau69], [Gimm05], [Schu05] und [Heiß08]). An der negativen Steigung der Näherungsgeraden ist erkennbar, dass die langwelligen Anteile der Fahrbahnunebenheiten höhere spektrale Leistungsdichten bewirken. Die Geradengleichung ist

$$S_{approx}(\Omega) = S_0 \left(\frac{\Omega}{\Omega_0} \right)^{-w} \tag{3.6}$$

mit Ω_0 der Bezugswellenzahl,

          S_0 der spektrale Intensität und

          w der Welligkeit.

Für eine bekannte Wellenzahl (Bezugswellenzahl) von Ω_0 1/m werden die spektralen Eigenschaften der Fahrbahn durch zwei Parameter, die spektrale Intensität S_0 und die Welligkeit w angegeben. Eine Zunahme der spektralen Intensität S_0 entspricht einer Zunahme der Unebenheit der Fahrbahn. Eine Zunahme der Welligkeit w entspricht einer Zunahme der langwelligen Anteile. Für Wellenzahlen $\Omega \to 0$ nimmt die spektrale Leistungsdichte nach Gleichung (3.6) unendlich große Werte an. Aus diesem Grund muss die zulässige Wellenzahl beschränkt werden [Dods73]

$$0 < \Omega_I \leq \Omega \leq \Omega_{II} < \infty \tag{3.7}$$

mit $\Omega_{I,II}$ den Grenzwellenzahlen.

Zur Abbildung der spektralen Leistungsdichte ist neben dem Ansatz über eine einzige Geradengleichung auch der Ansatz bekannt, zwei Geradengleichungen für unterschiedliche Bereiche der Texturwellenlängen anzugeben [Dods73].

Für die in Abbildung 3.42 a) und b) dargestellten mittleren spektralen Leistungsdichten wird eine vermessene Länge von 3 m des Texturprofils zur Auswertung herangezogen. Die Länge entspricht einer Distanz, die größer als der Abrollumfang des betrachteten Reifens ist. Die dargestellte mittlere Texturhöhe wird aus 2200 Einzelspektren entsprechend der Reifenlatschbreite durch arithmetische Mittelung gewonnen. Die in Tabelle 3.23 dargestellten Kennwerte S_0 und w der Näherungsgeraden werden durch einen Least-Square-Fit bestimmt. Das Bestimmtheitsmaß der Näherungsgeraden, das im akzeptablen Bereich liegt, wird ebenfalls in Tabelle 3.23 aufgeführt. Da die Spektren bei einer charakteristischen Wellenzahl von 100/m ihre Steigung stark ändern, werden für Wellenzahlen kleiner und größer als 100/m jeweils getrennt die Approximationsfunktionen $S_{approx,1}$ und $S_{approx,2}$ gebildet. Die spektrale Intensität der 0/16-Waschbeton-Fahrbahn beträgt nahezu das Dreifache bzw. Vierfache je nach Wellenzahlbereich der zu Vergleichszwecken zusätzlich untersuchten 0/11-Beton-Fahrbahn. Der Exponent w als Maß für das Verhältnis zwischen lang- und kurzwelligen Anteilen der Straßenoberfläche ist für die 0/11-Beton-Fahrbahn im Vergleich zur 0/16-Waschbeton-Fahrbahn leicht erhöht.

Im Vergleich zu realen Fahrbahnoberflächen (vgl. [Gimm05], [Heiß08] und [Schu05]) weisen beide Fahrbahnen eine geringere Welligkeit w auf. Mit einem Wert um 1 im ersten Wellenzahlbereich, der größere Wellenlängen als eine PKW-Reifen-Latschlänge abdeckt, liegt sie im Bereich der Werte für gute Straßen [Heiß08]. Dies lässt sich durch den Aufbau der Fahrbahn innerhalb der vergleichsweise steifen Kassetten erklären. Bei realen Fahrbahnen bewirken zusätzlich zum Landschaftsprofil auch Fundament und starke Nutzung langwellige Unebenheiten. Die im IPS genutzten Oberflächen weisen außerdem eine im Vergleich zu realen Straßen geringe Spektrale Intensität in diesem Wellenlängenbereich auf. Beide Oberflächen waren zum Zeitpunkt der Messung kaum befahren und kaum durch hohe Radlasten und Antriebsmomente beansprucht. Darüber hinaus können die Texturen im IPS zwar bewässert und bei Temperaturen unter 0°C befahren werden, allerdings erfolgt der Wechsel nie zeitlich direkt nacheinander. Auf diese Weise erfahren die Texturen keine Schädigung durch ausbrechende Steine nach Eindringen und Gefrieren von Wasser. Für die Wellenzahl der Fahrbahnübergangsdistanz sind in den Spektren keine erhöhten Amplituden der Texturhöhe zu erkennen. Bei visueller Analyse der Messdaten (entsprechend Abbildung 3.41 b)) kann von zwei vermessenen Übergängen nur einer nachträglich in den Daten identifiziert werden.

a) 0/16 Waschbeton

b) 0/11 Beton

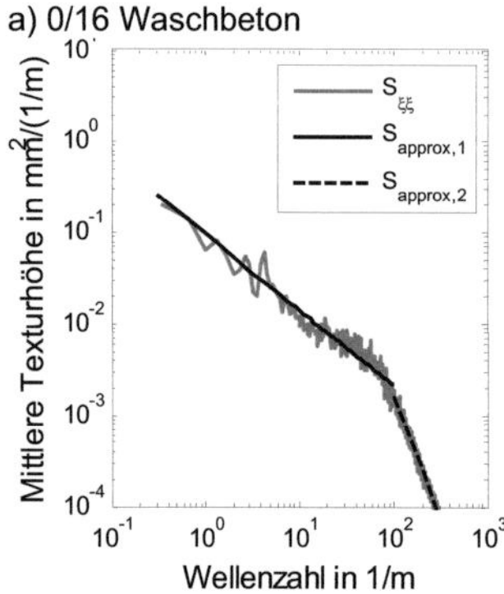
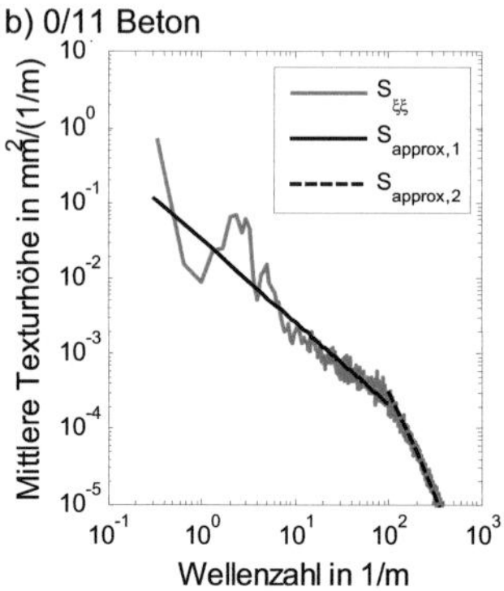

Abbildung 3.42:   Gemittelte Spektrale Leistungsdichte a) der 0/16 Waschbeton-Fahrbahn und b) der 0/11 Beton-Fahrbahn.

Zwei Fahrbahnen mit identischen Texturspektren werden nicht notwendigerweise das gleiche akustische Verhalten aufweisen, da die Phaseninformation nicht berücksichtigt wird [Hame00]. Als Folge werden bei Nutzung der spektralen Leistungsdichte zur Anregungsabbildung Einzelhindernisse nicht abgebildet. Neben der Phaseninformation bietet auch der von Beckenbauer und Kuijpers [Beck01] eingeführte Gestaltfaktor weitere Aussagen zur akustischen Beschaffenheit einer Textur. Der Gestaltfaktor wird aus der Abbot-Firestone-Kurve[18] der Oberflächenprofiltiefe bestimmt. Für die gemessenen Unebenheiten wird das Oberflächenverhältnis aufgetragen, weshalb die Auftragung auch Tragflächenkurve genannt wird. Der Gestaltfaktor wird bei der halben maximalen Profiltiefe R_{max} abgelesen. Konkave und konvexe Oberflächengestalten können durch g klar getrennt werden. Für konkave Texturen reicht g von 60 % bis 90 % Tragflächenanteil, für konvexe Texturen liegt g zwischen 20 % und 60 %. Die Unterscheidung zwischen konvexen und konkaven Gestalten geschieht auf dem Ausdehnungsverhältnis von Erhebungen

---

[18]Mathematisch ist die Abbot-Firestone-Kurve die kumulative Wahrscheinlichkeitsdichtefunktion oder auch Verteilungsfunktion einer Zufallsvariablen. In Anhang A.3 ist gezeigt, dass für beide Fahrbahnen näherungsweise ein normalverteilter Zufallsprozess zugrunde liegt.

und Vertiefungen der Textur. Für konvexe Texturen ist die Ausdehnung von Erhebungen und Vertiefungen ähnlich („Gebirge mit dazwischen liegenden Tälern"). Für konkave Texturen ist die Ausdehnung von Erhebungen ausgeprägter als die der Vertiefungen. Aus diesem Grund ist für konvexe Texturen von einem tieferen Eindringen der Fahrbahnunebenheiten in den Reifen auszugehen, so dass eine stärkere Schwingungsanregung des Reifens zu erwarten ist. Bei konkaven Texturen wird davon ausgegangen, dass der Reifen auf den „Plateaus" der Textur aufsteht und in die „dazwischen liegenden Schluchten" nicht eindringt. Die in Anführungszeichen gestellten Begrifflichkeiten entstammen [Beck08].

		Bereich der Wellenzahl in 1/m	0/16	0/11
	Spektrale Intensität S_0 in cm³	0.1 … 500	3.246	0.391
	Welligkeit w	0.1 … 500	1.84	1.76
	Bestimmtheitsmaß R_{ls}^2	0.1 … 500	0.90	0.92
$S_{approx,1}$	Spektrale Intensität S_0 in cm³	0.1 … 100	0.095	0.032
	Welligkeit w	0.1 … 100	0.82	1.08
	Bestimmtheitsmaß R_{ls}^2	0.1 … 100	0.90	0.89
$S_{approx,2}$	Spektrale Intensität S_0 in cm³	100 … 500	431	103
	Welligkeit w	100 … 500	2.71	2.75
	Bestimmtheitsmaß R_{ls}^2	100 … 500	0.99	0.98
	Gestaltfaktor g in %		47.27	46.23
	Maximale Texturtiefe R_{max} in mm		5.5	4

Tabelle 3.23: Vergleich der vermessenen Texturen anhand Leistungsdichtespektrum und Gestaltfaktor.

Zur Beurteilung der akustischen Eigenschaften der verwendeten Fahrbahn werden Tragflächenkurven und Gestaltfaktoren für beide vermessenen Fahrbahnen bestimmt. Dazu werden 2200 Einzelmessungen entsprechend der Reifenlatschbreite herangezogen. Die vermessene Länge entspricht einem Meter. Durch diese Vorgehensweise soll sichergestellt werden, dass Tragflächenkurve und ermittelter Gestaltfaktor repräsentativ für die betrachtete Fahrbahn sind. Die maximale Oberflächenprofiltiefe R_{max} der in dieser Arbeit verwendeten 0/16 Waschbeton-Fahrbahn liegt im betrachteten Bereich bei R_{max} = 5.5 mm. Wie in Abbildung 3.43 dargestellt, liegt der Gestaltfaktor bei g = 47.27 %, so dass die Gestalt als konvex zu bezeichnen ist. Die zusätzlich vermessene Textur der 0/11 Betonfahrbahn weist bei vergleichbarem Gestaltfaktor eine geringere maximale Rautiefe auf.

a)   b)

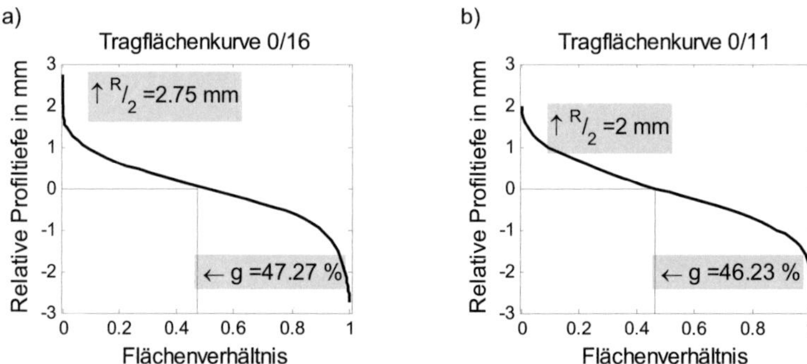

Abbildung 3.43:   Tragflächenkurve a) der 0/16 Waschbeton-Fahrbahn und b) der 0/11 Beton-Fahrbahn.

3.4.3 Analyse der statischen Normalkraftverteilung

Versuchsaufbau und Methodik der Untersuchung

Unter dem Produktnamen *Prescale Film* vertreibt die Firma *Fujifilm Corporation* Polyester-Folien, die einwirkende Drücke und Druckverteilungen durch Färbung visualisieren. Durch ihre geringe Stärke von 200 µm [Fuji11] eignen sie sich für die Analyse des Reifen-Fahrbahn-Kontakts. Durch einwirkende Drücke zerplatzen Mikrokapseln auf einer farbgebenden Folie. In Reaktion mit einer farbentwickelnden Folie ergeben sich Farbausprägungen, deren Intensität in bekanntem Verhältnis zum aufgebrachten Druck steht. Insgesamt wird ein Auflösungsbereich von 0.2 bis 300 Mpa durch acht jeweils einen begrenzten Druckbereich (Sensitivität) abdeckende Folien erreicht, deren Sensitivitäten sich teilweise überschneiden. Anhand einer vom Hersteller herausgegebenen Vergleichsskala wird der dem Farbton äquivalente Druck ermittelt. Die Vergleichsskala wurde im Rahmen dieser Arbeit dazu genutzt, ein Auswertetool in der Software *MATLAB* zu entwickeln. Das Tool ermöglicht es die eingescannten und im zweidimensionalen Rastergrafikformat (**.bmp*-Format) abgespeicherten Folien für drei Sensitivitäten anhand deren Farbskalen auszuwerten. Der Hersteller gibt für die *Prescale-Film*s eine Genauigkeit von unter +- 10 % an. Die örtliche Auflösung liegt bei 0.1 mm [Fuji11]. Nachteilig bei der Messung der Druckverteilung mittels *Prescale-Films* ist dass, der Druck für mindestens fünf Sekunden einwirken muss, damit die Farbentwicklung gewährleistet werden kann. Aufgrund dessen scheiden die *Prescale Films* für dynamische Normalkraftmessungen aus.

Bei den im Rahmen dieser Arbeit durchgeführten statischen Versuchen werden drei Foliensensitivitäten – *„Ultra Super Low"* (USL), *„Super Low"* (SL) und *„Low"* (L) – (vgl. Tabelle 3.24) kombiniert, um die Druckverteilung eines Reifens auf rauer Fahrbahntextur zu ermitteln. Die Versuche werden auf einem definierten Oberflächenbereich der vermessenen 0/16-Waschbeton-Fahrbahn durchgeführt. Um sicherzustellen, dass der Reifen bei jeder Foliensensitivität die gleiche Texturoberfläche berührt, wird die Trommel blockiert. Der Reifen wird für fünf Sekunden mit den in Tabelle 3.24 angegebenen Radlasten beaufschlagt. Temperatur und Luftfeuchte, die Einfluss auf die Entwicklung der Farbtöne nehmen [Fuji11], werden im Auswertetool berücksichtigt.

Mittels Auswertetool werden die Druckverteilung auf einer Folie ermittelt und im Matrixformat mit jeweils einer Zelle pro Pixel gespeichert. Aus der Druckverteilung wird mit Kenntnis der Pixelfläche die einwirkende Normalkraft bestimmt. Für die Foliensensitivitäten L, SL und USL wird die einwirkende Normalkraft aufsummiert und mit der anliegenden Radlast verglichen. Dabei wird in der Auswertung berücksichtigt, dass sich die Auflösungsbereiche von USL und L überschneiden. Die mittels drucksensitiver Folien ermittelte anliegende Radlast wird für die 0/16-Waschbeton-Fahrbahn leicht überbewertet, wobei der Fehler ca. 2 % der anliegenden Radlast beträgt. Im Vergleich mit der Auswertesoftware *Pressure Distribution Mapping System* der Firma *Fujifilm Corporation* liefert das entwickelte Auswertetool einen um 8 % zu hohen Lastanteil. Streuungen zwischen beiden Tools sind auch durch die unterschiedlichen verwendeten Scanner möglich. Insgesamt liegen die Fehler somit innerhalb der durch den Hersteller angegebenen Toleranz. Die Kontaktdruckverteilungen sowie die Normalkraft je Folie bei dem jeweils berücksichtigten Druckbereich sind in Tabelle 3.25 und Tabelle 3.26 dargestellt.

Anliegende Radlast in kN	Folientyp	Foliensensitivität in N/mm²	Temperatur in °C	Luftfeuchtigkeit in %
5	Ultra Super Low	0.2 – 0.6	21.7	67.8
5	Super Low	0.5 – 2.5	21.8	67.5
5	Low	2.5 – 10	21.9	66.5
6	Ultra Super Low	0.2 – 0.6	22.1	64.9
6	Super Low	0.5 – 2.5	22.2	64.4
6	Low	2.5 – 10	22.3	64.3

Tabelle 3.24: Bedingungen für Prescale-Film-Versuche auf Waschbeton 0/16 bei einer Einwirkdauer von jeweils 5 Sekunden.

In Vergleichsmessungen auf dem weniger rauen *Safety-Walk*-Belag wird die anliegende Radlast leicht unterbewertet. Da ein großer Anteil der auftretenden Drücke auf der Folie der niedrigsten untersuchen Sensitivität anliegt, ist davon auszugehen, dass ein weiterer bedeutender Anteil der anliegenden Radlast (unterhalb 0.2 N/mm²) durch die gewählte Folienkombination nicht aufgelöst werden kann [Kueh09]. Konstatierend lässt sich für die im Rahmen dieser Arbeit eingesetzte Waschbeton-Fahrbahn sagen, dass das beschriebene Verfahren gute Ergebnisse liefert. Für weitere Versuche dieser Art müssen je nach Rauigkeit der Fahrbahn die eingesetzten Folien-Sensitivitäten neu ausgewählt werden, um alle auftretenden Drücke zu erfassen.

Ergebnisse

Werden für die in Tabelle 3.25 dargestellten Versuche die Normalkraftanteile je Folie analysiert, zeigt sich, dass bei 5 kN Radlast Drücke zwischen 0.5 und 2.5 N/mm² den höchsten Normalkraftanteil von 58 % bilden. Drücke zwischen 2.5 und 10 N/mm² nehmen 38 % des Normalkraftanteils ein. Drücke unterhalb von 0.2 N/mm² treten nur zu rd. 4 % auf. Bei Radlasterhöhung (Tabelle 3.26) verschieben sich diese Verhältnisse um maximal 1.5 %. Die geringen Drücke nehmen minimal zu, wobei die mittleren Drücke (0.5 bis 2.5 N/mm²) minimal abnehmen. Die Zunahme der geringen Drücke bedeutet eine Zunahme der wahren Kontaktfläche an den Rändern ausgeprägter Asperitäten. Zusätzlich kann ein Anstieg der Kontaktlänge bei konstanter Abdruckbreite beobachtet werden. Dies deckt sich mit den Untersuchungen in [Bode62], [Maju07], wonach erst bei extremen Radlasten ein Anstieg der Kontaktbreite auftritt.

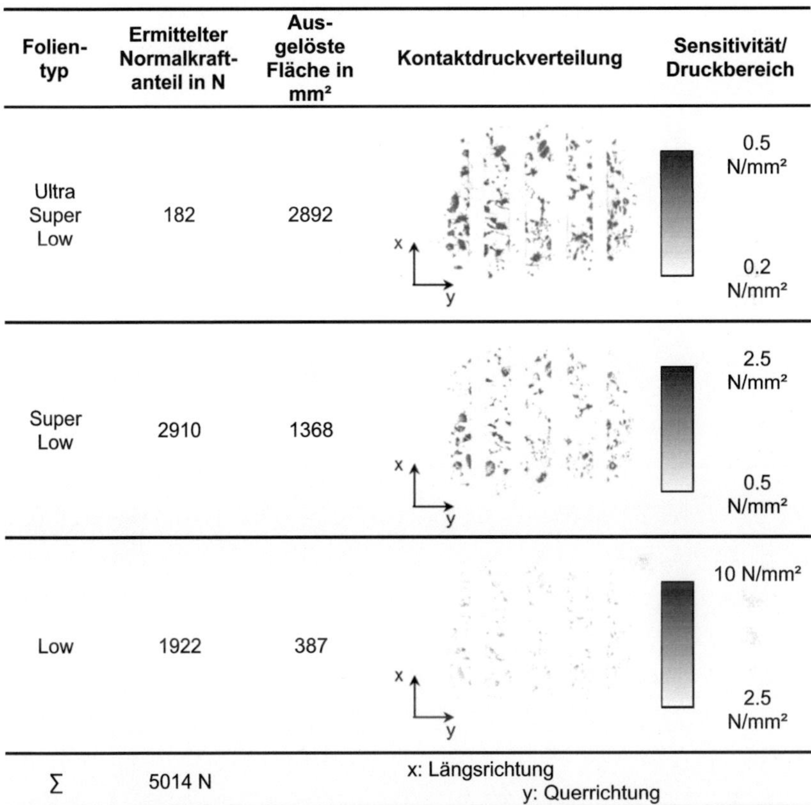

Folien-typ	Ermittelter Normalkraft-anteil in N	Aus-gelöste Fläche in mm²	Kontaktdruckverteilung	Sensitivität/ Druckbereich
Ultra Super Low	182	2892		0.5 N/mm² ... 0.2 N/mm²
Super Low	2910	1368		2.5 N/mm² ... 0.5 N/mm²
Low	1922	387		10 N/mm² ... 2.5 N/mm²
Σ	5014 N		x: Längsrichtung y: Querrichtung	

Tabelle 3.25: Kontaktdruckverteilung im Reifen-Fahrbahn-Kontakt ermittelt durch Prescale-Folien unterschiedlicher Sensitivität, je Folie ermittelter Normalkraftanteil sowie ausgelöste Fläche (Radlast 5 kN, Einwirkdauer 5 Sekunden, 0/16-Waschbeton-Fahrbahn).

Im Zwischenraum der einzelnen umlaufenden Rippen des Reifens werden bei den Versuchen zum Teil Färbungen beobachtet. Diese lassen sich durch die Verspannung der *Prescale-Film*s zwischen den Rippen erklären. Unter Umständen wird dabei die Folie über einen einzelnen Stein gespannt, obwohl kein Kontakt mit dem Reifen besteht. Im Vergleich der einzelnen umlaufenden

Rippen nehmen die Normalkraftanteile je Rippe ausgehend von der Außenschulter (rechte Rippe in den Druckverteilungen in Tabelle 3.25 und Tabelle 3.26) in Richtung der Innenschulter (linke Rippe) leicht zu. Dies kann durch einen in seinen Steifigkeitseigenschaften nicht symmetrisch aufgebauten Reifen entstehen. Ein minimaler Sturzwinkel des Reifens durch die Elastizität der Kraftschluss-Radführung wird bei Verblockung des Sturzkastens und der Seitenstützen ausgeschlossen.

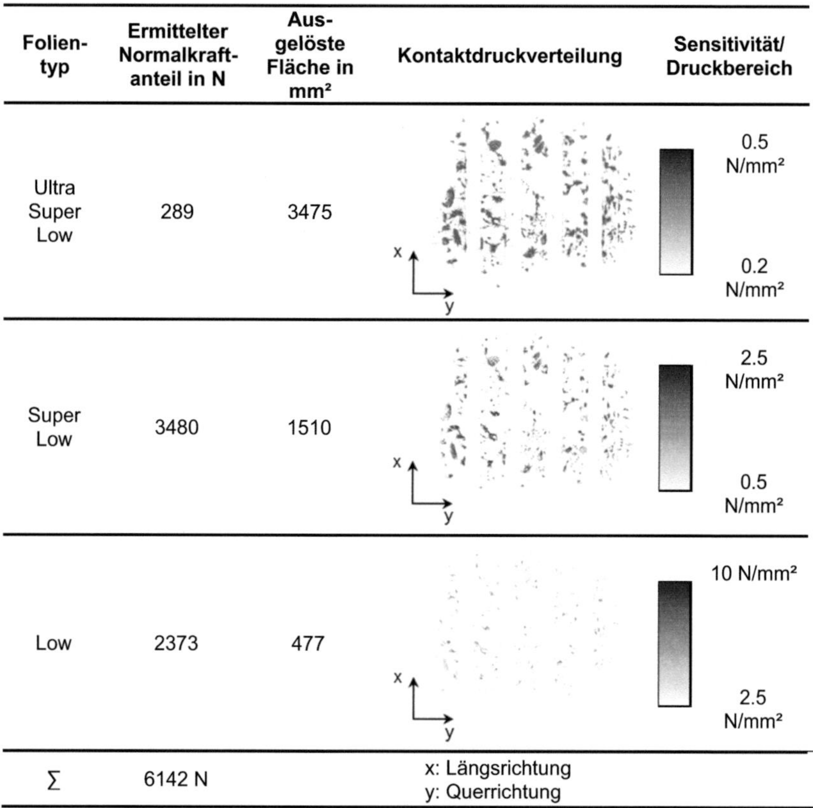

Folien-typ	Ermittelter Normalkraft-anteil in N	Aus-gelöste Fläche in mm²	Kontaktdruckverteilung	Sensitivität/ Druckbereich
Ultra Super Low	289	3475		0.5 N/mm² ... 0.2 N/mm²
Super Low	3480	1510		2.5 N/mm² ... 0.5 N/mm²
Low	2373	477		10 N/mm² ... 2.5 N/mm²
Σ	6142 N		x: Längsrichtung y: Querrichtung	

Tabelle 3.26: Kontaktdruckverteilung im Reifen-Fahrbahn-Kontakt ermittelt durch Prescale-Folien unterschiedlicher Sensitivität, je Folie ermittelter Normalkraftanteil sowie ausgelöste Fläche (Radlast 6 kN, Einwirkdauer 5 Sekunden, 0/16-Waschbeton-Fahrbahn).

Bei Betrachtung der unter Druck stehenden Fläche (wahre Kontaktfläche) muss beachtet werden, dass die Folie mit der geringsten Auslöseschwelle nur die Fläche mit Drücken oberhalb 0.2 N/mm² anzeigt. Somit wird nicht die komplette wahre Kontaktfläche aufgelöst. Die Druckverteilungen auf USL und SL der Vergleichsmessung auf Safety-Walk zeigt Tabelle 3.27. Die Verteilung auf L wird nicht dargestellt, da die Druckspitzen auf dieser Folie kaum erkennbar sind.

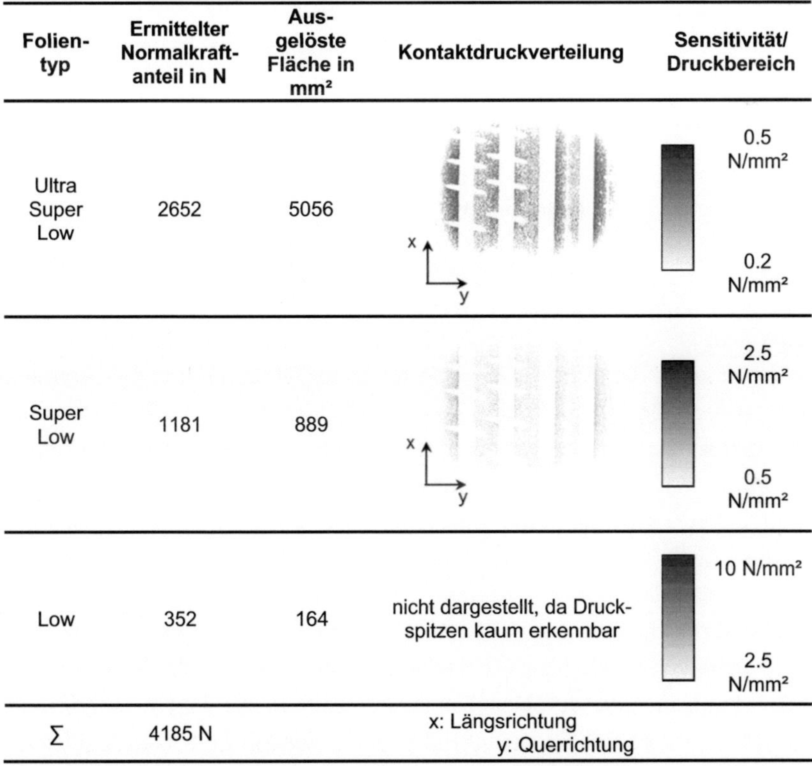

Folien-typ	Ermittelter Normalkraft-anteil in N	Aus-gelöste Fläche in mm²	Kontaktdruckverteilung	Sensitivität/ Druckbereich
Ultra Super Low	2652	5056		0.5 N/mm² — 0.2 N/mm²
Super Low	1181	889		2.5 N/mm² — 0.5 N/mm²
Low	352	164	nicht dargestellt, da Druckspitzen kaum erkennbar	10 N/mm² — 2.5 N/mm²
Σ	4185 N		x: Längsrichtung y: Querrichtung	

Tabelle 3.27: Kontaktdruckverteilung im Reifen-Fahrbahn-Kontakt ermittelt durch Prescale-Folien unterschiedlicher Sensitivität, je Folie ermittelter Normalkraftanteil sowie ausgelöste Fläche (Radlast 5 kN, Einwirkdauer 5 Sekunden, Safety-Walk-Belag).

Im Unterschied zur Vergleichsmessung auf Safety-Walk (Traganteil 28 %) zeigt die auf Waschbeton ausgelöste Fläche, dass der Reifen aufgrund der ausgeprägten Makrotextur der Fahrbahn nur mit einzelnen Asperitäten der Fahrbahn Kontakt hat. Somit ist der Traganteil aus tatsächlicher Kontaktfläche bezogen auf die nominelle Kontaktfläche bedeutend reduziert. Die einwirkende Radlast muss dementsprechend über höhere lokale Normalkräfte abgestützt werden. Für Waschbeton beträgt bei einer Radlast von 5 kN der Traganteil 14.8 %. Bei Radlasterhöhung auf 6 kN steigt der Traganteil auf 17.2 %. Die ermittelten Traganteile sind mit den von Bachmann [Bach98] ermittelten Werten vergleichbar. Der Anstieg des Traganteils mit der anliegenden Last wird ebenfalls von Gäbel [Gaeb09] beobachtet, der durch umfangreiche Versuche an Profilelementproben einen linearen Anstieg des Traganteils mit dem nominellen Kontaktdruck nachweist.

3.5 Dynamische Kraftverläufe in der Reifenaufstandsfläche bei Überrollung von Unebenheiten

Die dargestellten Ergebnisse bei statischer Abplattung geben Aufschluss über die Kontaktdruckverteilung des Reifens auf der vermessenen Fahrbahn. Prinzipbedingt ist die Tangentialkraftverteilung nicht erfassbar. Es sind nur statische Versuche möglich. Für die Abbildung der fahrbahnbedingten Anregung interessieren die Kontaktkraftverläufe bei Überrollung von Unebenheiten bei variierender Rollgeschwindigkeit und Unebenheitshöhe. Zu diesem Zweck wurde am FAST eine Messeinrichtung innerhalb des IPS aufgebaut, die es erlaubt die Kräfte zwischen Reifen und einer einzelnen Unebenheit zu erfassen. Bestehende Messeinrichtung zur Krafterfassung bei Reifen-Unebenheit-Kontakt erfüllen entweder nicht die Anforderungen an die Dynamik oder sind nur zur Messungen der Kontaktdruck- bzw. -kraftverteilung auf ebener Fläche [Bode62], [Lipp74] geeignet [Grol11]. Entwicklung, Kalibrierung und Inbetriebnahme der Messeinrichtung sind in [Grol11] ausführlich beschrieben[19]. Versuchsaufbau und –methodik werden in Abschnitt 3.5.1 nur kurz wiedergegeben.

---

[19] Konstruktion des Messsystems und Durchführung der Messungen (3.5.1) wurden im Rahmen von zwei Diplomarbeiten [Pfri10], [Webe10] erarbeitet. Die detaillierte Analyse der Messdaten in Abschnitt 3.5.2 sowie 3.5.3 erfolgte im Anschluss an die Diplomarbeiten durch die Autorin selbst und wurde zum Teil in [Grol11] erstmals veröffentlicht.

3.5.1 Versuchsaufbau und Methodik der Untersuchung

Die Messeinrichtung zur Erfassung der Kräfte in der Kontaktzone Reifen-Unebenheit wird bündig zwischen zwei ebenen Aluminium-Kassetten (vgl. Abschnitt 3.4.1) des IPS eingebaut. Bei Betrieb des Reifens im Prüfstand überrollt dieser einen aus der Oberfläche der Messeinrichtung herausstehenden Messstift. Somit bildet dieser die zu überrollende, in der Höhe verstellbare Unebenheit. Der Messstift ist mit einem innerhalb der Messeinrichtung eingelassenen Sensor verbunden, der die dynamischen Vertikal-, Längs- und Querkraftverläufe in der Kontaktzone Reifen-Unebenheit erfasst. Die Gestalt des Messstifts kann veränderlich gestaltet werden. Bei den hier beschriebenen Versuchen wird ein Zylinder mit einem Durchmesser von 10 mm genutzt. Den Einbau im IPS, eine schematische Darstellung des Aufbaus der Messeinrichtung und der Sensorgestalt zeigen Abbildung 3.44 a) und b).

Neben der Erfassung der Kraftamplituden bei Überrollung variierender Unebenheitshöhen liegt ein weiteres Ziel in der Analyse der unterschiedlichen Kraftamplituden über der Reifenbreite. Zu diesem Zweck ist die Messeinrichtung so konstruiert, dass sie eine stufenlose Verstellung der Sensor- und Messstiftposition in Reifenquerrichtung (lateral) ermöglicht. Die Versuchsplanung sieht fünf äquidistante Positionen über der Reifenquerrichtung (vgl. Abbildung 3.44 c)) vorgegeben durch die fünf umlaufenden Rippen des Reifens 1) Außenschulter, 2) Profilrippe Mitte-Außen, 3) Mittelrippe, 4) Profilrippe Mitte-Innen und 5) Innenschulter vor. Damit wird eine nahezu gleichmäßige Abdeckung der Reifenaufstandsfläche erreicht und sichergestellt, dass der Sensor nicht unterhalb einer 7 mm tiefen Profilrille liegt und somit ohne Kontakt ist. Nach Einstellung der Querposition wird die Unebenheitshöhe auf die Höhen 50, 100, 200, 500 und 1000 µm eingestellt. Bei festgelegter Position und Unebenheitshöhe werden anschließend die Standard-Geschwindigkeiten (20, 60, 100 km/h) mittels der IPS-Steuerung eingestellt. Ein Versuch zeichnet sich somit durch eine einzige Unebenheitsposition, eine Unebenheitshöhe und eine Geschwindigkeit aus. Bei allen Versuchen liegen Standard-Betriebsbedingungen vor (vgl. Anhang A.1).

Um Umgebungseinflüsse auf die Verläufe der Vertikal- (F_{Sz}), Längs- (F_{Sx}) und Querkraft (F_{Sy}) auszuschließen und eine statistische Signifikanz zu gewährleisten, werden die Signale von 100 Überrollungen der Unebenheit erfasst und arithmetisch gemittelt. Zur Gewährleistung der notwendigen örtli-

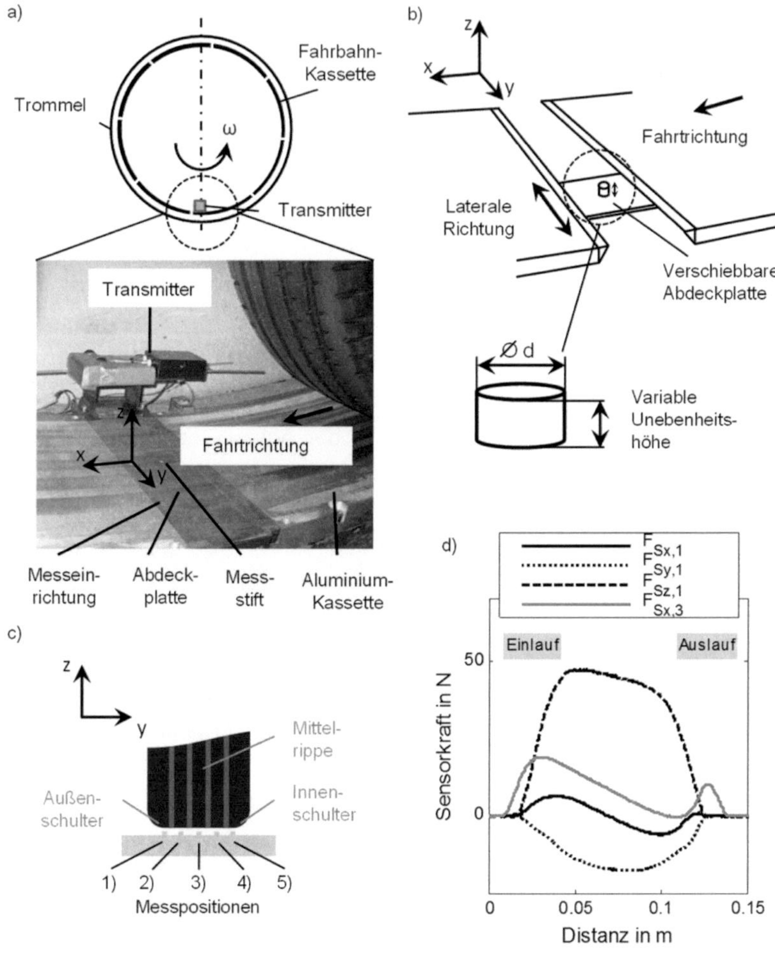

Abbildung 3.44:   a) Schematische Darstellung von Messeinrichtung und Sensorgestalt b) Einbau zwischen zwei Trommelsegmenten innerhalb des IPS c) Messpositionen über der Reifenbreite d) Mittlere Längs-($F_{Sx,1}$), Quer-($F_{Sy,1}$) und Vertikalkraft ($F_{Sz,1}$) aufgenommen an Position 1) (schwarz) bei Unebenheitshöhe von 50 µm bei 20 km/h im Vergleich mit Längskraft ($F_{Sx,3}$) an Position 3) (grau) bei gleichen Versuchsbedingungen.

chen Auflösung werden die Kräfte mit $f_a = 22$ kHz abgetastet, so dass die örtliche Auflösung bei 100 km/h bei mehr als 110 Messwerte pro Latschlänge liegt.

Neben den Kräften werden Geschwindigkeit, Reifendrehwinkel, Lichtschrankensignal, Umgebungs- und Reifentemperatur durch ein in der Software *Labview* implementiertes Datenerfassungstool erfasst und gespeichert (vgl. Abschnitt 3.2.1). Die Mittelung und weitere Datenverarbeitung sowie Darstellung erfolgen in der Software *MATLAB*.

Abhängig von der Geschwindigkeit wird eine definierte Anzahl von Messwerten ab dem Ausschlag des Lichtschrankensignals, das die geometrische Lage der sensierenden Unebenheit auf dem Trommelumfang definiert, arithmetisch gemittelt. Die Kräfte werden über der mittels der Trommelgeschwindigkeit bestimmten, zurückgelegten Distanz aufgetragen (vgl. Abbildung 3.44 d)). Abbildung 3.45 zeigt den Einfluss der Unebenheitshöhe auf die Kontaktkräfte an der mittleren Profilrippe bei einer Rollgeschwindigkeit von 100 km/h. Die Vertikalkraft ist positiv, wenn sie auf den Reifen einwirkt, um diesen von der Oberfläche abzuheben. Die Längskraft ist positiv, wenn der Sensor eine Kraft in Fahrtrichtung auf den Reifen ausübt (vgl. Abbildung 3.44 d)). Die Querkraft wird in der vorliegenden Forschungsarbeit nicht weiter betrachtet, da deren Modellierung nicht vorgesehen ist.

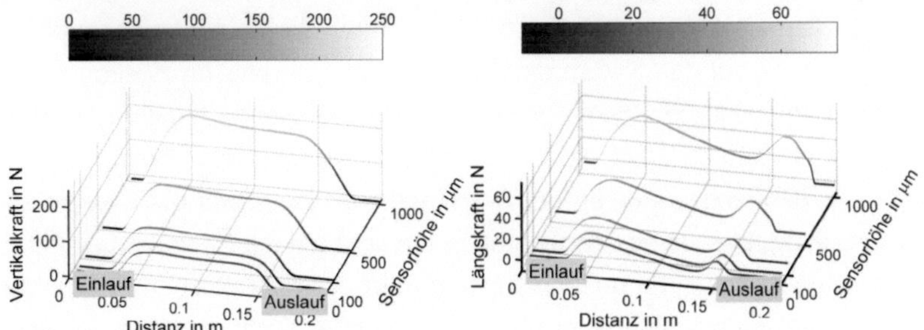

Abbildung 3.45: Vertikal- und Längskraftverlauf an der Unebenheit bei einer Geschwindigkeit von 100 km/h gemessen unter der mittleren Profilrippe für steigende Unebenheitshöhen.

3.5.2 Überrollung einzelner Unebenheiten

Einfluss der Unebenheitshöhe auf die Kraftverläufe

Abbildung 3.44 d) und Abbildung 3.45 zeigen, dass sich der Verlauf der Vertikalkraft unabhängig von der Unebenheitshöhe in drei charakteristische Bereiche unterteilt. Im ersten Bereich im Einlauf steigt die Vertikalkraft in einem Zeitfenster von rd. 1 ms rapide an bis der Reifen vollständig Kontakt mit der Unebenheit hat. Im zweiten Bereich erreicht die Vertikalkraft ihr Maximum im vorderen Teil des Latsches (Asymmetrie zur Latschmitte, vgl. [Bode62], [Lipp74], [Brow81]). Ab diesem Punkt nimmt die Vertikalkraft langsam ab bis zu dem Punkt, an dem der Reifen nicht mehr voll auf der Unebenheit aufsteht und die Vertikalkraft im dritten Bereich wieder rapide abfällt. Die Vertikalkraftverläufe in Abbildung 3.45 vermitteln den Eindruck, dass die Latschlänge mit zunehmender Unebenheitshöhe zunimmt. Dieser Eindruck entsteht, da die Unebenheit zunehmend aus der Fahrbahnoberfläche heraussteht und der gekrümmte Reifen die Unebenheit bereits berührt, bevor er vollständig Kontakt mit der Unebenheit hat. Gleiches gilt für die Längskraft. Die Längskraft kann neben den bereits für die Vertikalkraft beschriebenen rapiden Anstieg und Abfall in zwei weitere charakteristische Bereiche unterteilt werden (vgl. Abbildung 3.44 d) und Abbildung 3.45). Die Längskraft zeigt den bereits aus Messungen auf ebenen Fahrbahnen bekannten so genannten *S-Schlag* [Bode62], [Lipp74], [Brow81], [Ludw98], [Fach00], [Koeh02]. Bis ca. zur Latschmitte wirkt die Längskraft auf den Reifen antreibend (positive Kraft). Im zweiten Bereich von der Latschmitte bis zum Auslauf wirkt sie bremsend (negative Kraft). Auf ebenen Fahrbahnen zeigt die Längskraft bei frei rollendem Reifen aufgrund des Rollwiderstands einen in Richtung „Bremsen" (negativer Kraft) verschobenen S-Schlag. Das daraus resultierende Moment um die Radnabe bewirkt den asymmetrischen Verlauf der Vertikalkraft über der Kontaktlänge, deren Maximum vor der Latschmitte erreicht wird. In lateraler Richtung kann der Betrag des Rollwiderstands je Längsspur aufgrund der Reifenkrümmung in Querrichtung unterschiedlich groß sein. Ludwig [Ludw98] zeigt dies durch Messungen der Profilelementverschiebung mittels eines Reifensensors. Für den in dieser Arbeit untersuchten Reifen weist die mittlere Profilrille einen in Richtung „Antreiben" verschobenen Längskraftverlauf auf (vgl. Abbildung 3.44 d)). Da bei den Messungen freies Rollen vorliegt, zeigen umgekehrt die Schultern einen in Richtung „Bremsen" verschobenen Kraftverlauf.

Zur Verdeutlichung des Einflusses der Unebenheitshöhe auf die maximale Amplitude der Vertikalkraft wird diese in Abbildung 3.46 a) über der gemessenen Sensorhöhe zusammen mit der Standardabweichung aufgetragen. Mit der Unebenheitshöhe nimmt die Vertikalkraft im untersuchten Höhenbereich annähernd linear zu. Die Unebenheit hebt eine zunehmende Fläche des Reifens von der Fahrbahn ab, so dass diese den Kontakt verliert. Die zuvor anliegende Radlast wird kumuliert an der Stelle der Unebenheit abgestützt, so dass die Vertikalkraft ansteigt. Die anliegende Vertikallast auf ebener Fläche kann durch eine Geradengleichung oder einen Polynomansatz approximiert werden, indem die Gleichung für eine Unebenheitshöhe von 0 gelöst wird. Je nach Approximationsansatz ergibt sich ein Bodendruck von 0.91 bis 0.99 N/mm² bei 100 km/h unterhalb der Mittelrippe. Im Vergleich mit den statischen Messungen der Normalkraft bzw. des Drucks in der Reifenaufstandsfläche auf Safety-Walk in Abschnitt 3.4.3 ist dieser Wert plausibel.

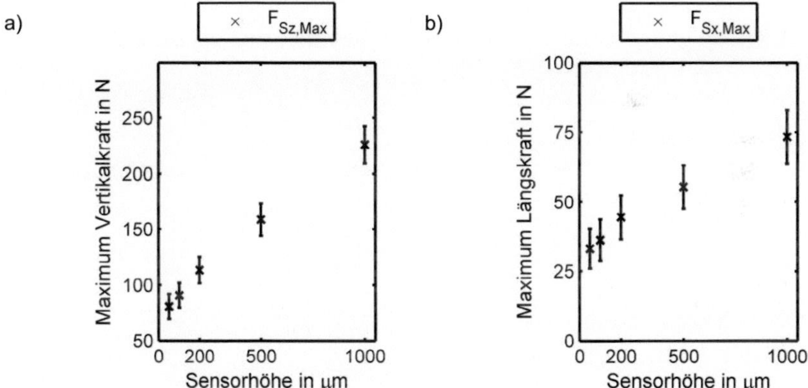

Abbildung 3.46:   a) Maximum der mittleren vertikalen Sensorkraft ($F_{Sz,Max}$); b) Maximum der mittleren Längskraft inklusive der Standardabweichung jeweils gemessen an Position 3) bei einer Rollgeschwindigkeit von 100 km/h abhängig von der Unebenheitshöhe.

Abbildung 3.45 zeigt, dass die Asymmetrie des Vertikalkraftverlaufs mit der Unebenheitshöhe zunimmt. Dies kann durch die zunehmenden Hystereseverluste durch die verstärkte Vertikal- und Längsdeformation des Reifenprofilelastomers erklärt werden. Ferner kann auch eine verstärkte Schwingungsanregung des Reifens verbunden mit größerer Deformation zusätzliche Hystereseverluste hervorrufen. Die zunehmenden Hystereseverluste bewirken eine Zunahme des Rollwiderstandes und damit die Verschiebung des Vertikalkraftmaximums in Richtung Einlauf.

Wie die Vertikalkraft nimmt auch der Maximalwert der Längskraft mit zunehmender Unebenheitshöhe zu. Der Maximalwert der Längskraft zusammen mit der Standardabweichung ist in Abbildung 3.46 b) über der Unebenheitshöhe aufgetragen. Interessanterweise entsteht dieser Effekt zum größten Teil dadurch, dass mit steigender Unebenheitshöhe der gesamte Verlauf der Längskraft zunehmend in Richtung einer positiven Längskraft („Antreiben") verschoben wird. Der Effekt wird durch Auftragung des aus Minimal- und Maximalwert der Längskraft berechneten Mittelwertes über der Unebenheitshöhe zusammen mit der Standardabweichung in Abbildung 3.47 a) verdeutlicht. Obwohl in der Abbildung für drei Rippen dargestellt, kann dies an allen vermessenen Rippen beobachtet werden. Die Flächensumme unter der Kurve bildet den Effekt ebenfalls ab. Die Mittelwertbildung ist vorzuziehen, da sie im Gegensatz zur Flächensumme nicht vom allgemeinen Kurvenverlauf beeinflusst wird.

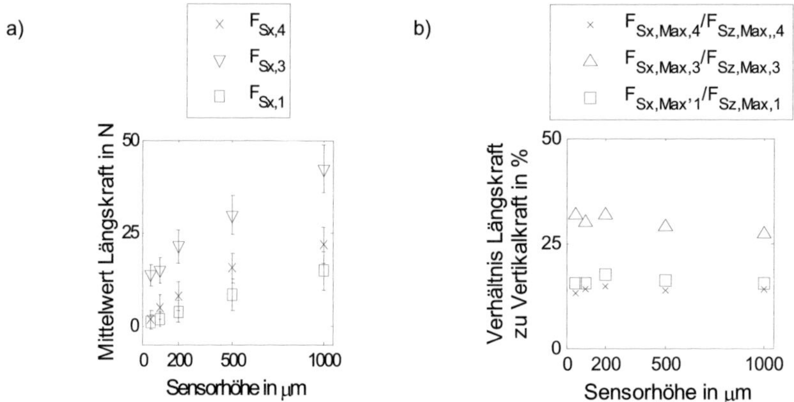

Abbildung 3.47: a) Mittelwert aus maximaler und minimaler Längskraft (F_{Sx}); b) Verhältnis Längs- zu Vertikalkraftmaximum($F_{Sx,Max,n}/F_{Sz,Max,n}$) jeweils bei 100 km/h abhängig von der Unebenheitshöhe für die Positionen 1), 3) und 4).

Die Verschiebung des Längskraftverlaufs mit zunehmender Unebenheitshöhe bedeutet, dass das Profilelement bei Kontakt mit der Unebenheit im Einlauf stärker ausgelenkt wird und der Reifen zunehmend an der Profilrippe, unter der die Unebenheit platziert war, Antriebskraft erfährt. Da am Reifen insgesamt der Zustand des *„Freien Rollens"* vorliegt, bedeutet dies, dass an den anderen, zum gleichen Zeitpunkt nicht vermessenen Profilrillen eine entsprechende Bremskraft anliegen muss. Wenn die Unebenheit nicht mit dem Sensor verbunden wird und dieser in weiteren Messungen stattdessen bündig mit der Fahrbahn unterhalb den anderen Profilrippen verbaut wird, kann dies überprüft werden.

Die verstärkte Antriebskraft an der Unebenheits-Profilrippe wird durch den Reifen-Abrollprozess erklärt. Während des Abrollprozesses auf ebener Fläche ohne Unebenheit werden die Profilelemente am Latschbeginn entgegen der Rotationsrichtung ausgelenkt. Diese Auslenkung wird während des Latschdurchlaufs abgebaut und kehrt sich ca. ab der Latschmitte in die entgegengesetzte Richtung um. In Abbildung 3.48 a) wird die Profilelementverformung schematisch illustriert. [Roth93], [Ludw98], [Bach98], [Bach99], [Fach00] messen den Verlauf der Profilelementverformung in Längsrichtung auf ebenen Fahrbahnen mittels Reifensensor. Kommt ein Profilelement nun mit einer aus der ebenen Fahrbahn herausstehenden Unebenheit in Kontakt, wird die Profilelementauslenkung entgegen der Drehrichtung, wie an der zunehmenden Längskraft zu erkennen, umso größer sein, je höher die Unebenheit aus der Oberfläche heraussteht. Resultierend steigt die gemessene Längskraft an. Die umliegenden Rippen erfahren diese verstärkte Auslenkung nicht, so dass sich diese nicht zurückbildet. Im Fall ohne Unebenheit erfahren alle Rippen vergleichbare Auslenkungen. Diese Auslenkungen nehmen während des Latschdurchlaufs ab und kehren sich etwa ab der Latschmitte um. Analog zu den Profilelementauslenkungen verhält sich der Längskraftverlauf. Abbildung 3.48 b) zeigt schematisch die Profilelementauslenkung entgegen der Drehrichtung bei Überrollung einer Unebenheit, sowie die geringere Auslenkung an den Profilrippen ohne Unebenheit.

Mit steigendem lokalem, vertikalem Druck mit der Unebenheitshöhe auf den Reifenelastomer an der Unebenheitsposition (zum Beispiel in Folge gesteigerter Radlast) können höhere Längs- bzw. Querkräfte übertragen werden.

Gleichzeitig fällt der lokale Reibwert, so dass ab einem bestimmten lokalen Druck ein Gleiten des Profilelements möglich wäre. Die Profilelementverformung würde dann nicht weiter mit der Unebenheitshöhe zunehmen. Da in den durchgeführten Versuchen die gemessene Kraft in Längsrichtung mit steigender Unebenheitshöhe weiter zunimmt, wird davon ausgegangen, dass dieser Zustand unter den dargestellten Bedingungen nicht erreicht wurde.

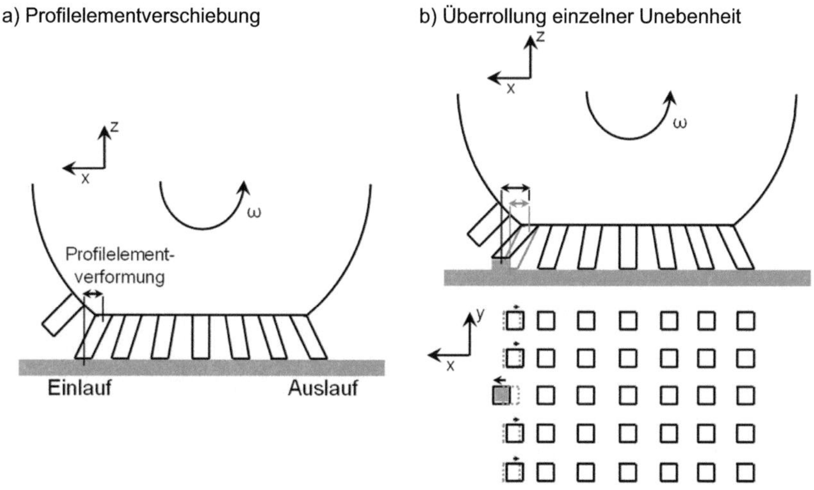

Abbildung 3.48:   Schematische Darstellung der Profilelementverformung a) auf ebener Fahrbahn sowie b) bei Kontakt mit einer einzigen Unebenheit an der mittleren Profilrippe in Seitenansicht und Draufsicht (ohne Berücksichtigung unterschiedlicher Profilelementverformung über der Reifenbreite).

Der resultierende Mittelwert der Längskraft ist für die mittlere Profilrippe am größten und für die Schultern am geringsten (Abbildung 3.47 a)). Die abrollbedingte Anfangsauslenkung an den Schultern ist für diesen Reifen unter den realisierten Versuchsbedingungen geringer. Weiterhin zeigt Abbildung 3.47 b) die Bedeutung des Längskraftmaximums im Vergleich zum Vertikalkraftmaximum. Für eine Geschwindigkeit von 100 km/h ist das Verhältnis zwischen Längskraftmaximum und Vertikalkraftmaximum über der Unebenheitshöhe für die mittlere Profilrippe aufgetragen. Über die betrachteten Unebenheitshöhen hinweg beträgt das Längskraftmaximum rd. 30 % des Vertikalkraftmaximums.

Die dargestellten Ergebnisse für die Vertikalkraft gleichen den Resultaten, die Douglas in [Doug09] für die Überrollung eines mit Dehnungsmessstreifen[20] bestückten Kontaktstifts mit LKW-Reifen auf einem Kreisbahn-Prüfstand bschreibt. In Längsrichtung kann Douglas den charakteristischen S-Schlag nicht nachweisen. Er vermutet die Reifenbetriebsbedingungen (Sturz und Vorspur), bedingt durch den Prüfstand, als ursächlich für eine tendenziell bremsende Kraft an der Reifen-Außenschulter und eine antreibende Kraft an der Reifen-Innenschulter. Ludwig [Ludw98] kann durch Profilelementverformungsmessungen an der Reifen-Außenschulter an einem PKW-Reifen bedingt durch die Radstellung nur den ersten Bereich des charakteristischen S-Schlages (Antreiben) nachweisen. Durch zusätzliche Aufnahme der Druckverteilung kann sie zeigen, dass der von ihr untersuchte Reifen nur im ersten Teil aufsteht. Somit erscheinen die von Douglas gegebenen Begründungen für die von ihm ermittelten Längskraftverläufe plausibel.

Einfluss der Unebenheitsposition auf die Kraftverläufe

Die zuvor beschriebenen Beobachtungen werden an allen Unebenheitspositionen festgestellt. Die Vertikalkräfte wachsen mit zunehmender Sensorhöhe an. Aus den Vertikalkraftverläufen in Abbildung 3.49 a) ist ersichtlich, dass die Latschlänge in Richtung der Reifenschultern unter den realisierten Versuchsbedingungen abnimmt. Bei Analyse der dargestellten Kraftverläufe ist es wichtig zu beachten, dass jeweils nur eine Unebenheit unter einer Reifenrippe positioniert war. Die so gemessenen Kraftverläufe werden anschließend zu Vergleichszwecken in der Graphik zusammen über der Position der sensierenden Unebenheit aufgetragen.

In den Längskraftverläufen in Abbildung 3.49 b) wird zusammen mit der Abnahme der Latschlänge auch die Abnahme der Profilelementverformung in Längsrichtung in Richtung der Reifenschultern sichtbar. Auf ebener Fahrbahn ohne Unebenheiten weisen die Reifenschultern einen im Vergleich zur Reifenmitte in Richtung „Bremsen" verschobenen Tangentialkraftverlauf auf. Dennoch wird auch dieser mit zunehmender Unebenheitshöhe in Richtung „An-

---

[20] Dehnungsmessstreifen, DMS: Messeinrichtung zur Erfassung dehnungsbedingter Verformungen basierend auf der Änderung des elektrischen Widerstand bei Dehnung

treiben" verschoben, wie in der Abbildung 3.49 b) für 1000 µm gezeigt. Die maximal gemessene Längskraft kann an Reifeninnen- und Außenschulter unterschiedliche Werte annehmen, da neben der geometrisch bedingten Profilelementverschiebung auch die Steifigkeit der Profilelemente und der Reifenkonstruktion die gemessenen Kräfte beeinflussen. Die für diesen Reifen ermittelten Kraftverläufe sind qualitativ mit den von [Ludw98], [Bach98] und [Bach99] gemessenen Profilelementverformungsverläufen vergleichbar.

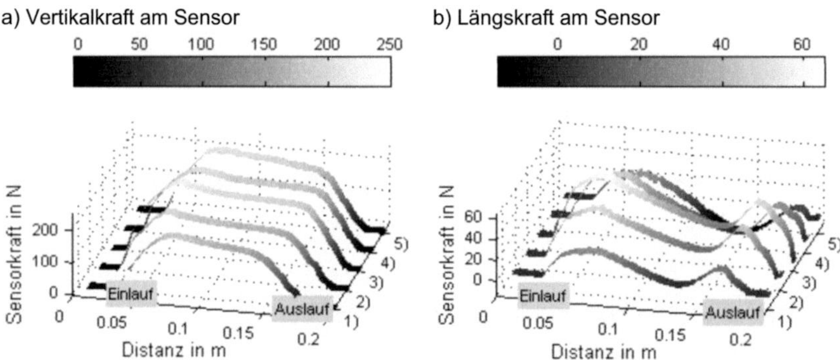

Abbildung 3.49:   Einfluss der Unebenheitsposition auf a) die Vertikalkraftverläufe und b) die Längskraftverläufe bei Unebenheitshöhe 1000 µm, wobei die Unebenheit jeweils nur an der dargestellten Rippe positioniert war.

Einfluss der Überrollgeschwindigkeit auf die Kraftverläufe

Für die geringste vermessene Unebenheitshöhe sind in Abbildung 3.50 die Vertikalkraftverläufe am Sensor für alle drei Geschwindigkeiten aufgenommen unter der Mittelrippe über der Distanz aufgetragen. Die Dauer des ersten Bereichs, in dem die Vertikalkraft steil ansteigt, wird ermittelt, indem die Steigung zwischen zwei aufeinanderfolgenden Messwerten bestimmt wird. Liegt die Steigung oberhalb eines empirisch bestimmten Werts, beginnt der erste Bereich. Fällt die Steigung wieder unter diesen Wert endet der Bereich. Für die minimale Unebenheitshöhe wird die Dauer des ersten Bereichs als Eindringzeit $t_{E,v}$ der Unebenheit in das Reifenelastomer abhängig von der Geschwindigkeit definiert. Zwischen Beginn und Ende des Kontakts (Sensorkraft größer 0) kann die Latschlänge abgelesen werden.

Abbildung 3.50, Abbildung 3.51 und Abbildung 3.52 zeigen die Vertikal- und Längskraftverläufe bei drei Messgeschwindigkeiten. Mit zunehmender Geschwindigkeit nehmen die Kraftamplituden in beiden Raumrichtungen zu, wobei die grundlegenden Verläufe unverändert bleiben. Für die Vertikalkraftverläufe ist zu beachten, dass durch den Messablauf bedingt (vgl. Abschnitt 3.3.2) die Radlast zwischen den einzelnen Experimenten nicht neu eingeregelt werden kann, so dass sie aufgrund des Fliehkrafteinflusses mit der Geschwindigkeit zunimmt.

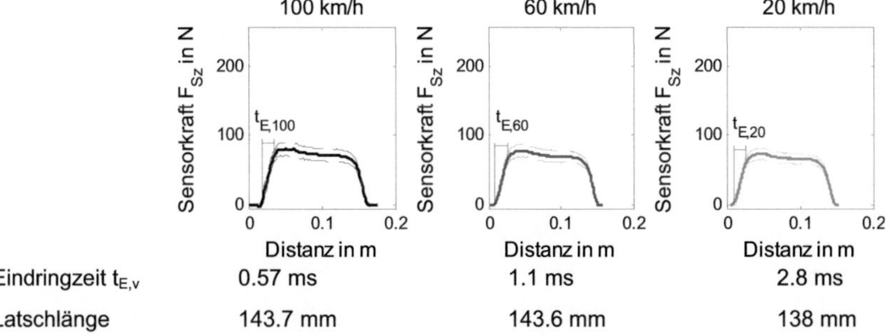

	100 km/h	60 km/h	20 km/h
Eindringzeit $t_{E,v}$	0.57 ms	1.1 ms	2.8 ms
Latschlänge	143.7 mm	143.6 mm	138 mm

Abbildung 3.50:   Mittlerer Vertikalkraftverlauf (durchgezogene Linie) aus 100 Messungen an der Mittelrippe bei minimaler Unebenheitshöhe inklusive Standardabweichung (gestrichelte Linien), und daraus ausgelesen Eindringzeit $t_{E,v}$ und Latschlänge für drei Geschwindigkeiten.

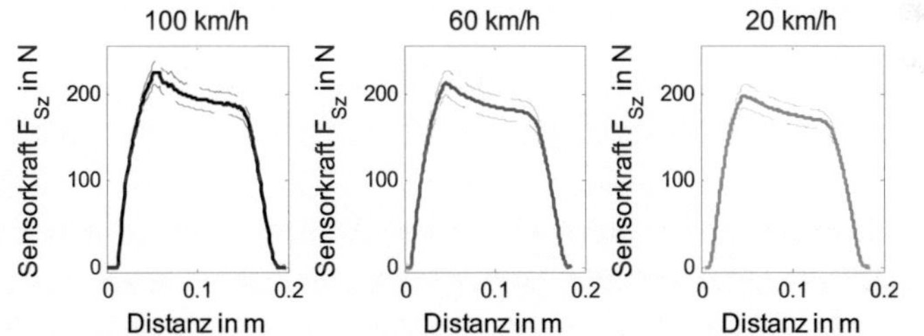

Abbildung 3.51:   Mittlerer Vertikalkraftverlauf (durchgezogene Linie) aus 100 Messungen an der Mittelrippe bei minimaler Unebenheitshöhe inklusive Standardabweichung (gestrichelte Linien) bei Unebenheitshöhe 1000 µm für drei Geschwindigkeiten.

In der Tabelle 3.28 sind die Radlasten der einzelnen Versuche zusammen mit der jeweiligen Abweichung von der Sollradlast dargestellt. Die Tabelle 3.28 macht deutlich, dass die durch den Messablauf bedingte Radlastzunahme gering ist im Vergleich zu den Unterschieden bedingt durch die manuelle Einstellung der Radlast zu Beginn des Versuches. Die grössere Radlast wird über eine ebenfalls mit der Geschwindigkeit zunehmende Reifenaufstandsfläche abgestützt (vgl. Abbildung 3.50). Unter der Annahme, dass die Latschbreite b_L bei Radlastzunahme konstant bleibt (vgl. [Bode62], [Maju07] und Abschnitt 3.4.3), wird der nominelle Druck auf die gesamte Reifenaufstandsfläche für die drei Versuche bestimmt. Da dieser mit näherungsweise $38/b_L$ N/mm für die betrachteten Geschwindigkeiten konstant ist, wird die leichte Zunahme der Vertikalkraft am Sensor dem Dämpfungseinfluss des Profilelastomers verbunden mit der kürzeren Eindringzeit t_E zugeordnet.

Position des Sensors	Geschwindigkeit im Versuch	Radlast in N	Abweichung zu Sollradlast bezogen auf Sollradlast in %
	20 km/h	5284	5.6
Mitte, 50 µm	60 km/h	5384	7.6
	100 km/h	5544	10.8
	20 km/h	5342	6.8
Rechts, 50 µm	60 km/h	5455	9.1
	100 km/h	5622	12.4

Tabelle 3.28: Radlastentwicklung exemplarisch für zwei Messungen bei unterschiedlichen Sensorpositionen.

Die Längskraftverläufe (Abbildung 3.52) zeigen eine Zunahme der gemessenen Kraftamplituden sowie eine Zunahme des Mittelwertes aus Maximal- und Minimalwert. Die Amplitudenzunahme ist neben dem Dämpfungseinfluss des Profilelastomers der durch die höhere Radlast (konstanter Abstand zwischen Radmitte und Fahrbahn) größeren Latschlänge und damit verbundenen stärkeren Anfangsauslenkung der Profilelemente im Einlaufbereich zuzuschreiben. Bei konstanter Radlast und Latschlänge bleibt die Profilelementverformung in Längsrichtung bei unterschiedlichen Geschwindigkeiten nach [Bach99] konstant. Die durch die größere Latschlänge (höhere Radlast) stärkere Anfangsauslenkung eines Profilelements bildet sich durch den Einfluss der umliegenden Profilrippen bei Überfahrt einer einzigen Unebenheit nicht vollständig zurück. Dadurch ist die Zunahme des Längskraft-Mittelwertes zu erklären. Bei Gültigkeit dieser Hypothese sollte auf einer ebenen Fläche im Zustand des freien Rollens bei konstanter Radlast keine Zunahme des Längskraftmittelwertes mit der Geschwindigkeit erfasst werden, was [Bach99] belegt. Eine Zunahme des bremsenden Anteils durch Zunahme des Rollwiderstandes mit der Geschwindigkeit wird bis 100 km/h in den Experimenten nicht beobachtet.

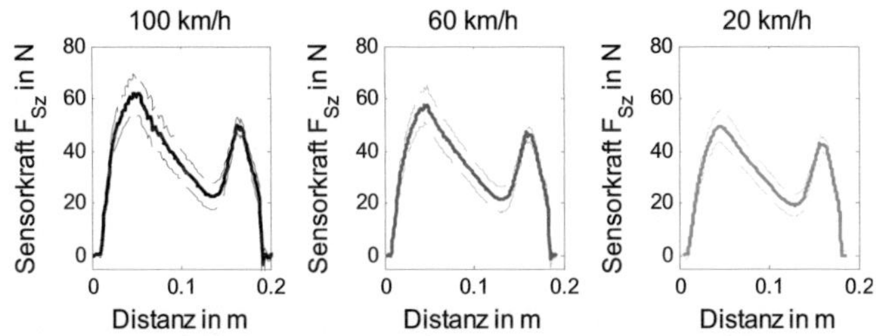

Abbildung 3.52: Mittlerer Längskraftverlauf (durchgezogene Linie) aus 100 Messungen an der Mittelrippe bei minimaler Unebenheitshöhe inklusive Standardabweichung (gestrichelte Linien) bei Unebenheitshöhe 1000 µm für drei Geschwindigkeiten.

3.5.3 Überrollung mehrerer Unebenheiten

Um die in Abschnitt 3.5.1 beschriebene ebene Oberfläche mit einer höhenverstellbaren Unebenheit weiter an reale Straßenoberflächen anzunähern, werden zusätzliche Unebenheiten in den Kontaktbereich Reifen-Fahrbahn eingebracht. Diese Unebenheiten sind in den beschriebenen Versuchen nicht mit einem Sensor verbunden. Die zusätzlichen Unebenheiten werden in den Anordnungen „Spalte", „Zeile" und „Feld" auf die Aluminiumoberfläche aufgeklebt, die in Abbildung 3.53 dargestellt sind. Der Sensor blieb in den Versuchen an der Messposition 3) (vgl. Abbildung 3.44 c)). Bei der Anordnung „Spalte" werden je zwei Unebenheiten vor und hinter dem Sensor aufgebracht, bei der Anordnung „Zeile" werden je zwei Unebenheiten zu beiden Seiten des Sensors aufgebracht und bei der Anordnung „Feld" werden 24 Unebenheiten um den Sensor herum aufgebracht. Da die Latschlänge aus den Versuchen in den Abschnitten 3.4.3 und 3.5.2 bekannt ist, ist zu erwarten, dass bei Überrollung der Anordnungen in Fahrtrichtung maximal drei Unebenheiten Kontakt mit dem Reifen haben. Es werden zwei Unebenheitshöhen von 500 und 1000 μm realisiert und die Geschwindigkeiten 20, 60 und 100 km/h gefahren.

Werden die am Sensor aufgenommenen Kräfte für die drei Anordnungen im Vergleich zu nur einer Unebenheit aufgetragen, ändert sich der Verlauf der Vertikalkraft nicht. Der Längskraftverlauf wird mit der Unebenheitshöhe bei zusätzlichen Unebenheiten weniger stark in Richtung „Antreiben" verschoben. Dieser Effekt zeigt sich auch bei Berechnung des Mittelwertes aus Minimal- und Maximalwert der Längskraft, der in Abbildung 3.54 dargestellt ist. Ausgehend von der Messung mit nur einer Unebenheit sinkt der Mittelwert für die Anordnung „Zeile" um ca. 5 N. Für die Anordnungen „Spalte" und „Feld" sinkt der Mittelwert weiter um 9 N bzw. 10 N.

a)   b)

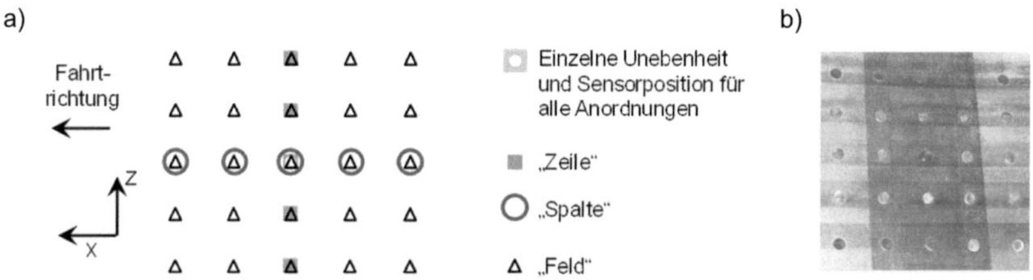

Abbildung 3.53:   a) Schematische Darstellung der zusätzlichen Unebenheiten in der Umgebung des Sensors b) Photographie der Anordnung „Feld".

Der beschriebene Effekt wird durch die Profilelementverformungen erklärt. Bereits in Abschnitt 3.5.2 wurde ausgeführt, dass durch eine verstärkte Profilelementverschiebung an einer Unebenheit eine korrespondierende Bremskraft auf die nicht gemessenen Profilrippen ohne Unebenheit übertragen werden muss, damit der Zustand des freien Rollens aufrecht erhalten wird. Für die Anordnung „Zeile" wird nun angenommen, dass jede Unebenheit eine der Unebenheitshöhe entsprechende Antriebskraft an der Kontaktstelle Reifen-Unebenheit bewirkt, die mit einer korrespondierenden Bremskraft auf den restlichen Kontaktbereich verbunden ist. Die Längskraft jeder Kontaktstelle Reifen-Unebenheit ergibt sich somit als Summe der unebenheitsbedingten zusätzlichen Antriebskräfte und der von anderen Unebenheiten induzierten Bremskräfte. In Summe wird an der Unebenheit, die mit dem Sensor verbunden ist, eine geringere Antriebskraft gemessen. Der Effekt ist in Abbildung

3.55 a) schematisch dargestellt. Für Anordnungen wie die Anordnung „Spalte" wird davon ausgegangen, dass der Reifen zunehmend auf den Unebenheiten aufsteht. Bei Anordnung „Spalte" steht der Reifen bereits auf zwei Unebenheiten auf, bevor er mit der mit dem Sensor verbundenen Unebenheit Kontakt hat. Durch das verstärkte Aufstehen auf den Unebenheiten nimmt die Unebenheitshöhe, die die Profilelementverformung bedingt, effektiv ab. An der mit dem Sensor verbundenen Unebenheit wird schließlich eine geringere Antriebskraft gemessen. Der Effekt ist in Abbildung 3.55 b) schematisch abgebildet. Für die Anordnung „Feld" addieren sich beide Effekte, wobei das Aufstehen auf den Unebenheiten dominiert.

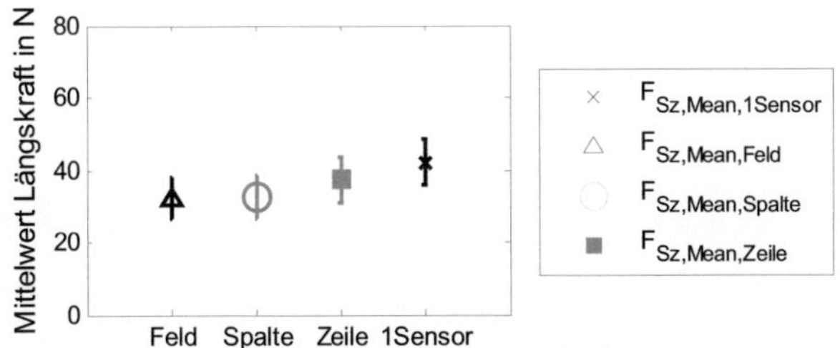

Abbildung 3.54:   Mittelwert aus maximaler und minimaler Längskraft (F_{Sx}) mit Standardabweichung für die Unebenheitsanordnungen in Abbildung 3.53.

3.6 Fazit

In den Abschnitten 3.1 und 3.2 wird die Strukturdynamik des stehenden und des rollenden Systems Reifen-Hohlraum-Rad analysiert. Es wird gezeigt, dass der Payne-Effekt im Rollzustand eine Entfestigung des Elastomermaterial des Reifens bewirkt. Die Resonanzen des Systems werden für zunehmende Geschwindigkeiten weiter zu geringeren Frequenzen verschoben, da bei Elastomermaterialien unter bimodaler Belastung eine weitere Entfestigung beobachtet wird [Wran03], [Wran08]. Die niederfrequenten Reifen-Schwingformen bewirken im stehenden Zustand Wechselkräfte auf das Rad in vertikaler und horizontaler Richtung. Im Ausrollversuch wird für jede Eigenform eine Resonanz in den Kraftspektren an der Messnabe in den jeweiligen Richtungen bewirkt. Somit wird davon ausgegangen, dass das rotationsbedingte Aufspalten der Eigenfrequenzen des rotierenden Kreisrings [Nack00], [Kind09] beim rollenden Reifen aufgrund des Kontakteinflusses nicht stattfindet. Kindt [Kind09] geht von stehenden Wellenbewegungen aus. Die Hohlraumresonanzen hingegen spalten mit zunehmender Rotationsgeschwindigkeit in zwei Äste auf. Für das Rad wird ein rotationsbedingtes Aufspalten der doppelten Pole, der ersten Felgenbiegung und des Felgen-*Pitch* erwartet. Für das verwendete Aluminiumrad wird nur der zweite Ast bei hohen Geschwindigkeiten oberhalb 80 km/h in den Kraftspektren identifiziert. Die Fahrbahnanregung bringt möglicherweise zu wenig Energie in das System ein, um den ersten Ast anzuregen. Aufgrund des geringen Frequenzabstandes von zwei Radresonanzen wird womöglich der erste Ast auch durch den zweiten einer weiteren Resonanz überdeckt.

a)   b)

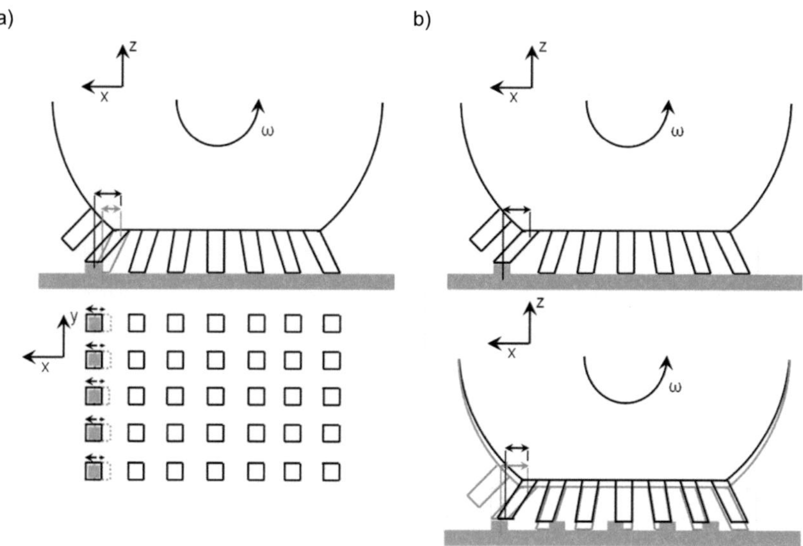

Abbildung 3.55:   Schematische Darstellung der Profilelementverformung a) für Anordnung „Zeile" b) für Anordnung „Spalte" und „Feld".

Die Resonanzen der Subsysteme zeigen sowohl im stehenden als auch im rollenden Zustand Abhängigkeiten von Fülldruck, Radlast, Füllgas und Temperatur. Im rollenden Zustand kommt es bei Radlasterhöhung zu einer Überlagerung aus Gürtellängenverkürzung und Materialentfestigung aufgrund größerer Deformation. Resultierend werden die Resonanzfrequenzen weniger stark erhöht als im stehenden Zustand. Ferner wird gezeigt, dass die Fahrbahnrauigkeit Einfluss auf die Anregung der Eigenformen und die Kraftschwankungen durch Reifenungleichförmigkeiten bei den Radordnungen hat. Die Reifen-, und Hohlraumresonanzen werden durch die raue Fahrbahnoberfläche stärker angeregt, wohingegen die Radordnungen auf der ebeneren Oberfläche eine stärkere Anregung erfahren. Durch Variation des Reibwerts der Oberfläche wird für einzelne Reifen- und Hohlraum-Eigenformen die Bedeutung der fahrbahnbedingten Anregung in Längsrichtung und des Kontakts für die Frequenzlage der Reifenresonanzen gezeigt. Mit sinkendem Reibwert werden einige Reifenresonanzen bei verringerten Frequenzen beobachtet. Somit ist festzuhalten, dass der Kontaktzustand die Strukturdynamik des Systems Reifen-Hohlraum-Rad nicht unerheblich beeinflusst.

Es wird außerdem gezeigt, dass die Anbindung des Rades an die Nabe (mit freiem Rotationsfreiheitsgrad) die *[1,0]-asym-* und die *torsional*-Reifeneigenformen ändert. Für den festen Rotationsfreiheitsgrad werden im EMA-Versuch zwei getrennte Eigenformen ermittelt. Bei freiem Rotationsfreiheitsgrad werden die beiden Eigenformen zu einer einzigen mit Anteilen von Torsions- und Starrkörperbewegung.

Für das betrachtete System wird im nächsten Abschnitt ein Simulationsmodell entwickelt, das die betrachteten Teilsysteme Reifen, Hohlraum und Rad sowie deren Kopplung einschließt. Die Strukturdynamik im Zustand des freien Rollens soll abgebildet werden. Da die Bedeutung der mechanischen Eingangsimpedanz der Radführung und des Reifen-Fahrbahn-Kontaktes experimentell gezeigt wird, ist die detaillierte Abbildung der Randbedingungen an den Kopplungsstellen der Teilsysteme und zur Umgebung wichtig. Es wird gezeigt, dass die mechanische Eingangsimpedanz der Radführung die Kraftspektren an der Nabe beeinflusst. Im nächsten Abschnitt wird aus diesem Grund ein Modell der Kraftschluss-Radführung aufgebaut, das deren Strukturdynamik abbilden und mit dem Reifen-Hohlraum-Rad-Modell verbunden werden kann. Die Analyse der Strukturdynamik der Kraftschluss-Radführung in Abschnitt 3.3 dient der Validierung des Modells.

Zur strukturierten Analyse der Schwingungsanregung im Reifen-Fahrbahn-Kontakt wird in Abschnitt 3.4 die Textur der eingesetzten Fahrbahnoberflächen des IPS hochauflösend vermessen. Die spektralen Eigenschaften der Fahrbahntexturen werden analysiert und mit den Eigenschaften realer Straßenoberflächen [Gimm05], [Heiß08], [Schu05] verglichen. Beide Prüfstandsfahrbahnen weisen im Bereich großer Wellenlängen eine geringere Welligkeit und geringer spektrale Intensität auf, die auf den Aufbau der Fahrbahnen innerhalb der Trommelkassetten und die schwächere Nutzung im Vergleich zu Straßenoberflächen zurückgeführt wird. Anschließend wird die statische Druckverteilung auf der vermessenen Fahrbahnoberfläche bestimmt. Damit wird gezeigt, dass der Reifen nur auf den höchsten Asperitäten der Fahrbahn aufsteht und somit lokal hohe Druckspitzen erreicht werden. Durch ein neu entwickeltes Messsystem werden die Kräfte in drei Raumrichtungen im Reifen-Fahrbahn-Kontakt an einer höhen- und gestaltveränderlichen einzelnen Fahrbahnunebenheit im Rollzustand gemessen. Somit werden die Zunahme der vertikalen Kontaktkraft mit zunehmender Geschwindigkeit und Unebenheitshöhe, sowie die Bedeutung der Längskraft im Vergleich zur vertikalen Kontaktkraft aufgezeigt. Die Längskraftamplitude beträgt ca. 30% der Vertikalkraftamplitude. Im Bereich der betrachteten Unebenheitshöhen wird der gesamte Längskraftverlauf mit zunehmender Unebenheitshöhe in Richtung positiver Längskräfte verschoben. Dies bedeutet eine zunehmende Längsverformung der Profilelemente entgegen der Rotationsrichtung bei Kontakt mit der aus der Fahrbahn herausstehenden Unebenheit, die während des Kontaktdurchlaufs nicht zurückgebildet wird. Bei nur einer Unebenheit in Kontakt verhindern die umliegenden Profilrippen eine Rückbildung der verstärkten Längsauslenkung. Durch zusätzliche Unebenheiten wird der Kontaktzustand auf rauen Fahrbahnen weiter angenähert. Zusätzliche Unebenheiten in Längsrichtung bewirken das „Aufstehen" des Reifens auf den Unebenheiten, infolge derer die effektive Unebenheitshöhe für den Reifen sinkt. Resultierend ist die Längsauslenkung entgegen der Rotationsrichtung bei mehreren in Längsrichtung angeordneten Unebenheiten geringer als bei nur einer Unebenheit. Zusätzliche Unebenheiten in der Reifenquerrichtung bewirken ebenfalls eine geringere Längsauslenkung der Profilelemente. Eine zusätzliche Auslenkung an einer Profilrippe muss für die übrigen Profilrippen eine verringerte Auslenkung bedeuten, damit der Zustand des freien Rollens erhalten bleibt. Zusätzliche Unebenheiten in Längsrichtung beeinflussen die Längsauslenkung stärker als zusätzliche Unebenheiten in Querrichtung.

Mit den experimentell ermittelten Erkenntnissen zum Reifen-Unebenheits-kontakt wird im nächsten Abschnitt ein Anregungsmodell entwickelt, das die Kraftverläufe in Vertikal- und Längsrichtung bei Überrollung von Unebenheiten (Versuche aus Abschnitt 3.5) abbilden und die Anregung auf rauen Fahrbahnen annähern kann.

4 Modellierungsstrategie

In Abschnitt 4.1 werden die Grundlagen der Modellierungstechniken zur Abbildung von rollenden Körpern und die Modellreduktionsverfahren unabhängig von speziellen Implementierungen in kommerziellen Finite-Elemente-(FE-) Programmsystemen dargestellt. Abschnitt 4.2 beschreibt die Modellierung des Gesamtsystems aus Reifen-Hohlraum-Rad und der Kraftschluss-Radführung sowie das Vorgehen bei der Reduktion der Modelldimension zur Rechenzeiteinsparung innerhalb des FE-Programmsystems ABAQUS, wobei auf Besonderheiten des Programmsystems eingegangen wird. Die Herleitung der Anregung im Reifen-Fahrbahn-Kontakt wird in Abschnitt 4.3 dargestellt.

4.1 Grundlagen der Modellierungstechniken

Die gemischte *Lagrange-Euler*-Betrachtungsweise ermöglicht eine effiziente Beschreibung rotierender Körper mit Kontakt zu einem anderen Körper (Rollkontakt). In Abschnitt 4.1.1 wird der theoretische Hintergrund der einzelnen Betrachtungsweisen, Bilanzgleichungen und konstitutiven Beziehungen in der gemischten *Lagrange-Euler*-Betrachtungsweise zusammengefasst. Ausgehend von der Impulsbilanz wird in 4.1.2 die numerische Lösung der Problemstellung hergeleitet und auf die Eigenschaften der nach Linearisierung entstehenden Systemmatrizen eingegangen. In Abschnitt 4.1.3 werden die Reduktionsverfahren nach *Guyan* und *Irons* sowie die *Craig-Bampton*-Methode vorgestellt.

4.1.1 Relativkinematische Beschreibung von Reifen und Fahrbahn

Grundlagen der gemischten Lagrange-Euler-Betrachtungsweise

Zur Beschreibung der Kinematik eines Kontinuums bieten sich zwei Betrachtungsweisen an. Die *Lagrange-* oder *materielle* Betrachtungsweise beschreibt den Weg eines materiellen Teilchens durch den Raum als Funktion der Zeit, wobei Massen- und Impulserhaltung gelten. Im Gegensatz dazu werden in der

Euler- oder *räumlichen* Betrachtungsweise verschiedene Teilchen an einem festen Ort im Raum als Funktion der Zeit betrachtet [Damm06]. Die *Lagrange-*Betrachtungsweise ist in der Strukturmechanik, die *Euler-*Betrachtungsweise in der Fluidmechanik üblich.

Wird das durch den *Lagrange*schen Ansatz betrachtete Problem durch die Methode der Finiten Elemente diskretisiert, ist das Netz fest mit dem Körper verbunden und verformt sich mit ihm. Dies führt bei großen Bewegungen durch den Raum zu mit hohem Berechnungsaufwand verbundenen transienten Berechnungen. Vorteilhaft ist der Ansatz bei der Beschreibung von Materialverhalten und freien Oberflächen [Damm06]. Demgegenüber ist das Netz in der *Euler-*Betrachtungsweise fest mit dem Raum verbunden und verformt sich nicht, die exakte Betrachtung von freien Oberflächen ist problematisch. Werden beide Ansätze kombiniert, können ihre jeweiligen Vorteile in einer sogenannten relativkinematischen Betrachtungsweise genutzt werden. Bei dieser Betrachtungsweise, auch gemischte Lagrange-Euler-Betrachtungsweise genannt, wird eine in Abbildung 4.1 dargestellte Zwischen- oder Referenzkonfiguration auf dem Weg von der Ausgangs- zur Momentankonfiguration eingeführt. Die Ausgangskonfiguration entspricht der Abbildung $\mathbf{Z}$ der materiellen Punkte Z des Körpers B. Durch die Rollbewegung ϕ nehmen die materiellen Punkte unter Einwirkung der äußeren Einflüsse den Ort (Momentankonfiguration)

$$\mathbf{z}=\phi\left(\mathbf{Z},t\right) \tag{4.8}$$

mit $\mathbf{Z}$ der Abbildung der materiellen Punkte Z

ein [Fada02]. Die Abbildung χ ist mit der Führungsgeschwindigkeit des Systems verbunden und wird in *Euler-*Koordinaten beschrieben. Die Verformung geschieht relativ zur Referenzkonfiguration durch die Abbildung $\hat{\phi}$ in *Lagrange-*Koordinaten, so dass der Ort der materiellen Teilchen in

$$\mathbf{z}=\hat{\phi}\left(\chi\left(\mathbf{Z},t\right),t\right) \tag{4.9}$$

überführt werden kann [Fada02].

Diese relativkinematische Beschreibung hat sich als kinematische Formulierung stationär rollender Körper aufgrund ihrer Effektivität etabliert

[Damm06], [Brin07], [Zief08]. Die Effektivität des Ansatzes beruht darauf, dass die große Bewegung eines rollenden Körpers, verknüpft mit elastischer Deformation, zergliedert wird. Die Rollbewegung ϕ kann in eine Starrköperbewegung χ, die Rotation, und eine Deformation $\hat{\phi}$ zerlegt werden [Brin07]. Mathematisch wird dies beschrieben als[21]

$$\phi = \hat{\phi} \circ \chi \qquad (4.1)$$

mit χ der Starrköperbewegung

       $\hat{\phi}$ der Deformation und

       ϕ der Rollbewegung [Damm06].

Zu einem Zeitpunkt t sieht der Beobachter ein beliebiges Teilchen an der Stelle Z^* mit seinen Eigenschaften. Dabei sind die zeitlichen Änderungen nicht mehr feststellbar. Somit werden das stationäre Rollen und die Dynamik räumlich, unabhängig von der Zeit, beschrieben, so dass rechenintensive Zeitintegrationsverfahren nicht benötigt werden [AT6.10], [Brin07]. Vorteilhaft für die Berechnung des Kontakts zwischen rollendem Körper und dessen Unterlage ist die Möglichkeit die räumliche Netzdichte allein im Kontaktbereich zu erhöhen [AT6.10], [Brin07].

Erste Ansätze relativkinematischer Beschreibungen von ebenem Rollkontakt werden zunächst von Oden und Lin [Oden86] vorgestellt, sowie von einer Vielzahl von Autoren weiter entwickelt und eingesetzt [Fari92], [Nack93], [Nack00], [Damm06], [Brin07], [Zief08]. Nackenhorst [Nack93] zeigt 1993 erstmals die Korrelation zwischen der relativkinematischen Beschreibung von Rollkontakt und der zur Beschreibung von Fluid-Struktur-Kopplungen sowie unelastischen Deformationsprozessen [Rodr98] vorgeschlagenen *Arbitrary Lagrangian Eulerian-Methode*[22], kurz *ALE*-Methode auf. Aus diesem Grund verwenden Nackenhorst [Nack93], [Nack00], [Nack04] und später auch weitere Autoren die seine Implementierung verwenden bzw. weiterentwickeln [Damm06], [Brin07] die Bezeichnung *ALE*. Häufiger sind international bei

---

[21] Zur Unterscheidung der Variablen in den einzelnen Konfigurationen sind die in Anhang A.1 eingeführten Konventionen zu beachten.

[22] engl. für Beliebige Lagrange-Euler(-Methode)

[Fari92] und später bei [Kabe00], [Olat04], [Ghor06], [Raok07], [Stee11] hingegen die Bezeichnungen *Steady-State-Rolling based on Mixed Lagrangian/ Eulerian Formulation*[23], kurz *MLE, Moving-Reference-Frame-Technique*[24] und sowohl für eigene als auch kommerzielle Implementierung gebräuchlich. Innerhalb des FE-Programmsystem ABAQUS wird die Bezeichnung *Steady-State-Transport* für eine gemischte *Lagrange-Euler-Betrachtungsweise* verwandt, wohingegen *ALE* in Zusammenhang mit der Modellierung von Akustik-Struktur-Kopplungen verwendet wird [AB6.10]. In dieser Forschungsarbeit wird in Anlehnung an die international gebräuchlichste Bezeichnung die Abkürzung *MLE* verwendet.

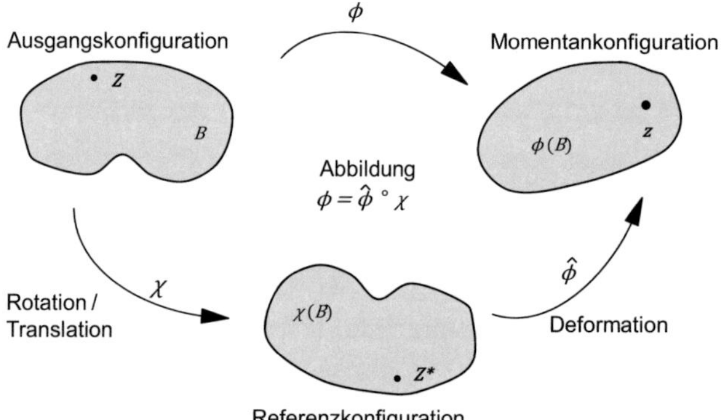

Abbildung 4.1:   Zwischen- oder Referenzkonfiguration auf dem Weg von der Ausgangs-zur Momentankonfiguration, [Schi10], ähnlich [Nack04], [Damm06], [Brin07].

Wird die Bewegung eines Teilchens durch Geschwindigkeiten beschrieben, stellen

- $\mathbf{V} = \mathbf{V}(\mathbf{Z}, t)$ die materielle Geschwindigkeit,

- $\mathbf{v} = \mathbf{v}(\mathbf{z}, t)$ die räumliche Geschwindigkeit und

- $\mathbf{v}(\hat{\phi}, t)$ die Geschwindigkeit eines materiellen Teilchens bezüglich der Referenzkonfiguration dar.

Innerhalb einer kontinuumsmechanisch konsistenten Theorie gilt

---

[23] engl. für stationärer Rollzustand basierend auf (gemischter) Lagrange/Euler-Formulierung

[24] engl. für bewegter Referenz-Rahmen-Technik

$$V(\mathbf{Z},t)=\mathbf{v}(\mathbf{z},t)=\mathbf{v}(\hat{\phi},t)$$

(4.2)

so dass sich die Geschwindigkeit eines materiellen Teilchens bezüglich der Referenzkonfiguration aus der Relativgeschwindigkeit $\hat{\mathbf{v}}$ relativ zur starrkörperbewegten Referenzkonfiguration und der konvektiven Geschwindigkeit $\mathbf{c}$ zusammensetzt [Brin07], [Damm06]

$$\mathbf{v}=\left.\frac{\delta\hat{\phi}}{\delta t}\right|_{\chi}+Grad\hat{\phi}\cdot\mathbf{w}=\hat{\mathbf{v}}+\mathbf{c}$$

(4.3)

mit $\quad\hat{\mathbf{v}}\quad$ der Relativgeschwindigkeit relativ zur starrkörperbewegten Referenzkonfiguration

$\quad\mathbf{c}\quad$ der konvektiven Geschwindigkeit und

$\quad\mathbf{w}\quad$ der Führungsgeschwindigkeit.

Die konvektive Geschwindigkeit $\mathbf{c}$ setzt sich aus dem relativen Gradienten des Verschiebungsfeldes und der Führungsgeschwindigkeit $\mathbf{w}$ zusammen. Die Führungsgeschwindigkeit $\mathbf{w}$ kann durch [Brin07], [Damm06]

$$\mathbf{w}=\dot{\chi}=\frac{\mathrm{d}\chi}{\mathrm{d}t}=\left.\frac{\delta\chi}{\delta t}\right|_{\chi}+\Omega\times\chi$$

(4.4)

mit $\quad\Omega\quad$ dem Vektor der Winkelgeschwindigkeiten

berechnet werden. Für den Fall stationären Rollens wird der erste Term der Gleichung (4.4) zu Null [Brin07], [Damm06], [AT6.10].

Bilanzgleichungen

Über Bilanzgleichungen werden unabhängig vom Material grundlegende Zusammenhänge mechanischer Problemstellungen formuliert und sie entsprechen bei unveränderlichen Bilanzgrößen den Erhaltungssätzen [Wrig01]. Für glatte Felder können sie als globale Aussagen als Differentialgleichungen formuliert werden [Brin07]. Bilanzgleichungen in der Kontinuumsmechanik sind Massen-, Impuls-, Drehimpuls- und Energiebilanz sowie die Entropiebilanz, wobei diese nur für reversible Prozesse ein Erhaltungssatz ist [Wrig01].

Die Massenbilanz besagt, dass ein materielles Teilchen der Masse $\mathrm{d}M$ und des Volumens $\mathrm{d}V$, das die Ausgangsdichte ρ_0 besitzt, sein Volumen und seine Dichte ändern kann, nicht aber seine Masse [Wrig01].

$$M = \int_B \rho_0 \, \mathrm{d}V = \int_{\phi(B)} \rho \, \mathrm{d}v = \int_{\chi(B)} \hat{\rho} \, \mathrm{d}\hat{v} = konst.$$

(4.5)

mit $\quad \rho_0, \rho, \hat{\rho} \quad$ den mit dem Volumen veränderlichen Massendichten und

$\qquad V, v, \hat{v} \quad$ den Volumina in der jeweiligen Konfiguration.

Mit der Forderung, dass für ein materielles Teilchen kein Massenaustausch über dessen umhüllende Oberfläche stattfindet sowie keine Änderung der Masse durch Produktion oder Abfuhr im Inneren erfolgt, kann mit dem in [Nack04] hergeleiteten Zusammenhang (da von der Ausgangs- zur Referenzkonfiguration keine Volumenänderung stattfindet)

$$\rho_0 = \hat{\rho} = J\rho$$

(4.6)

mit $\quad J \quad$ der Jacobi-Determinante des materiellen Deformationsgradienten $\mathbf{F}$ [Nack04],

der lokale Massenerhalt mit Gleichung (4.3) in der aktuellen

$$\left. \frac{\delta\rho}{\delta t} \right|_{\chi} + \rho \, \mathrm{div}\, \hat{\mathbf{v}} + \mathrm{div}\left(\rho\mathbf{c}\right) = 0$$

(4.7)

und in der Referenzkonfiguration

$$\left. \frac{\delta\hat{\rho}}{\delta t} \right|_{\chi} + \hat{\rho} \, \mathrm{Div}\, \hat{\mathbf{v}} + \mathrm{Div}\left(\hat{\rho}\mathbf{w}\right) = 0$$

(4.8)

hergeleitet werden. Auf Basis der Gleichungen (4.8) kann gezeigt werden, dass die stationäre Rollbewegung innerhalb der gewählten Referenzkonfiguration nur möglich ist, wenn der Körper homogen ($Grad\hat{\rho} \cdot \mathbf{w} = 0$) bezüglich seiner Rotationsachse ist [Nack04]. Für stationäres Rollen verschwinden die Zeitableitungen, so dass der Materialfluss über die Ränder gleich Null ist. Für ausführliche Herleitungen des Materialdeformationsgradienten und dessen *Jacobi*-Determinante sei auf [Fada02], [Nack04], [Damm06] und [Brin07] verwiesen.

Die Impulsbilanz ist zur Beschreibung der Bewegung eines Körpers grundlegend, da der Impulsvektor die Geschwindigkeits- und Massenverteilung eines Körpers verbindet und somit als globale Größe zur Beschreibung des kinetischen Zustandes dient [Wrig01]. Die materielle zeitliche Änderung des Impulses I entspricht der Summe aller am Körper von außen einwirkenden Oberflächen- und Volumenkräften

$$\frac{\mathrm{d}\mathbf{I}}{\mathrm{d}t} = \mathbf{f} \tag{4.9}$$

mit $\mathbf{I}$ dem Impuls und

      $\mathbf{f}$ den von außen einwirkende Oberflächen- und Volumenkräfte.

Für den Impuls eines Körpers gilt

$$\mathbf{I} = \int_B \rho_0 \, \mathbf{v} \, \mathrm{d}V = \int_{\phi(B)} \rho \, \mathbf{v} \, \mathrm{d}v \tag{4.10}$$

mit ρ_0 der Ausgangsdichte.

Die einwirkenden Kräfte werden aus der Volumenkraftdichte $\rho \cdot \overline{\mathbf{b}}$ und den Spannungsvektoren $\mathbf{t}$ an der Oberfläche integriert

$$\mathbf{f} = \int_{\phi(B)} \rho \cdot \overline{\mathbf{b}} \, \mathrm{d}v + \int_{\partial\phi(B)} \mathbf{t} \, \mathrm{d}a \tag{4.11}$$

mit $\rho \cdot \overline{\mathbf{b}}$ der Volumenkraftdichte,

      $\mathbf{t}$ den Spannungsvektoren und

      a der Fläche.

Aus Gleichung (4.10) und (4.11) lässt sich die Impulsbilanz für die Momentankonfiguration als

$$\frac{\mathrm{d}}{\mathrm{d}t} \int_{\phi(B)} \rho \, \mathbf{v} \, \mathrm{d}v = \int_{\phi(B)} \rho \cdot \overline{\mathbf{b}} \, \mathrm{d}v + \int_{\partial\phi(B)} \mathbf{t} \, \mathrm{d}a \tag{4.12}$$

schreiben [Fada02]. Mithilfe des *Gauss*schen Integralsatzes[25] und dem *Cauchy*-Therorem[26] kann die lokale Form unter der Voraussetzung der Stetigkeit

---

[25] Der Gausssche Integralsatz überführt ein Flächenintegral in ein Volumenintegral: Die Divergenz einer Größe ist gleich dem Fluss dieser Größe über die geschlossenen Grenzen des Gebietes.

[26] Das Cauchy-Theorem verknüpft den Spannungsvektor $\mathbf{t}$ und den Cauchy-Spannungstensor $\boldsymbol{\sigma}$ über die Flächennormale $\mathbf{n}$ durch $\mathbf{t} = \boldsymbol{\sigma} \cdot \mathbf{n}$.

und hinreichender Differenzierbarkeit des Integranden in der räumlichen Form geschrieben werden [Brin07], [Damm06]

$$\rho \frac{d\mathbf{v}}{dt} = \rho\,\overline{\mathbf{b}} + \operatorname{div}\boldsymbol{\sigma} \qquad (4.13)$$

mit $\quad\boldsymbol{\sigma}\quad$ dem Cauchy-Spannungstensor.

In der *MLE*-Referenzkonfiguration lautet die äquivalente Formulierung [Fada02]

$$\hat{\rho}\frac{d\mathbf{c}}{dt} = \hat{\rho}\,\overline{\mathbf{b}} + \operatorname{Div}\hat{\mathbf{P}} \qquad (4.14)$$

mit $\quad\hat{\mathbf{P}}\quad$ dem ersten Piola-Kirchhoff-Spannungstensor in der Referenzkonfiguration.

Nach dem Drehimpulserhaltungssatz ist die zeitliche Änderung des Drehimpulses $\mathbf{J}$ gleich der Summe aller am Körper angreifenden Momente. Durch Aufstellen der Drehimpulsbilanz, Umformungen und Betrachtung der lokalen Form in den verschiedenen Konfigurationen werden die Symmetrien der Spannungstensoren geliefert [Damm06], [Brin07]

$$\boldsymbol{\sigma} = \boldsymbol{\sigma}^{T} \qquad \hat{\mathbf{S}} = \hat{\mathbf{S}}^{T} \qquad \hat{\mathbf{P}} \cdot \mathbf{F}^{T} = \hat{\mathbf{P}}^{T} \cdot \mathbf{F} \qquad (4.15)$$

mit $\quad\hat{\mathbf{S}}\quad$ dem zweiten Piola-Kirchhoff-Spannungstensor in der Referenzkonfiguration und

$\quad\mathbf{F}\quad$ dem materiellen Deformationsgradienten.

Die Gesamtenergie eines Systems ist additiv aus der inneren Energie und der kinetischen Energie zusammengesetzt. Die Energiebilanz, auch als Erster Hauptsatz der Thermodynamik bekannt, besagt, dass die Änderung von innerer Energie U und kinetischer Energie K eines Körpers durch die Leistung der einwirkenden Kräfte W und der Wärmezufuhr Q beschrieben wird

$$\dot{U} + \dot{K} = W + Q \qquad (4.16)$$

mit $\quad K\quad$ der kinetischen Energie eines Körpers,

$\quad U\quad$ der inneren Energie eines Körpers,

$\quad W\quad$ der Leistung der einwirkenden Kräfte und

$\quad Q\quad$ der Wärmezufuhr.

Die Formulierungen für U, K, W und Q können im Einzelnen [Wrig01], [Will03] und [Brin07] entnommen werden.

Die Entropiebilanz korrespondiert mit dem zweiten Hauptsatz der Thermodynamik und sagt aus, dass die zeitliche Änderung der Entropie S immer größer oder gleich der Wärmezufuhr bezogen auf die absolute Temperatur ϑ ist. Für detaillierte Formulierungen sei auf [Wrig01] und [Will03] verwiesen.

Konstitutive Beziehungen

Die bis hier dargestellten kinetischen und kinematischen Zusammenhänge gelten unabhängig vom betrachteten Material. Da aus der Realität bekannt ist, dass unterschiedliche Materialien der gleichen Belastung unterschiedliche Widerstände entgegensetzen, und die Zahl der Bilanzgleichungen kleiner als die Zahl der Unbekannten ist, müssen Materialgleichungen definiert werden. Drei Impulsbilanzen, der Massen- und der Energiebilanz stehen drei Verschiebungen, sechs Spannungen (aufgrund der Symmetrie des Spannungstensors), eine Dichte, eine Temperatur, drei Wärmeströme, eine spezifische Innere Energie und eine spezifische Entropie gegenüber [Wrig01], [Will03]. Die Materialgleichungen werden unter Beachtung der Prinzipien der Materialtheorie gewonnen [Wrig01]. Das Prinzip des Determinismus besagt, dass der Spannungszustand eines materiellen Punktes durch die Vorgeschichte der Bewegung des materiellen Körpers eindeutig bestimmt ist. Den Zustand eines materiellen Teilchens beeinflusst nur die nähere Umgebung, Fernwirkungen können vernachlässigt werden. Neben dem Prinzip der lokalen Wirkung hat auch der betrachtete Zeitraum Auswirkung auf den Spannungszustand. Je nach Materialgedächtnis haben weiter zurückliegende Ereignisse mehr oder weniger Einfluss auf den aktuellen Zustand. Die Materialgleichungen müssen dem Prinzip der thermodynamischen Zulässigkeit genügen, dürfen demnach die Hauptsätze der Thermodynamik nicht verletzen. Dem Prinzip der Kausalität folgend werden, um Ursache und Wirkung zu beschreiben, die Unbekannten in unabhängige und abhängige Variablen unterteilt. Obwohl die Wahl der unabhängigen und abhängigen Variablen grundsätzlich willkürlich ist [Will03], sind klassisch Temperatur und Bewegung für einen thermoelastischen Körper unabhängige Variablen, welche Spannung, Wärmestrom, Energie und Entropie als abhängige Variablen beeinflussen [Wrig01]. Alle Materialgleichungen besitzen den gleichen Satz unabhängiger Variablen (Prinzip der Äquipräsenz). Das Prinzip der Objektivität besagt, dass die Gleichungen unabhängig vom Bezugssystem gelten. Das heißt, dass verschiedene Beobachter immer auf den gleichen Spannungszustand schließen. Ferner sind die Materialgleichungen unveränderlich gegenüber Starrkörperbewegungen. Zuletzt erfordert das Prinzip der materiellen Symmetrie, dass die Materialgleichungen die Symmetrieeigenschaften des Materials wiedergeben [Wrig01], [Will03], [Damm06].

Zur Lösung kann eine abstrakte konstitutive Spannungs-Dehnungs-Beziehung eingeführt werden, die für Standardmaterialien als

$$\boldsymbol{\sigma} = \rho \frac{\partial \widetilde{\Psi}(\mathbf{F},\alpha_i,\theta)}{\partial \mathbf{F}} \cdot \mathbf{F}^T \tag{4.17}$$

mit $\quad\widetilde{\Psi}\quad$ der spezifischen Helmholtzschen Freien Energiefunktion,

$\quad\quad\quad\alpha_i\quad$ den internen Variablen und

$\quad\quad\quad\theta\quad$ der Temperatur

geschrieben werden kann [Brin07]. Für die abhängige Variable der freien Energie werden Ansätze gewählt, deren Parameter durch Experimente bestimmbar sind. Die gewählte Potentialfunktion entspricht der spezifischen freien *Helmholtz*schen Energie, die vom Bezugssystem unabhängig ist und hier pro Masseneinheit definiert ist [Holz00]. Für isotropes Materialverhalten wird die freie Energie $\widetilde{\Psi}$ als Funktion der Invarianten des *Green*schen Verzerrungstensors $\mathbf{E}$ ausgedrückt

$$\widetilde{\Psi}(\mathbf{E}) = \widetilde{\Psi}\left(I_E, II_E, III_E\right) \tag{4.18}$$

mit $\quad I_E, II_E, III_E\quad$ den Invarianten des Greenschen Verzerrungstensors $\mathbf{E}$,

wobei die Invarianten $I_E,\ II_E,\ III_E$

$$I_E = sp\,\mathbf{E} \tag{4.19}$$

$$II_E = \frac{1}{2}\left((sp\,\mathbf{E})^2 - sp(\mathbf{E}^2)\right) \tag{4.20}$$

$$III_E = \det \mathbf{E} \tag{4.21}$$

mit $\mathbf{E}$ dem Greenschen Verzerrungstensor

lauten [Wrig01], [Will03], [Abs09]. Für spezifische Materialien sind nun Ansätze zu finden, die das experimentell ermittelte Materialverhalten durch Materialparameter genügend genau wiedergeben. Es haben sich Polynomansätze etabliert [Will03]. Für linear-elastisches Materialverhalten kann

$$\widetilde{\Psi}(\mathbf{E}) = c_{200} I_E^{\,2} + c_{010} II_E \tag{4.22}$$

mit c_{200}, c_{010} den materialabhängigen Parametern

gewählt werden.

Zur Beschreibung nichtlinearer Elastizität (Hyperelastizität) bei finiten Deformationen ist es nach [Will03] im Allgemeinen günstiger, die freie Energie durch die Invarianten des *Green*schen Deformationstensors I_C, II_C, III_C darzustellen, anstatt direkt durch die Invarianten des Verzerrungstensors $\mathbf{E}$. Weitere Formulierungen für die freie Energie sind notwendig, um zum Beispiel das komplexe nichtlineare Materialverhalten von Gummi abzubilden. Der Inkompressibilität von Elastomeren begegnet man durch eine Unterteilung der Energiefunktion in einen volumetrischen und einen deviatorischen Anteil. Die Invarianten des isochoren Anteils werden dann durch einen Überstrich z.B. $\bar{I}_C$ gekennzeichnet, außerdem wird III_C durch J ersetzt (für weitere Ausführungen siehe [Will03]). Inkompressibilität kann zum Beispiel durch die *Lagrange*sche Multiplikatoren Methode berücksichtigt werden [Wrig01]. Für Elastomere existieren als bekannte phänomenologische Materialformulierungen beispielsweise das *Mooney-Rivlin-*, das *Marlow-* oder das *Neo-Hooke-Modell*. Das *Mooney-Rivlin*-Materialmodell wird in [Abs09] durch

$$\widetilde{\Psi} = c_{10}\left(\bar{I}_C - 3\right) + c_{01}\left(\bar{II}_C - 3\right) + \frac{1}{D_1}\left(J^{el} - 1\right)^2 \tag{4.23}$$

mit c_{10}, c_{01}, D_1 den temperatur- und materialabhängigen Parametern und

$$J_{el} = \frac{J}{\left(1 + \varepsilon_{th}\right)^3} \quad\text{dem Maß der elastischen Verzerrung, mit}$$

$$\varepsilon_{th} \qquad \text{der thermischen Expansion}$$

angegeben und das *Marlow*-Materialmodell hat die Form

$$\widetilde{\Psi} = \widetilde{\Psi}_{dev}\!\left(\bar{I}_C\right) + \widetilde{\Psi}_{vol}\left(J^{el}\right), \tag{4.24}$$

wobei der deviatorische Anteil durch Anpassung an uniaxiale, äquibiaxiale oder planare Testdaten erhalten wird. Der volumetrische Anteil kann mittels volumetrischer Testdaten, der *Poisson*zahl oder der Angabe von lateralen Dehnungen in den Testdaten des deviatorischen Teils definiert werden. Für eine ausführliche Herleitung der Invarianten des *Green*schen Deformationstensors I_C, II_C, III_C sowie für weitere physikalische und phänomenologische Materialmodelle zur Abbildung der Hyperelastizität sei auf [Oden86], [Will03] und [Abs09] verwiesen. [Wrig01] und [Abs09] zeigen Beispiele für die Anpassung der Modelle an Testdaten.

Um viskoelastisches Materialverhalten, also die zeitabhängige Dehnungszunahme bei konstant anliegender Spannung, die zeitabhängige Spannungsabnahme bei konstant anliegender Dehnung, sowie die frequenzabhängigen dynamischen Moduli abzubilden, werden sogenannte rheologische (zeitabhängige) Modelle eingesetzt. Zur Abbildung des Fließ- und Verformungsverhaltens eines Volumenelements wurden bereits eine Vielzahl von Modellen aus Kombinationen von Feder-, Dämpfer und Reibelementen entwickelt [Wrig01], [Silb05], z.B. das *Kelvin-Voigt-(KV-)*Element[27]. In ABAQUS kann Viskoelastizität im Zeit- und Frequenzbereich durch eine Parallelschaltung von *h Maxwell*-Elementen[28] mit einem Federelement abgebildet werden [Abs09], [AB6.10]. Das so gebildete Modell wird *allgemeines* oder *generalisiertes Maxwell*-Element genannt [Wrig01]. Durch das parallele Federelement reagiert das Material auf einen Spannungssprung zunächst elastisch und kriecht mit der Zeit gegen einen Grenzwert konstanter Dehnung [Wrig01]. Umgekehrt geht bei konstanter Dehnung die Spannung auf einen konstanten Grenzwert zu. Jedes der einfachen *Maxwell*-Elemente bildet eine definierte Relaxationszeit τ_i und eine Relaxationsstärke ab, so dass theoretisch das

---

[27] Kelvin-Voigt-Element: Parallelschaltung von Feder- und Dämpfer-Element, vgl. Abschnitt 4.3.1

[28] Maxwell-Element: Serienschaltung von Feder- und Dämpfer-Element

reale Materialverhalten mit einer genügend großen Anzahl an einfachen *Max-well*-Elementen darstellbar ist. Physikalisch gesehen approximieren die *Max-well*-Elemente ein kontinuierliches Relaxationsspektrum an diskreten Stütz-stellen [Kopr11]. Der Relaxationsmodul $G(t)$ eines verallgemeinerten *Maxwell*-Modells kann nach [AB6.10]

$$G(t)=G_\infty + \sum_{i=1}^{h} G_i \exp\left(-t/\tau_i\right)$$

(4.25)

mit G_∞ dem Langzeit-Schubmodul für $t \to \infty$,

       G_i dem Relaxationsmodul des i-ten Maxwell-Elements und

       h der Anzahl an Maxwell-Elementen

geschrieben werden. In kommerziellen FE-Programmen wird vielfach der nor-malisierte Relaxationsmodul $g(t)$ eingeführt

$$g(t)=\frac{G(t)}{G_0}$$

(4.26)

mit G_0 dem Anfangsschubmodul für $t=0$.

Durch Einsetzen der Gleichung (4.25) in Gleichung (4.26) kann der normali-sierte Relaxationsmodul $g(t)$ nach [Berg05]

$$g(t)=1-\sum_{i=1}^{h} g_i \left(1-\exp\left(-t/\tau_i\right)\right)$$

(4.27)

mit g_i dem normalisierten Relaxationsmodul des i-ten Maxwell-Elements

geschrieben werden. Aufgrund der Reihenentwicklung wird der Modellansatz innerhalb von kommerziellen FE-Programmen auch *Prony*-Reihe genannt [AB6.10]. Zur Anpassung des Modells an Testdaten wird üblicherweise zu-nächst die Anzahl der Terme der Reihe (*Prony*-Terme) vorgegeben. Der An-fangsschubmodul G_0 und die dimensionslosen Relaxationsmoduli g_i wer-den dann innerhalb des Programms durch Curve-Fitting bestimmt. In [Abs09] werden Beispiele für die Anpassung der Modelle an Testdaten aufgezeigt.

4.1.2 Finite Elemente Methode

Formulierung

Die in Abschnitt 4.1.1 dargestellten (Differential-) Gleichungen zur Beschreibung des elastischen Kontinuums bilden zusammen mit Randbedingungen das Anfangsrandwertproblem der Kontinuumsmechanik. Dieses muss meist numerisch mithilfe der Finite Elemente Methode (FEM) auf Basis einer Variationsformulierung gelöst werden [Wrig01], [Will03], [Damm06], [Brin07]. Analytische Lösungen sind nur selten möglich.

Randbedingungen beschreiben die Einbindung eines Körpers in seine Umgebung. Auf dem Rand eines Körpers sind

- geometrische oder *Dirichlet*sche Randbedingungen, durch die Verschiebungen vorgeschrieben werden $\phi = \bar{\phi}$ und

- statische, natürliche oder *Neumann*sche Randbedingungen, die Spannungen oder Kräfte vorschreiben $\hat{\mathbf{P}} \cdot \hat{\mathbf{n}} = \bar{\mathbf{T}}$ (in der Referenzkonfiguration)

denkbar $\overline{(\ )}$ kennzeichnet von außen eingeprägte Kräfte. Die Anfangsbedingungen für das Verschiebungsfeld werden durch $\phi = \phi_0$ und $\mathbf{v} = \mathbf{v}_0$ für den Zeitpunkt $t = t_0$ definiert.

Als Ausgangspunkt für die weiteren Überlegungen dient in [Damm06], [Brin07] die Impulsbilanz in der Referenzkonfiguration

$$\hat{\rho}\,\dot{\mathbf{v}} = \hat{\rho}\,\bar{\mathbf{b}} + Div\,\hat{\mathbf{P}}\,, \tag{4.28}$$

die hier in der starken Form der Differentialgleichung angegeben ist.

Da es sich bei der Methode der Finiten Elemente um ein Näherungsverfahren handelt, löst sie nicht die starke Form sondern die schwache Form der Bewegungsgleichung, die das integrale Mittel der starken Form über dem Lösungsgebiet ist [Damm06]. Zur Lösung von Gleichungen im integralen Mittel wird aufgrund der guten Systematisierbarkeit und Programmierbarkeit das Prinzip der virtuellen Verschiebungen angewandt. Die Gleichung wird mit einer gedachten Testfunktion, der virtuellen Verschiebung $\delta\phi = \mathbf{\eta}$, die den Verschiebungsrandbedingungen genügen muss, multipliziert. Im Rahmen der

MLE muss besonders beachtet werden, dass diese virtuelle Verschiebung genau den Ort betrifft an dem sich ein materielles Teilchen befindet, nicht wie in der materiellen Betrachtungsweise üblich die Bewegung des Teilchens [Brin07]. Zusätzlich müssen die dargestellten *Neumann*schen Randbedingungen erfüllt werden. Die Integration über das Volumen bzw. den *Neumann*-Rand ergibt [Nack04], [Brin07]

$$\int_{\chi(B)} \left(\hat{\rho}\,\overline{\mathbf{b}} + Div\,\hat{\mathbf{P}} - \hat{\rho}\,\dot{\mathbf{v}}\right)\cdot\boldsymbol{\eta}\,\mathrm{d}\hat{v} + \int_{\partial t\chi(B)} \left(\overline{\mathbf{T}} - \hat{\mathbf{P}}\cdot\hat{\mathbf{n}}\right)\cdot\boldsymbol{\eta}\,\mathrm{d}\hat{a} = 0 \tag{4.29}$$

mit $\quad\boldsymbol{\eta}\quad$ den virtuellen Verschiebungen.

Umformungen unter Berücksichtigung der Produktregel für die Divergenz und des *Gauss*schen Integralsatzes führen zu [Nack04], [Brin07]

$$\int_{\chi(B)} \hat{\rho}\,\dot{\mathbf{v}}\cdot\boldsymbol{\eta}\,\mathrm{d}\hat{v} + \int_{\chi(B)} \hat{\mathbf{P}}\cdot\cdot Grad\,\boldsymbol{\eta}\,\mathrm{d}\hat{v} = \int_{\chi(B)} \hat{\rho}\,\overline{\mathbf{b}}\cdot\boldsymbol{\eta}\,\mathrm{d}\hat{v} + \int_{\partial t\chi(B)} \overline{\mathbf{T}}\cdot\boldsymbol{\eta}\,\mathrm{d}\hat{a} \tag{4.30}$$

mit $\quad\displaystyle\int_{\chi(B)} \hat{\rho}\,\dot{\mathbf{v}}\cdot\boldsymbol{\eta}\,\mathrm{d}\hat{v}\quad$ der Virtuellen Arbeit der Trägheitskräfte,

$\displaystyle\int_{\chi(B)} \hat{\mathbf{P}}\cdot\cdot Grad\,\boldsymbol{\eta}\,\mathrm{d}\hat{v}\quad$ der Virtuellen Arbeit der inneren Kräfte

$\displaystyle\int_{\chi(B)} \hat{\rho}\,\overline{\mathbf{b}}\cdot\boldsymbol{\eta}\,\mathrm{d}\hat{v}\quad$ der Virtuellen Arbeit der Volumenkräfte und

$\displaystyle\int_{\partial t\chi(B)} \overline{\mathbf{T}}\cdot\boldsymbol{\eta}\,\mathrm{d}\hat{a}\quad$ der virtuellen Arbeit der Oberflächenkräfte.

Im Rahmen der *MLE* muss auf die genaue Bestimmung der virtuellen Arbeit der Trägheitskräfte (erster Term der Gleichung (4.30)) geachtet werden [Brin07]. Mit Gleichung (4.3) für die Geschwindigkeit der Teilchen und der Beschleunigung bezüglich der Referenzkonfiguration wird der erste Term zu

$$\int_{\chi(B)} \hat{\rho}\,\dot{\mathbf{v}}\cdot\boldsymbol{\eta}\,\mathrm{d}\hat{v} = \int_{\chi(B)} \hat{\rho}\left(\left.\frac{\partial\mathbf{v}}{\partial t}\right|_{\chi} + Grad\,\mathbf{v}\cdot\mathbf{w}\right)\cdot\boldsymbol{\eta}\,\mathrm{d}\hat{v} \tag{4.31}$$

$$= \int_{\chi(B)} \hat{\rho}\left(\left.\frac{\partial\hat{\mathbf{v}}}{\partial t}\right|_{\chi} + 2\,Grad\,\hat{\mathbf{v}}\cdot\mathbf{w} + Grad\left(Grad\,\hat{\boldsymbol{\phi}}\cdot\mathbf{w}\right)\cdot\mathbf{w}\right)\cdot\boldsymbol{\eta}\,\mathrm{d}\hat{v} \tag{4.32}$$

mit $\quad\hat{\boldsymbol{\phi}}\quad$ dem Vektor der Relativbewegung.

Der zweite Summand des Integrals auf der rechten Seite der (4.31) wird nach [Nack00] folgendermaßen umgeformt

171

$$\int_{\chi(B)} \hat{\rho}\,\boldsymbol{\eta}\cdot\mathrm{Grad}\,\mathbf{v}\cdot\mathbf{w}\,\mathrm{d}\hat{v} = \int_{\chi(B)} \mathrm{Div}\left(\hat{\rho}\,\boldsymbol{\eta}\cdot\mathbf{v}\,\mathbf{w}\right)\mathrm{d}\hat{v} - \int_{\chi(B)}\hat{\rho}\,\mathbf{v}\cdot\mathrm{Grad}\,\boldsymbol{\eta}\cdot\mathbf{w}\,\mathrm{d}\hat{v} - \int_{\chi(B)}\mathbf{v}\cdot\boldsymbol{\eta}\,\mathrm{Div}(\hat{\rho}\mathbf{w})\,\mathrm{d}\hat{v} \tag{4.33}$$

Für Körper die, homogen bezüglich ihrer Rotationsachse sind (vgl. Gleichung (4.8)), entfällt der letzte Term der Gleichung (4.33). Der erste Term auf der rechten Seite der Gleichung wird mithilfe des *Gauss*schen Integralsatzes zu

$$\int_{\chi(B)} \mathrm{Div}\left(\hat{\rho}\,\boldsymbol{\eta}\cdot\mathbf{v}\,\mathbf{w}\right)\mathrm{d}\hat{v} = \int_{\partial\chi(B)}\hat{\rho}\,\boldsymbol{\eta}\cdot\mathbf{v}\,\mathbf{w}\cdot\hat{\mathbf{n}}\,\mathrm{d}\hat{a} \tag{4.34}$$

so dass auch dieser Term unter der Annahme, dass $\mathbf{w}\perp\hat{\mathbf{n}}$ gilt, verschwindet. Er liefert im Falle spezieller Randbedingungen einen Beitrag [Nack04], [Brin07]. In den verbleibenden Teilen für den Trägheitsterm wird die materielle Geschwindigkeit der Teilchen bezüglich der Referenzkonfiguration eingesetzt, so dass die entstehende Gleichung nur noch einfache Gradienten enthält

$$\int_{\chi(B)}\hat{\rho}\,\dot{\mathbf{v}}\cdot\boldsymbol{\eta}\,\mathrm{d}\hat{v} = \int_{\chi(B)}\hat{\rho}\,\frac{\partial^{2}\hat{\boldsymbol{\phi}}}{\partial t^{2}}\bigg|_{\chi}\cdot\boldsymbol{\eta}\,\mathrm{d}\hat{v} + \int_{\chi(B)}\hat{\rho}\left(\boldsymbol{\eta}\cdot\mathrm{Grad}\,\frac{\partial\hat{\boldsymbol{\phi}}}{\partial t}\bigg|_{\chi}\cdot\mathbf{w} - \frac{\partial\hat{\boldsymbol{\phi}}}{\partial t}\bigg|_{\chi}\cdot\mathrm{Grad}\,\boldsymbol{\eta}\cdot\mathbf{w}\right)\mathrm{d}\hat{v}$$
$$- \int_{\chi(B)}\hat{\rho}\left(\mathrm{Grad}\,\hat{\boldsymbol{\phi}}\cdot\mathbf{w}\right)\left(\mathrm{Grad}\,\boldsymbol{\eta}\cdot\mathbf{w}\right)\mathrm{d}\hat{v} \tag{4.35}$$

Wird für diese Gleichung der stationäre Fall betrachtet, werden alle Terme, die Zeitableitungen enthalten zu Null [Nack04], [Brin07]. Es folgt für die virtuelle Arbeit der Trägheitskräfte

$$\int_{\chi(B)}\hat{\rho}\,\dot{\mathbf{v}}\cdot\boldsymbol{\eta}\,d\hat{v} = - \int_{\chi(B)}\hat{\rho}\left(\mathit{Grad}\,\hat{\boldsymbol{\phi}}\cdot\mathbf{w}\right)\left(\mathit{Grad}\,\boldsymbol{\eta}\cdot\mathbf{w}\right)d\hat{v} \tag{4.36}$$

Linearisierung

Nach [Brin07] kann die schwache Form (4.30) geometrische und materielle Nichtlinearitäten, sowie Nichtlinearität aufgrund veränderlicher Randbedingungen enthalten. Um diese nicht-linearen Gleichungen, auch wenn sie nicht mehr zeitabhängig sind, numerisch z.B. mittels des *Newton*-Verfahren zu lösen, ist eine kontinuumsmechanisch begründete Linearisierung der Differentialgleichung erforderlich [Nack04], [Brin07]. Die Linearisierung der Bewegung $\hat{\boldsymbol{\phi}}$ erfolgt durch eine *Taylor*-Reihenentwicklung bis zum linearen Term. Für die Bewegung $\hat{\boldsymbol{\phi}}$ und eine davon abhängige Funktion $F(\hat{\boldsymbol{\phi}})$ gelten

$$^{t+\Delta t}\hat{\boldsymbol{\phi}} = {}^{t}\hat{\boldsymbol{\phi}} + \Delta\hat{\boldsymbol{\phi}} \tag{4.37}$$

$$F\left(^{t+\Delta t}\hat{\boldsymbol{\phi}}\right) = F\left(^{t}\hat{\boldsymbol{\phi}} + \Delta\hat{\boldsymbol{\phi}}\right) = F\left(^{t}\hat{\boldsymbol{\phi}}\right) + \Delta F\left(^{t}\hat{\boldsymbol{\phi}}\right) + R \tag{4.38}$$

$$\text{mit} \qquad \Delta F\left(^{t}\hat{\boldsymbol{\phi}}\right) = \frac{d}{d\varepsilon}F\left(^{t}\hat{\boldsymbol{\phi}} + \varepsilon\Delta\hat{\boldsymbol{\phi}}\right)\Big|_{\varepsilon=0} \tag{4.39}$$

mit $\quad {}^{t}\hat{\boldsymbol{\phi}} \quad$ der bekannten Lösung zur Zeit t,

$\qquad \Delta\hat{\boldsymbol{\phi}} \quad$ dem unbekannten inkrementalen Schätzer und

$\qquad R \quad$ dem Fehlerterm.

Mit diesen Vorschriften können die nichtlinearen Terme der Bewegungsgleichung entsprechend [Brin07] in der schwachen Form linearisiert werden, so dass für die Trägheitskräfte im stationären Fall

$$\int_{\chi(B)} \hat{\rho}\,\frac{d\,^{t+\Delta t}\mathbf{v}}{dt}\cdot\boldsymbol{\eta}\,d\hat{v} = -\int_{\chi(B)} \hat{\rho}\left(Grad\ {}^{t}\hat{\boldsymbol{\phi}}\cdot\mathbf{w}\right)\left(Grad\boldsymbol{\eta}\cdot\mathbf{w}\right)d\hat{v} - \int_{\chi(B)} \hat{\rho}\left(Grad\ \Delta\hat{\boldsymbol{\phi}}\cdot\mathbf{w}\right)\left(Grad\boldsymbol{\eta}\cdot\mathbf{w}\right)d\hat{v} \tag{4.40}$$

und für die virtuelle Arbeit der inneren Kräfte

$$\int_{\chi(B)} {}^{t+\Delta t}\hat{\mathbf{P}}\cdot\cdot Grad\ \boldsymbol{\eta}\,d\hat{v} = -\int_{\chi(B)} Grad\boldsymbol{\eta}\cdot\cdot Grad\ {}^{t}\hat{\boldsymbol{\phi}}\cdot{}^{t}\hat{\mathbf{S}}\,d\hat{v} + \int_{\chi(B)} Grad\boldsymbol{\eta}\cdot\cdot Grad\ \Delta\hat{\boldsymbol{\phi}}\cdot{}^{t}\hat{\mathbf{S}}\,d\hat{v}$$

$$+ \int_{\chi(B)} Grad\boldsymbol{\eta}\cdot\cdot Grad\ {}^{t}\hat{\boldsymbol{\phi}}\cdot{}^{t}C\cdot\cdot\left(\left(Grad\Delta\hat{\boldsymbol{\phi}}\right)^{T}\cdot Grad\,{}^{t}\hat{\boldsymbol{\phi}} + \left(Grad\Delta\hat{\boldsymbol{\phi}}\right)^{T}\cdot Grad\Delta\hat{\boldsymbol{\phi}}\right)d\hat{v} \tag{4.41}$$

mit $\quad {}^{t}C \quad$ dem konstitutiven tangentialen Tensor 4. Ordnung

gilt. Hierbei drückt ^{t}C die zeitliche Abhängigkeit des Materialtensors aus. Unter der Annahme, dass sie konstant sind, müssen die Terme der Volumen- und Oberflächenkräfte nicht linearisiert werden [Brin07].

Diskretisierung

Der betrachtete Körper B wird näherungsweise durch n_E finite Elemente Γ_e

$$B \approx \bigcup_{e=1}^{n_E} \Gamma_e \tag{4.42}$$

mit $\qquad \Gamma_e \quad$ den Finite Elementen und

n_E der Anzahl der finiten Elemente

diskretisiert. Nach Unterteilung des Körpers in n_E Elemente werden nun die Finite-Elemente-Gleichungen in Matrix-Schreibweise gezeigt. Auf Elementebene wird als Ansatzfunktion für die Verschiebungen eines Elementes

$$\hat{\phi}(\chi,t)=\underline{\mathbf{N}}(\chi)\mathbf{X}(t) \tag{4.43}$$

mit $\underline{\mathbf{N}}$ der Matrix der Formfunktionen und

         $\mathbf{X}(t)$ dem Vektor der Knotenverschiebungen

gewählt [Damm06], [Brin07]. Die Formfunktionen in der Matrix $\underline{\mathbf{N}}$ sind Interpolationsfunktionen für die Verknüpfung von Elementverschiebungen in einem beliebigen Punkt und Element-Knoten-Verschiebungen.

Da das Verfahren der Finiten Elemente die Matrizenschreibweise bedingt, müssen alle unabhängigen Größen als Matrizen bzw. Vektoren geschrieben werden. Dies gilt sowohl für die Materialgleichungen als auch für die Bewegungsgleichung des elastischen Kontinuums. In [Wrig01], sowie bei [Brin07] wird gezeigt, dass die schwache Formulierung des Prinzips der virtuellen Arbeit in Matrix-Schreibweise als

$$\tilde{\boldsymbol{\eta}}^T\left({}^{t}\underline{\mathbf{K}}-\underline{\mathbf{W}}\right)\Delta\mathbf{X}=\tilde{\boldsymbol{\eta}}^T\left({}^{t+\Delta t}\mathbf{f}_e+{}^{t}\mathbf{f}_i-{}^{t}\mathbf{f}_\sigma\right) \tag{4.44}$$

mit $\underline{\mathbf{K}}$ der Steifigkeitsmatrix,

        $\underline{\mathbf{W}}$ der MLE-Inertialmatrix,

        $\mathbf{f}_i$ den MLE-Trägheitskräften,

        $\mathbf{f}_e$ den Kräften der eingeprägten Lasten und

        $\mathbf{f}_\sigma$ den Knotenkräften

geschrieben werden kann. Hierbei ist $\underline{\mathbf{K}}$ die Steifigkeitsmatrix, die aus einem geometrischen Anteil und aus einem Anteil aus Verschiebungsrelation und der Materialmatrix zusammensetzt. Die Matrix $\underline{\mathbf{W}}$ repräsentiert nach [Brin07] die *MLE*-Inertialmatrix, $\mathbf{f}_i$ die *MLE*-Trägheitskräfte und $\mathbf{f}_e$ die Kräfte der eingeprägten Lasten. Die Knotenkräfte $\mathbf{f}_\sigma$ sind die dem inneren Spannungszu-

174

stand äquivalenten Kräfte. Die Gleichung gilt unabhängig von den Knotenverschiebungen und erweitert sich im Fall von Kontakt um die Kontaktsteifigkeitsmatrix $\underline{\mathbf{K}}_c$ und einen äquivalenten Kraftvektor $\mathbf{f}_c$. Für eine ausführlichere Herleitung der diskreten Finite Elemente Formulierung in Zusammenhang mit der gemischten *Lagrange-Euler*-Betrachtungsweise sei auf [Damm06] und [Brin07] verwiesen.

Im Falle dynamischer Berechnungen wird die Gleichung (4.44) um den Trägheitsterm bestehend aus Massenmatrix und Relativbeschleunigung erweitert. Es ergibt sich ferner ein Term aus dem zweiten Integral von Gleichung (4.35) aus der antisymmetrischen, gyroskopischen Matrix $\underline{\mathbf{G}}$ und der Relativgeschwindigkeit. Damit lautet die dynamische Finite Elemente Bewegungsdifferentialgleichung

$$\underline{\mathbf{M}}\frac{\partial^2 \,{}^t\mathbf{X}}{\partial t^2}\bigg|_\chi + \underline{\mathbf{G}}\frac{\partial \,{}^t\mathbf{X}}{\partial t}\bigg|_\chi + \left({}^t\underline{\mathbf{K}} - \underline{\mathbf{W}} + \underline{\mathbf{K}}_c\right)\Delta\mathbf{X} = {}^{t+\Delta t}\mathbf{f}_e + {}^t\mathbf{f}_i - {}^t\mathbf{f}_\sigma - {}^t\mathbf{f}_c \tag{4.45}$$

mit $\quad\underline{\mathbf{G}}\quad$ der antisymmetrischen gyroskopischen Matrix,

$\qquad\underline{\mathbf{K}}_c\quad$ der Kontaktsteifigkeitsmatrix und

$\qquad\mathbf{f}_c\quad$ dem äquivalenten Kraftvektor.

Die zusätzlichen Terme existieren für den stationären Rollvorgang zunächst nicht. Wird aber die Systemdynamik durch eine lineare Störungsrechnung um den linearisierten, vorbelasteten stationären Rollzustand simuliert, werden die beiden Terme benötigt, so dass die Bewegungsgleichung für die lineare Störungsrechnung

$$\underline{\mathbf{M}}\,\ddot{\mathbf{X}} + \underline{\mathbf{G}}\,\dot{\mathbf{X}} + \left({}^t\underline{\mathbf{K}} - \underline{\mathbf{W}} + \underline{\mathbf{K}}_c\right)\mathbf{X} = \mathbf{F}_K(t) \tag{4.46}$$

mit $\quad\mathbf{X}\quad$ dem Vektor sehr kleiner Bewegungen aufgrund linearer Störungen und

$\qquad\mathbf{F}_K\quad$ dem Vektor der Knotenkräfte,

lautet. Der Vektor $\mathbf{X}$ beschreibt sehr kleine Bewegungen aufgrund linearer Störungen. Er wird linear dem Verschiebungsvektor des vorbelasteten Zustandes superpositioniert. Entsprechend wird auch der Vektor $\mathbf{F}_K$ den Knotenkräften des vorbelasteten Zustandes superpositioniert.

Soll innerhalb der dynamischen Berechnung auch Dämpfung abgebildet werden, wird Gleichung (4.46) um die viskose Dämpfungsmatrix $\underline{\mathbf{D}}_V$ und die Strukturdämpfungsmatrix $\underline{\mathbf{D}}_S$ erweitert [AT6.10], so dass für die Bewegungsgleichung

$$\underline{\mathbf{M}}\,\ddot{\mathbf{X}} + \left(\underline{\mathbf{D}}_V + \underline{\mathbf{G}}\right)\dot{\mathbf{X}} + \left({}^{t}\underline{\mathbf{K}} - \underline{\mathbf{W}} + \underline{\mathbf{K}}_c + \underline{\mathbf{D}}_S\right)\mathbf{X} = \mathbf{F}_K\left(t\right) \tag{4.47}$$

mit $\underline{\mathbf{D}}_V$ der viskoser Dämpfungsmatrix und

      $\underline{\mathbf{D}}_S$ der Strukturdämpfungsmatrix.

folgt.

Eigenschaften der Systemmatrizen

Die Massenmatrix $\underline{\mathbf{M}}$ des Systems ist symmetrisch und positiv definit. Die gyroskopische Matrix ist antisymmetrisch besetzt ($\underline{\mathbf{G}}^{T} = -\underline{\mathbf{G}}$) und energieneutral. Dem System wird, obwohl es sich um einen geschwindigkeitsproportionalen Term handelt, durch die Antisymmetrie keine Energie entzogen. Die Antisymmetrie führt zu einem Aufspalten doppelter Eigenformen rotationssymmetrischer Systeme [Brin07]. Die Steifigkeitsmatrix $\underline{\mathbf{K}}$ ist eine symmetrische und positiv definite Matrix. Die *MLE*-Inertialmatrix $\underline{\mathbf{W}}$ ist nicht symmetrisch, nach [Brin07] können die unsymmetrischen Anteile bei rotationssymmetrischer Diskretisierung vernachlässigt werden. Ferner ist auch die Kontaktsteifigkeitsmatrix $\underline{\mathbf{K}}_c$ nicht symmetrisch. Die viskose Dämpfungsmatrix $\underline{\mathbf{D}}_V$ bildet geschwindigkeitsproportionale Energiedissipation durch Werkstoffe mit linear elastisch und linear viskosem Verhalten ab. Dadurch werden eine frequenzabhängige Dämpfung und eine Phasenverschiebung zwischen Spannung und Dehnung erreicht. Die Dämpfungsmatrix ist symmetrisch. Die Strukturdämpfungsmatrix $\underline{\mathbf{D}}_S$ ist verschiebungsproportional und dem Geschwindigkeitsvektor entgegen gerichtet. Auf diese Weise wird dem System Energie entzogen. Die dissipierte Energie ist frequenzunabhängig. In *ABAQUS* wird beispielsweise das viskoelastische Materialverhalten, wenn dieses im Frequenzbereich ausgewertet wird, zu einer Strukturdämpfungsmatrix formuliert [AB6.10].

4.1.3 Modellreduktion und Substrukturtechnik

In diesem Abschnitt werden die Grundlagen der Modellreduktionsmethoden, die in folgenden Abschnitten angewandt werden, erläutert. Modellreduktion meint im Rahmen dieser Arbeit die Reduktion der Modellfreiheitsgrade n_F und damit die Reduktion der Modelldimension, um kürzere Rechenzeiten zu erreichen. Die Methoden der Modellreduktion werden je nach Autor und Forschungsgebiet unterschiedlich kategorisiert. Für die Methoden der Modellreduktion mechanischer Systeme bietet sich nach Qu [QuZ04] die Unterscheidung nach der Art der beibehaltenen Koordinaten, physikalische (Verschiebungen), generalisierte (Eigenwerte) oder hybride (Verschiebungen und Eigenwerte) an. Koutsovasilis [Kout09] fasst generalisierte und hybride Methoden zu semi-physikalischen Reduktionsmethoden zusammen und ergänzt zusätzlich zu den physikalischen die nicht physikalischen Methoden. In der vorliegenden Arbeit werden die physikalische Methode *Guyan*-Reduktion [Guya65], [Iron65] und die semi-physikalische bzw. hybride Craig-Bampton-Reduktion [Crai68], die in kommerziellen FE-Programmen verbreitet implementiert sind, erläutert.

Guyan-Reduktion

Die *Guyan*-Reduktionsmethode wird 1965 von *Guyan* [Guya65] und Irons [Iron65] erstmals vorgestellt. Ursprünglich zur Reduktion der Freiheitsgrade statischer Problemstellungen entwickelt wird sie von einigen Autoren als statische Reduktion bezeichnet [QuZ04], [Walz05]. Seit ihrer Entwicklung wird sie vielfach zum Beispiel in der *Component Mode Synthesis*[29] oder bei der Lösung des Eigenwertproblems großer Modelle [QuZ04] eingesetzt. Die Massenmatrix wird in der statischen Bewegungsgleichung

$$\underline{K}X = F \tag{4.48}$$

mit $\quad \underline{K} \in \mathfrak{R}^{n_F \times n_F} \quad$ der Steifigkeitsmatrix der Dimension n_F x n_F,

---

[29] Component Mode Synthesis wird im Folgenden diskutiert.

nicht berücksichtigt. Der Vektor der Verschiebungen wird unterteilt in die bei-zubehaltenden oder *Master-*[30] und die reduzierten oder *Slave*-Freiheitsgrade. Angelehnt an die englischen Bezeichnungen werden die Indizes m und s in dieser Arbeit verwandt. Vergleichbar zu den Freiheitsgraden werden auch die Steifigkeitsmatrix und der Kraftvektor partitioniert und umsortiert [Guya65], [Iron65]

$$\begin{bmatrix} \underline{\mathbf{K}}_{mm} & \underline{\mathbf{K}}_{ms} \\ \underline{\mathbf{K}}_{sm} & \underline{\mathbf{K}}_{ss} \end{bmatrix} \begin{Bmatrix} \mathbf{X}_m \\ \mathbf{X}_s \end{Bmatrix} = \begin{Bmatrix} \mathbf{F}_m \\ \mathbf{F}_s \end{Bmatrix} \tag{4.49}$$

mit $\quad \mathbf{X}_m \in \mathfrak{R}^{m_F} \quad$ den Verschiebungen an den Master-Freiheitsgraden,

$\mathbf{X}_s \in \mathfrak{R}^{s_F} \quad$ den Verschiebungen an den Slave-Freiheitsgraden,

$\mathbf{F}_m \quad$ den Kräften an den Master-Freiheitsgraden,

$\mathbf{F}_s \quad$ den Kräften an den Slave-Freiheitsgraden, und

$\underline{\mathbf{K}}_{mm}, \underline{\mathbf{K}}_{ss}, \underline{\mathbf{K}}_{sm}, \underline{\mathbf{K}}_{ms} \quad$ den partitionierten Steifigkeits-Untermatrizen.

Ausmultiplizieren der linke Seite der Gleichung (4.49) liefert zwei Gleichungen

$$\underline{\mathbf{K}}_{mm} \mathbf{X}_m + \underline{\mathbf{K}}_{ms} \mathbf{X}_s = \mathbf{F}_m \tag{4.50}$$

$$\underline{\mathbf{K}}_{sm} \mathbf{X}_m + \underline{\mathbf{K}}_{ss} \mathbf{X}_s = \mathbf{F}_s, \tag{4.51}$$

von denen die Gleichung (4.51) nach der Verschiebung der Slave-Frei-heitsgrade aufgelöst werden kann

$$\mathbf{X}_s = -\underline{\mathbf{K}}_{ss}^{-1} \underline{\mathbf{K}}_{sm} \mathbf{X}_m + \underline{\mathbf{K}}_{ss}^{-1} \mathbf{F}_s \tag{4.52}$$

Die Gleichung (4.52) zeigt, dass aufgrund der Linearität des Modells die Ver-schiebung an den Slave-Freiheitsgraden aus der Verschiebung an den Mas-ter-Freiheitsgraden und aus den an den Slave-Freiheitsgraden angreifenden Kräften resultiert. Wird die Gleichung (4.52) in die Gleichung (4.50) einge-

---

[30] Master: engl. für Meister- oder Original- bzw. Slave: engl. für Sklave- oder Nehmer- (bei [Iron65], [QuZ04], [Kout09]); Weitere in der Literatur verwendete Begriffe für die Masters sind primary (engl. für Primär-, Haupt- oder Anfangs-), external (engl. für Äußere- oder Rand-), retained (engl. für beibehal-tene (benutzt in [AB6.10])) oder kept und für die Slaves secondary (engl. für Sekundär- oder Neben-, bei [Gasc89], [QuZ04]), internal (engl. für Inner- oder eingebaut, bei [Walz05], [Zehn83]) oder deleted (engl. für gelöschte oder entfernte)

setzt, folgt für die statische Bewegungsgleichung des reduzierten Systems [Guya65]

$$\underline{\mathbf{K}}_G \, \mathbf{X}_m = \mathbf{F}_G \tag{4.53}$$

mit $\quad\underline{\mathbf{K}}_G \in \Re^{m_F \times m_F}\quad$ der den Mastern korrespondierende Guyan-Steifigkeitsmatrix und

$\qquad\quad\mathbf{F}_G\qquad$ dem äquivalenten Kraftvektor der Master-Freiheitsgrade.

Dabei werden die *Guyan*-Steifigkeitsmatrix und der äquivalente Kraftvektor durch Invertieren der Matrix $\underline{\mathbf{K}}_{ss}$ gebildet [Guya65]

$$\underline{\mathbf{K}}_G = \underline{\mathbf{K}}_{mm} - \underline{\mathbf{K}}_{ms} \, \underline{\mathbf{K}}_{ss}^{-1} \, \underline{\mathbf{K}}_{sm} = \underline{\mathbf{T}}_G^T \, \underline{\mathbf{K}} \, \underline{\mathbf{T}}_G \tag{4.54}$$

und

$$\mathbf{F}_G = \mathbf{F}_m - \underline{\mathbf{K}}_{ms} \, \underline{\mathbf{K}}_{ss}^{-1} \, \mathbf{F}_s = \mathbf{F}_m + \underline{\mathbf{R}}_G^T \, \mathbf{F}_s = \mathbf{T}_G^T \, \mathbf{F} \tag{4.55}$$

mit $\qquad \underline{\mathbf{R}}_G = -\underline{\mathbf{K}}_{ms} \, \underline{\mathbf{K}}_{ss}^{-1}\qquad$ der kraftunabhängige „Guyan"-Kondensationsmatrix,

$\qquad\underline{\mathbf{T}}_G = \begin{bmatrix} \mathbf{I} \\ \underline{\mathbf{R}}_G \end{bmatrix}, \underline{\mathbf{T}}_G \in \Re^{n_F \times m_F}\qquad$ der Koordinatentransformationsmatrix oder globalen Abbildungsmatrix.

Die Koordinatentransformationsmatrix $\underline{\mathbf{T}}_G$ wird auf die Freiheitsgrade $\mathbf{X}$ angewandt. Zur Bildung der Transformationsmatrix muss zur Berechnung der Inversen von $\underline{\mathbf{K}}_{ss}$ ein lineares Gleichungssystem mit s_F Freiheitsgraden gelöst werden. Dies ist je nach Größe des Systems mit großem Rechenaufwand verbunden. Der Aufwand kann durch die Gauß-Jordan-Elimination reduziert werden [QuZ04]. Die reduzierte Bewegungsgleichung weist nur noch die Dimension m_F auf. Wird diese in weiteren Berechnungen mehrfach genutzt, lohnt der numerische Aufwand für die Reduktion (vgl. Abschnitt 5.3). Die Verschiebungen an den Slave-Freiheitsgraden sind, wenn die Verschiebungen an den Master-Freiheitsgraden bekannt sind, durch Gleichung (4.52) wieder herstellbar, wenn keine äußeren Kräfte auf die Slave-Knoten einwirken.

Der Hauptnachteil der *Guyan*-Reduktion besteht darin, dass durch die Vernachlässigung der Massenmatrix, die Trägheitskopplung zwischen Master- und Slave-Knoten im reduzierten Modell nicht enthalten ist. Dadurch ergibt sich bei dynamischen Berechnungen ein eingeschränkter Frequenzbereich, in dem ein *Guyan*-Modell gute Ergebnisse liefert. In der Folge wurden Erweiterungen vorgeschlagen, die den Frequenzbereich vergrößern. Die Erweiterungen basieren dabei jeweils auf einer Koordinatentransformationsmatrix beziehungsweise globalen Abbildungsmatrix [QuZ04].

Bei der *Guyan*-Reduktion für dynamische Probleme kann die Koordinatentransformationsmatrix für die Massenmatrix durch folgende Herleitung erhalten werden. Die Bewegungsgleichung des Vollmodells wird bei Vernachlässigung der Dämpfungsmatrix als

$$\underline{\mathbf{M}}\,\ddot{\mathbf{X}}(t) + \underline{\mathbf{K}}\mathbf{X}(t) = \mathbf{F}(t) \tag{4.56}$$

mit $\qquad \underline{\mathbf{M}} \in \mathfrak{R}^{n_F \times n_F}$ $\qquad$ der positiv definiten, symmetrischen Massenmatrix und

$\qquad \underline{\mathbf{K}} \in \mathfrak{R}^{n_F \times n_F}$ $\qquad$ der Steifigkeitsmatrix

angegeben. Analog zu Gleichung (4.49) wird Gleichung (4.56) in die Master- und Slave-Freiheitsgrade partitioniert [QuZ04]

$$\begin{bmatrix} \underline{\mathbf{M}}_{mm} & \underline{\mathbf{M}}_{ms} \\ \underline{\mathbf{M}}_{sm} & \underline{\mathbf{M}}_{ss} \end{bmatrix} \begin{Bmatrix} \ddot{\mathbf{X}}_m(t) \\ \ddot{\mathbf{X}}_s(t) \end{Bmatrix} + \begin{bmatrix} \underline{\mathbf{K}}_{mm} & \underline{\mathbf{K}}_{ms} \\ \underline{\mathbf{K}}_{sm} & \underline{\mathbf{K}}_{ss} \end{bmatrix} \begin{Bmatrix} \mathbf{X}_m(t) \\ \mathbf{X}_s(t) \end{Bmatrix} = \begin{Bmatrix} \mathbf{F}_m(t) \\ \mathbf{F}_s(t) \end{Bmatrix} \tag{4.57}$$

mit $\quad \underline{\mathbf{M}}_{mm}, \underline{\mathbf{M}}_{ss}, \underline{\mathbf{M}}_{sm}, \underline{\mathbf{M}}_{ms}$ $\quad$ den partitionierten Massen-Untermatrizen.

Wieder wird angenommen, dass keine Kräfte auf die Slave-Freiheitsgrade einwirken. Der erste Teil der Gleichung (4.57) wird zur Herleitung der Koordinatentransformationsvorschrift ausmultipliziert

$$\underline{\mathbf{M}}_{sm}\,\ddot{\mathbf{X}}_m(t) + \underline{\mathbf{M}}_{ss}\,\ddot{\mathbf{X}}_s(t) + \underline{\mathbf{K}}_{sm}\mathbf{X}_m(t) + \underline{\mathbf{K}}_{ss}\mathbf{X}_s(t) = 0 \tag{4.58}$$

mit $\qquad \mathbf{F}_s(t) = 0$ $\qquad$ der Annahme, dass keine Kräfte an Slave-Freiheitsgraden angreifen.

Für $\underline{\ddot{\mathbf{X}}}_s(t)=0$ und $\underline{\ddot{\mathbf{X}}}_m(t)=0$ kann das dynamische Problem aus Gleichung (4.58) in ein statisches Problem überführt werden. Dies führt, wie zuvor zu

$$\underline{\mathbf{K}}_{sm}\mathbf{X}_m(t) + \underline{\mathbf{K}}_{ss}\mathbf{X}_s(t) = 0 \tag{4.59}$$

und der Koordinatentransformationsvorschrift

$$\mathbf{X}(t) = \underline{\mathbf{T}}_G\,\mathbf{X}_m(t) \tag{4.60}$$

Da die Transformationsvorschrift $\underline{\mathbf{T}}_G$ zeitunabhängig ist, wird nach zweifacher Differentiation der Beschleunigungsvektor erhalten

$$\ddot{\mathbf{X}}(t) = \underline{\mathbf{T}}_G \, \ddot{\mathbf{X}}_m(t) \, . \tag{4.61}$$

Werden Gleichung (4.60) und (4.61), in (4.57) eingesetzt, erhält man die Bewegungsgleichung des reduzierten Systems

$$\underline{\mathbf{M}}_G \, \ddot{\mathbf{X}}_m(t) + \underline{\mathbf{K}}_G \, \mathbf{X}_m(t) = \mathbf{F}_G(t) \tag{4.62}$$

mit $\quad \underline{\mathbf{M}}_G = \mathbf{T}_G^T \underline{\mathbf{M}} \mathbf{T}_G \quad$ der reduzierten Massenmatrix,

$\quad\quad\quad \underline{\mathbf{K}}_G = \mathbf{T}_G^T \mathbf{K} \mathbf{T}_G \quad$ der reduzierten Steifigkeitsmatrix und

$\quad\quad\quad \mathbf{F}_G(t) = \underline{\mathbf{T}}_G^T \mathbf{F}(t) \quad$ dem äquivalenten Kraftvektor.

Die reduzierten Matrizen und der Kraftvektor werden ausgeschrieben [Guya65]

$$\underline{\mathbf{K}}_G = \underline{\mathbf{K}}_{mm} - \underline{\mathbf{K}}_{ms} \, \underline{\mathbf{K}}_{ss}^{-1} \, \underline{\mathbf{K}}_{sm} = \mathbf{T}_G^T \, \underline{\mathbf{K}} \mathbf{T}_G \tag{4.63}$$

$$\underline{\mathbf{M}}_G = \underline{\mathbf{M}}_{mm} + \underline{\mathbf{K}}_{ms} \, \underline{\mathbf{K}}_{ss}^{-1} \underline{\mathbf{M}}_{ss} \, \underline{\mathbf{K}}_{ss}^{-1} \underline{\mathbf{K}}_{sm} - \underline{\mathbf{K}}_{ms} \, \underline{\mathbf{K}}_{ss}^{-1} \underline{\mathbf{M}}_{sm} - \underline{\mathbf{M}}_{ms} \, \underline{\mathbf{K}}_{ss}^{-1} \underline{\mathbf{K}}_{sm} = \mathbf{T}_G^T \, \underline{\mathbf{M}} \mathbf{T}_G \tag{4.64}$$

$$\mathbf{F}_G(t) = \mathbf{F}_m(t) - \underline{\mathbf{K}}_{ms} \, \underline{\mathbf{K}}_{ss}^{-1} \, \mathbf{F}_s(t) = \mathbf{F}_m + \mathbf{R}_G^T \, \mathbf{F}_s(t) = \mathbf{T}_G^T \, \mathbf{F}(t) \tag{4.65}$$

Da für die Annahmen $\underline{\ddot{\mathbf{X}}}_s(t) = 0$ und $\underline{\ddot{\mathbf{X}}}_m(t) = 0$ dynamische Effekte ignoriert werden, wird das dynamische Verhalten des Vollmodells durch das reduzierte Modell nur mit Fehlern abgebildet. Diese hängen von den Systemeigenschaften des Vollmodells und der Wahl der Slave- und Master-Freiheitsgrade ab [Gasc89], [QuZ04], [Walz05]. Die reduzierte Steifigkeitsmatrix enthält alle Untermatrizen, des Vollmodells, so dass die Strukturkomplexität erhalten bleibt. Die reduzierte Massenmatrix enthält Kombinationen von Massen- und Steifigkeitsuntermatrizen, so dass das reduzierte Modell das Vollmodell nicht exakt abbildet [Guya65]. Das elastische Potential und die kinetische Energie von Vollmodell und reduziertem Modell stimmen trotz der beschriebenen Modellfehler überein [Guya65], [QuZ04]. Der Fehler der *Guyan*-Reduktion kann aufgezeigt werden, indem die exakte Kondensationsvorschrift für das Eigenwert-

181

problem des Systems hergeleitet wird [QuZ04]. Wird das Eigenwertproblem des ungedämpften Systems

$$\left(\underline{\mathbf{K}} - \mu\underline{\mathbf{M}}\right)\mathbf{\psi} = 0 \tag{4.66}$$

mit $\quad\mathbf{\psi}\quad$ dem Eigenvektor und

$\qquad\mu\qquad$ dem Eigenwert,

wieder nach Master- und Slave-Freiheitsgraden geordnet und ausmultipliziert, erhält man

$$\left(\underline{\mathbf{K}}_{mm} - \mu\underline{\mathbf{M}}_{mm}\right)\mathbf{\psi}_m + \left(\underline{\mathbf{K}}_{ms} - \mu\underline{\mathbf{M}}_{ms}\right)\mathbf{\psi}_s = 0 \tag{4.67}$$

$$\left(\underline{\mathbf{K}}_{sm} - \mu\underline{\mathbf{M}}_{sm}\right)\mathbf{\psi}_m + \left(\underline{\mathbf{K}}_{ss} - \mu\underline{\mathbf{M}}_{ss}\right)\mathbf{\psi}_s = 0 \tag{4.68}$$

mit $\quad\mathbf{\psi}_s, \mathbf{\psi}_m\quad$ den aus Slave- und Master-Freiheitsgraden gebildeten Eigenvektoren.

Die Beziehung zwischen Master- und Slave-Freiheitsgraden kann nach Umformen der Gleichung (4.68) als

$$\mathbf{\psi}_s = \underline{\mathbf{R}}(\mu)\mathbf{\psi}_m \tag{4.69}$$

mit

$$\underline{\mathbf{R}}(\mu) = -\left(\underline{\mathbf{K}}_{ss} - \mu\underline{\mathbf{M}}_{ss}\right)^{-1}\left(\underline{\mathbf{K}}_{sm} - \mu\underline{\mathbf{M}}_{sm}\right) \tag{4.70}$$

mit $\quad\underline{\mathbf{R}}(\mu) \in \Re^{s \times m}\quad$ der dynamischen Kondensationsmatrix,

geschrieben werden [Zehn83]. Wird Gleichung (4.69) in (4.67) eingesetzt, erhält man [Zehn83]

$$\underline{\mathbf{D}}_R(\mu)\mathbf{\psi}_m = 0 \tag{4.71}$$

mit $\qquad\underline{\mathbf{D}}_R \in \Re^{m \times m}\qquad$ der dynamischen Steifigkeitsmatrix

$$\underline{\mathbf{D}}_R(\mu) = \left(\underline{\mathbf{K}}_{mm} - \mu\underline{\mathbf{M}}_{mm}\right) - \left(\underline{\mathbf{K}}_{ms} - \mu\underline{\mathbf{M}}_{ms}\right)\left(\underline{\mathbf{K}}_{ss} - \mu\underline{\mathbf{M}}_{ss}\right)^{-1}\left(\underline{\mathbf{K}}_{sm} - \mu\underline{\mathbf{M}}_{sm}\right) \tag{4.72}$$

Damit sind die dynamische Kondensationsmatrix $\underline{\mathbf{R}}$ und die dynamische Steifigkeitsmatrix $\underline{\mathbf{D}}_R$ nichtlineare Funktionen, abhängig vom unbekannten Eigenwert μ. Für jede Eigenform des Systems resultiert eine unterschiedliche

Kondensationsvorschrift (*single-mode dependent* [QuZ04]). Da die Trägheitsterme bei der Herleitung berücksichtigt werden und keine vereinfachenden Annahmen getroffen werden, ist die Kondensationsmatrix exakt. Es kann gezeigt werden, dass auch die Massen- und Steifigkeitsmatrix nichtlineare Funktionen des unbekannten Eigenwertes sind [QuZ04]. Für einen bestimmten Eigenwert μ_0 können die präsentierten Gleichungen gelöst werden. Für den Spezialfall $\mu_0 = 0$ wird Gleichung (4.70) zur kraftunabhängigen *Guyan*-Kondensationsmatrix $\underline{\mathbf{R}}_G$ der statischen *Guyan*-Reduktion [Zehn83], [QuZ04]. Die Massen- und Steifigkeitsmatrix werden zu Gleichung (4.63) und (4.64). Somit ist die statische *Guyan*-Reduktion nur für $f = 0$ Hz exakt. Qu [QuZ04] zeigt, dass die *Guyan*-Matrizen, $\underline{\mathbf{K}}_G$ und $\underline{\mathbf{M}}_G$ der Gleichungen (4.63) und (4.64), die Anfangsapproximation der dynamische Steifigkeitsmatrix $\underline{\mathbf{D}}_R$ bilden, wenn die dynamische Nachgiebigkeit des Slave-Modells $(\underline{\mathbf{K}}_{ss} - \mu\underline{\mathbf{M}}_{ss})^{-1}$ durch eine Potenzreihenentwicklung geschrieben wird. Der Fehler der *Guyan*-Reduktion wird somit durch die weiteren Terme der Potenzreihe bestimmt [Zehn83], [QuZ04]. Qu [QuZ04] zeigt, dass der Fehler einen kleinen Einfluss hat, wenn der berechnete Eigenwert μ des reduzierten Modells sehr viel kleiner ist als der erste Eigenwert des Slave-Modells $\tilde{\mu}$

$$\left(\underline{\mathbf{K}}_{ss} - \tilde{\mu}\underline{\mathbf{M}}_{ss}\right)\tilde{\psi} = 0 \tag{4.73}$$

mit $\quad \tilde{\mu} \quad$ dem Eigenwert des Slave-Modells.

Der Eigenwert des Slave-Modells $\tilde{\mu}$ wird auch als *Cut*-Eigenwert μ_c und die zugehörige Frequenz als *Cut*-Frequenz f_c bezeichnet. Nach [Bouh96] sollte die höchste interessierende Eigenfrequenz des reduzierten Modells nicht größer als Faktor 0.3 der Cut-Eigenfrequenz gewählt werden. Die erste Eigenfrequenz des Slave-Modells hängt von der Wahl und der Anzahl der Master-Freiheitsgrade ab, so dass die Güte des nach *Guyan* reduzierten Modells ebenfalls von diesen abhängt.

Craig-Bampton-Reduktion und Component Mode Synthesis

Die *Craig-Bampton*-Reduktion stellt eine 1968 von Craig und Bampton [Crai68] vorgestellte Vereinfachung der 1965 von *Hurty* [Hurt65] vorgeschlagenen *Component Mode Synthesis, CMS,* mit gefesselten Teilsystemen dar. Ziel dieser und anderer *CMS*-Methoden ist es, für mehrere Teilsysteme, beispielsweise A und B, einer Gesamtstruktur G getrennte reduzierte Modelle, sogenannte Substrukturen, zu erzeugen, die an ihren Rändern miteinander verbunden werden [Gasc89]. Die Verfahren werden daher auch Substrukturtechniken genannt. Die dabei eingesetzten Reduktionsverfahren sind üblicherweise semi-physikalische Methoden, die einige Eigenformen des Slave-Modells entweder unter festen [Hurt65], [Crai68], freien [MacN71], [Rubi75] oder gemischten [Hint75] Randbedingungen in der Transformationsvorschrift berücksichtigen.

Nun wird die in der Arbeit verwendete *Craig-Bampton*-Reduktion beschrieben. Diese basiert wie die *Guyan*-Reduktion auf der Partitionierung der mittels Finite Elemente Methode beschriebenen Teilsysteme in *Master*- und *Slave*-Freiheitsgrade. Die dargestellten Herleitungen entstammen [Gasc89] und [QuZ04]. Werden für ein Teilsystem die *Master*-Freiheitsgrade zu Null gesetzt, wird das Eigenwertproblem des *Slave*-Modells erhalten (Gleichung (4.73)). Zusätzlich zu den *Master*-Freiheitsgraden, wie bei der *Guyan*-Reduktion, werden l von s_F Eigenvektoren $\widetilde{\psi}$ des *Slave*-Modells berechnet und als *Craig-Bampton*-Set $\widetilde{\psi}_{CB}$ der Eigenvektoren zusätzlich beibehalten [Crai68], [Gasc89], [QuZ04], [Kout09], [AT6.10]

$$\mathbf{X}_s = -\underline{\mathbf{K}}_{sm}\,\underline{\mathbf{K}}_{ss}^{-1}\,\mathbf{X}_m + \sum_{k=1}^{l} \widetilde{\psi}_k \mathbf{y}_k = \underline{\mathbf{R}}_G\,\mathbf{X}_m + \widetilde{\psi}_{CB}\mathbf{y} \tag{4.74}$$

mit $\quad\widetilde{\psi}_{CB}\qquad$ dem Craig-Bampton-Set an beibehaltenen Koordinaten der Dimension $s_F \times l$, die auch als fixed boundary modes[31] bezeichnet werden, und

$\qquad\quad\mathbf{y}\qquad$ dem Vektor der modalen Koordinaten.

Damit wird die Transformationsvorschrift $\underline{\mathbf{T}}_{CMS}$ aus

$$\mathbf{X} = \begin{Bmatrix} \mathbf{X}_m \\ \mathbf{X}_s \end{Bmatrix} = \begin{Bmatrix} \mathbf{X}_m \\ \underline{\mathbf{R}}_G\,\mathbf{X}_m + \widetilde{\varphi}_{CB}\mathbf{y} \end{Bmatrix} = \begin{bmatrix} \mathbf{I} & 0 \\ \underline{\mathbf{R}}_G & \widetilde{\psi}_{CB} \end{bmatrix} \begin{Bmatrix} \mathbf{X}_m \\ \mathbf{y} \end{Bmatrix} \tag{4.75}$$

mit

---

[31] Fixed boundary modes: Eigenformen bei festen Randbedingungen

$$\underline{\mathbf{T}}_{CMS} = \begin{bmatrix} \underline{\mathbf{I}} & 0 \\ \underline{\mathbf{R}}_G & \widetilde{\boldsymbol{\psi}}_{CB} \end{bmatrix} \tag{4.76}$$

erhalten [Crai68], [Gasc89], [QuZ04].

Wird die Bewegungsgleichung des Teilsystems A (ohne die explizite Darstellung der Zeitabhängigkeit der Koordinaten)

$$\underline{\mathbf{M}}^A \ddot{\mathbf{X}}^A + \underline{\mathbf{D}}^A \dot{\mathbf{X}}^A + \underline{\mathbf{K}}^A \mathbf{X}^A = \mathbf{F}^A \tag{4.77}$$

mit $\quad [\ ]^A \quad$ den Systemmatrizen bzw. dem Kraftvektor des Teilsystems A

nach ihren *Master*- und *Slave*-Freiheitsgrade partitioniert, wobei die *Master*-Freiheitsgrade an den Randknoten des Teilsystems liegen und im weiteren mit den *Master*-Knoten des Teilsystems B verbunden werden sollen, erhält man

$$\begin{bmatrix} \underline{\mathbf{M}}^A_{mm} & \underline{\mathbf{M}}^A_{ms} \\ \underline{\mathbf{M}}^A_{sm} & \underline{\mathbf{M}}^A_{ss} \end{bmatrix}\begin{Bmatrix} \ddot{\mathbf{X}}^A_m \\ \ddot{\mathbf{X}}^A_s \end{Bmatrix} + \begin{bmatrix} \underline{\mathbf{D}}^A_{mm} & \underline{\mathbf{D}}^A_{ms} \\ \underline{\mathbf{D}}^A_{sm} & \underline{\mathbf{D}}^A_{ss} \end{bmatrix}\begin{Bmatrix} \dot{\mathbf{X}}^A_m \\ \dot{\mathbf{X}}^A_s \end{Bmatrix} + \begin{bmatrix} \underline{\mathbf{K}}^A_{mm} & \underline{\mathbf{K}}^A_{ms} \\ \underline{\mathbf{K}}^A_{sm} & \underline{\mathbf{K}}^A_{ss} \end{bmatrix}\begin{Bmatrix} \mathbf{X}^A_m \\ \mathbf{X}^A_s \end{Bmatrix} = \begin{Bmatrix} \mathbf{F}^A_m \\ \mathbf{F}^A_s \end{Bmatrix} \tag{4.78}$$

Auf Gleichung (4.78) wird die Transformationsvorschrift (4.76) angewandt, so dass die Bewegungsgleichung des reduzierten Teilsystems erhalten wird [Crai68], [QuZ04]

$$\underline{\mathbf{M}}^A_{CB} \ddot{\mathbf{X}}^A + \underline{\mathbf{D}}^A_{CB} \dot{\mathbf{X}}^A + \underline{\mathbf{K}}^A_{CB} \mathbf{X}^A = \mathbf{F}^A_{CB} \tag{4.79}$$

mit $\quad [\ ]^A_{CB} \quad$ den reduzierten Systemmatrizen bzw. dem Kraftvektor des Teilsystems A, für die Gleichung (4.80), (4.85), (4.90) und (4.95) gelten.

Die Massenmatrix wird als

$$\underline{\mathbf{M}}^A_{CB} = \left(\mathbf{T}^A_{CB}\right)^T \underline{\mathbf{M}}^A \mathbf{T}^A_{CB} = \begin{bmatrix} \underline{\mathbf{m}}^A_{mm} & \underline{\mathbf{m}}^A_{ml} \\ \underline{\mathbf{m}}^A_{lm} & \underline{\mathbf{m}}^A_{ll} \end{bmatrix}, \tag{4.80}$$

geschrieben mit den Untermatrizen von $\underline{\mathbf{M}}^A_{CB}$ [Crai68], [QuZ04]

$$\underline{\mathbf{m}}^A_{mm} = \underline{\mathbf{M}}^A_{mm} + \left(\underline{\mathbf{R}}^A_G\right)^T \underline{\mathbf{M}}^A_{sm} + \underline{\mathbf{M}}^A_{ms} \underline{\mathbf{R}}^A_G + \left(\underline{\mathbf{R}}^A_G\right)^T \underline{\mathbf{M}}^A_{ss} \underline{\mathbf{R}}^A_G \tag{4.81}$$

$$\underline{\mathbf{m}}^A_{ml} = \underline{\mathbf{M}}^A_{ms} \widetilde{\boldsymbol{\psi}}^A_{CB} + \left(\underline{\mathbf{R}}^A_G\right)^T \underline{\mathbf{M}}^A_{ss} \widetilde{\boldsymbol{\psi}}^A_{CB} \tag{4.82}$$

$$\underline{\mathbf{m}}^A_{lm} = \left(\widetilde{\boldsymbol{\psi}}^A_{CB}\right)^T \underline{\mathbf{M}}^A_{sm} + \left(\widetilde{\boldsymbol{\psi}}^A_{CB}\right)^T \underline{\mathbf{M}}^A_{ss} \underline{\mathbf{R}}^A_G \tag{4.83}$$

$$\underline{\mathbf{m}}_{ll}^{A}=\left(\widetilde{\boldsymbol{\psi}}_{CB}^{A}\right)^{T}\underline{\mathbf{M}}_{ss}^{A}\,\widetilde{\boldsymbol{\psi}}_{CB}^{A}\,,\tag{4.84}$$

für die bei positiv definiter, symmetrischer Massenmatrix und bei Normierung der Eigenformen des *Slave*-Modells bezüglich dessen Massenmatrix

$$\underline{\mathbf{m}}_{ml}^{A}=\left(\underline{\mathbf{m}}_{lm}^{A}\right)^{T}$$

und

$$\underline{\mathbf{m}}_{ll}^{A}=\underline{\mathbf{I}}_{ll}^{A}$$

gilt. Die Dämpfungsmatrix wird zu

$$\underline{\mathbf{D}}_{CB}^{A}=\left(\mathbf{T}_{CB}^{A}\right)^{T}\underline{\mathbf{D}}^{A}\,\mathbf{T}_{CB}^{A}=\begin{bmatrix}\underline{\mathbf{d}}_{mm}^{A}&\underline{\mathbf{d}}_{ml}^{A}\\[4pt]\underline{\mathbf{d}}_{lm}^{A}&\underline{\mathbf{d}}_{ll}^{A}\end{bmatrix}\tag{4.85}$$

mit den Untermatrizen von $\underline{\mathbf{D}}_{CB}^{A}$ für den allgemeinen nichtsymmetrischen Fall [QuZ04]

$$\underline{\mathbf{d}}_{mm}^{A}=\underline{\mathbf{D}}_{mm}^{A}+\left(\underline{\mathbf{R}}_{G}^{A}\right)^{T}\underline{\mathbf{D}}_{sm}^{A}+\mathbf{D}_{ms}^{A}\,\underline{\mathbf{R}}_{G}^{A}+\left(\underline{\mathbf{R}}_{G}^{A}\right)^{T}\underline{\mathbf{D}}_{ss}^{A}\,\underline{\mathbf{R}}_{G}^{A}\,,\tag{4.86}$$

$$\underline{\mathbf{d}}_{ml}^{A}=\underline{\mathbf{D}}_{ms}^{A}\,\widetilde{\boldsymbol{\psi}}_{CB}^{A}+\left(\underline{\mathbf{R}}_{G}^{A}\right)^{T}\underline{\mathbf{D}}_{ss}^{A}\,\widetilde{\boldsymbol{\psi}}_{CB}^{A}\,,\tag{4.87}$$

$$\underline{\mathbf{d}}_{lm}^{A}=\left(\widetilde{\boldsymbol{\psi}}_{CB}^{A}\right)^{T}\underline{\mathbf{D}}_{sm}^{A}+\left(\widetilde{\boldsymbol{\psi}}_{CB}^{A}\right)^{T}\underline{\mathbf{D}}_{ss}^{A}\,\underline{\mathbf{R}}_{G}^{A}\,,\tag{4.88}$$

$$\underline{\mathbf{d}}_{ll}^{A}=\left(\widetilde{\boldsymbol{\psi}}_{CB}^{A}\right)^{T}\underline{\mathbf{D}}_{ss}^{A}\,\widetilde{\boldsymbol{\psi}}_{CB}^{A}\,.\tag{4.89}$$

Die Steifigkeitsmatrix kann als

$$\underline{\mathbf{K}}_{CB}^{A}=\left(\mathbf{T}_{CB}^{A}\right)^{T}\underline{\mathbf{K}}^{A}\,\mathbf{T}_{CB}^{A}=\begin{bmatrix}\underline{\mathbf{k}}_{mm}^{A}&\underline{\mathbf{k}}_{ml}^{A}\\[4pt]\underline{\mathbf{k}}_{lm}^{A}&\underline{\mathbf{k}}_{ll}^{A}\end{bmatrix}\tag{4.90}$$

mit den Untermatrizen von $\underline{\mathbf{K}}_{CB}^{A}$ für den allgemeinen nichtsymmetrischen Fall [Crai68], [QuZ04]

$$\underline{\mathbf{k}}_{mm}^{A}=\underline{\mathbf{K}}_{mm}^{A}+\left(\underline{\mathbf{R}}_{G}^{A}\right)^{T}\underline{\mathbf{K}}_{sm}^{A}+\underline{\mathbf{K}}_{ms}^{A}\,\underline{\mathbf{R}}_{G}^{A}+\left(\underline{\mathbf{R}}_{G}^{A}\right)^{T}\underline{\mathbf{K}}_{ss}^{A}\,\underline{\mathbf{R}}_{G}^{A}\tag{4.91}$$

$$\underline{\mathbf{k}}_{ml}^{A}=\mathbf{K}_{ms}^{A}\,\widetilde{\boldsymbol{\psi}}_{CB}^{A}+\left(\underline{\mathbf{R}}_{G}^{A}\right)^{T}\underline{\mathbf{K}}_{ss}^{A}\,\widetilde{\boldsymbol{\psi}}_{CB}^{A}\tag{4.92}$$

$$\underline{\mathbf{k}}_{lm}^{A} = \left(\widetilde{\boldsymbol{\psi}}_{CB}^{A}\right)^{T}\underline{\mathbf{K}}_{sm}^{A} + \left(\widetilde{\boldsymbol{\psi}}_{CB}^{A}\right)^{T}\underline{\mathbf{K}}_{ss}^{A}\,\underline{\mathbf{R}}_{G}^{A} \tag{4.93}$$

$$\underline{\mathbf{k}}_{ll}^{A} = \left(\widetilde{\boldsymbol{\psi}}_{CB}^{A}\right)^{T}\underline{\mathbf{K}}_{ss}^{A}\,\widetilde{\boldsymbol{\psi}}_{CB}^{A} \tag{4.94}$$

geschrieben werden. Der Kraftvektor wird zu

$$\mathbf{F}_{CB}^{A} = \left(\underline{\mathbf{T}}_{CB}^{A}\right)^{T}\mathbf{F}^{A} = \begin{Bmatrix}\mathbf{f}_{m}^{A}\\ \mathbf{f}_{l}^{A}\end{Bmatrix}, \tag{4.95}$$

mit den Untervektoren von $\mathbf{F}_{CB}^{A}$

$$\mathbf{f}_{m}^{A} = \mathbf{F}_{m}^{A} + \left(\underline{\mathbf{R}}_{G}^{A}\right)^{T}\mathbf{F}_{s}^{A}, \tag{4.96}$$

$$\mathbf{f}_{l}^{A} = \left(\widetilde{\boldsymbol{\psi}}_{CB}^{A}\right)^{T}\mathbf{F}_{s}^{A}. \tag{4.97}$$

Die Bewegungsgleichung des Teilsystems B wird äquivalent zur Bewegungsgleichung des Teilsystems A (Gleichung (4.77), wobei der Index A durch B ersetzt wird) mittels der Transformationsvorschrift (4.75) reduziert. Hierbei wird vorausgesetzt, dass die *Master*-Freiheitsgrade beider Teilsysteme die gleichen sind [Crai68], [QuZ04] und die Kopplungsstellen beider Teilsysteme bilden

$$\mathbf{X}_{m} = \mathbf{X}_{m}^{A} = \mathbf{X}_{m}^{B}, \qquad \mathbf{X}_{s}^{A} \neq \mathbf{X}_{s}^{B} \tag{4.98}$$

Die *Slave*-Freiheitsgrade müssen nicht gleich sein. Es kann für das Teilsystem B auch eine andere Anzahl $p \neq l$ an Eigenvektoren beibehalten werden. Die Bewegungsgleichung für B kann entsprechend Gleichung (4.79) mit B anstelle des Index A und p anstelle von l geschrieben werden.

Die Bewegungsgleichung des aus A und B zusammengesetzten Gesamtsystems ergibt sich als [QuZ04]

$$\underline{\mathbf{M}}_{CB}^{G}\ddot{\mathbf{X}}^{G} + \underline{\mathbf{D}}_{CB}^{G}\dot{\mathbf{X}}^{G} + \underline{\mathbf{K}}_{CB}^{G}\mathbf{X}^{G} = \mathbf{F}_{CB}^{G} \tag{4.99}$$

mit $\qquad \mathbf{X}^{G} = \begin{Bmatrix}\mathbf{X}_{m}\\ \mathbf{y}_{A}\\ \mathbf{y}_{B}\end{Bmatrix}$

$\begin{bmatrix} \end{bmatrix}_{CB}^{G}$ den reduzierten Systemmatrizen bzw. dem Kraftvektor des Gesamtsystems aus A und B, für die Gleichung (4.100), (4.101)und (4.102) gelten

$$\underline{\mathbf{M}}_{CB}^{G} = \begin{bmatrix} \underline{\mathbf{m}}_{mm}^{A} + \underline{\mathbf{m}}_{mm}^{B} & \underline{\mathbf{m}}_{ml}^{A} & \underline{\mathbf{m}}_{mp}^{B} \\ \underline{\mathbf{m}}_{lm}^{A} & \underline{\mathbf{I}}_{ll}^{A} & \underline{\mathbf{0}} \\ \underline{\mathbf{m}}_{pm}^{B} & \underline{\mathbf{0}} & \underline{\mathbf{I}}_{pp}^{A} \end{bmatrix}, \tag{4.100}$$

$$\underline{\mathbf{D}}_{CB}^{G} = \begin{bmatrix} \underline{\mathbf{d}}_{mm}^{A} + \underline{\mathbf{d}}_{mm}^{B} & \underline{\mathbf{d}}_{ml}^{A} & \underline{\mathbf{d}}_{mp}^{B} \\ \underline{\mathbf{d}}_{lm}^{A} & \underline{\mathbf{d}}_{ll}^{A} & \underline{\mathbf{0}} \\ \underline{\mathbf{d}}_{pm}^{B} & \underline{\mathbf{0}} & \underline{\mathbf{d}}_{pp}^{A} \end{bmatrix} \tag{4.101}$$

und

$$\underline{\mathbf{K}}_{CB}^{G} = \begin{bmatrix} \underline{\mathbf{k}}_{mm}^{A} + \underline{\mathbf{k}}_{mm}^{B} & \underline{\mathbf{k}}_{ml}^{A} & \underline{\mathbf{k}}_{mp}^{B} \\ \underline{\mathbf{k}}_{lm}^{A} & \underline{\mathbf{k}}_{ll}^{A} & \underline{\mathbf{0}} \\ \underline{\mathbf{k}}_{pm}^{B} & \underline{\mathbf{0}} & \underline{\mathbf{k}}_{pp}^{B} \end{bmatrix}. \tag{4.102}$$

Durch Berücksichtigung der untersten l bzw. p Eigenwerte des Slave-Modells wird die Modelldimension um $l+p$ erhöht, aber gleichzeitig die *Cut*-Frequenz f_c erhöht. Diese verschiebt sich auf

$$f_c = \tilde{f}_k \tag{4.103}$$

mit: $\tilde{f}_k$ der Eigenfrequenz des kleinsten nicht beibehaltenen Eigenwertes des Slave-Modells.

Somit kann mittels der *Craig-Bampton*-Reduktion der gültige Frequenzbereich des reduzierten Modells erhöht werden, ohne weitere physikalische Freiheitsgrade beizubehalten [QuZ04]. In Verbindung mit der CMS bietet die Methode den weiteren Vorteil, dass Teilsysteme einer groß dimensionierten Struktur in getrennten Arbeitsgruppen für sich weiterentwickelt und optimiert werden können.

4.2 Entwicklung eines Substrukturmodells aus einem Finite-Elemente-Vollmodell

In den folgenden Abschnitten 4.2.1 bis 4.2.4 wird die Abbildung der Subsysteme Reifen, Hohlraum, Rad und Kraftschluss-Radführung in FE-Modellen beschrieben. Dabei wird auf Besonderheiten bei der Modellierung dieser Subsysteme sowie auf das Programmsystem ABAQUS eingegangen. In Abschnitt 4.2.5 wird die Simulation von stationärem Rollen für Reifen, Hohlraum und Rad in ABAQUS beschrieben. Abschnitt 4.2.6 behandelt die Dämpfung und Berücksichtigung viskoelastischer Materialeigenschaften in FE-Modellen und daraus reduzierten Substrukturmodellen. In Abschnitt 4.2.7 wird auf die Kopplung der Subsysteme und die sich daraus ergebenden Bedingungen für die Substrukturerzeugung eingegangen. Abschnitt 4.2.8 beschreibt die Substrukturerzeugung und den Vergleich zwischen Substruktur und Vollmodell.

4.2.1 Reifen

Da Reifenmaterialmischungen und Reifenkonstruktion strenger Geheimhaltung unterstehen, existieren kaum unabhängig von Reifenherstellern entwickelte FE-Reifenmodelle, die geeignet sind, das dynamische Reifenverhalten abzubilden. Das in dieser Arbeit verwendete zweidimensionale Modell des Reifenquerschnitts (2-D-FE-Reifen-Modell) wurde durch einen Industriepartner für diese Arbeit zur Verfügung gestellt. In seiner Ausgangsform beschreibt es 2-D-Reifengeometrie, Element- und Knotendefinitionen (achsensymmetrische Elemente mit linearen Ansatzfunktionen), versteifende Kordlagen mit anisotropen Materialeigenschaften, Materialmodelle mit frequenzabhängigen Steifigkeits- und Dämpfungseigenschaften der rußgefüllten Elastomermaterialien (vgl. Abschnitt 4.1.2) sowie Spannungsanfangsbedingungen der Kordlagen. Geometrie und Diskretisierung des 2-D-FE-Reifen-Modells werden nicht verändert. Der Reifenquerschnitt ist in ca. 5000 Elemente unterteilt. Ansätze zur Erzeugung von Reifenmodellen ohne herstellerspezifisches Wissen um Reifenkonstruktion und Materialienverhalten werden in [Burk97] und [Olat04] beschrieben.

Der in dieser Forschungsarbeit untersuchte Reifen besteht aus einer Vielzahl verschiedener nichtlinearer, inkompressibler Materialien, deren Eigenschaften im 2-D-FE-Reifenmodell durch adäquate Materialmodelle beschrieben werden. Kaliske und Rothert fassen in [Kali97] Implementierungen von Materialgesetzen für gummiartige Materialien zusammen. Rao et al. [Raok03], [Raok07] verwenden das *Yeoh*-Materialmodell für russgefüllte Elastomere. In der Literatur wird dafür vielfach auch das hyperelastische *Mooney-Rivlin*-Materialmodell eingesetzt [Zhan98], [Kois98], [Kabe00], [Olat04], [Ghor06]. Diese Materialmodelle liefern eine unverzögerte elastische Antwort bis zu hohen Dehnungen, so dass frequenzabhängige Steifigkeits- und Dämpfungseigenschaften nicht abgebildet werden können. Als linear-viskoelastisches Materialmodell bietet ABAQUS sogenannte *Prony*-Terme [AB6.10] (vgl. Abschnitt 4.1.1). Bei der Modellierung der Elastomermaterialeigenschaften muss beachtet werden, dass diese nichtlinear-viskoelastisch sind (vgl. Abschnitt 2.1.1). Es ist daher zu empfehlen, die Materialmodelle mit Messdaten aus bimodalen Materialuntersuchungen für einen Arbeitspunkt zu parametrieren. In [Gare11] werden die Parameter der Materialmodelle durch Model-Updating an im Ausrollversuch ermittelte Eigenfrequenzen angepasst. Wichtig dafür sind die korrekte Bestimmung der Eigenfrequenzen im Versuch und eine steife Radführung, um eine Beeinflussung der Reifen-Strukturdynamik durch die mechanische Eingangsimpedanz der Radführung auszuschließen. Ausgehend von aus gewöhnlichen Materialuntersuchungen gewonnenen Materialmodellparametern kann ebenfalls ein Model-Updating wie in [Gare11] durchgeführt werden.

Zur Modellierung von Verbundwerkstrukturen wie die versteifenden Kordlagen in Radialreifen bietet ABAQUS die Möglichkeit die Matrix durch Kontinuumelemente abzubilden, während die Verstärkung durch so genannte *Rebar Layer*, Balken, Fachwerk oder Membranen mit anisotropen Eigenschaften, modelliert wird. Matrix und Verstärkung werden als vollkommen verbunden angenommen (*Embedded-Element*-Konzept). Die *Rebar Layer* haben gegenüber Membranen mit anisotropen Eigenschaften den Vorteil, dass ihre Richtung mit der aktuellen Materialdeformation mit rotiert, so dass akkuratere Ergebnisse speziell bei großen Deformationen erzielt werden [AB6.10].

Die Schritte zur Erzeugung des dreidimensionalen (3-D) FE-Reifenmodells aus einem 2-D-FE-Reifenmodell sind in Abbildung 4.2 a) bis c) dargestellt. Im 2-D-FE-Reifenmodell sind als getrennte Berechnungsschritte die Verschiebungsrandbedingungen für den Kontakt des Reifenwulsts mit der Felge und die Beaufschlagung der Reifen-Innenseele mit einer Streckenlast, zur Abbildung des Reifenfülldrucks, definiert. Das 2-D-FE-Reifen-Modell wird um ein 2-D-FE-Modell des Füllgases erweitert, das durch akustische Elemente in ABA-

QUS abgebildet und über eine Zwangsbedingung an die Reifen-Innenseele und die Felgenkontaktfläche gekoppelt ist (vgl. Abbildung 4.2 a)). Somit wird eine so genannte Akustik-Struktur-Kopplung abgebildet (vgl. Abschnitt 4.2.2).

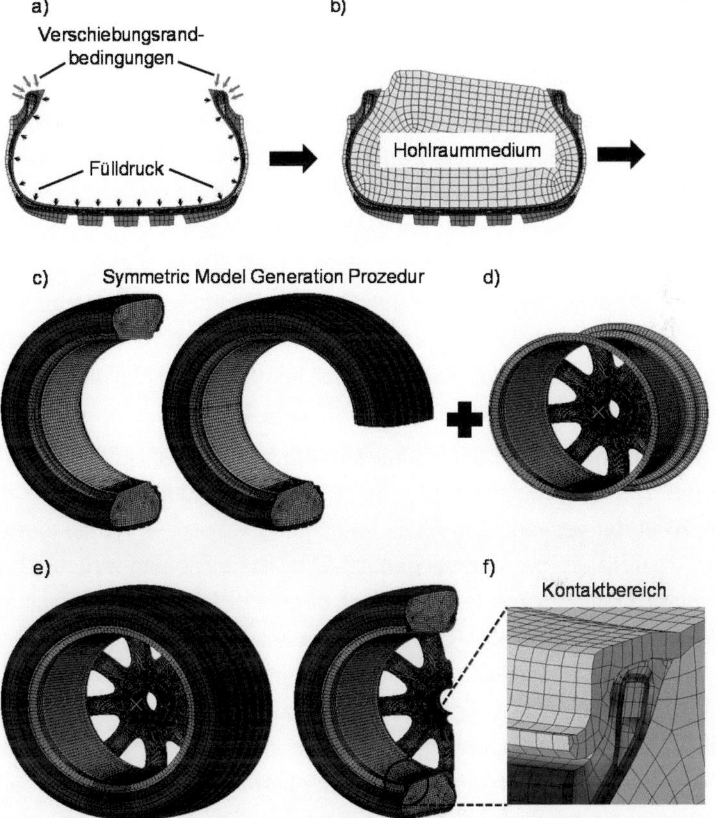

Abbildung 4.2:   Vorgehensweise zur Erzeugung eines 3D-Reifenmodells mit flexiblem PKW-Rad aus einem 2D-Modell des Reifenquerschnittes.

Nach Aufbringen der Verschiebungsrandbedingungen am Reifenwulst und Berechnung der Deformation durch Reifenfülldruck wird das 3-D-FE-Reifenmodell durch Abwickeln des Querschnitts mittels der *Symmetric-Model-Generation(SMG)-Revolve*-Prozedur erzeugt (vgl. Abbildung 4.2 b) und c)). Die Berechnungsergebnisse des 2-D-FE-Reifenmodells werden durch die *Symmetric-Results-Transfer(SRT)*-Prozedur in das 3-D-Modell überführt, um Rechenzeit einzusparen [AB6.10]. Durch die *SMG-Revolve*-Prozedur werden außerdem sogenannte *„Streamlines"* erzeugt, die zur Berechnung des Rollzustandes benötigt werden (vgl. Abschnitt 4.2.5). Vor Beginn der Lastsimulation in einem 3-D-Modell wird ein Berechnungsschritt mit den gleichen Lasten wie im 2-D-Modell durchgeführt, um das statische Gleichgewicht für die inneren und äußeren Lasten zu berechnen [AB6.10].

Um Reifenprofilfolgen in ABAQUS zu erzeugen wird ein sich wiederholendes Profilmuster separat modelliert, vernetzt und über Randbedingungen mit dem Reifenmodell verbunden. Aufgrund der hohen Anzahl an Querprofilrillen über dem Umfang ist von Anregungsfrequenzen oberhalb 500 Hz durch die Querprofilierung auszugehen. Weiterhin ist eine starke Netzverfeinerung zur Modellierung der Querrillen notwendig, die die Rechenzeiten des hoch dimensionierten FE-Modells weiter vergrößert. Aus diesem Grund werden die fünf umlaufenden Profilrillen im Modell abgebildet, um deren Einfluss auf die Kontaktsituation zu berücksichtigen (vgl. Abbildung 4.2 a)).

In Umfangsrichtung wird das abgewickelte Modell durch 168 Segmente diskretisiert. Die Diskretisierung ist schematisch in Abbildung 4.3 dargestellt. Die Möglichkeit der verwendeten *MLE*-Betrachtungsweise den Kontaktbereich feiner zu diskretisieren wird dabei genutzt. Die Diskretisierung wird durch die zur Verfügung stehende Rechnerkapazität begrenzt. Im Kontaktbereich werden 34 Segmente über 28° des Umfangs eingesetzt (Auflösung von 12 Segmenten je 10°). Die Diskretisierung mit 134 Segmenten über 332° des Umfangs ergibt sich bei Berücksichtigung des Rades im Gesamtmodell, wenn dieses durch Elemente mit linearen Ansatzfunktionen abgebildet wird (vgl. Abschnitt 4.2.3). Durch Konvergenzanalyse wird die benötigte Elementanzahl auf dem Reifenumfang bestimmt. Mit einem Element je 10° des Umfangs werden die Reifen-Eigenfrequenzen unterhalb 300 Hz mit Abweichungen kleiner 1 Hz gegenüber feineren Diskretisierungen berechnet. Mit gröberer Auflösung wird die Reifensteifigkeit überschätzt. Somit ist in Umfangsrichtung gewährleistet, dass im interessierenden Frequenzbereich die Reifen-Eigenformen, die aus der EMA bekannt sind (vgl. Abschnitt 3.1), abgebildet werden.

Durch die Berechnung der Deformation durch Reifenfülldruck im 2-D-Modell und durch die starke Verformung des Reifens unter Last erfährt das 3-D-FE-Reifenmodell neben den materialbedingten weitere geometrische Nichtlinearitäten, weshalb in diesen Berechnungsschritten nichtsymmetrische Systemmatrizen berücksichtigt werden. Eine weitere Quelle von Nichtlinearität ist der Kontakt mit der Fahrbahn und der Felge. Bei der Radlastberechnung wird die Kontaktberechnung in dieser Forschungsarbeit so gelöst, dass zunächst das Reifenmodell mit der als starren Oberfläche (*Rigid Surface*) modellierten Fahrbahn bei einem Reibkoeffizienten von 1.0 mittels der *Contact-Pair*-Formulierung interagiert. Dabei werden für die deformierbaren Reifenelemente die Überschneidungen mit der starren Oberfläche und eine Maßzahl für Schub und Schlupf berechnet. Diese kinematischen Maßzahlen werden genutzt, um zusammen mit der *Lagrange-Multiplier*-Methode Kontakt und Reibung zwischen den Oberflächen zu berechnen [AT6.10]. Für Details der Implementierung des Kontaktalgorithmus sei auf [AT6.10] und für die allgemeine Behandlung von Kontakt in der FEM auf [Will03] verwiesen.

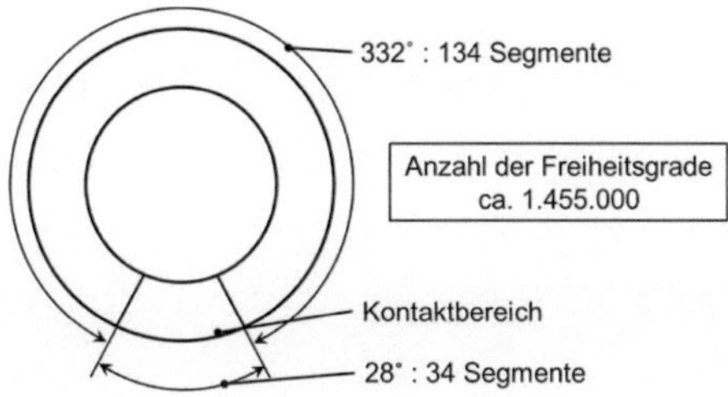

Abbildung 4.3:   Schematische Darstellung der Diskretisierung des 3-D-FE-Reifenmodells in Umfangsrichtung.

Zur Radlastberechnung wird die Kontaktdefinition zwischen Reifen und starrer Oberfläche aktiviert und die starre Oberfläche in vertikaler Richtung auf den Reifen zu bewegt, bis eine definierte statische Einfederung erreicht ist (Verschiebungskontrolle). Die Einfederung wurde zuvor am stehenden Reifen innerhalb des IPS experimentell ermittelt (vgl. Abschnitt 3.1.2). Ist der Kontakt etabliert und die Reaktion des Reifens auf die Einfederung berechnet, wird die Verschiebungsrandbedingung durch eine der Radlast entsprechende Last auf die starre Oberfläche ersetzt (Lastkontrolle). Abbildung 4.4 zeigt den Vergleich der gemessenen und simulierten Radlast abhängig von der Einfederung. Die Abweichungen für die untersuchten Standard-Betriebsbedingungen liegen unter 1 mm. Die Ergebnisse der Simulation für den Fülldruck 2.8 bar können gut von den experimentell untersuchten Drücken 2.5 und 3.5 bar abgegrenzt werden. Neben der Abbildung der Reifensteifigkeit ist für dynamische Berechnungen die Abbildung der Masse essentiell. Die berechnete Masse des Reifens stimmt mit der experimentell ermittelten Masse gut überein.

Am Ende der lastkontrollierten Radlastberechnung wird geprüft, welche Knoten Kontakt mit der starren Oberfläche (Kontaktknoten) aufweisen und deren Verschiebungen ausgelesen. Ein neues 3-D-Reifenmodell ohne starre Oberfläche wird erzeugt und den Kontaktknoten die zuvor berechneten Verschiebungen aufgegeben. Somit entsteht ein 3-D-Reifenmodell unter Radlast, das nach [Gaut05] den Arbeitspunkt der akustisch relevanten Reifenschwingungen abbildet und aus nur einer Instanz ohne die starre Oberfläche besteht. Mit diesem Modell erfolgen die weiteren Berechnungsschritte wie Eigenfrequenzen, Rollzustand, komplexe Eigenfrequenzen, Übertragungsfunktion.

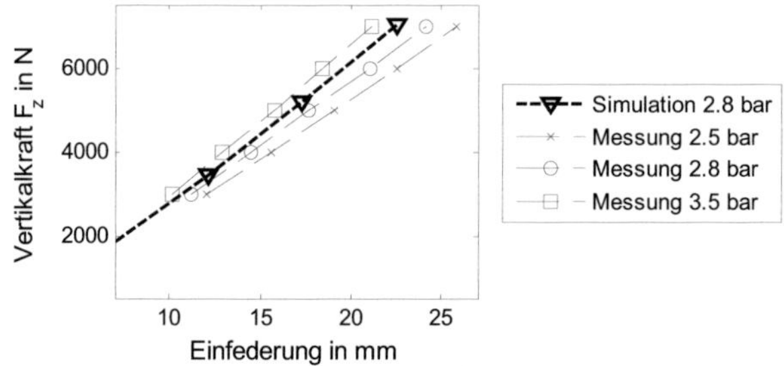

Abbildung 4.4:   Vergleich der Radlast-Einfederungskennlinie in Messung und Simulation.

Die Eigenfrequenzen und -vektoren eines Systems werden in ABAQUS, je nachdem ob das Eigenwertproblem symmetrisch ist oder antisymmetrische Anteile der Systemmatrizen berücksichtigt werden sollen, durch unterschiedliche Algorithmen berechnet. Das Eigenwertproblem eines Systems ist

$$\left(\mu^2 \underline{\mathbf{M}} + \underline{\mathbf{K}} + \mu\underline{\mathbf{D}}\right)\psi = 0 \tag{4.104}$$

mit $\underline{\mathbf{M}}$ der symmetrischen und positiv definiten Massenmatrix,

      $\underline{\mathbf{K}}$ der Steifigkeitsmatrix, die spannungsversteifende Effekte einschließen kann und dann nicht mehr positiv definit und symmetrisch ist,

      $\underline{\mathbf{D}}$ der Dämpfungsmatrix,

      μ dem Eigenwert und

Ψ dem Eigenvektor.

Allgemein wird das Eigenwertproblem komplexe Eigenwerte und -vektoren aufweisen. Werden die Dämpfungsmatrix vernachlässigt und von der Steifigkeitsmatrix nur symmetrische Anteile $\underline{\mathbf{K}}_{Sym}$ berücksichtigt, wird das System realwertige quadratische Eigenwerte und reale Eigenvektoren haben. Wird angenommen, dass $\underline{\mathbf{K}}_{Sym}$ positiv semidefinit ist, wird μ ein imaginärer Eigenwert $\mu = i\omega_E$ und das Gleichungssystem aus (4.104) zu

$$\left(\underline{\mathbf{K}}_{Sym} - \omega_E^2 \underline{\mathbf{M}} \right)\Psi = 0 \tag{4.105}$$

mit ω_E den natürlichen Eigenkreisfrequenzen des Systems.

Das symmetrische Eigenwertproblem in (4.105) kann in ABAQUS mittels des *Lanczos-* (*Lanczos*-Methode siehe [Newm73], [Parl80]) oder *AMS*-Eigensolvers (*Subspace Iteration*-Methode siehe [Bath72]) für ein vorbelastetes, ungedämpftes System gelöst werden. Das Eigenwertproblem des belasteten Reifens enthält, wenn die Straße als starre Oberfläche im Modell beibehalten wird, aufgrund der *Contact-Pair*-Formulierung *Lagrange-Multiplier* und eine indefinite Steifigkeitsmatrix, wobei alle zu den *Lagrange-Multipliern* korrespondierenden Beiträge der Massenmatrix gleich Null sind. Somit sind auch in diesem Fall alle Eigenwerte imaginär und Gleichung (4.105) gilt weiterhin. Für komplexe Eigenwertprobleme bietet ABAQUS eine *Subspace-Projection*-Methode [AT6.10]. Dabei werden die realen Eigenvektoren des ungedämpften Systems als Unterraum für die Berechnung der komplexen Eigenwerte genutzt. Somit ist immer eine vorgeschaltete Berechnungen der realen Eigenfrequenzen erforderlich. Die Berechnung komplexer Eigenwerte berücksichtigt reibungsinduzierte Dämpfung, Dämpferelemente und Rayleigh-Dämpfung, wenn diese in der Material- oder Elementdefinition festgelegt ist [AT6.10]. Wird die SIM-Architektur in ABAQUS genutzt, können auch Strukturdämpfung und Dämpfung aus viskoelastischen Materialdefinitionen (*Prony*-Terme) berücksichtigt werden [AT6.10]. Wichtig ist zu beachten, dass ABAQUS bei Nutzung der SIM-Architektur keine komplexen, gekoppelten Akustik-Struktur-Eigenfrequenzen berechnen kann [AT6.10]. Für die Dämpfungsmodelle sei auf

Abschnitt 4.2.6 verwiesen. Die Implementierung der Algorithmen zur Lösung des Eigenwertproblems wird in [AT6.10] detailliert erläutert.

Da das in eine Substruktur zu reduzierende System Reifen-Hohlraum-Rad eine Akustik-Struktur-Kopplung darstellt, kann in ABAQUS nur der *Lanczos*-Eigensolver zur Berechnung der Eigenfrequenzen und -vektoren eingesetzt werden. Vorteilhaft ist, dass das Eigenwertproblem bei Nutzung des *Lanczos*-Eigensolvers parallelisierbar ist [AB6.10]. In beiden zur Berechnung der Eigenwerte verwandten Methoden werden die frequenzabhängigen Materialeigenschaften (Materialdefinition: *Prony*-Terme) für eine zu definierende Frequenz f_N (*PE-Frequenz*) mittels der *Property-Evaluation*-Funktion ausgewertet [AB6.10]. Sind die Steifigkeit und Dämpfung stark von der Frequenz abhängig, können die Eigenwerte in mehreren Schritten berechnet werden, wobei die Materialeigenschaften in jedem Schritt für eine höhere Frequenz $PE_1 = f_1$, $PE_2 = f_2$, ..., $PE_N = f_N$ des interessierenden Frequenzbereichs ausgewertet werden. Da der Einfluss der *PE*-Frequenz in Abschnitt 4.2.6 im Detail untersucht wird, werden die in diesem Abschnitt diskutieren Eigenfrequenzen für PE = 0 Hz berechnet. In Abbildung 4.5 sind die ersten 12 berechneten realwertigen Eigenformen des stehenden, belasteten Systems abgebildet (Benennung der Eigenformen entsprechend Abschnitt 2.1.2). In Tabelle 4.1 sind die berechneten realwertigen Eigenfrequenzen des stehenden Systems Reifen-Hohlraum-Rad unter Standardbetriebsbedingungen zusammengefasst. Sie werden mit den Eigenfrequenzen des EMA-Versuchs bei gleichen Bedingungen verglichen.

Die berechneten Eigenfrequenzen des fest eingespannten Systems liegen unterhalb denen des EMA-Versuchs. Dies ist aufgrund der an die bimodale Belastung angepassten Materialmodellparametrierung zu erwarten. Im EMA-Versuch weisen die nichtlinear-viskoelastischen Elastomermaterialien einen höheren Speichermodul auf.

Bei freier Rotation um die Radachse fällt die Eigenfrequenz der *[1,0]-asym*-Eigenform sehr stark ab. Die resultierende Eigenform enthält Anteile der *[1,0]-asym- und torsional*-Eigenform. Beim rollenden System im IPS ist die Rotation um die Radachse frei.

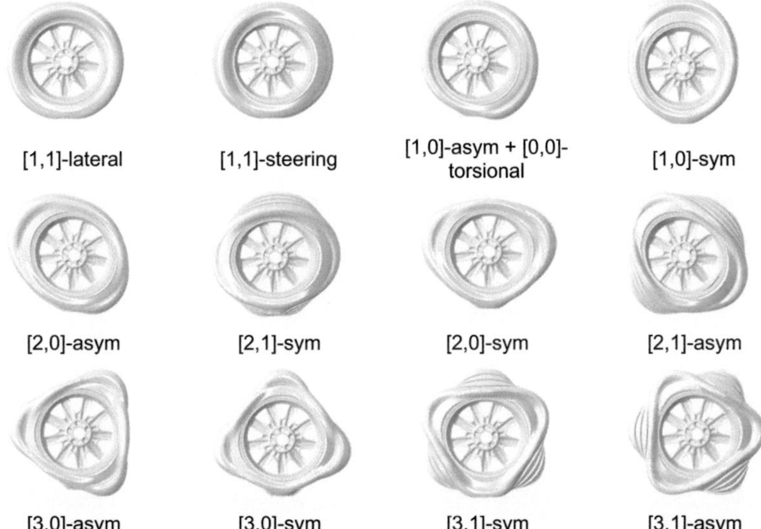

Abbildung 4.5: Darstellung der ersten 12 berechneten realwertigen Reifen-Eigenformen unter 5 kN Radlast und 2.8 bar Fülldruck des Gesamtmodells aus Reifen, Hohlraum und Rad.

Form	EMA-Versuch Eigenfrequenz in Hz	Simulation Eigenfrequenz in Hz (Rotation fest)	Simulation Eigenfrequenz in Hz (Rotation frei)
[1,1] lateral	61.5	50.2	50.2
[1,1] steering	82.3	63.6	63.6
[1,0] asym	**100**	**78.5**	**39.0 (+ torsional)**
[1,0] sym	106	85.1	85.1
[2,1] asym	119	110.3	109.5
[2,0] sym	130*(+3 Hz)	108.9	108.9
[2,1] sym	135	94.0	94.1
[2,0] asym	-	96.1	93.5
[3,0] asym	144	122.3	125.6
[3,0] sym	160	135.9	135.9
[3,1] sym	-	145.2	145.2
[3,1] asym	-	155.0	155.0

Tabelle 4.1: Schwingformen und Eigenfrequenzen der Reifen-Eigenformen des stehend belasteten Systems (Radlast 5 kN, Fülldruck 2.5 bar), fest eingespanntes Rad in Messung und Simulation (168 Elemente über dem Umfang, PE = 0).

4.2.2 Hohlraum

Wie in Abbildung 4.2 dargestellt, wird das 2D-Modell des Reifens um akustische Elemente erweitert, die die Wellenausbreitung im Füllmedium des Reifens abbilden. Akustische Elemente werden in ABAQUS eingesetzt, um Eigenfrequenzen bzw. -formen von Akustik-Struktur-Kopplungen zu simulieren [AB6.10]. Dazu werden die auf Akustik und Struktur jeweils durch separate Knoten definierten Interaktionsflächen über eine Null-Verschiebungsrandbedingung aneinander angebunden. Bei diesen Kontaktdefinitionen werden im Reifen-Hohlraum-Rad-Modell die Kopplungen zwischen Reifen- bzw. Radinnenfläche und Füllmedium berücksichtigt. Über die Grenzfläche wird Energie transferiert. Die akustische Region erzeugt Spannungen auf der Struktur und die Beschleunigungen auf der Struktur bewirken Kraftterme auf dem Akustikrand. Der statische Druck wird durch akustische Elemente nicht modelliert [AB6.10], dazu wird die Reifen-Innenseele mit einer Streckenlast beaufschlagt (vgl. Abschnitt 4.2.1).

Obwohl akustische Elemente nur einen Druckfreiheitsgrad und keine Verschiebungsfreiheitsgrade haben, können sie auch eingesetzt werden, wenn die zu Grunde liegende Struktur große Deformationen erfährt. Bei der Kontaktrechnung mit der Felge, Deformation infolge Luftdruck und Radlast wird das Netz der akustischen Elemente über die *AdaptiveMesh*-Funktionalität periodisch neu berechnet. Das neue akustische Netz weist die gleiche Topologie auf, aber die Knotenpositionen werden entsprechend der Strukturdeformation angepasst [AB6.10].

Durch die *SMG*-Prozedur (vgl. Abschnitt 4.2.1) wird die gleiche Diskretisierung auf dem Umfang des Hohlraums erhalten wie für den Reifen. Wird im Latschbereich eine feinere und auf dem restlichen Umfang eine grobe Diskretisierung gewählt (vgl. Abbildung 4.3), weisen die akustischen Elemente auf dem Reifenumfang stark unterschiedliche Kantenlängen auf. Für Größe und Anzahl der akustischen Elemente im 2D-Modell wird aus diesem Grund ein Kompromiss gewählt. Für zu grobe Elemente im Latschbereich resultiert bereits bei geringer Deformation ein verzerrtes Netz und die Radlastberechnung des Gesamtmodells konvergiert nicht. Es werden rd. 2200 lineare, achsensymmetrische Elemente eingesetzt.

Die Gleichgewichtsformulierung für kleine Bewegungen eines kompressiblen, adiabaten Fluides mit geschwindigkeitsabhängigen Impulsverlusten wird in [AT6.10] angegeben als

$$\frac{\partial \mathbf{p}}{\partial \mathbf{X}} + \gamma_V \, \dot{\mathbf{u}}^f + \rho_f \, \ddot{\mathbf{u}}^f = 0 \tag{4.106}$$

mit $\mathbf{p}$ dem Überdruck im Fluid (über statischem Druck),

      $\mathbf{X}$ der räumlichen Position des Fluidpartikels,

      $\dot{\mathbf{u}}^f$ der Geschwindigkeit des Fluidpartikels,

      $\ddot{\mathbf{u}}^f$ der Beschleunigung des Fluidpartikels,

      ρ_f der Dichte des Fluides und

      γ_V dem Strömungswiderstandskoeffizienten.

Die Dichte und der Strömungswiderstandskoeffizient können von unabhängigen Feldvariablen wie z.B. der Temperatur abhängen. Für akustische Elemente kann nur eine spezielle konstitutive Beziehung eingesetzt werden [AT6.10]. Werden Reibungsfreiheit und Kompressibilität angenommen, ist der dynamische Druck im Medium über den Kompressionsmodul mit der volumetrischen Dehnung verbunden

$$\mathbf{p} = -K_f \frac{\partial}{\partial \mathbf{X}} \cdot \mathbf{u}^f \tag{4.107}$$

mit K_f dem von unabhängigen Feldvariablen abhängigen Kompressionsmodul des Fluides.

Aus Gleichung (4.106) und (4.107) wird die partielle Differentialgleichung des Problems gewonnen und in die schwache Form der Bewegungsgleichung überführt. Unter Berücksichtigung der Randbedingungen (in diesem Fall die Deformation des umgebenden Reifens und des Rades) wird äquivalent zur Struktur die Formulierung der virtuellen Arbeit für das Fluid erhalten. Diese wird ebenfalls analog zur Struktur diskretisiert. Ausführliche Herleitungen finden sich in [AT6.10].

Für Akustik-Struktur-Kopplungen werden real- und komplexwertige Eigenwertprobleme nach den für den Reifen beschriebenen Methoden gelöst (siehe [AT6.10] für die Formulierung des Eigenwertproblems einer Akustik-Struktur-

Kopplung). Damit die Akustik-Struktur-Kopplung berücksichtigt wird, wird der *Lanczos*-Eigensolver genutzt. Wird an keinem der Elemente einer akustischen Region der Druckfreiheitsgrad eingespannt, wird für eine Akustik-Struktur-Kopplung eine Null-Eigenfrequenz berechnet. Bei deren Eigenform liegt innerhalb der gesamten Akustik der gleiche Druck vor. Mathematisch gesehen entspricht diese Eigenform den Starrkörpereigenformen fester Körper. Sie wird allerdings durch ABAQUS nicht in Substrukturen eingebaut [AB6.10]. In Abbildung 4.6 sind die Druckverteilungen bei beiden Eigenformen des Hohlraummediums, die für Luft im Frequenzbereich unterhalb 300 Hz auftreten, in der Schnittdarstellung abgebildet (Bezeichnungen entsprechend Abschnitt 2.2.2).

K1, H   K1, V

Abbildung 4.6:   Realwertigen Hohlraum-Eigenformen des stehend belasteten Systems, fest eingespanntes Rad (Radlast 5 kN, Fülldruck 2.8 bar, 168 Elemente über dem Umfang, PE = 0, Kompressionsmodul K_f =0.53 N/mm²).

Die *K1, H*-Hohlraumresonanz bildet Druckschwankungen in horizontaler Richtung aus, während die *K1, V*-Resonanz in vertikaler Richtung Druckschwankungen ausbildet. Der Reifen bildet in Versuch und Simulation für beide Hohlraumresonanzen gleiche Eigenformen aus (Tabelle 4.2), wobei die berechneten Eigenfrequenzen unterhalb den Gemessenen liegen. Die radlastbedingte Differenz der Eigenformen stimmt in Versuch und Simulation überein. Die in der Simulation gewählte Dichte von $4.38e^{-12}$ t/mm³ und der Kompressionsmodul von 0.53 N/mm² entsprechen denen im Versuch vorliegenden Druck- und Temperaturbedingungen. Die Abweichung der Eigenfrequenzen entsteht durch die für bimodale Belastungen angepassste Parametrierung des Elastomermaterials und die Wahl der PE-Frequenz bei 0 Hz. Für eine PE-Frequenz von 200 Hz sind höhere Werte zu erwarten. Hier zeigt sich die Kopplung zwischen Hohlraummedium und Reifen (vgl. Abschnitt 4.2.6).

Versuch		Simulation	
K1, H **in Hz**	**K1, V** **in Hz**	**K1, H** **in Hz**	**K1, V** **in Hz**
KH + [5,0] asym + FP asym	KV + [5,1] asym + FP sym	KH + [5,0] asym + FP asym	KV + [5,1] sym + FP sym
198	208	195	205

Tabelle 4.2: Schwingformen und Eigenfrequenzen der Reifen-Eigenformen des stehend belasteten Systems (Radlast 5 kN, Fülldruck 2.5 bar), fest eingespanntes Rad in Messung und Simulation (168 Elemente über dem Umfang, PE = 0, Kompressionsmodul K_f = 0.53 N/mm²).

4.2.3 Rad

Zur Abbildung der Strukturdynamik eines realen PKW-Rades wurde ein im Programmsystem *NASTRAN*[32] erstelltes und diskretisiertes Modell des Versuchsrades durch einen Industriepartner zur Verfügung gestellt (vgl. Abbildung 4.2 d)). Dieses wurde im Rahmen dieser Arbeit in das ABAQUS-Format übersetzt, wobei Diskretisierung und Materialdefinition im Ausgangsmodell zunächst beibehalten wurden. Anhand dieses Ausgangsmodells des Rades wurde die Vorgehensweise zur Herstellung des Kontaktes über die *Contact Pair*-Formulierung mit dem Reifen erarbeitet (vgl. Abschnitt 4.2.1). An Reifenwulst und Felgenschulter werden Kontaktoberflächen jeweils beidseitig definiert (vgl. Abbildung 4.2 f)). Der Reibungskoeffizient wird zu 0.55 definiert. Im 2D-Reifen-Hohlraum-Modell werden die Verschiebungsrandbedingungen aufgebracht, die die Lage des Reifenwulstes nach Aufziehen des Reifens auf ein Rad und anschließender Luftbefüllung beschreiben. Im 3D-Reifen-Hohlraum-Rad-Modell wird das Modell des Rades mit eingeschlossen. Im ersten Berechnungsschritt, in dem die Kontaktdefinitionen ausgeschaltet sind, wird das Gleichgewicht für die Lasten aus Reifenfülldruck und Verschiebungsrandbedingungen am Wulst berechnet. Im zweiten Berechnungsschritt werden die Kontaktdefinitionen zwischen Reifenwulst und Felgenschulter zugeschaltet und gleichzeitig die Verschiebungsrandbedingungen des 2-D-Modells frei gelassen. Auf diese Weise wird der Kontakt zwischen Reifen und Felgenschulter berechnet. Die Berechnung des dynamischen Verhaltens des nicht rotierenden Rades ist prinzipiell für dieses Modell möglich. Die berechnete Masse des

---

[32] Finite-Elemente-Programmpaket der Firma MSC.Software

Rades stimmt mit der experimentell ermittelten Masse überein. Die Prozedur zur Simulation der Rotation beziehungsweise von Rollen (vgl. Abschnitt 4.2.5) kann jedoch nicht genutzt werden, da die zur Berechnung der *Streamlines* (Abschnitt 4.2.1) benötigte Rotationssymmetrie im Radmodell nicht vorliegt.

Zur Abbildung der Rotation des realen PKW-Rades wird dieses, wie in [Grol12b] vorgeschlagen, in zwei Teile, Stern und Felge, unterteilt. Diese Unterteilung ist in Abbildung 4.7 schematisch dargestellt. Die Felge wird als 2D-Abbildung in das 2-D-Reifen-Hohlraum-Modell eingeschlossen und durch die *SMG*-Prozedur mit abgewickelt, um eine rotationssymmetrische Felge zu erhalten. Dabei werden die für die Berechnung des Rollzustandes notwendigen *Streamlines* erzeugt. Der Stern wird im 3-D-Modell eingeschlossen und über feste Randbedingungen (*Tied-Constraint*) an die Felge angebunden. Auch in diesem erweiterten Modell wird der Kontakt zum Reifen im 3-D-Modell, wie zuvor beschrieben, gerechnet. In der 2-D-Berechnung des Kontakts würde die Felge ohne die durch den Stern bewirkte Versteifung, wesentlich weicher dargestellt, als das reale 3-D-Bauteil. Aus diesem Grund bedeutet eine Kontaktrechnung im 2-D-Modell eine unrealistische große Deformation der Felge. Die *SST*-Funktionalität (*MLE*-Beschreibung) wird in ABAQUS genutzt, um Rotation für Reifen, Hohlraum und Felgen zu simulieren, während der Stern durch die *Lagrange*-Betrachtungsweise (vgl. Abschnitt 4.1.1) abgebildet wird [Grol12b].

Die Güte der beschriebenen Modellierung wird in [Grol12b] anhand eines vereinfachten Radmodells aufgezeigt (Abbildung 4.8). Für dieses wird als Nachweis vollkommene Rotationssymmetrie angenommen. In diesem Modell wird für Winkelgeschwindigkeiten von 16, 32, 64 und 128 rad/s die MLE-Beschreibung für das komplette Vollmodell (sFOM[33]) angenommen. Zu Vergleichszwecken wird dieses Modell mittels der *Craig-Bampton*-Methode (Abschnitt 4.1.3) unter Beibehaltung von 50 generalisierten Freiheitsgraden sowie physikalischen Freiheitsgraden für eine harmonische Anregung und die Struktur-Kraftantwort zu einer Substruktur (V1) reduziert. Die Wahl der physikalischen Freiheitsgrade zeigt Abbildung 4.9. Als weiteres wird für das vereinfachte Radmodell die beschriebene Unterteilung in die rotationssymmetrische

---

[33] sFOM: simplified full order model, vereinfachtes Vollmodell

Felge, für die die *MLE*-Beschreibung genutzt wird, und die Scheibe, die in *Lagrange*-Koordinaten beschrieben wird, unterteilt (Abbildung 4.8). Die Scheibe wird, wie bereits für das reale Rad beschrieben, über feste Randbedingungen an die Felge angebunden. Das so gebildete Modell (sFOSM[34]) wird ebenfalls unter Beibehaltung der gleichen physikalischen und generalisierten Freiheitsgrade wie V1 reduziert. Dieses Modell wird als V2 bezeichnet [Grol12b].

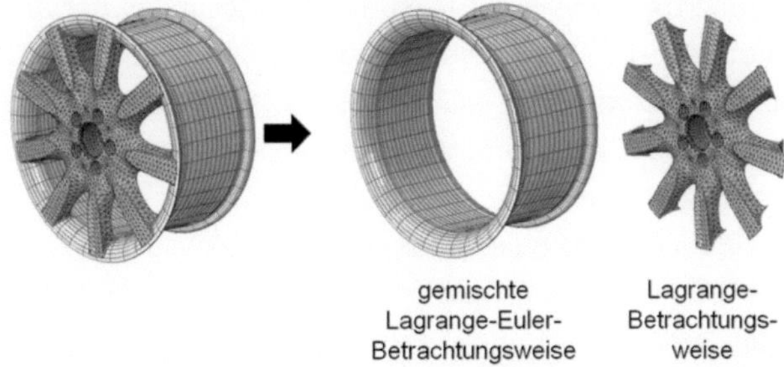

Abbildung 4.7:   Unterteilung des realen Pkw-Rades (FOSM) ähnlich [Grol12b].

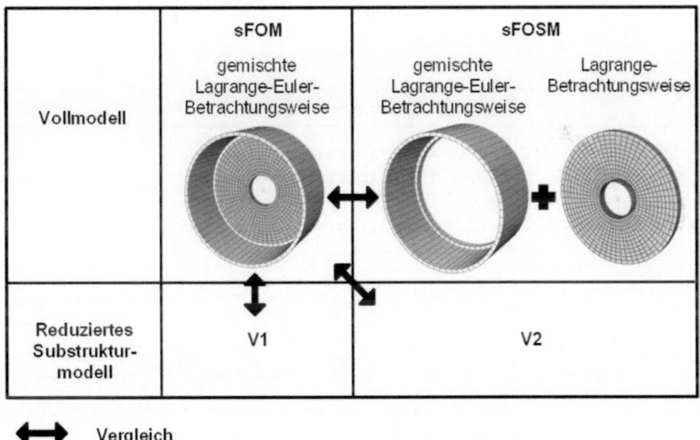

Abbildung 4.8:   Schematische Darstellung der Unterteilung des vereinfachten Rades, ähnlich [Grol12b].

Die realen und komplexen Eigenfrequenzen der ersten Felgenbiegung *FB 2,1/2* des komplett *MLE* beschriebenen Vollmodells sFOM sind in Tabelle 4.3

---

[34] sFOSM: simplified full order subdivided model, vereinfachtes unterteiltes Vollmodell

zusammengefasst (Bezeichnungen entsprechend Abschnitt 0). Für das vereinfachte Radmodell kann gezeigt werden, dass die komplexen Eigenfrequenzen mit zunehmender Rotation aufspalten. Somit kann das in [Zell09] publizierte und in Abbildung 4.9 b) abgebildete Aufspalten der Rad-Eigenfrequenzen im Modell für alle Eigenformen, die auf doppelte Pole der Bewegungsgleichung zurückzuführen sind, im Frequenzbereich < 500 Hz abgebildet werden [Schi10]. Tabelle 4.4 fasst die Abweichungen der ersten Felgenbiegeeigenfrequenz *FB 2,1/2* des unterteilten Vollmodels sFOSM und der beiden reduzierten Modelle V1 und V2 zusammen. Für das aus dem komplett rotierenden Vollmodell reduzierte V1-Modell kann das gyroskopische Aufspalten der Eigenfrequenzen mit sehr guter Genauigkeit abgebildet werden [Grol12b]. In [Schi10] wird gezeigt, dass alle elf komplexen Eigenfrequenzen im Bereich < 500 Hz mit einer maximalen Abweichung von 0.63 Hz (*FB 5,1*) und einer mittleren Abweichung von 0.33 Hz durch das reduzierte V1-Modell abgebildet werden, wenn die höchste interessierende Frequenz 0.3 mal der Cut-Eigenfrequenz des Slave-Modells der Reduktion entspricht (vgl. Abschnitt 4.1.3).

Rotations-geschwindigkeit in rad/s	Felgenbiegung FB 2,1		Felgenbiegung FB 2,2	
	Reale Eigen-frequenz in Hz	Komplexe Eigenfrequenz in Hz	Reale Eigen-frequenz in Hz	Komplexe Eigenfrequenz in Hz
0	257.35	-	258.14	-
16	257.32	254.22	258.11	261.26
32	257.23	250.71	258.03	264.73
64	256.88	243.66	257.68	271.66
128	255.49	229.42	256.29	285.71

Tabelle 4.3: Reale und komplexe Eigenfrequenzen des vereinfachten Radmodells sFOM für verschiedene Rotationsgeschwindigkeiten.

Das unterteilte V2-Modell kann das Aufspalten der Eigenfrequenzen des Vollmodells mit guter Genauigkeit vorhersagen (wenn die Rotationsgeschwindigkeit nicht größer als 95 rad/s gewählt wird), wobei die Abweichungen mit zunehmender Rotationsgeschwindigkeit zunehmen (Tabelle 4.4) [Grol12b]. Diese Abweichungen resultieren zum größeren Teil aus der Vernachlässigung der Rotation der Scheibe (erkennbar an den Abweichungen des sFOSM in

Tabelle 4.4). Zu einem geringeren Anteil resultieren die Abweichungen aus der Reduktion. Dieser geringe Anteil hat eine vergleichbare Größenordnung wie beim V1-Modell. Die maximale Abweichung der elf komplexen Eigenfrequenzen < 500 Hz liegt bei 3 Hz für die *Pitch*-Eigenform *FP, 1/2* und die mittlere Abweichung 1 Hz. Die größten Abweichungen werden für das vereinfachte Modell für die erste Felgenbiegung *FB 2,1/2* und die *Pitch*-Eigenform *FP, 1/2* berechnet, so dass für dieses Modell davon ausgegangen werden kann, dass die Scheibenrotation für diese Eigenformen eine größere Bedeutung hat als für die übrigen Eigenformen. Dies erscheint folgerichtig, da bei diesen Eigenformen die Scheibe besonders stark deformiert wird.

a)   b)

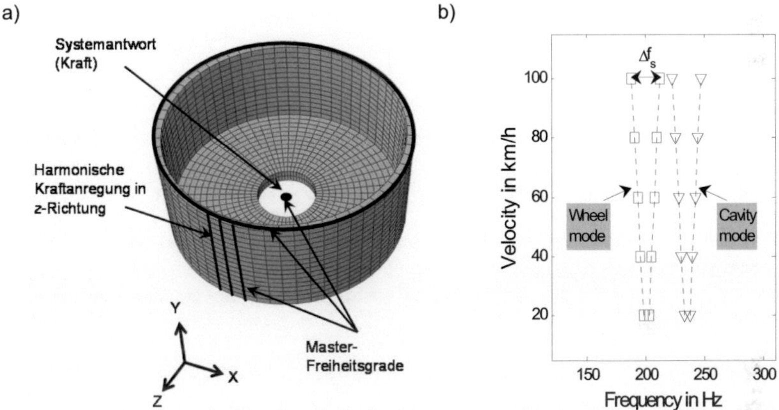

Abbildung 4.9:   a) Master-Freiheitsgrade des reduzierten Systems b) Gyroskopisches Aufspalten der Rad- und Hohlraum-Eigenfrequenzen aufgrund von Rotation (dargestellte Daten aus den in [Zell09] dargestellten Messungen ausgelesen) [Grol12b].

In Abbildung 4.10 sind die Kraftantworten in vertikaler Richtung bei Kraftanregung der drei Modellversionen des vereinfachten Modells sFOM, V1 und V2 abgebildet. Das V1-Modell kann die Antwort des Vollmodells mit guter Übereinstimmung vorhersagen. Die Resonanzspitzen bei 340 und 356 Hz sind die *Pitch*-Eigenfrequenzen *FP*. Die kleineren Resonanzspitzen bei 258 und 307 Hz repräsentieren die Eigenfrequenzen der Felgenbiegungen *FB 3,1* und *FB 3,2*. Da die Kraftantwort im Zentrum des Radflanschs berechnet wird, sollte sie durch die symmetrischen Rad-Eigenfrequenzen (*FB 2,n; FB 4,n*) an diesem Punkt keine Resonanzspitzen aufweisen. Die berechneten Resonanzspitzen (gekennzeichnet durch graue Kreise) sprechen dafür, dass die Symmetrie der Struktur im reduzierten Modell nicht vollkommen beibehalten werden kann. Die Approximation der Kraftantworten durch das V2-Modell ist leicht schlechter als die durch das V1-Modell, da die Eigenfrequenzen wie zuvor beschrieben schlechter vorhergesagt werden. Berücksichtigt werden muss dabei, dass die *Pitch*-Eigenfrequenzen, die die dargestellten Resonanzspitzen bewirken, am schlechtesten abgebildet werden. Die übrigen Resonanzen werden deutlich besser abgebildet.

Rotations-geschwin-digkeit in rad/s	Felgenbiegung FB 2,1 Abweichung komplexe EF in %			Felgenbiegung FB 2,2 Abweichung komplexe EF in %		
	sFOSM	V1	V2	sFOSM	V1	V2
16	0.071	0.087	0.157	-0.069	0.092	0.023
32	0.148	0.092	0.235	-0.140	0.087	-0.049
64	0.295	0.094	0.390	-0.272	0.085	-0.188
128	0.623	0.096	0.719	-0.634	-0.032	-0.553

Tabelle 4.4: Abweichungen der komplexen Eigenfrequenzen des vereinfachten unterteilten Radmodells sFOSM, des reduzierten V1-Radmodells und des unterteilten reduzierten V2-Radmodells vom Vollmodell der vereinfachten Radstruktur sFOM für verschiedene Rotationsgeschwindigkeiten.

Da Material- bzw. Strukturdämpfung in diesen Berechnungen vernachlässigt werden, würde die Kraftantwort, wenn genau für eine Eigenfrequenz berechnet, unendlich hohe Amplituden aufweisen. Da die Kraftantwort aller drei Modelle für diskrete Frequenzen berechnet wird und in den Modellen die Eigenfrequenzen variieren, liegen diese diskreten Frequenzen mehr oder weniger nah zu den Eigenfrequenzen des betreffenden Modells. Somit rühren die starken Unterschiede in den Amplituden im Bereich der Eigenfrequenzen aus der nicht berücksichtigten Dämpfung und der diskreten Berechnung.

Untersuchungen in [Schi10] zeigen, dass eine Modellierung nach der V2-Methode bessere Ergebnisse liefert, wenn Felge und Scheibe in ihrer Kontaktzone dieselben Knoten teilen (maximale Abweichung 2.2 Hz bei 128 rad/s und mittlere Abweichung 0.75 Hz). Ein Netz mit gleicher Diskretisierung an Felge- und Stern(Scheiben)-Kontakt ist für reale Räder nur schwer umsetzbar.

Im nächsten Schritt wird die beschriebene Modellierung V2 mit einer *MLE*-Beschreibung für die Felge und einer *Lagrange*-Beschreibung für den Stern für das reale Rad umgesetzt, da aufgrund der *Streamline*-Berechnung durch ABAQUS keine Modellierung entsprechend sFOM möglich ist. Die Felge wird in ein 2D-Modell überführt und anschließend in seine 3D-Abbildung abgewickelt. In [Schi10] wird gezeigt, dass eine Diskretisierung mit 72 Elementen mit quadratischen Ansatzfunktionen (200000 Freiheitsgrade) über dem Umfang das Eigenschwingungsverhalten des Ausgangsmodells mit den in Anhang A.4, Tabelle A.4 zusammengefassten Genauigkeiten abbilden kann. Wie zuvor für das Komplettmodell beschrieben, werden im Kontaktbereich zur Felge die Knoten des Sterns über feste Randbedingungen angebunden.

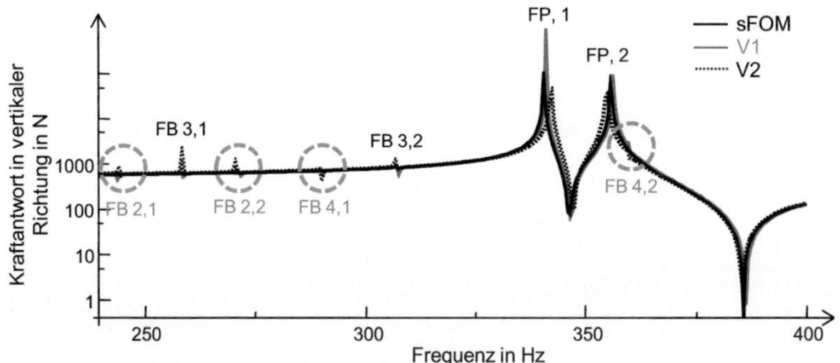

Abbildung 4.10:   Vertikale Kraftantwort auf harmonische Anregung des vereinfachten Radmodells a) Vollmodell sFOM, b) reduziertes V1-Modell und c) unterteiltes V2-Modell bei Rotationsgeschwindigkeit von 64 rad/s.

Für das reale Radmodell werden wie für das vereinfachte Modell auch Knoten am Radflansch über eine starre Verbindung an einen Referenzknoten im Radzentrum angebunden und dieser Knoten als Master im reduzierten Modell beibehalten. Weiterhin werden die in Abbildung 4.11 dargestellten Freiheitsgrade an den Knoten an Felgenschulter sowie am Bett zur Einleitung einer harmonischen Anregung und 50 generalisierte Freiheitsgrade beibehalten. Damit weist das reduzierte Modell (ROSM[35]) 0.9 % der Dimension des Vollmodells (FOSM[36]) und eine Cut-Frequenz von 4001 Hz auf. Die realen und

---

[35] ROSM: reduced order subdivided model, reduziertes unterteiltes Modell

[36] FOSM: full order subdivided model, unterteiltes Vollmodell

komplexen Eigenfrequenzen des unterteilten Vollmodells FOSM und die Abweichungen der Eigenfrequenzen des reduzierten Modells ROSM sind in Tabelle 4.5 und Tabelle 4.6 zusammengefasst. Im Frequenzbereich unterhalb von 500 Hz werden sieben reale und komplexe Eigenfrequenzen durch das ROSM mit einer mittleren Abweichung von 0.055 % und einer maximalen Abweichung von 0.58 Hz (32 rad/s) vorhergesagt. Die Kraftantworten im Radzentrum des FOSM und ROSM auf eine 10 N Kraftanregung an den in Abbildung 4.11 dargestellten Freiheitsgraden sind in Abbildung 4.12 dargestellt. Das Aufspalten der Eigenfrequenzen durch Rotation wird somit abgebildet. An den durch graue Kreise gekennzeichneten Resonanzspitzen werden sowohl im Vollmodell als auch im reduzierten Modell die Felgenbiegung FB 2,1/2 erkannt. Erklärt wird dies in [Grol12b] durch den unsymmetrischen Felgenstern. Bei Beurteilung der Approximation durch das ROSM muss berücksichtigt werden, dass bereits im Vollmodell das unterteilte, mit unterschiedlichen Betrachtungsweisen gebildete Modell abgebildet ist. In [Grol12b] wird aufgezeigt, dass der Unterschied zwischen sFOM und sFOSM im betrachteten Bereich der Rotationsgeschwindigkeiten kleiner als 1 Hz ist. Somit kann davon ausgegangen werden, dass das ROSM eine akzeptable Approximation der Strukturdynamik des rollenden Rades bietet. Wie beschrieben kann für reale Pkw-Räder die SST-Prozedur nicht für das komplette Radmodell inklusive des Sterns angewandt werden. Die in [Grol12b] vorgeschlagene Methode, ermöglicht es das gyroskopische Aufspalten der Rad-Eigenfrequenzen unter Rotation in einem Reifen-Hohlraum-Rad-Modell abzubilden. Ihre Gültigkeit wird für den interessierenden Geschwindigkeitsbereich bis 100 km/h, was für den betrachteten Reifen einer Rotationsgeschwindigkeit kleiner 90 rad/s entspricht, gezeigt.

Der Vorteil der vorgeschlagenen Simulationsmethode besteht darin, dass sie leicht und schnell auf vorhandene Radmodelle angewendet werden kann. In einer Vernetzungssoftware kann ein bestehendes Modell effektiv in den rotationssymmetrischen Anteil und den Stern unterteilt werden. Bei Radmodellen, bei denen die Scheibe rotationssymmetrisch ist, kann diese ohnehin durch die *MLE*-Beschreibung abgebildet werden. Für Räder, deren Stern mehr Speichen auf dem Umfang hat, kann untersucht werden, ob diese ebenfalls über die SMG-Prozedur erzeugt werden kann. ABAQUS erlaubt einen

sich wiederholenden Sektor der Geometrie über einen Winkel von 360° abzu-
wickeln und wenn der Winkel dieses Sektors klein genug gewählt ist, werden
dabei *Streamlines* berechnet [AB6.10].

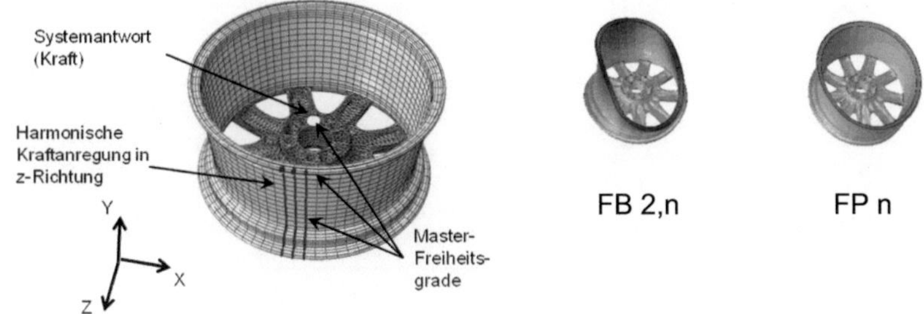

Abbildung 4.11:   a) Beibehaltene Master-Freiheitsgrade des reduzierten Systems
b) Radeigenform Felgenbiegung FB 2,1 und c) Radeigenform Felgen-Pitch FP 1.

Rotations-geschwindigkeit in rad/s	Felgenbiegung FB 2,1		Felgenbiegung FB 2,1	
	Reale Eigenfrequenz FOSM-Modell (EF) in Hz	Komplexe Eigenfrequenz FOSM-Modell (EF) in Hz	Abweichung reale EF des ROSM-Modells in Hz	Abweichung komplexe EF des ROSM-Modells in Hz
0	275.14	-		
16	276.12	273.04	0.05	0.06
32	276.04	269.60	0.05	0.06
64	275.72	262.69	0.06	0.06
128	274.45	248.72	0.06	0.06

Tabelle 4.5: Eigenfrequenzen des FOSM und Abweichungen der Eigenfrequenzen des
ROSM (reales Pkw-Rad) für verschiedene Rotationsgeschwindigkeiten.

Eine weitere Möglichkeit, die Rotation für das Radmodell zu implementieren
könnte darin bestehen, anstelle der komplizierten unsymmetrischen Geometrie des Felgensterns eine vereinfachte rotationssymmetrische Scheibe einzusetzen. Diese Möglichkeit wird aufgrund der guten Ergebnisse mit der zuvor
beschriebenen Methode in [Grol12b] nicht weiterverfolgt. Kindt [Kind09] fasst
zusammen, dass das dynamische Verhalten von Felge und Scheibe sehr
stark von ihrer komplizierten Geometrie beeinflusst wird, so dass diese detailliert abgebildet werden müssen. Auch sprechen die Untersuchungen von

[Haya07] für diese Beurteilung. Weiterhin müsste das Rad aufwendig neu modelliert werden und über Model-Updating-Verfahren wie in [Fris95] auch dessen komplizierte Strukturdynamik zum Beispiel anhand des MAC[37]-Kriteriums abgeglichen werden.

Rotations-geschwindigkeit in rad/s	Felgenbiegung FB 2,2		Felgenbiegung FB 2,2	
	Reale Eigen-frequenz FOSM-Modell (EF) in Hz	Komplexe Eigenfrequenz FOSM-Modell (EF) in Hz	Abweichung reale EF des ROSM-Modells in Hz	Abweichung komplexe EF des ROSM-Modells in Hz
0	276.83	-		
16	276.80	279.93	0.07	0.06
32	276.73	283.33	0.06	0.06
64	276.41	290.12	0.06	0.06
128	275.15	303.58	0.06	0.06

Tabelle 4.6: Eigenfrequenzen des FOSM und Abweichungen der Eigenfrequenzen des ROSM (reales Pkw-Rad) für verschiedene Rotationsgeschwindigkeiten.

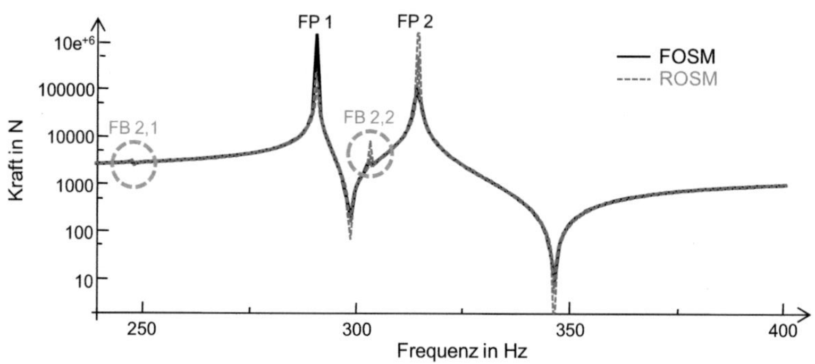

Abbildung 4.12: Kraftantwort in vertikaler Richtung im Zentrum des realistischen Pkw-Rades des Vollmodells FOSM und des reduzierten Modells ROSM bei einer Rotationsgeschwindigkeit von 128 rad/s.

An dieser Stelle muss angemerkt werden, dass die beschriebenen quadratischen Elemente bei Kopplung mit Reifen und Hohlraum nicht verwandt werden können, da die ABAQUS SST-Prozedur nur lineare Ansatzfunktionen zu-

---

[37] MAC: Modal Assurance Criterion: Maßzahl zwischen 0 und 1, die den Grad der Linearität zweier Eigenvektoren angibt

sammen mit den linearen Ansatzfunktionen der Elemente des Reifen-Hohlraummodells erlaubt. Mischdefinitionen sind nicht möglich. Aus diesem Grund wird in [Schi10] gezeigt, dass für 144 lineare Elemente über dem Radumfang (4 Elemente je 10° des Umfangs), die ersten sieben realen Eigenfrequenzen von Radbiegung *FB 2,n* und *Pitch FP,n* (n=1,2) um 16 Hz bzw. 8 Hz von denen des Ausgangsmodells abweichen. Bei Verwendung von 36 Elementen über dem Umfang, die ausreichen, um die ersten Reifeneigenfrequenzen abzubilden, werden starke Abweichungen > 100 Hz für die ersten Radeigenfrequenzen (Radbiegung) berechnet. Das Rad wird zu steif angenommen. Prinzipiell ist die Modellierung durch 144 oder mehr Elemente über dem Umfang für das gekoppelte Modell aus Reifen, Hohlraum und Rad möglich, allerdings steigen die Zahl der Freiheitsgrade und damit auch die benötigte Rechenzeit drastisch an. Somit entsteht verstärkt die Forderung nach einer Reduktion des Modells auf *Master*-Freiheitsgrade und generalisierten Freiheitsgrade. Für dieses Modell ist die Diskretisierung des Ausgangsmodells unerheblich sofern das Eigenwertproblem gelöst werden kann.

Für ein mit 168 Elementen (134 + 34) über dem Umfang diskretisiertes, nicht rollendes, FOSM-Radmodell werden die in Abbildung 4.13 und Abbildung 4.14 dargestellten Eigenformen und Eigenfrequenzen abhängig von der Einspannung des Rades berechnet. Für das eingespannte Rad werden im Frequenzbereich unterhalb von 350 Hz die Felgenbiegung *FB 2,1* und *FB 2,2* sowie die *Pitch*-Eigenformen *FP, 1/2* berechnet. Für ein nicht eingespanntes Rad werden neben den Starrkörpereigenfrequenzen die Eigenfrequenzen der Felgenbiegung *FB 2,1/2* berechnet. Eine der *Pitch*-Eigenform ähnliche Eigenform wird bei einer höheren Frequenz berechnet. Bei dieser Eigenform schwingt im Gegensatz zum eingespannten Rad der Radflansch gegen das Felgenbett, welches selbst nur kleine Schwingwege ausführt. Somit ist die schwingende Masse geringer als bei der *Pitch*-Eigenform des eingespannten Rades. Im Vergleich zum eingespannten Rad werden die *FB 2,1/2*-Eigenfrequenzen um 8 Hz abgesenkt. Durch die Einspannung über fünf Bolzen und die Zentrierung wird somit eine Versteifung des Systems erreicht. Die Eigenfrequenzen und Formen für das rotierende System werden in Abschnitt 4.2.5 aufgezeigt und diskutiert.

FB 2,1: 282 Hz   FB 2,2: 284 Hz   FP, 1: 312 Hz   FP, 2: 312 Hz

Abbildung 4.13: Eigenschwingformen des eingespannten, nicht rotierenden Rades unter 350 Hz.

FB 2,1: 274 Hz   FB 2,2: 276 Hz

Abbildung 4.14: Eigenschwingformen des freien, nicht rotierenden Rades unter 350 Hz.

4.2.4 Kraftschluss-Radführung

Wie in Abschnitt 3.3 gezeigt, ist die Abbildung der Strukturdynamik der Kraftschluss-Radführung notwendig, um das reale Systemverhalten des Gesamtsystems Reifen-Hohlraum-Rad-Radführung bestmöglich anzunähern. Dazu wird ein Ausgangsmodell der Radführung entwickelt, das die Komponenten Bodenplatte, Seitenstützen, Sturzkasten, Segmentlagerführungen des Sturzkastens, Linearführungen des Radlastkastens, Radlastkasten, Hydraulikmotor und Messnabe beinhaltet (Abbildung 4.15). Die Geometrie der Komponenten wurde im 3D-CAD-Programm INVENTOR der Firma Autodesk aufgebaut und im *iges*[38]-Format nach ABAQUS importiert. Für die Stahlkomponenten werden die Dichte (7850 kg/m³), der Elastizitätsmodul (2.09*10^{11} N/m²) und die Poissonzahl (0.3) von Stahl im Modell gewählt. Das Netz besteht aus linearen Tetraeder- und Hexaeder-Elementen. Die Elementgrößen werden so gewählt, dass die aus der experimentellen Modalanalyse bekannten Eigenformen abgebildet werden können. In diesem Ausgangsmodell werden die Segmentlagerungen (Kugelumlauflager) Seitenstützen-Sturzkasten und Bodenplatte-Grundplatte, sowie die Linearführungen des Radlastkastens durch ein empiri-

---

[38] Initial Graphics Exchange Specification: herstellerunabhängiges Datenformat zum Austausch von Dateien

sches, orthotropes Materialmodell abgebildet und über Null-Verschiebungs-randbedingungen fix an die zu verbindenden Komponenten gekoppelt. Die Masse der Kraftschluss-Radführung kann experimentell nicht bestimmt werden. Mit 3.2 t ist die berechnete Masse für die Struktur plausibel.

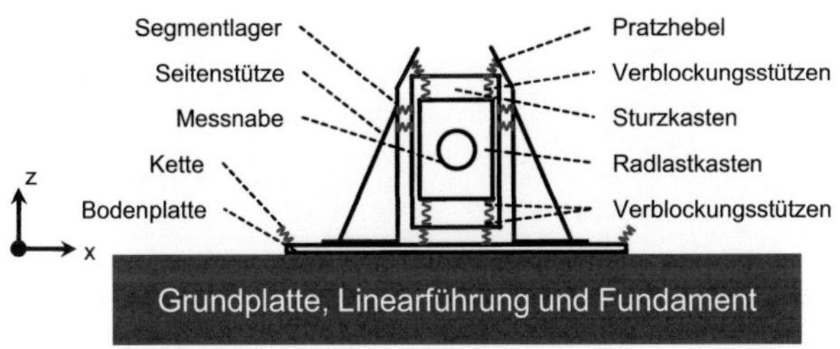

Abbildung 4.15:   Schematische Darstellung der Kraftschluss-Radführung (Mod. 1).

Wie bereits in [Grol09a] und [Grol09b] gezeigt stimmen die mittels der *Lanczos*-Methode (vgl. Abschnitt 4.2.1) berechneten Eigenfrequenzen und Eigenformen der Kraftschluss-Radführung des beschriebenen Ausgangsmodells nicht genau genug mit den experimentell ermittelten Eigenfrequenzen des EMA-Versuchs (vgl. 3.3.1) überein. Da die detaillierte Abbildung der Strukturdynamik von Kugel- bzw. Rollenumlauflagern ein eigenes Forschungsgebiet bildet (vgl. z.B. [Ohta00]), wird bereits in [Grol09a] die unzureichende Abbildung der Kugelumlauflager als Grund für die mangelnde Übereinstimmung genannt. Dies wird in [Hoda11] anhand des MAC[37]-Kriteriums belegt. Deshalb wird in [Hoda11] das orthotrope Materialmodell durch Federmodelle ersetzt und ein Optimierungsverfahren zur Anpassung der Federsteifigkeiten implementiert. Der Prozess zur Erzeugung des FE-Modells der Kraftschluss-Radführung ist in Abbildung 4.16 dargestellt.

Die Federmodelle werden zur Abbildung der Kugel- und Rollenumlauflager, der Linearführungen sowie der mechanischen Verblockung des Sturzkastens durch Pratzhebel und Verblockungsstützen und des Radlastkastens durch Verblockungsstützen entsprechend Abbildung 4.15 a) eingesetzt. Weiterhin werden für die Modifikation 1 (vgl. Abschnitt 3.3.2) zur Abbildung der Spannkeile Federmodelle im Modell implementiert. Durch diese Modellierung werden die MAC-Werte von zwei Eigenformen der Kraftschluss-Radführung um

27% verbessert und weitere zwei Eigenformen aus Messung und Simulation zur Übereinstimmung gebracht. Die Optimierung der Federsteifigkeiten erfolgt nach den von Martin [Mart01] und Friswell [Fris95] vorgeschlagenen Methoden [Hoda11]. Die Residuen der Eigenfrequenzen und MAC-Werte werden durch die Optimierung um 53 % bzw. 20 % verringert.

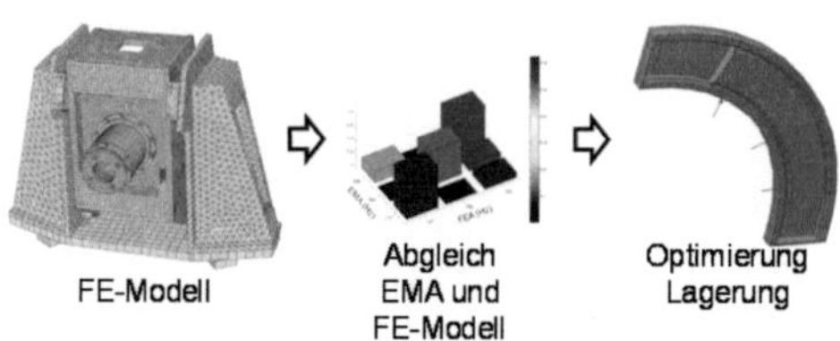

Abbildung 4.16:   Prozess zur Erzeugung und Optimierung des FE-Modells der Kraftschluss-Radführung.

Für die Anbindung der Kraftschluss-Radführung an die Umgebung muss beachtet werden, dass die Grundplatte auf einer Linearführung, die mit dem Fundament verbunden ist, gelagert ist (vgl. Abbildung 4.15). Die Randbedingungen für die Grundplatte sehen in der Realität so aus, dass die Radführung in der positiven z-Richtung frei beweglich ist, wobei sie mit ihrem Eigengewicht belastet ist. In der negativen z-Richtung ist die Grundplatte auf Linearführungen gelagert, die fest mit dem Fundament verbunden sind. Im Modell wird die Grundplatte in der z-Richtung als gefesselt angenommen, da die real vorliegenden Randbedingungen im Modell nicht abgebildet werden können. In der x-Richtung wirken in der Realität die Lagerung der Linearführung sowie Reibung. Im Modell werden die x- und y-Richtung ebenfalls als raumfest angenommen.

In [Hoda11] werden weder Materialdämpfung noch Dämpfung der durch Federn approximierten Lager berücksichtigt. Dies erfolgte im Rahmen dieser Forschungsarbeit durch Berücksichtigung einer *Complex-Stiffness* in ABAQUS. Die Parameter der komplexen Steifigkeit der einzelnen Federn werden an die aufgenommene Übertragungsfunktion der EMA (vgl. Abschnitt 3.3) angepasst. Das Dämpfungsmodell ist in Abschnitt 4.2.6 beschrieben.

Unter den angenommenen Randbedingungen wird der EMA-Versuch aus Abschnitt 3.3 durch Anregung an der rechten Seitenstütze simuliert. Die experimentell ermittelte Übertragungsfunktion bei Anregung der rechten Seitenstütze der Radführung in x-Richtung kann durch das Modell, wie in Abbildung 4.17 dargestellt, abgebildet werden. Die Abweichungen zwischen Versuch und Simulation ergeben sich aus der in positiver z-Richtung sowie in x-Richtung zu steifen Lagerung der Grundplatte. Dies kann gezeigt werden, indem die festen Anbindungen jeweils durch Federelemente ersetzt werden. Durch Optimierung der Federsteifigkeiten kann für eine in allen drei Raumrichtungen auf Federn gelagerte Grundplatte gemessene und simulierte Übertragungsfunktion durch Variation der Federsteifigkeit bis zu einer Frequenz von 230 Hz nahezu zur Übereinstimmung gebracht werden. Durch die Optimierung werden sehr geringe Werte für die Federsteifigkeiten ermittelt, wodurch die Nachgiebigkeit der Grundplatte besser abgebildet wird. Für die Kopplung des Radführungsmodells mit dem Reifen-Hohlraum-Rad-Modell ist diese Anbindung im Vergleich zur Anbindung des Reifens (unverschieblich angenommene Fahrbahnkontaktknoten, vgl. Abschnitt 4.2.1) zu weich. Schwingformen des Reifens regen dann die Kraftschluss-Radführung an der Anbindungsstelle zu Schwingformen an, deren größte Deformationsamplituden an der Koppelstelle zum Fundament auftreten. Dies steht im Wiederspruch zu Versuchsergebnissen aus der OMA der Radführung (vgl. Abschnitt 3.3). Die Linearführungen bilden eine wesentlich komplexere Lagerung als durch die Federelemente abgebildet werden kann. In den folgenden Simulationen wird die Grundplatte daher fest angebunden.

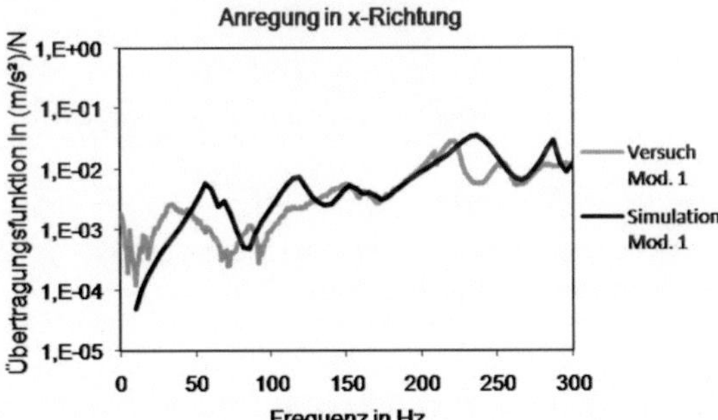

Abbildung 4.17: Vergleich von gemessener und simulierter Übertragungsfunktion der Kraftschluss-Radführung (Mod. 1).

Das Modell der Kraftschluss-Radführung in Mod. 1 wird um die Verspannung gegen das Prüfstandsportal (Mod. 2) erweitert. Die Verbindung der Verspannungen mit dem Prüfstandsportal erfolgt durch Schrauben, die durch Federelemente im Modell abgebildet werden. Die Modellierung ist schematisch in Abbildung 4.18 und in Abbildung 4.19 dargestellt.

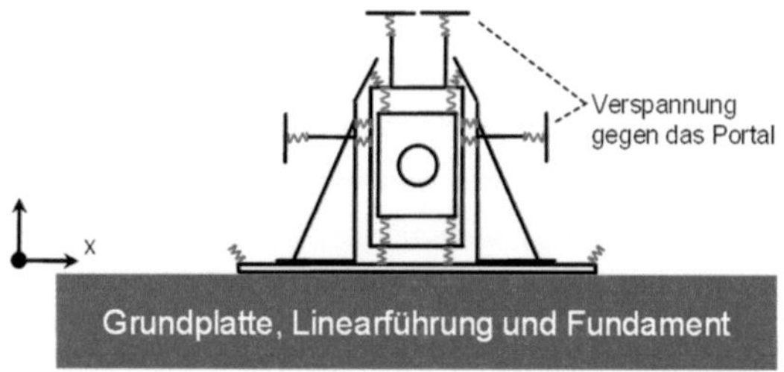

Abbildung 4.18:   Schematische Darstellung der Kraftschluss-Radführung (Mod. 2).

Zur Kopplung beider Modelle mit dem Reifen-Hohlraum-Rad-Modell werden an beiden Radführungsmodellen die Knoten der Messnabe, die Kontakt zum Radflansch haben, starr mit einem Referenzknoten im Nabenzentrum verknüpft. Die verknüpften Knoten und der Referenzknoten sind in Abbildung 4.19 anhand des Modells der Mod. 2. dargestellt.

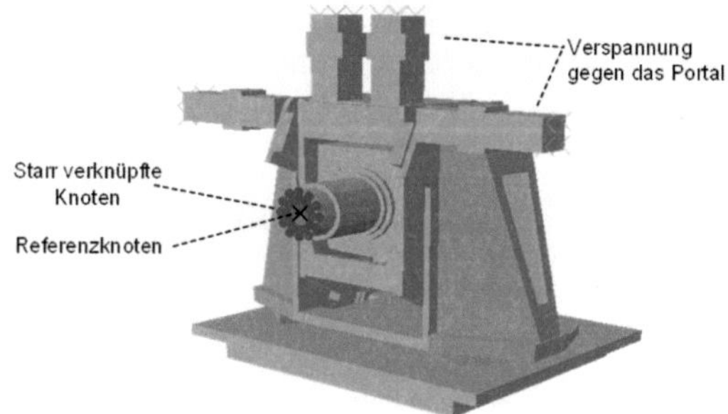

Abbildung 4.19:   Darstellung des Modells der Kraftschluss-Radführung (Mod. 2) und starr verknüpfte Nabenknoten inklusive Referenzknoten.

4.2.5 Berücksichtigung gyroskopischer Effekte durch Rotation

In den Abschnitten 4.2.1 bis 4.2.3 wurde die Methodik zum Aufbau der FE-Modelle der Subsysteme des Systems Reifen-Hohlraum-Rad beschrieben. Die Schritte zur Berechnung eines mit Radlast beaufschlagten Systems wurden aufgezeigt. Zur Nutzung des impliziten Zeitintegrationsverfahrens zur Berechnung des Rollzustandes, das in ABAQUS implementiert ist, müssen die rotierenden Körper durch die *Symmetric-Model-Generation (SMG)-Revolve*-Prozedur erzeugt werden. Aus diesem Grund wurde die in [Grol12b] beschriebene Methode (vgl. Abschnitt 4.2.3) zur Unterteilung des Rades in einen rotationssymmetrischen und einen nicht rotationssymmetrischen Anteil umgesetzt. Unter Rotation wird schließlich geprüft, ob das in der Messung in Abschnitt 3.2.2 für den Reifen ermittelte Eigenschwingungsverhalten abgebildet werden kann. Weiterhin wird geprüft, ob das durch gyroskopische Effekte bedingte Aufspalten der Eigenfrequenzen für das Rad und den Hohlraum durch die beschriebene Modellierung abgebildet wird.

Innerhalb des impliziten Zeitintegrationsverfahrens in ABAQUS, *Steady-State-Transport* (*SST*) genannt, wird für die Elemente, die den rotierenden Körper bilden, die Rotationsgeschwindigkeit angegeben. Hat ein elastischer Körper, wie der Reifen, mit einer (starren) Unterlage Kontakt und rotiert, wird von *Rollen* gesprochen. Für das Rollen wird zusätzlich die Translationsbewegung des Systems definiert. Für den Reifen muss der Zustand des „Freien Rollens" zunächst iterativ bestimmt werden, da dessen effektiver Rollradius zunächst unbekannt und die korrekte Definition der Rotationsgeschwindigkeit nicht möglich ist. Aus diesem Grund wird im ersten Schritt die Lösung für einen Bremszustand und im nächsten Schritt der Antriebszustand berechnet. Während dieser Berechnungen wird die im Reifenzentrum resultierende Längskraft oder das resultierende Moment aufgezeichnet. Beim Nulldurchgang des Kraft- beziehungsweise Momentenverlaufs wird die Rotationsgeschwindigkeit für den freien Rollzustand gegebenenfalls über mehrere aufeinander folgende Iterationsrechnungen gefunden. Diese Rotationsgeschwindigkeit wird für die Elemente des Reifens und des rotationssymmetrischen Radanteils (Felge) angegeben. Das implizite Zeitintegrationsverfahren *SST* nutzt eine gemischte *Lagrange-Euler*-Formulierung. Das Bezugssystem liegt in der Achse des rollenden Reifens. Das Material des Reifens rotiert durch die gebildeten *Streamlines*. Das rotationssymmetrische Netz und die Bewegung werden in *Lagrange*schen Koordinaten beschrieben. Die große Deformation des Reifens im Kontaktbereich wird abgebildet. Trägheitseffekte werden berücksichtigt.

Zur Abbildung der Rotation des Füllmediums (vgl. Abschnitt 2.2.2 und 3.2.2) wird in ABAQUS für die akustischen Elemente eine Fließgeschwindigkeit definiert [AT6.10]. Da die MACH-Zahl signifikant größer als Null ist, unterteilt sich die Wellenbewegung im Medium in einen Anteil mit der Flussrichtung und einen entgegengesetzt (Doppler-Effekt). Der Effekt der so definierten Fließgeschwindigkeit hängt in ABAQUS von der verwendeten Berechnungsprozedur ab. Da die gyroskopischen Effekte zusätzliche Terme in der Element-Dämpfungsmatrix bedeuten, haben sie nur in komplexwertigen Berechnungsprozeduren Auswirkungen. Nach [AT6.10] sind dies *Subspace-Projection*-Methode und dynamische Prozeduren, in denen die Dämpfungsmatrix berücksichtigt wird. In ABAQUS werden die gyroskopischen Effekte für Akustik-Struktur-Kopplungen für die Akustik und für die Struktur unterschiedlich behandelt. Aufgrund der möglichen Deformation der Struktur wird deren Rotation über die *SST*-Prozedur berechnet. Anschließende lineare Störungsrechnungen werden auf diesen deformierten Zustand bezogen. Die Fließgeschwindigkeit des Fluids muss seit der ABAQUS Version *6.10ef-1* in diesem linearen Störungsschritt selbst wieder definiert werden, wenn sie berücksichtigt werden soll [AT6.10].

Das komplexe Eigenwertproblem für das rollende System wird mittels der *Subspace-Projection*-Methode in ABAQUS gelöst. Die Kopplung des Reifens an die Kraftschluss-Radführung wird zunächst nicht berücksichtigt. Die Rotation um die Reifenachse ist frei und die Knoten im Reifen-Fahrbahn-Kontakt festgehalten. Diese Randbedingungen geben die Randbedingungen im IPS näherungsweise wieder. In Abbildung 4.20 sind die ersten 12 realwertigen Eigenformen des mit 60 km/h rollenden Reifens dargestellt. Die komplexwertigen Eigenformen gleichen den Realwertigen, da für diese niederfrequenten Reifen-Eigenformen keine Wellenbewegungen identifiziert werden. Bei komplexen Reifeneigenformen höherer Ordnung als den dargestellten, zeigen sich Wellenbewegungen mit beziehungsweise entgegen der Rotationsrichtung, die im Kontakt gestört werden. In Tabelle 4.7 ist für eine Geschwindigkeit von 60 km/h der Vergleich von gemessenen (EMA-Versuch Abschnitt 3.1.4 und Rollzustand Abschnitt 3.2.2) und simulierten real- und komplexwertigen Eigenfrequenzen zusammengefasst. In Tabelle 4.8 sind die berechneten komplexen Eigenfrequenzen im Vergleich zu den gemessenen Eigenfrequenzen für 20 und 100 km/h dargestellt. Für die Eigenfrequenzberechnung wird jeweils die *Property Evaluation*[39] PE = 0 Hz gewählt. Die Berücksichtigung der frequenzabhängigen Versteifung viskoelastischer Materialien erfolgt in Abschnitt 4.2.6.

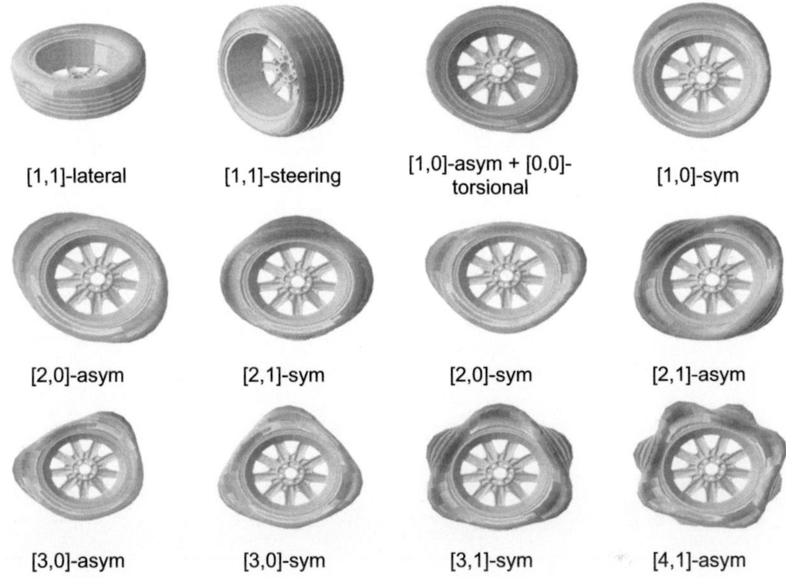

<table>
<tr><td>[1,1]-lateral</td><td>[1,1]-steering</td><td>[1,0]-asym + [0,0]-torsional</td><td>[1,0]-sym</td></tr>
<tr><td>[2,0]-asym</td><td>[2,1]-sym</td><td>[2,0]-sym</td><td>[2,1]-asym</td></tr>
<tr><td>[3,0]-asym</td><td>[3,0]-sym</td><td>[3,1]-sym</td><td>[4,1]-asym</td></tr>
</table>

Abbildung 4.20: Darstellung der ersten 12 berechneten realwertigen Reifen-Eigenformen unter 5 kN Radlast des mit 60 km/h rollenden Gesamtmodells aus Reifen, Hohlraum und Rad.

Die Eigenfrequenzen im stehenden EMA-Versuch sind insgesamt höher als durch das Modell berechnet, wie aufgrund der Materialdefinition zu erwarten (vgl. Abschnitt 4.2.1). Die Randbedingungen im EMA-Versuch erlauben die Rotation um die Reifenrotationsachse nicht. Durch den freien Rotationsfreiheitsgrad im Rollzustand und der Simulation ist die erste Eigenform der Simulation eine Kombination aus *[1,0]-asym* und *torsional*-Reifen-Eigenform bei stark verringerter Frequenz. Bei festem Rotationsfreiheitsgrad in der Simulation liegt diese Eigenfrequenz in der Größenordnung der [1,0]-*sym*-Eigenfrequenz des EMA-Versuchs. Brinkmeier erreicht Abweichungen in der Größen-

---

[39] Property Evaluation, Funktionalität in ABAQUS zur Auswertung der viskoelastischen Materialeigenschaften für definierte Frequenzen (vgl. Abschnitt 4.2.6)

ordnung von 10 Hz für den Vergleich zwischen EMA-Versuch und Simulation des Rollzustandes, wobei in [Brin07] die Simulation die Eigenfrequenzen durchgängig ca. um diesen Wert unterschätzt. Für den rollenden Zustand kann das Modell die Eigenfrequenzen des IPS-Versuchs mit geringeren Abweichungen abbilden.

	Stehender belasteter Reifen, Rotation fix	Rollender Reifen, 2.8 bar, 5 kN, 60 km/h			
	Messung Eigenfrequenz in Hz		Simulation Eigenfrequenz in Hz		
Form	EMA	IPS	Reale Eigenfrequenzen PE = 0	Komplexe Eigenfrequenzen PE = 0	Differenz (Simulation – IPS)
[1,1]-lateral	61.5	54.6	50.0	49.1	-5.5
[1,1]-steering	82.3	70.3	63.2	63.6	-6.7
[1,0]-asym	100	37	37.6	38.8	1.8
[1,0]-sym	106	72.2	84.6	83.7	11.5
[2,0]-asym	-	97.6	92.8	92.3	-5.3
[2,0]-sym	130	99.6	107.9	102.6	3

Tabelle 4.7: Vergleich der Schwingformen und Eigenfrequenzen in Messung und Simulation (168 Elemente).

Im Rollzustand werden die Eigenfrequenzen der [1,1]-Eigenformen durch das Modell bei allen untersuchten Geschwindigkeiten geringer berechnet als aus den Kraftspektren der Ausrollversuche ausgelesen. Die Eigenfrequenzen der [1,0]-Eigenformen werden bei allen Geschwindigkeiten durch das Modell höherfrequent berechnet als im Versuch bestimmt (vgl. Abbildung 4.25). Die Eigenfrequenz der [2,0]-*asym*-Eigenform wird durch das Modell unterschätzt, während diejenige der [2,0]-*sym*-Eigenform überschätzt wird. Der Grund für die Abweichungen ist in der Vernachlässigung der mechanischen Eingangsimpedanz des IPS zu sehen (vgl. Abschnitt 5.2). Diese beeinflusst die Strukturdynamik des angekoppelten Systems. Weiterhin werden die Reifen-Eigenfrequenzen in den Kraftspektren des Versuchs teilweise durch Eigenfrequenzen der Kraftschluss-Radführung überlagert, so dass das Auslesen erschwert wird. Es wird davon ausgegangen, dass die Materialmodellierung des FE-Modells für den rollenden Zustand gute Ergebnisse liefert. Die Randbedingungen (mechanische Eingangsimpedanz der Radführung, Freiheitsgrade) des Versuchs müssen in der Simulation aber sehr detailliert abgebildet werden, um die Eigenfrequenzen des rollenden Reifens noch genauer berechnen zu können.

| Form | Eigenfrequenz in Hz | | | | | |
| | Rollender Reifen, 2.8 bar, 5 kN 20 km/h | | | Rollender Reifen, 2.8 bar, 5 kN 100 km/h | | |
	Mes-sung IPS	Simulation PE = 0	Differenz (Simulation – IPS)	Mes-sung IPS	Simulation PE = 0	Differenz (Simula-tion – IPS)
[1,1]-lateral	56.6	50.1	-6.5	50.7	47.4	-3.3
[1,1]-steering	70.3	63.6	-6.7	66.4	63.3	-3.1
[1,0]-asym	38	39.0	1.0	37	38.6	1.6
[1,0]-sym	74.2	85.0	10.8	70.3	80.9	10.6
[2,0]-asym	99.6	93.8	-5.8	-	88.7	-
[2,0]-sym	-	107.8	-	95.7	95.9	0.2

Tabelle 4.8: Vergleich der Schwingformen und Eigenfrequenzen in Messung und Simulation (168 Elemente).

In der Simulation weichen die niederfrequenten realen und komplexen Eigenfrequenzen leicht voneinander ab. Für die niederfrequenten, hier diskutierten Reifen-Eigenfrequenzen tritt kein gyroskopisches Aufspalten wie für das Hohlraummedium und das Rad auf. Dieses Ergebnis stimmt mit den Ergebnissen der Messung in Abschnitt 3.2.2 überein. Durch den Kontakt mit der Fahrbahn wird die Symmetrie des Systems zerstört, das rotationsbedingte Aufspalten der Eigenfrequenzen tritt für den Reifen nicht auf.

Die berechneten komplexen und die aus der Messung ermittelten Eigenfrequenzen fallen mit zunehmender Geschwindigkeit ab (vgl. Tabelle 4.7 und Tabelle 4.8). In der Messung resultiert dies aus den Materialeigenschaften gefüllter Elastomere, die auf bimodale Belastung mit einem Abfall des Speichermoduls reagieren (vgl. Abschnitte 2.1.1 und 3.2.2). Das Material unterliegt einer überlagerten tieffrequenten Dehnung großer Deformationsamplitude, deren Frequenz von der Rollgeschwindigkeit abhängt. Der Speichermodul fällt abhängig von dieser Frequenz unterschiedlich stark ab. In der Simulation erfolgt nach [Brin07] der Abfall der Eigenfrequenzen aus der in der Gleichung (4.47) enthaltenen *MLE*-Matrix $\underline{\mathbf{W}}$. Die üblichen Materialmodelle kommerzieller FE-Programme können nichtlinear-viskoelastische Materialeigenschaften (Payne-Effekt, Entfestigung aufgrund bimodaler Belastung) nicht abbilden (vgl. Abschnitt 4.1.1).

Werden die komplexen Eigenformen und Eigenfrequenzen des Hohlraummediums berechnet und die komplexen Schwingformen dargestellt, zeigen sich Druckwellen, die sich mit bzw. entgegen der Rotationsrichtung des Rades bewegen. Gleichzeitig zeigt der Reifen Deformationen der umliegenden Reifeneigenformen. In Tabelle 4.9 wird das Aufspalten der komplexen Hohlraum-Eigenfrequenzen mit zunehmender Geschwindigkeit dargestellt. Da im Frequenzbereich um 200 Hz aufgrund der Akustik-Struktur-Kopplung von einem verstärkten Einfluss der *PE*-Frequenz auszugehen ist, werden die Hohlraum-Eigenfrequenzen bei PE = 200 Hz berechnet (vgl. Abschnitte 4.2.2 und 4.2.6). Die Frequenzdifferenz stimmt gut mit der Messung überein. Die Simulationsergebnisse weichen von der Messung für 100 km/h um weniger als 1 % ab. Bei 60 km/h wird eine Abweichung von maximal 2.5 % erreicht. Abweichungen resultieren z.B. aus der begrenzten Auflösung (2 Hz) in der Messung.

Geschwindigkeit in km/h	Simulation Komplexe Hohlraum-Eigenfrequenz in Hz		Messung Hohlraum-Eigenfrequenz in Hz	
	1. Ast	2. Ast	1. Ast	2. Ast
20	199	207	-	-
60	199	214	205	218
100	198	222	197.2	222.7

Tabelle 4.9: Komplexe Eigenfrequenzen des Hohlraums im belasteten (5 kN Radlast, Fülldruck 2.8 bar) rollenden Reifen-Hohlraum-Radmodell (168 Elemente über dem Umfang, PE = 200 Hz).

Abbildung 4.21 zeigt die komplexen Eigenfrequenzen und -formen des unterteilten Radmodells (FOSM, 168 Elemente mit linearen Ansatzfunktionen) für die Rotationsgeschwindigkeit, die einer Rollgeschwindigkeit des Gesamtsystems von 60 km/h entspricht ($\approx$ 50 rad/s). Im Vergleich mit den in Abschnitt

4.2.3 für das nicht rotierende, unterteilte Radmodell berechneten realen Eigenfrequenzen kann das Aufspalten der Eigenfrequenzen für die zwei Eigenformen im interessierenden Frequenzbereich abgebildet werden. Tabelle 4.10 fasst die komplexen Eigenfrequenzen für unterschiedliche Rotationsgeschwindigkeiten zusammen. Die Eigenfrequenzen der Felgenbiegung spalten um 22 Hz (+-11 Hz) auf, da zwei Wellen (2. Ordnung) über dem Umfang ausgebildet werden, während die *Pitch*-Eigenfrequenzen (eine Welle, 1. Ordnung) um 9 Hz (-5/+4 Hz) aufspalten. Damit kann das in Abbildung 4.11 b) dargestellte Aufspalten der Hohlraum- und Rad-Eigenfrequenzen abgebildet werden.

FB 2,1: 272 Hz   FB 2,2: 294 Hz   FP,1: 307 Hz   FP,2: 316 Hz

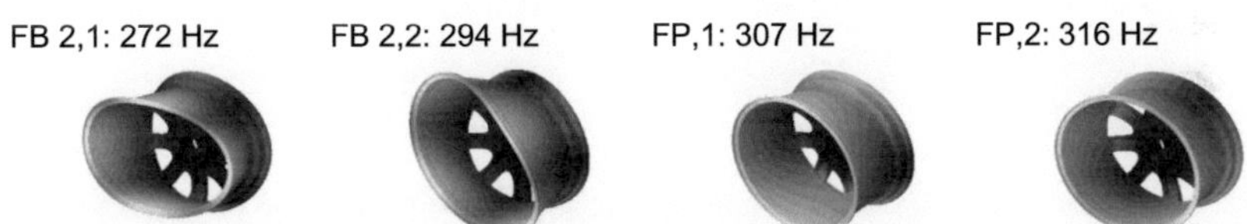

Abbildung 4.21:   Darstellung der berechneten komplexen Rad-Eigenformen FB 2,1/2 und FP, 1/2 des mit ca. 60 km/h rollenden Radmodells (168 Elemente über dem Umfang).

Rotationsgeschwindigkeit in rad/s	FB 2,1	FB 2,2	FP 1	FP 2
10	281	286	311	313
20	279	288	310	314
30	277	290	309	315
40	275	292	308	315
50	272	294	307	316
60	270	296	306	317

Tabelle 4.10: Komplexe Rad-Eigenfrequenzen des rotierenden Radmodells.

Im Gesamtmodell aus Reifen, Hohlraum und Rad, das rollend (20, 60 und 100 km/h) mit 168 Elementen über dem Umfang abgebildet wird, ist die Unterscheidung von Reifen- und Radeigenformen erschwert. Es treten vielmehr Deformationen beider Teilsysteme auf. Im Frequenzbereich oberhalb von 200 Hz kommen bei nahezu allen für das Gesamtmodell berechneten Eigenformen Raddeformationen vor. In Abbildung 4.22 bis Abbildung 4.24 sind die dem Rad zugeordneten Eigenfrequenzen und -formen sowie einige ausgewählte Formen des Reifens, die Anteile an Raddeformationen aufweisen, dargestellt. Beispielsweise wird bei 20 km/h eine Gürtelbiegeschwingung bei 239 Hz auf (Abbildung 4.22) von einer Felgenbiegung begleitet. Für 60 km/h wird in diesem Modell bei 214 Hz die Hohlraumresonanz (2. Ast) berechnet, wobei gleichzeitig die Felge stark deformiert (Abbildung 4.23).

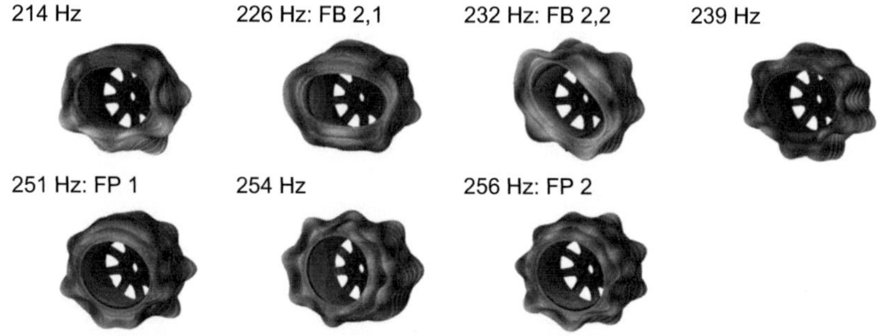

Abbildung 4.22:   Komplexer Eigenformen des Gesamtmodells bei 20 km/h (168 Elemente über dem Umfang, PE = 200 Hz).

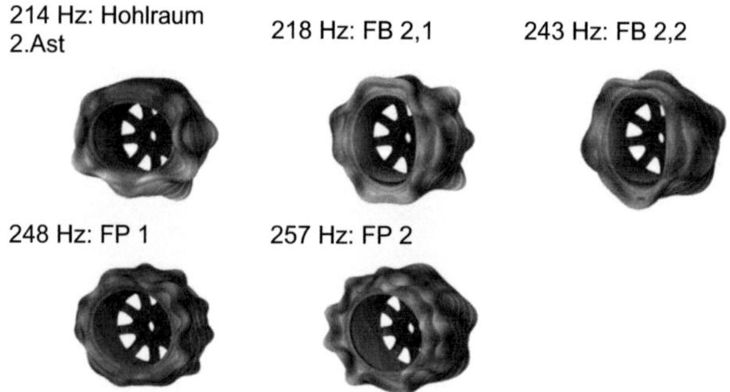

Abbildung 4.23:   Komplexe Eigenformen des Gesamtmodells bei 60 km/h (168 Elemente über dem Umfang, PE = 200 Hz).

Für die Felgenbiegung FB 2,n und die Felgen-*Pitch*-Eigenform *FP* kann das rotationsbedingte Aufspalten der Eigenfrequenzen auch im Modell des Gesamtsystems abgebildet werden. Die Frequenzlagen beider Eigenformen liegen niedriger als im Modell ohne Reifen und Hohlraum (vgl. Tabelle 4.10) und auch als im EMA-Versuch. Im Vergleich zum Modell des Rades allein bewirkt die Reifenmasse einen Abfall der Eigenfrequenzen. Im Vergleich zum EMA-

Versuch bewirkt das Reifenmaterial eine weniger starke Versteifung, da der Speichermodul durch die überlagerte große Deformation abfällt. In den IPS-Messungen werden im Frequenzbereich 260 bis 280 Hz Amplitudenüberhöhungen in den Kraftspektren identifiziert (vgl. Abschnitt 3.2.2), die aber nicht eindeutig bestimmten Radeigenformen zugewiesen werden konnten. In der Simulation fallen in diesen Bereich Felgenbiegeschwingungen dritter Ordnung FB 3,n, wobei diese auch in der Simulation nicht eindeutig von den Reifeneigenformen unterschieden werden können.

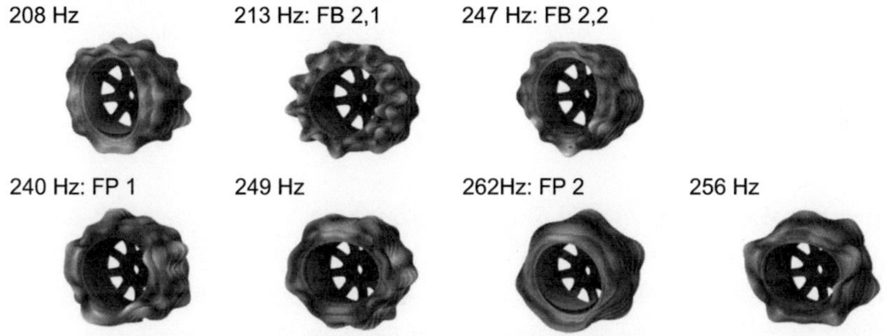

Abbildung 4.24:   Komplexe Eigenformen des Gesamtmodells bei 100 km/h (168 Elemente über dem Umfang, PE = 200 Hz).

4.2.6 Berücksichtigung von viskoelastischen Materialeigenschaften und Dämpfung

Die komplizierte Energiedissipation dynamischer Systeme wird in FE-Modellen meist durch einen mathematischen Ansatz abgebildet. Dieser hängt davon ab, ob Dämpfung in physikalischen (vollständige Lösung des Gleichungssystems) oder generalisierten (Lösung auf Basis der Eigenvektoren) Koordinaten berücksichtigt wird. Wird die Systemgleichung in generalisierten Koordinaten gelöst, kann modale Dämpfung genutzt werden [AB6.10]. Die Strukturantwort wird als Linearkombination einer Anzahl n von ungedämpften Eigenvektoren angenommen. Dadurch müssen n ungekoppelte Gleichungen gelöst werden, was eine effektive Berechnung der Strukturantwort ermöglicht. Dabei wird die Dämpfung jeder einzelnen Eigenfrequenz als Anteil an der kritischen Dämpfung angegeben [AB6.10]. Für die vollständige Lösung des Gleichungssystems kann Energiedissipation als viskose Dämpfung, Strukturdämpfung oder Rayleigh-Dämpfung abgebildet werden [AB6.10]. Dabei kann unterschieden werden, ob die Mechanismen global auf das Modell oder einzeln auf Elemente bzw. Materialien des Modells wirken. Viskose Dämpfung bildet eine zur Geschwindigkeit in Phase und proportionale Dämpfungskraft ab, so dass sich diese linear proportional zur Frequenz verhält [AB6.10]. Demgegenüber wird Strukturdämpfung konstant über dem Frequenzbereich angenommen. Sie ist proportional zur Verschiebung des Objekts [AB6.10]. In ABAQUS tragen Dämpfungsmechanismen, die aus viskoelastischen Materialien (z.B. Prony-Terme) resultieren, bei Auswertung im Frequenzbereich zur Strukturdämpfung bei [AB6.10].

Reifen

Brinkmeier [Brin07] verwendet für die Abbildung der Reifendynamik in einem FE-Modell modale Dämpfung, die er über dem betrachteten Frequenzbereich als konstant annimmt. Modale Dämpfung ist für gekoppelte Systeme wie das System Reifen-Hohlraum-Rad, das mit der Radführung gekoppelt wird, nicht empfehlenswert. Die Systeme Komplettrad und Radführung sowie bereits die Subsysteme Reifen, Hohlraum und Rad weisen stark unterschiedliche Dämpfungseigenschaften auf. Bei Verwendung von modaler Dämpfung müssten Eigenfrequenzen und –vektoren des gekoppelten Systems zunächst berechnet und hinsichtlich der auftretenden Eigenformen analysiert werden. Für eine dynamische Analyse wird dann der jeweiligen Eigenformen die entsprechende experimentell bestimmte Dämpfung als modale Dämpfungen zugewiesen. Können einzelnen Eigenformen experimentell nicht identifiziert werden, müssen Annahmen getroffen werden.

Dämpfungsansätze, die auf den physikalischen Koordinaten beruhen und auf das globale Modell, die Elemente oder Materialien wirken, können in ABAQUS in Substrukturen beibehalten werden. Während der Substrukturerzeugung können reduzierte Dämpfungsmatrizen berechnet werden, deren Quellen der Nutzer einzeln auswählen kann. Es ist daher anzustreben, die Energiedissipation der Subsysteme durch einen Dämpfungsansatz auf

Element-oder Materialebene abzubilden und möglichst in der Substruktur beizubehalten.

Kindt [Kind09] findet in experimentellen Untersuchungen an Gummiproben des Reifenprofils eine klare Frequenzabhängigkeit. Er verwendet dennoch ein frequenzunabhängiges, massen- und steifigkeitsproportionales Dämpfungsmodell für die Gürtelsteifigkeit innerhalb seines Reifenmodells, da diese wesentlich durch die Stahlkordlagen bestimmt wird [Kind09]. Kindts Versuche einen Rayleigh-Ansatz an die experimentell ermittelten Dämpfungen (EMA-Versuch) zu fitten, lieferten keine guten Ergebnisse [Kind09]. Die Energiedissipation der als Seitenwand dienenden Federnmodelle berücksichtigt er durch eine frequenzunabhängige Dämpfungskonstante [Kind09]. Durch Abgleich von EMA-Versuch und berechneten komplexen Eigenfrequenzen passt Kindt die Steifigkeiten der Federn an [Kind09]. Bis 230 Hz kann das Modell die im EMA-Versuch gemessenen Eigenfrequenzen mit Abweichungen von 5 Hz vorhersagen. Oberhalb 230 Hz nehmen die Abweichungen zu, da neben der nicht berücksichtigten frequenzabhängigen Steifigkeit auch das dynamische Verhalten der Seitenwand unabhängig von dem des Gürtels angenommen wird und die Kopplung zwischen Hohlraummodell und Seitenwand vernachlässigt wird.

Kaliske [Kali97] empfiehlt ein viskoelastisches Materialmodell zur Abbildung dissipativer Effekte von Reifenmaterialien. Werden die Materialeigenschaften innerhalb des ABAQUS-Modells durch das viskoelastische Materialmodell *Prony-Terme* abgebildet, können die frequenzabhängigen Elastomermaterialeigenschaften (vgl. Abschnitt 2.1.1) abgebildet werden. Die Eigenwertsolver in ABAQUS werten diese frequenzabhängigen Materialeigenschaften für eine vom Benutzer zu definierende Frequenz

$$PE_N = f_N \tag{4.108}$$

mit PE_N der Property Evaluation (Einstellparameter in ABAQUS) und

       f_N der interessierenden Frequenz

aus [AB6.10]. Sind Steifigkeit und Dämpfung stark von der Frequenz abhängig, können die Eigenwerte und -frequenzen des Vollmodells in mehreren

Schritten berechnet werden, wobei die Materialeigenschaften in jedem Schritt für eine höhere Frequenz f_N ausgewertet werden.

Bei der Reduktion eines Vollmodells zu einer Substruktur werden die frequenzabhängigen Steifigkeiten für eine definierte *PE*-Frequenz berücksichtigt und in der Substruktur beibehalten. Zusätzlich kann während der Substrukturgenerierung eine viskose Dämpfungsmatrix für eine definierte *PE*-Frequenz erzeugt werden. Es gilt demnach zu prüfen, wie viele Substrukturen bzw. PE-Frequenzen f_n für den Frequenzbereich bis 300 Hz benötigt werden, um die frequenzabhängige Steifigkeit und Dämpfung der Elastomermaterialien mit ausreichender Genauigkeit abbilden zu können. In der Diskussion dieser Punkte wird zunächst auf die frequenzabhängige Steifigkeit und anschließend auf die Dämpfung eingegangen. Es wird dabei davon ausgegangen, dass das viskoelastische Materialverhalten durch die Prony-Terme genügend genau abgebildet wird.

Unter Berücksichtigung der viskoelastischen Eigenschaften für verschiedene PE-Frequenzen werden die realen und komplexen Eigenfrequenzen berechnet. Die komplexen Eigenfrequenzen des mit 60 km/h rollenden Gesamtmodells (Reifen-Hohlraum-Rad, gröbere Diskretisierung als in den bisher diskutierten Modellen) sind in Abbildung 4.25 über der komplexen Eigenfrequenz bei *PE* = 0 Hz aufgetragen. In der Abbildung sind zusätzlich die aus den Kraft- und Momentenspektren der Ausrollversuche bestimmten Eigenfrequenzen gekennzeichnet. Ohne Berücksichtigung der Kraftschluss-Radführung im Modell weisen einige der Reifen-Eigenfrequenzen größere Abweichungen zum Versuch auf (vgl. Abschnitt 4.2.5) als die Unterschiede durch variierende *PE*-Frequenzen. Im höheren Frequenzbereich nehmen die Eigenfrequenzen stärker mit der *PE*-Frequenz zu (bei diesem Reifen um ca. 7 Hz bei ca. 265 Hz). Die Reifen-Eigenfrequenzen in diesem höheren Frequenzbereich können aus den Kraftspektren des Versuchs allerdings nicht mehr eindeutig identifiziert werden. Somit ist festzuhalten, dass zur Abbildung der Frequenzlagen der im Versuch identifizierten Resonanzen des Reifens eine *PE*-Frequenz ausreicht.

Der Anstieg der Hohlraum-Eigenfrequenzen mit der *PE*-Frequenz wird in Abbildung 4.25 für *PE* = 200 Hz im Vergleich zu *PE* = 0 Hz aufgezeigt. Die Hohlraum-Eigenfrequenzen werden durch die Erhöhung der *PE*-Frequenzen, die auf die Materialeigenschaften der Elastomermaterialien wirken, um ca.

2 Hz erhöht. Dies zeigt die Kopplung zwischen Reifen und Hohlraum auf. Durch die höhere *PE*-Frequenz werden die Eigenfrequenzen der Messung gut abgebildet. Besonders bei einer Geschwindigkeit von 100 km/h, bei der aufgrund des breiten Aufspaltens die Eigenfrequenzen sehr gut aus der Messung auszulesen sind, wird der Einfluss der PE-Frequenz deutlich. Unterhalb 200 Hz überschätzt die Simulation mit PE = 200 Hz die Hohlraum-Eigenfrequenz des ersten Astes leicht, während die des zweiten Astes unterschätzt wird. Dies liegt an der Wahl von PE = 200 Hz zwischen beiden Ästen. Die Frequenzlagen des ersten und zweiten Astes unterscheiden sich durch das gyroskopische Aufspalten im interessierenden Geschwindigkeitsbereich um maximal 30 Hz. Innerhalb dieser Frequenzdifferenz werden die Hohlraum-Eigenfrequenzen durch das viskoelastische Elastomermaterial um maximal 0.3 Hz verschoben. Wird eine Abbildung der Eigenfrequenzen des Hohlraummediums auf 1 Hz genau angestrebt, ist es daher zu empfehlen eine PE-Frequenz nahe der Resonanz des Hohlraums zu wählen, also eine Substruktur für diesen Bereich zu erzeugen.

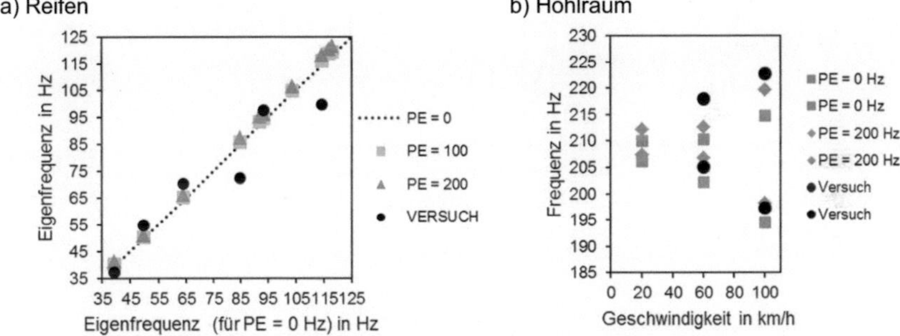

Abbildung 4.25: Einfluss der viskoelastischen Eigenschaften (PE-Frequenzen) auf die Frequenzlage a) der Reifenresonanzen b) der Hohlraumresonanz

Zur Auswertung und Diskussion der frequenzabhängigen Dämpfung wird das Gesamtmodell harmonisch an den Reifen-Fahrbahn-Kontaktknoten angeregt. Die Simulation berechnet dabei den eingeschwungenen Zustand der Struktur. An ausgewählten Frequenzen, 86, 110, 135 und 248 Hz, werden die im Radzentrum berechneten Vertikalkraftantworten ausgelesen. Für PE-Frequenzen von 50 und 100 Hz werden die Antwortamplituden der 86-Hz-Resonanz bestimmt. Die Antworten der 110 und 135 Hz-Resonanzen werden mittels der Substrukturen mit PE = 100 und 200 Hz berechnet. Die Antwort der 248 Hz-Resonanz wird mittels der Substrukturen mit PE = 200 und 250 Hz bestimmt. Die Amplitude der Kraftantwort der niederfrequent erzeugten Substruktur wird als Referenz (100 %) für die höherfrequent erzeugte Substruktur-Kraftantwort herangezogen. Die Antworten der Substrukturen sind in Abbildung 4.26 jeweils über der PE-Frequenz der Substrukturen aufgetragen. Die gestrichelten Linien repräsentieren die Frequenzlage der Resonanzen. Die Kraftantwortamplitude bei 86 Hz würde nur durch eine bei dieser Frequenz erzeugte Substruktur korrekt vorhergesagt. Somit wird die Amplitude der 86-Hz-Resonanz durch ein bei *PE* = 50 Hz erzeugtes Substrukturmodell überschätzt, während ein bei *PE* =100 Hz erzeugtes Substrukturmodell die Antwort unterschätzt.

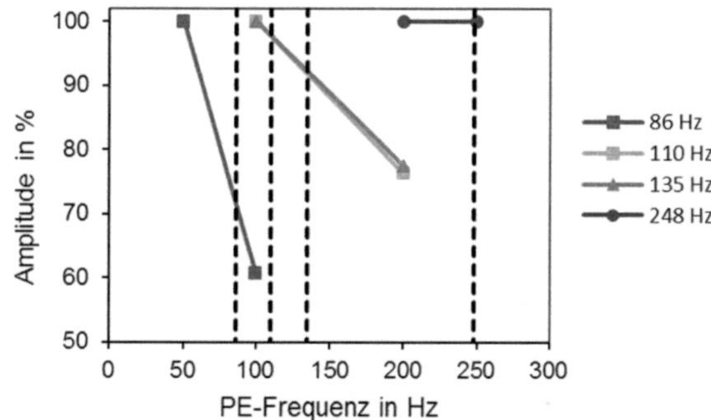

Abbildung 4.26:   Amplitudenabnahme für ausgewählte Resonanzen bei Änderung der PE-Frequenz.

Im Frequenzbereich unterhalb von 150 Hz ist der stärkste Abfall der Amplituden zu beobachten. Diese Beobachtung korrespondiert mit dem von Kindt ermittelten Verlustfaktor eines Profilelastomers [Kind09], der im Frequenzbereich bis 140 Hz am stärksten zunahm. Aus Abbildung 4.26 ist erkennbar, dass im Frequenzbereich zwischen 30 und 100 Hz zur Abbildung der Amplituden mit akzeptablen Abweichungen Substrukturmodelle für weitere *PE*-Frequenzen erzeugt werden sollten. Oberhalb von 150 Hz nimmt der Verlustmodul weniger stark zu. Im Frequenzbereich zwischen 100 und 200 Hz sollten ca. drei Substrukturen erzeugt werden, um annehmbare Abweichungen zu erhalten. Im höheren Frequenzbereich bis 300 Hz nehmen die berechneten Amplitudenunterschiede ab, so dass davon auszugehen ist, dass zur korrekten Abbildung der Amplituden eine Substruktur (für PE = 200 Hz) ausreichend ist.

Kraftschluss-Radführung

Im Vollmodell der Kraftschluss-Radführung wird Strukturdämpfung für das eingesetzte Material ausgewählt. Die Federn zur Abbildung der Kugelumlauf- und Linearlager werden durch einen Strukturdämpfungsfaktor (konstant über dem Frequenzbereich) bedämpft, der sich bei reibungsbedingter Dämpfung an Lagerungsstellen anbietet [AB6.10]. Der EMA-Versuch für Mod. 1 wurde in der Simulation abgebildet. Die Übertragungsfunktionen (FRF) am Anregungspunkt aus Simulation und Messung wurden in Abschnitt 4.2.4 miteinander verglichen und die Strukturdämpfungsfaktoren der Federelemente daraufhin angepasst, eine höchstmögliche Übereinstimmung zwischen Messung und Simulation zu erreichen.

Rad

Für das Rad wird ebenfalls Strukturdämpfung für das eingesetzte Material angenommen. Der Dämpfungsfaktor wird zu s = 0.0054 gewählt.

4.2.7 Kopplung der Teilsysteme in Vollmodell und Substruktur

In den Abschnitten 4.2.1 bis 4.2.6 werden die Schritte zur Abbildung des Schwingungsverhaltens des vorbelasteten Systems Reifen-Hohlraum-Rad und der Kraftschluss-Radführung in FE-Modellen inklusive der Berücksichtigung des Einflusses des Rollzustandes auf die Strukturdynamik und Dämpfung beschrieben. Bevor in Abschnitt 4.2.8 die Erzeugung von Substrukturen dargestellt wird, wird in diesem Abschnitt auf die Kopplung der Teilsysteme eingegangen. Es wird analysiert, ob das gekoppelte Gesamtmodell Reifen-Hohlraum-Rad-Radführung zu einer Gesamt-Substruktur reduziert oder die Teilsysteme getrennt reduziert werden. Die Substrukturen der Teilsysteme können dann im Sinne der *component mode synthesis* (vgl. Abschnitt 4.1.3) zum Gesamtmodell zusammengesetzt werden. In dieser Analyse werden

Modellierungsaufwand und Modelldimension auf Generierungs- und Nutzungslevel der Teilsysteme betrachtet. Die Unterscheidung zwischen Generierungs- und Nutzungslevel stellt Abbildung 4.27 dar. Das Generierungslevel meint die notwendigen Berechnungsschritte (Vorlast, Eigenfrequenzberechnung usw.) des Ausgangs-FE-Modells, das auch als Vollmodell bezeichnet wird. Nutzungslevel bezeichnet die Schritte, die durchgeführt werden, um das Gesamtmodell aus allen Teilsystem-Substrukturen zu erhalten und die Berechnungen, die mit diesem Modell durchgeführt werden. Der Modellierungsaufwand steigt mit der Anzahl der Teilsysteme im Gesamtmodell sowohl auf Generierungslevel als auch auf Nutzungslevel an. Da die ABAQUS-Substruktur-Prozedur immer das gesamte Vollmodell einer Analyse (vorgeschaltete Berechnungsschritte) zu einer Substruktur reduziert [AB6.10], muss für jede Substruktur ein getrenntes Vollmodell erzeugt werden. Die Modelldimension meint die Anzahl der Freiheitsgrade des Gesamtmodells aus Substrukturen.

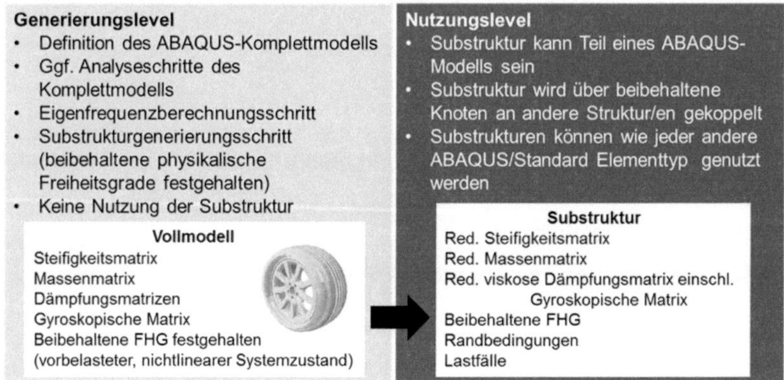

Abbildung 4.27:   Generierungslevel und Nutzungslevel einer Substruktur in ABAQUS (Sachverhalt aus [AB6.10]).

Allgemein betrachtet, kann eine Substruktur aus einem Vollmodell nur dann erzeugt werden, wenn das Eigenwertproblem des Vollmodells lösbar ist. Übersteigen die Speicheranforderungen die Kapazität des verfügbaren Rechners, muss das Vollmodell in Teilmodelle unterteilt und getrennt vorbelastet sowie reduziert werden. Für das in dieser Arbeit untersuchte System ist eine Trennung des Radführungsmodells von den restlichen Teilsystemen unumgänglich, da das Reifen-Hohlraum-Rad-Vollmodell bereits eine große Dimension aufweist. Der Arbeitsspeicher des verwendeten Rechners war damit nahezu ausgelastet. Weiterhin kann die getrennte Substruktur Reifen-Hohlraum-Rad im Sinne eines Baukastensystems neben der untersuchten Kraftschluss-Radführung in den Versionen Mod. 1 und Mod. 2 auch an Radführungen von Kraftfahrzeugen gekoppelt werden. Ferner wurde die Kraftschluss-Radführung unabhängig vom System Reifen-Hohlraum-Rad auf sein Schwingungsverhalten hin experimentell untersucht. Das Modell wurde anhand dieser Versuche validiert.

Neben der Rechenbarkeit werden die Koppelränder untersucht. Wenn die Teilsysteme Koppelränder großer Dimensionen aufweisen, müssen diese im Substrukturmodell beibehalten werden. Resultierend wird das aus Substrukturen gekoppelte Modell eine wenig reduzierte Dimension im Vergleich zum Vollmodell haben. Die Rechenzeit kann dann weniger stark reduziert werden. Der Aufwand für die Generierung lohnt eventuell nicht mehr. Weiterhin erlaubt ABAQUS nur eine bestimmte Anzahl von beibehaltenen Freiheitsgraden innerhalb einer Substruktur, so dass dies die Erzeugung von Substrukturen mit großen Koppelrändern verhindern kann. Somit sind getrennte Strukturmodelle auch dann sinnvoll, wenn die Koppelränder nicht zu groß sind. Der Koppelrand zwischen dem Rad und der Radnabe hat verglichen mit dem Koppelrand Reifen-Felge eine kleine Dimension.

Zur Reduktion der Teilsysteme Reifen, Hohlraum und Rad bieten sich, ohne die Möglichkeiten und Einschränkungen des Programmsystems ABAQUS zu berücksichtigen, die in Abbildung 4.28 dargestellten Varianten. Die Abbildung zeigt schematisch in Teil a) die Reduktion des Gesamtsystems zu einer Substruktur, in Teil b) die getrennte Reduktion des Rades und in Teil c) die getrennte Reduktion aller Teilsysteme. Für eine einzige Substruktur aus dem Vollmodell des Gesamtsystems (Variante a)) ist die geringere Modelldimension auf Nutzungslevel der größte Vorteil. Die Freiheitsgrade an den Koppelrändern, die zur Kopplung der Subsysteme (Reifen, Hohlraum, Rad) benötigt werden, werden mit reduziert. Zwischen Rad und Reifen, sowie Rad und Hohlraum bestehen im Vergleich zur Rad-Radnabe-Kopplung große Koppelränder. Bei Änderung eines Teilsystems muss die Substruktur allerdings komplett neu erzeugt werden. Mit Variante b) kann ein Reifen-Hohlraum-Modell im Sinne eines Baukastensystems an verschiedene Radmodelle gekoppelt werden. Der Vorteil besteht bei einer Modifikation am Rad darin, dass nur das Vollmodell des Rades neu berechnet und dessen Substruktur neu erzeugt werden muss. Auf Nutzungslevel (Abbildung 4.27) bedeutet dies gewissen Modellierungsaufwand, da die neue, modifizierte Substruktur unter Beachtung der Knotenlage auf dem großen Koppelrand erneut eingefügt werden muss. Vergleichbarer Modellierungsaufwand entsteht im Vollmodell aller Teilsysteme nach Variante a) ebenfalls, aber mit dem Unterschied, dass die Eigenfrequenzen des größer dimensionierten Vollmodells des Gesamtsystems erneut berechnet werden müssen. Der Vorteil der Variante c) besteht darin, dass alle Teilsysteme einschließlich des Hohlraums auf Nutzungslevel ausgetauscht werden könnten.

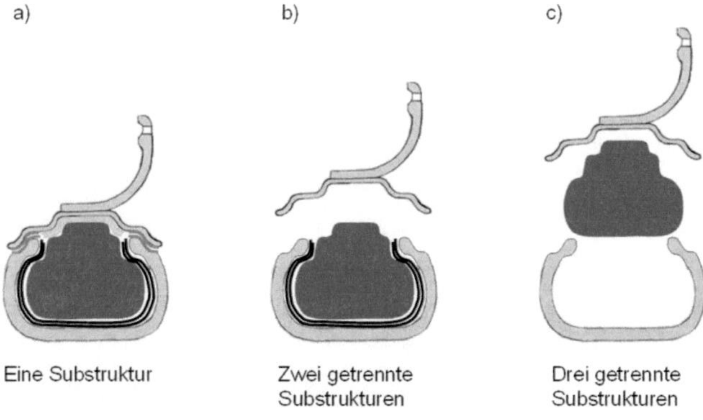

Abbildung 4.28:   Schematische Darstellung der Alternativen.

Bei einer Akustik-Struktur-Kopplung, wie sie das betrachtete System Reifen-Hohlraum-Rad darstellt, ermöglicht ABAQUS, dass auch die verwendeten akustischen Elemente reduziert und akustische Eigenvektoren beibehalten werden können. Somit ist prinzipiell die Erzeugung einer Akustik-Struktur-Substruktur möglich, allerdings können bei der Reduktion nur Struktur-Freiheitsgrade beibehalten werden. Da die akustischen Elemente nur Druckfreiheitsgrade aufweisen, können sie nicht getrennt von der Struktur reduziert werden. Dies schließt die Variante c) aus, da das Gesamtmodell den Einfluss der Akustik enthalten soll. Für Variante b) bedeutet es, dass der Einfluss der Kopplung von Rad und Hohlraum vernachlässig würde. Neben den genannten Einschränkungen bedeutet eine getrennte Reduktion der Teilsysteme zu große Koppelränder. Der Kontaktbereich Reifen-Felge liegt auf dem kompletten Radumfang vor. Somit ist die Variante a) die einzig mögliche Alternative, wenn der Einfluss der Rad-Strukturdynamik berücksichtigt werden soll. Die Umsetzung wird im nächsten Abschnitt beschrieben.

Der Kontaktbereich mit der Fahrbahn wird als Koppelrand beibehalten, da hier in späteren Berechnungsschritten die Anregung eingeleitet wird. Aus diesem Grund wird, wie in Abschnitt 4.2.1 beschrieben, die starre Oberfläche aus dem Modell entfernt und die Radlast über Verschiebungsrandbedingungen realisiert. Ohne dies würde die starre Oberfläche mit in die Substruktur eingebaut, da immer das komplette Vollmodell reduziert wird [AB6.10]. Eine so reduzierte Substruktur aus einer starren Oberfläche und einem flexiblen Körper kann in ABAQUS nicht an andere Modelle gekoppelt werden.

4.2.8 Erzeugung einer Substruktur

In diesem Abschnitt wird die Erzeugung einer Substruktur für das System Reifen-Hohlraum-Rad entsprechend der Lösungsvariante a) in Abbildung 4.28 beschrieben.

Im Eigenwertberechnungsschritt, der der Substruktur-Erzeugung vorangehen muss, werden die beizubehaltenden Freiheitsgrade in ABAQUS Version 6.10-ef festgehalten. Die Positionen der beibehaltenen Freiheitsgrade an Reifen und Rad sind in Abbildung 4.29 schematisch dargestellt. Am Rad werden diejenigen Knoten am Radflansch, die Kontakt zur Nabe und den Radbolzen haben, mit dem Referenzknoten im Radzentrum starr verbunden (vgl. Abbildung 4.29 a)). Das hat den Vorteil, dass beibehaltene Freiheitsgrade eingespart werden. Diese Vereinfachung ist gültig, da bei den Eigenformen im betrachteten Frequenzbereich der als starr verbundene Bereich nicht signifikant deformiert ist (vgl. Abschnitt 4.2.3). Wie in Abschnitt 4.2.7 dargestellt ist nur eine bestimmte Anzahl an beibehaltenen Freiheitsgraden zulässig.

Im Schritt der Substrukturerzeugung werden alle beibehaltenen physikalischen Freiheitsgrade festgehalten (Abbildung 4.29), auch wenn sie bei der Nutzung der Substruktur frei sein sollen. Dies gilt beispielsweise für den Rotationsfreiheitsgrad um die Reifenrotationsachse. Ferner werden die Freiheitsgrade der Knoten, auf die die radlastbedingten Verschiebungsrandbedingungen aufgebracht werden, fest gehalten (vgl. Abbildung 4.29 b)). Auf Nutzungslevel kann an diesen Knoten die Anregung eingeleitet werden. Bei Substrukturerzeugung werden zusätzlich alle generalisierten Freiheitsgrade bis zu einer *Cut*-Frequenz von 900 Hz (ca. 800 Freiheitsgrade) beibehalten. Nach [Bouh96] sollte die *Cut*-Eigenfrequenz so gewählt werden, dass die höchste interessierende Eigenfrequenz des reduzierten Modells nicht größer als Faktor 0.3 der *Cut*-Frequenz ist. Diese Forderung wird aufgrund der benötigten feinen Diskretisierung bei der zur Verfügung stehenden Rechnerkapazität somit knapp unterschritten.

a) b)

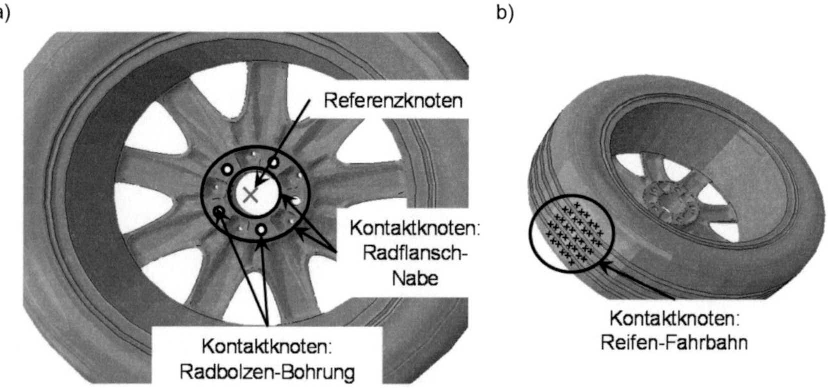

Abbildung 4.29: Position der beibehaltenen Freiheitsgrade an Reifen und Rad.

4.3 Entwicklung eines Anregungsmodells für raue Fahrbahnen

Wie in Messungen der Normaldruckverteilung auf der rauen Waschbetonfahrbahn in Abschnitt 3.4.3 ersichtlich steht der Reifen nur auf den höchsten Asperitäten der Fahrbahn auf und hat mit tief gelegenen Bereichen der Textur keinen Kontakt. Dadurch entsteht eine ungleichmäßige Druckverteilung mit lokal hohen Normaldrücken (p_N> 10 N/mm²). Der lokale Kontaktdruck p_N ist um ein Vielfaches höher als der nominelle Kontaktdruck p_{nom} [Gaeb09], welcher als Quotienten aus Radlast und nomineller Kontaktfläche gebildet wird. Die hohen lokalen Lasten führen zur Schwingungsanregung des Reifens [Gaeb09].

In Abschnitt 3.5 wurden Vertikalkraft und Längskraft im Kontakt mit einer Unebenheit und mehreren Unebenheiten veränderlicher Höhe analysiert. Mit detaillierter Kenntnis der hochauflösend vermessenen Fahrbahntextur, der statischen Normaldruckverteilung und der dynamischen Kraftmessung bei Überrollung von Unebenheiten wird in den folgenden Abschnitten ein Anregungsmodell entwickelt. Dieses Modell soll zunächst die Kräfte in Vertikal- und Längsrichtung bei Überrollung einer Unebenheit, wie in den Versuchen aus Abschnitt 3.5.2 gemessen, und bei Überrollung mehrerer Unebenheiten (Abschnitt 3.5.3) abbilden, um so die Anregungen der rauen Fahrbahn schrittweise anzunähern.

4.3.1 Normalanregung

In dieser Arbeit wird der Modellansatz von Gäbel [Gaeb09] (vgl. Abschnitt 2.5.2) für den Reifen-Fahrbahn-Kontakt in einer eigenen Implementierung weiterentwickelt. Um die Parameter des Modells zu bestimmen nutzt Gäbel [Gaeb09] die FE-Simulation eines Profilelastomers und einer gegenüber der Messung geglätteten Fahrbahn. Diese Methode kann für die in dieser Arbeit verwendete 0/16-Waschbetonoberfläche nicht genutzt werden, da eine zu starke Glättung der Texturamplituden für eine numerische Konvergenz notwendig wäre. Die Parameter des Modells, die Federsteifigkeit und die Koppelfedersteifigkeit werden daher anhand der in Abschnitt 3.4.3 beschriebenen Versuche mit den drucksensitiven Folien für den statischen Zustand ermittelt. Abbildung 4.30 zeigt das prinzipielle Vorgehen. Da die drei eingesetzten Typen von *Prescale*-Folien im Versuch jeweils einen eingeschränkten Druckbereich abdecken, werden die Ergebnisse der Simulation einer Profilrippe auch für dieselben drei Druckbereiche hinsichtlich der erfassten Normallast und der wahren Kontaktfläche ausgewertet.

Die Rechenzeit des Modells hängt sehr stark von der Dimension der Steifigkeitsmatrix $\underline{\mathbf{K}}_N$ ab. Deren Größe wird wiederum von der Anzahl der Federn beziehungsweise der Auflösung im Kontaktbereich bestimmt. Um bei akzeptablen Rechenzeiten den kompletten Kontaktbereich zu erfassen, wird die örtliche Auflösung auf 2 mm in Längs- und Querrichtung festgelegt. Somit ist die Simulation um einen Faktor 20 gröber als die Folienmessung. Um die Reduktion der Auflösung zu erreichen, wird aus der Texturdatenmatrix (vgl. Abschnitt 3.4) jeweils jeder 20. Messwert beibehalten. Durch dieses Vorgehen bleibt bei ausreichend großer Menge von Messwerten nach der Datenreduktion die statistische Verteilung der Messwerte erhalten. Ein weiteres Mittel zur Datenreduktion bietet die Mittelung über eine Anzahl von Messwerten unter Beibehalten des jeweiligen Mittelwertes. Durch dieses Vorgehen wird die statistische Verteilung der Messwerte beeinflusst und die Textur der Fahrbahn tendenziell geglättet. Diese Reduktionsmethode wird nicht gewählt, da Werte an den Rändern der ursprünglichen Verteilung, die für besonders hohe lokale Drücke verantwortlich sind, durch die Mittelung entfernt würden.

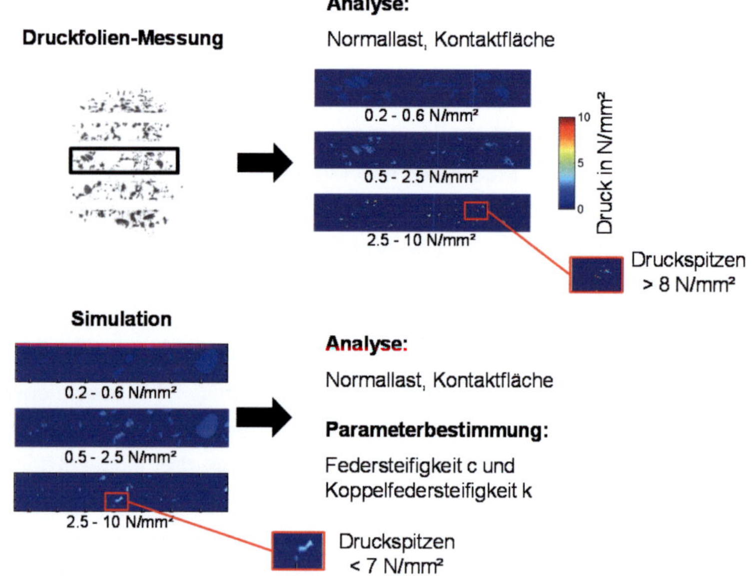

Abbildung 4.30:   Vergleich von Messung und Simulation zur Parametrierung der Federsteifigkeit und Koppelfedersteifigkeit.

Aufgrund der gröberen örtlichen Auflösung in der Simulation werden die höchsten Druckspitzen auf der *Low*-Foliensensitivität (2.5 – 10 N/mm²) nicht erfasst, da der Druck jeweils aus der Federkraft pro Fläche gebildet wird. Bereits in [Gaeb09] wird gezeigt, dass eine detaillierte Modellierung notwendig ist, um die höchsten Druckspitzen abzubilden. Um auszuschließen, dass die Modellparameter durch die lokale Makrotextur beeinflusst werden, wird die

Simulation zur Parametrierung der Modellkennwerte an verschiedenen Positionen auf der Textur durchgeführt. Bei Abbildung des quasi-dynamischen Überrollversuchs (Absenken des Federpakets auf nur eine zylindrische Unebenheit im Latsch, vgl. Versuche in Abschnitt 3.5.2) wird die Vertikalkraft durch das Modell für sehr hohe Unebenheitshöhen (1 mm und größer) überschätzt. Dies wird durch die begrenzte Auflösung hervorgerufen, aufgrund der die zylindrische Unebenheitsgeometrie (Durchmesser 10 mm) nicht genau abgebildet wird. Eine weitere Ursache ist die zu hoch angenommene Gürtelsteifigkeit, hervorgerufen durch die feste Anbindung der parallel angeordneten KV-Elemente. Die beschriebene zu steife Abbildung des Gürtels und die begrenzte Auflösung haben entgegengesetzte Wirkung auf die lokalen Kontaktkräfte, so dass sie beibehalten werden. Dies geschieht vor dem Hintergrund, dass bereits eine Halbierung der örtlichen Auflösung von 1 mm auf 2 mm eine Rechenzeiteinsparung von 98 % bewirkt. In weiteren Forschungsarbeiten, in denen die Rechenzeit eine untergeordnete Rolle spielt, bietet das vorgestellte Normalkontaktmodell Potential für eine genauere Abbildung des Kontaktzustandes. Die Auflösung kann erhöht werden. Ferner kann die Gürtelsteifigkeit dann im Modell berücksichtigt werden.

Abbildung 4.31 a) und b) fassen die Wirkung der Modellparameter, Steifigkeit c und Koppelsteifigkeit k, zusammen. Wird die örtliche Auflösung erhöht, muss gleichzeitig auch die Koppelfedersteifigkeit erhöht werden, da die Wirkung einer Feder auf die nächstgelegene mit sinkendem Abstand der Federn zunimmt (vgl. Abbildung 4.31 c)).

Die Modellerweiterung sieht analog zum Abrollvorgang des Reifens auf einer rauen Fahrbahnoberfläche vor, nach erfolgter Kontaktrechnung auf einer Stelle der Fahrbahn das in Fahrtrichtung letzte *KV*-Element aus dem Modell zu entfernen und ein „neues" *KV*-Element in Fahrtrichtung vor das erste *KV*-Element einzufügen (vgl. Abbildung 4.32). Somit bewegt sich die Anordnung von *KV*-Elementen schrittweise über eine raue Fahrbahnoberfläche. Für jeden Schritt werden die normalen Einfederungen $u_{n,i,j}$ an jeder Federposition i,j und die lokale normale Federkraft $f_{n,i,j}$ gespeichert. Für den quasi-dynamischen Fall wird die Dämpfungskonstante d (vgl. Abbildung 2.13) des *KV*-Elements an die Ergebnisse der Überrollversuche aus Abschnitt 3.5 angepasst (vgl. Abbildung 4.31 d)), wobei die Eindringzeit $t_{E,v}$ bereits in den Überrollversuchen ermittelt wurde (vgl. Abbildung 3.50). Die Kraftzunahme bei Erhöhung der Geschwindigkeit von 20 km/h ausgehend auf 60 und 100 km/h ist in Abbildung 4.33 im Vergleich zur Krafterhöhung bei der Sensorüberfahrt (vgl. Abschnitt 3.5.2) aufgetragen. Die Kraftzunahme am Sensor mit zunehmender Geschwindigkeit wird durch das Modell im betrachteten Geschwindigkeitsbereich von 20 bis 100 km/h sehr gut abgebildet.

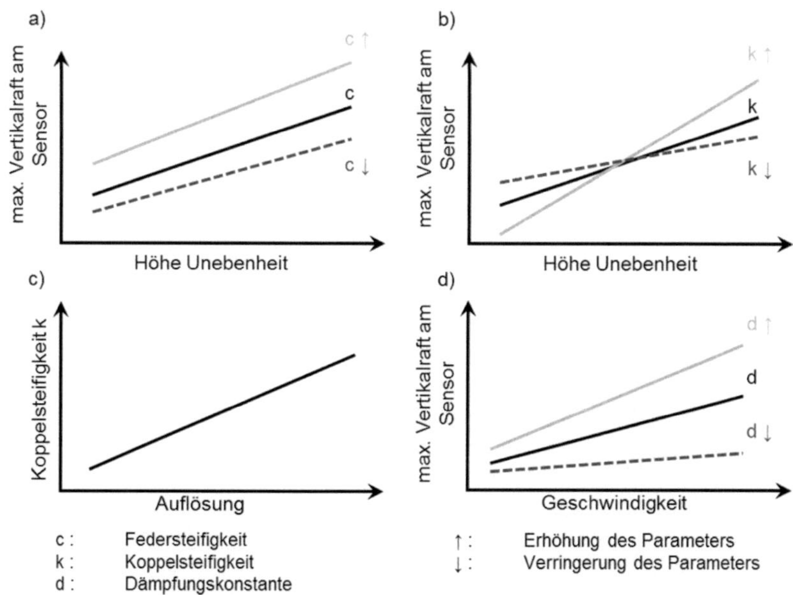

Abbildung 4.31:   Wirkung der Modellparameter.

Abbildung 4.34 zeigt das durch das Modell vorhergesagte Eindringverhalten des Reifenprofilelastomers in die Textur der 0/16 Waschbeton-Fahrbahn. Über der Position auf der Fahrbahn in Längsrichtung ist die resultierende Fahrbahntextur, die der Reifen erfährt, aufgetragen. Die grauen, vertikalen Hilfslinien zeigen im Diagramm die Stützstellen der Federn in der Simulation an. Besonders anhand der Kurvenverläufe zwischen dem ca. 10 mm langen Stein bei 930 mm und dem kleineren Stein bei 918 mm in Längsrichtung wird deutlich, dass der Reifen mit steigender Geschwindigkeit zunehmend auf den Unebenheiten aufsteht und zwischen den Steinen weniger tief eindringt.

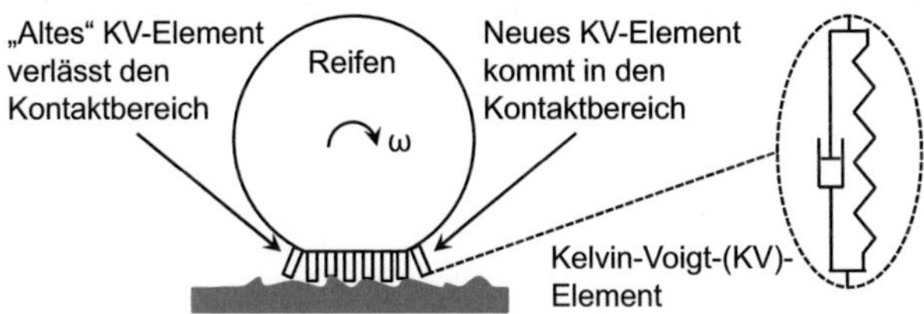

Abbildung 4.32:   Prinzipdarstellung der Modellerweiterung.

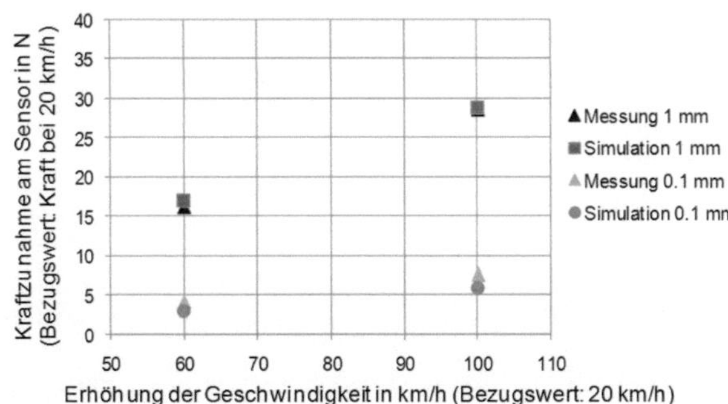

Abbildung 4.33:   Validierung der Kraftzunahme bei Sensorüberfahrt mit zunehmender Geschwindigkeit.

In Abbildung 4.35 ist die spektrale Leistungsdichte der vermessenen Textur (schwarze Kurve) über der Wellenzahl dargestellt (vgl. Abschnitt 3.4.2). Im Vergleich dazu sind zusätzlich die Leistungsdichten der resultierenden Unebenheitshöhen, die der Reifen sieht, aus der Simulation bei 20, 60 und 100 km/h abgebildet. Im Wellenlängenbereich unterhalb der Latschlänge wird der Einfluss der zunehmenden Geschwindigkeit deutlich. Die spektrale Leistungsdichte nimmt mit zunehmender Geschwindigkeit ab, da der Reifen weniger tief in die Fahrbahn eindringt. Da in [LeeS03] das Eindringverhalten des Reifens nicht abgebildet wird, muss dort die spektrale Leistungsdichte der Fahrbahnunebenheiten skaliert werden, um die Reifenantworten nicht zu überschätzen.

Die mittels der vorgestellten Normalanregungsmodellierung gewonnen Auslenkungen der Reifenelemente mit Kontakt zur rauen Oberfläche werden aus dem Wegbereich (analog zu Abbildung 4.34) unter Berücksichtigung der Rollgeschwindigkeit in den Zeitbereich überführt. Da die Anregungsrechnung in

ABAQUS Beschleunigungen als Eingangssignale erwartet, werden die Verschiebungen zu Beschleunigungen transformiert. Anschließend werden Spektren unterschiedlicher Frequenzauflösung der Auslenkungsbeschleunigungen in vertikaler Richtung erzeugt. Diese werden zur Anregung des erzeugten Reifen-Hohlraum-Rad-Modells in einer modalen Superpositionsrechnung genutzt (vgl. Abschnitt 5.1).

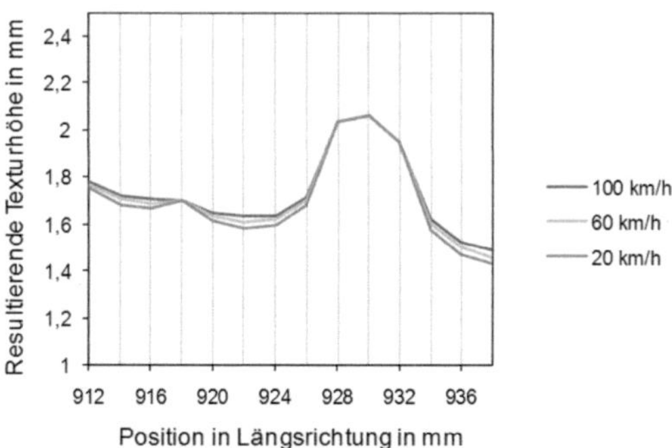

Abbildung 4.34:   Simulation des Eindringverhaltens in die raue Fahrbahnoberfläche (Waschbeton 0/16) bei verschiedenen Geschwindigkeiten.

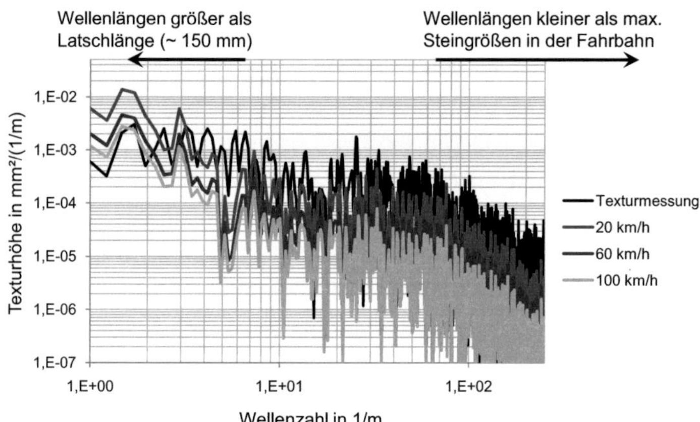

Abbildung 4.35:   Spektrale Leistungsdichte der resultierenden Texturhöhe aus der Texturvermessung im Vergleich zur Modellierung für 20, 60 und 100 km/h.

Zur Anregung eines Systems im Rahmen einer modalen Superpositionsrechnung müssen im vorgeschalteten Eigenfrequenzberechnungsschritt die

Anregungsknoten im Reifen-Fahrbahn-Kontakt frei beweglich sein. In Abschnitt 4.2.5 wird gezeigt, dass die Eigenfrequenzen des Gesamtsystems Reifen-Hohlraum-Rad bei fest eingespannten Reifen-Fahrbahn-Kontaktknoten näherungsweise mit den aus den Ausrollversuchen ermittelten Resonanzen übereinstimmen.

Durch die feste Einspannung der Reifen-Fahrbahn-Kontaktknoten werden die gemessenen Eigenfrequenzen genauer wiedergegeben als bei einer Berechnung mit freien Anregungsknoten (vgl. Tabelle 4.7 und Tabelle 4.11, rechte Spalte). Besonders die *[1,0]*-Reifeneigenformen und die [1,1]-*lateral*-Reifeneigenform werden durch die Randbedingungen im Latschbereich beeinflusst. Dies lässt sich so erklären, dass die Kontaktpunkte des Reifens durch die raue Fahrbahn im realen Versuch der Führungsbewegung durch die Unebenheiten folgen. In der negativen vertikalen Richtung sind die Punkte somit beschränkt, in der positiven Richtung folgen sie der Vorgabe durch die Unebenheiten, wobei der lokale Kontaktdruck wirkt. In Längsrichtung folgen die Profilelemente dem abrollbedingten Auslenkungsverlauf (vgl. Abschnitt 3.5.2). Nach [Bode62], [Fach00] findet zwischen Reifenprofilelement und trockener Fahrbahn keine nennenswerte Relativbewegung statt. Die Verbindung ist so steif, dass die Eigenfrequenzen durch die feste Randbedingung bestmöglich vorhergesagt werden. In Abschnitt 3.2.7 wird gezeigt, dass dies nur für trockene Fahrbahnen ohne Zwischenmedium zutreffend ist. Bei sinkendem Reibwert bedingt durch ein Zwischenmedium wird die Lage einzelner Reifen-Eigenfrequenzen beeinflusst.

Um in der modalen Superpositionsrechnung die Eigenfrequenzen des Systems mit eingespannten Reifen-Fahrbahn-Kontaktknoten zu nutzen, aber gleichzeitig die hergeleitete Beschleunigungsanregung in Vertikal- und Längsrichtung an diesen Knoten aufbringen zu können, wird jeder anzuregende Freiheitsgrad mit einer großen Hilfsmasse[40] (*Base-Motion*-Prozedur) beaufschlagt [AB6.10]. Dies führt dazu dass, die realen bzw. komplexen Eigenfrequenzen des Reifen-Hohlraum-Radmodells so berechnet werden, als wären die Anregungsknoten im Reifen-Fahrbahn-Kontakt fest gehalten. Bei der anschließenden Anregungsrechnung wird an den großen Massen die berechne-

---

[40] Jede große Masse entspricht Faktor 10^6 der Gesamtmasse der Struktur bzw. jede große Rotationsträgheit entspricht Faktor 10^6 des Gesamtträgheitsmoments der Struktur [AB6.10].

te Beschleunigungsanregung aufgegeben. ABAQUS berechnet daraus große Anregungskräfte, die dazu führen, dass die Reifen-Fahrbahn-Kontaktknoten so beschleunigt werden, wie durch das Anregungsmodell vorgegeben. In Tabelle 4.11 sind die komplexen Eigenfrequenzen des mit 60 km/h rollenden Reifens bei im Reifen-Fahrbahn-Kontakt fest gehaltenen (*Base Motion*) und freien Knoten vergleichend gegenüber gestellt.

| | Rollender Reifen, 2.8 bar, 5 kN, 60 km/h | |
| | Komplexe Eigenfrequenzen in Hz (PE = 0) | |
Form	Feste Randbedingungen Base-Motion-Prozedur	Freie Randbedingungen
[1,1]-lateral	49.5	52.0
[1,1]-steering	64	65.0
[1,0]-asym	39.3	81.0
[1,0]-sym	84.7	77.2
[2,0]-asym	93.3	102.2
[2,0]-sym	103.6	105.3

Tabelle 4.11: Schwingformen und komplexe Eigenfrequenzen des belasteten rollenden Reifens (Radlast 5 kN, Fülldruck 2.8 bar) simuliert unter festen (Base-Motion-Prozedur) und freien Randbedingungen der Knoten im Reifen-Fahrbahn-Kontakt.

Für jede große Masse werden zusätzliche künstliche niederfrequente Eigenfrequenzen (< 1 Hz) berechnet und der Aufwand für die Eigenfrequenzberechnung steigt an [AB6.10]. Für eine anschließende modale Superpositionsrechnung sollte nach [AB6.10] beachtet werden, dass die Antwort nicht innerhalb des Frequenzbereichs der künstlichen niederfrequenten Eigenfrequenzen angefordert wird. Da innerhalb dieses Frequenzbereichs keine Eigenfrequenzen des Reifen-Hohlraum-Rad-Systems und der Radführung zu erwarten sind, bedeutet dies für die Untersuchungen in Abschnitt 5.1 (Simulation der Anregung des Reifen-Hohlraum-Rad-Systems) keine Einschränkung.

Während einer modalen Superpositionsrechnung mittels der *Base-Motion*-Prozedur kann für jeden Freiheitsgrad eine frequenzabhängige Amplitudendefinition phasenrichtig zur Anregung des Systems verwendet werden [AB6.10]. Dies ist in Abschnitt 5.1 die hier hergeleitete Anregung in normaler Richtung für jeden Kontaktpunkt.

4.3.2 Tangentialanregung

In dem Tangentialkontaktmodell von Gäbel [Gaeb09] wird ein über eine unebene Fahrbahn gezogener Profilblock abgebildet (vgl. Abschnitt 2.5.2). Der Abrollvorgang, wie er beim Reifen vorliegt, bleibt unberücksichtigt. In den Bürstenmodellen z.B. [Sven03] wird davon ausgegangen, dass die lineare Auslenkung der die Profilelemente abbildenden Bürstenelemente durch den Schlupf, die Längsposition im Latsch und den Reibwert bestimmt wird. Dies wiederspricht den in Abschnitt 3.5.2 beschriebenen Effekten bei ausgeprägten Unebenheiten auf der Fahrbahn. Die Profilelemente werden beim Kontakt mit einer aus der Fahrbahn herausstehenden Unebenheit im Einlauf aufgrund der Rollbewegung des Reifens umso stärker entgegen der Drehrichtung ausgelenkt, je höher die Unebenheit ist (vgl. Abschnitt 3.5.2, Abbildung 3.47 b)). Bei weiteren Unebenheiten in Längsrichtung im Kontakt und somit auf diesen aufstehendem Reifen erfahren die Profilelemente eine der resultierenden Texturhöhe entsprechende Längsauslenkung (vgl. Abschnitt 3.5.2, Abbildung 3.55 b)).

Aus diesem Grund wird in dieser Forschungsarbeit ein tangentiales Bettungsmodell gewählt, dem als Eingangsgröße neben Schlupf, Längsposition im Latsch und Reibwert auch die resultierende Texturhöhe aus dem Normalmodell übergeben wird. Das Bettungsmodell sieht linear elastische, ungekoppelte Federelemente analog zur Modellierung in [Gaeb09] vor. Eine schematische zweidimensionale Darstellung des Bettungsmodells auf einer ebenen Fahrbahn zeigt Abbildung 4.36, in der die Längsauslenkungen $u_{t,k}$ der Profilelemente zunächst nur von Schlupf, Längsposition k im Latsch und Reibwert abhängen.

Die tangentiale Steifigkeit c_t der Federelemente wird mithilfe des FE-Reifen-Hohlraum-Rad-Modells hergeleitet. Bei Kontakt des FE-Reifen-Modells mit einer ebenen starren Oberfläche wird bei Reibkoeffizient 1.0 die resultierende Schubspannungsverteilung und Längsauslenkungen $u_{t,k}$ (Auslenkung der Profilelementunterkante gegenüber dem Gürtel) im Kontakt berechnet. Die Abbildung 4.37 zeigt die an einer zum Versuch in Abschnitt 3.5.2 korrespondierenden Fläche abgegriffene Längskraft $F_{x,Rippe,\max}$ für die Mittel- und die

Innenrippe (Messposition 3 und 5 in Abbildung 3.44 c)). In Messung und Simulation ist der Verlauf der Längskraft an der Mittelrippe (Messposition 3) in Richtung positiver Längskräfte verschoben, während der Verlauf der Längskraft an der Innenrippe (Messposition 5) in Richtung negativer Längskräfte verschoben ist. Der berechnete Effekt stimmt mit Versuchsergebnissen in [Ludw98] überein, wo er durch die Querkrümmung des Reifens erklärt wird.

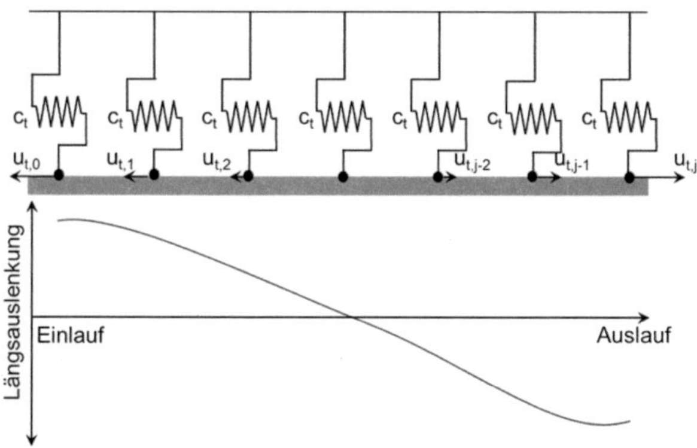

Abbildung 4.36: Schematische 2D-Darstellung des tangentialen Bettungsmodells und Längsauslenkung der Profilelemente auf ebener Fahrbahn.

Im Bettungsmodell wird dem durch eine zusätzliche Längsauslenkung $u_{querpos}$ je nach Position in Reifenquerrichtung Rechnung getragen. Die maximale Längsauslenkung $u_{t,\max}$ ist an der Mittelrippe grösser als an der Innenrippe (vgl. Abbildung 4.37). Aufgrund der Querkrümmung des Reifens ist an dieser Rippe die Länge der Reifenaufstandsfläche maximal. Da die maximale Kraftamplitude in Messung (10.3 N) und Simulation (10.2 N) gut übereinstimmen, wird aus der Längsauslenkungsamplitude und der Schubspannungsamplitude an jeder Profilrippe unter der Annahme linear elastischen Materialverhaltens die Steifigkeit der einzelnen Profilrippen je approximierter Fläche A_F abgeleitet

$$c_t = \frac{\sigma_{x,\max} \cdot A_F}{u_{t,\max}} \tag{4.109}$$

mit: $\sigma_{x,\max}$ der maximalen Schubspannung unterhalb einer Profilrippe,

A_F der Fläche, die durch eine Feder abgebildet wird, und

$u_{t,\max}$ der maximalen Längsauslenkung der Profilelemente einer Profilrippe.

Kommt das Reifenprofilelement in Kontakt mit einer Unebenheit, nimmt die Längsauslenkung u_t mit der Unebenheitshöhe h_u zu (vgl. Abschnitt 3.5.2)

$$u_t\left(k, h_u, querpos\right) = u_{t,k} + u_{querpos} + u_{t,res}\left(h_u\right) \tag{4.110}$$

mit: $u_{t,k}$ der Längsauslenkung des Profilelements an der Längsposition k,

         $u_{querpos}$ der Längsauslenkung je Querposition (Rippe) aufgrund der Reifenquerkrümmung und

         $u_{t,res}\left(h_u\right)$ der aus der Unebenheitshöhe h_u resultierenden Längsauslenkung des Profilelements.

Diese zusätzliche Längsauslenkung wird aus den Versuchen mit variierenden Unebenheitshöhen (vgl. Abschnitt 3.5.2) unter der Annahme der zuvor hergeleiteten Profilrippensteifigkeit für jede umlaufende Rippe einzeln abgeleitet, wobei im Bereich der untersuchten Unebenheitshöhen bis 2000 µm von einem näherungsweise linearen Verlauf auszugehen ist (vgl. Abbildung 4.38). Dieser wird durch die in Abbildung 4.38 dargestellte Geradenfunktion approximiert.

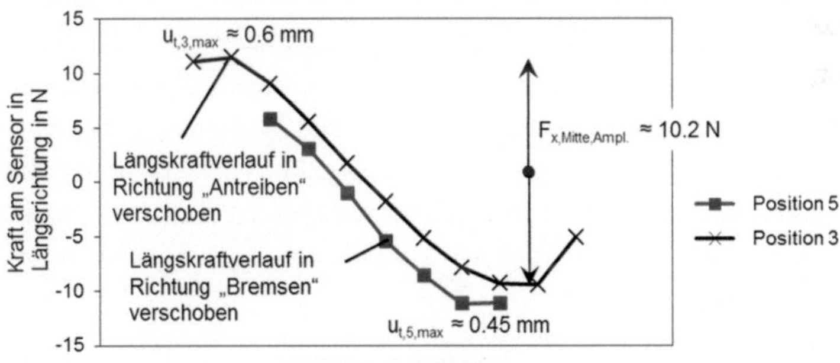

Abbildung 4.37:   Längskraftverlauf auf ebener Fahrbahn in FE-Reifenmodell aus Abschnitt 4.2.1 im Vergleich mit Maximalwerten der Messung (Abschnitt 3.5.2) auf ebener Aluminium-Fahrbahn an Messposition 3 (Mittelrippe) und Messposition 5 (Innenrippe).

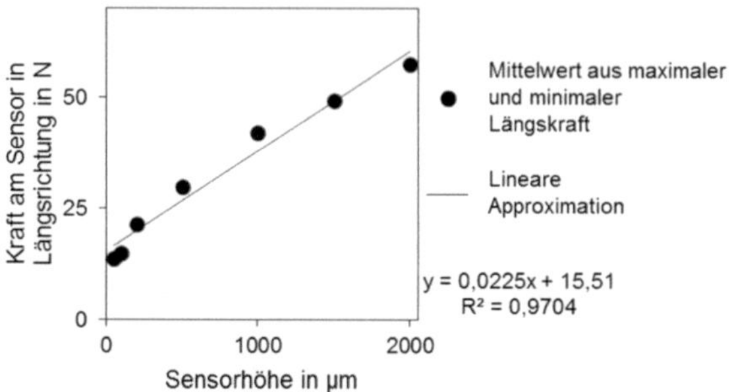

Abbildung 4.38: Lineare Approximation des Mittelwertes aus maximaler und minimaler Längskraft am Sensor bei 100 km/h exemplarisch für eine Rippe.

Die Modellvorstellung bei Überrollung einer Unebenheit ist in Abbildung 4.39 dargestellt. Kommt die erste Feder bei Eintritt in die Reifenaufstandsfläche mit einer Unebenheit in Kontakt, erfährt sie eine verstärkte Längsauslenkung $u_{t,res}$. Diese kann während des Durchlaufs durch die Reifenaufstandsfläche nicht zurückgebildet werden (vgl. Abschnitt 3.5.2), so dass in den nachfolgenden Schritten alle weiteren Federn die zusätzliche Längsauslenkung erfahren. In der Abbildung 4.39 ist dies durch die gestrichelten Pfeile symbolisiert. Das auf diese Weise gebildete Modell bildet die in Abschnitt 3.5.2 durchgeführten Überrollversuche mit einer Unebenheit im Kontakt ab. Bei nur einer Unebenheit ist davon auszugehen, dass die resultierende Texturhöhe der Unebenheitshöhe entspricht. Wird der Reifenlatsch dreidimensional abgebildet, muss der zusätzlichen Längsauslenkung Rechnung getragen werden, um das mechanische Gleichgewicht beizubehalten. Dies erfolgt dadurch, dass alle Federn in Querrichtung, die keinen Kontakt mit der Unebenheit haben einen Anteil der verstärkten Längsauslenkung $u_{t,res}$ in entgegengesetzter Richtung erfahren.

Das Modell ist für die in Abschnitt 3.5 untersuchten Unebenheitshöhen bis 1000 µm gültig. Bis zu dieser Unebenheitshöhe wurden die Messungen in Abschnitt 3.5 durchgeführt, bei denen die verstärkte Längsauslenkung jeweils beobachtet wird. Für zu hohe Unebenheiten, vergleichbar mit Schwellen, wird davon ausgegangen, dass die Profilelemente nicht weiter ausgelenkt werden.

Stattdessen wird ein komplizierter Kontaktzustand entstehen, der durch das vorgeschlagene Bettungsmodell zunächst nicht abbildbar ist.

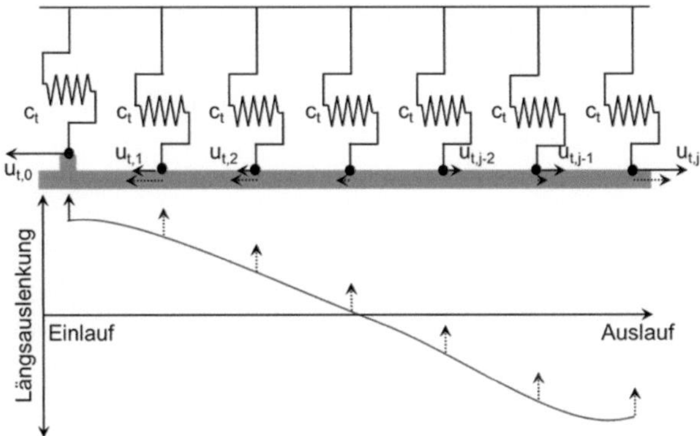

Abbildung 4.39:   Schematische 2D-Darstellung des tangentialen Bettungsmodells und Längsauslenkung der Profilelemente auf einer Fahrbahn mit einzelner Unebenheit.

In Abschnitt 3.5.3 wird gezeigt, dass mit einer zunehmenden Anzahl von Unebenheiten in Längsrichtung der Reifen zunehmend auf den Unebenheiten aufsteht und dadurch die resultierende Längsauslenkung $u_{t,res}$ abnimmt. Um den vorgeschlagenen Modellansatz weiter an die komplexen Vorgänge bei Überrollung einer rauen Fahrbahn anzunähern, muss dieser Effekt im Modell berücksichtigt werden. Für jede durchgeführte normale Kontaktrechnung wird für jede Feder die resultierende Texturhöhe aus der tiefsten Eindringtiefe alle Kelvin-Voigt-Elemente und der lokalen Eindringtiefe berechnet. Diese wird dem tangentialen Bettungsmodell als Eingangsgröße übergeben. Darauf aufbauend wird die Längsauslenkung aller Federelemente berechnet. Unter der Annahme, dass allen Federkräften eine betragsmäßig entsprechende Reibkraft entgegenwirkt, wird die resultierende Längskraftverteilung im Latsch berechnet. Für den frei rollenden Reifen ist diese Annahme auf Oberflächen ohne Zwischenmedium durch die Untersuchungen in [Bode62] und [Fach00] motiviert, die in Versuchen unter diesen Bedingungen kein lokales Gleiten maßen.

Die Abbildung 4.40 und Abbildung 4.41 zeigen den Vergleich zwischen den in der Messung aufgenommenen Längskraftverläufen und den simulierten Längskraftverläufen für die Sensorüberfahrtversuche (vgl. Abschnitt 3.5.2) bei denen jeweils eine Unebenheit der Höhe 500 µm und 1000 µm überrollt wird. Bei Analyse der Darstellungen ist wichtig, dass diese aus fünf Versuchen bzw. Simulationen zusammengesetzt werden. Bei jedem Versuch beziehungsweise jeder Simulation befand sich jeweils eine Unebenheit unterhalb einer Profilrippe, während sich unter den übrigen Profilrippen keine Unebenheiten befanden.

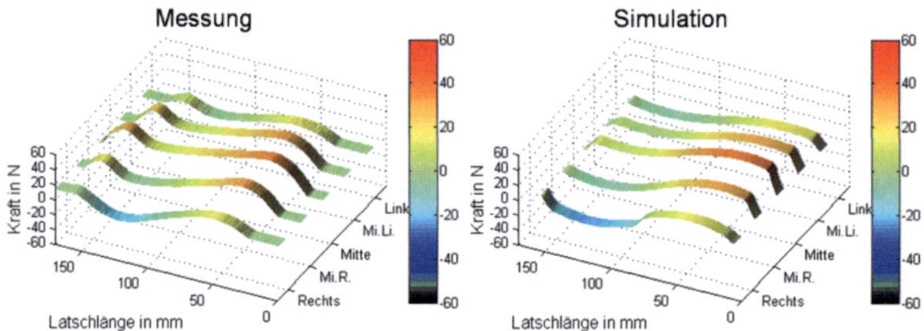

Abbildung 4.40:   Vergleich der gemessenen und simulierten Längskraftverläufe für eine Unebenheit der Höhe 500 µm.

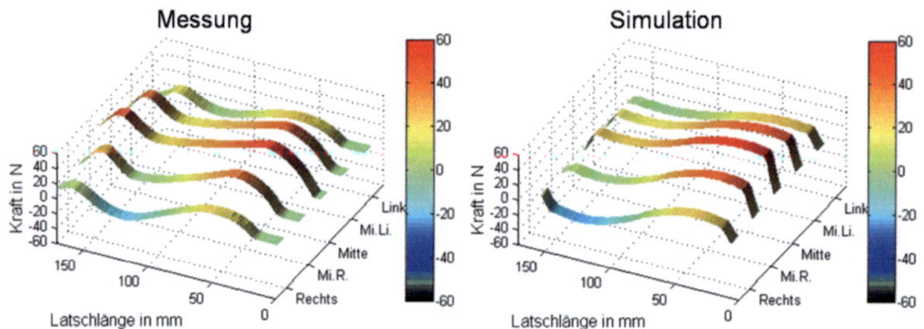

Abbildung 4.41:   Vergleich der gemessenen und simulierten Längskraftverläufe für eine Unebenheit der Höhe 1000 µm.

Der Vergleich von Messung und Simulation der Längskraftverläufe zeigt, dass die Simulation die Kraftamplituden und -mittelwerte sehr gut vorhersagt. Durch die Annahme linearer Längsfedern im Bettungsmodell, dem Ansatz für die Längsauslenkungen $u_{t,k}$ und die Vernachlässigung unterschiedlicher Latschlängen in Querrichtung wird der Verlauf näherungsweise abgebildet. Im Ein- und Auslauf ergeben sich Unterschiede durch die Krümmung des Reifens und durch die Vernachlässigung unterschiedlicher Latschlängen in Querrichtung. Der Überrollversuch ist in Abbildung 4.42 schematisch dargestellt, wobei a) den Einlaufvorgang zeigt. Aufgrund der Reifenkrümmung berührt das Profilelement die Unebenheit bereits bevor sich die Unebenheit genau unterhalb des Reifenlatsches befindet. Diesen Effekt findet man auch im Auslaufbereich (vgl. Abbildung 4.42 b)). Durch die Anordnung der Federelemente im Modell, kann das Modell diesen Bereich nicht abbilden. Resultierend steigt und fällt die Tangentialkraft im Modell schneller, während der Verlauf im Versuch weniger steil erfolgt. In der Querrichtung ist ein vergleichbarer Effekt für die Differenzen zwischen Modell und Versuch verantwortlich. Durch die Krümmung des Reifens in Querrichtung berühren die Profilelemente der mittleren Rippe die Unebenheit früher als die der äußeren Rippen. Im Modell wird dies zunächst nicht abgebildet, da die Latschlänge in der Simulation in der Querrichtung gleich ist. Hier bieten sowohl das Modell der Vertikal- als auch der Längsrichtung Potential eine verfeinerte Anordnung der KV- bzw. Feder-Elemente vornehmen.

Analog zum Vorgehen bei Anregung in normaler Richtung werden auch in Längsrichtung Spektren der Kraft- und Längsauslenkungsverläufe erzeugt, die dazu genutzt werden, die Kraftantwort des Reifen-Hohlraum-Rad-Substrukturmodells auf eine Fußpunktanregung zu berechnen.

a) Einlauf   b) Auslauf

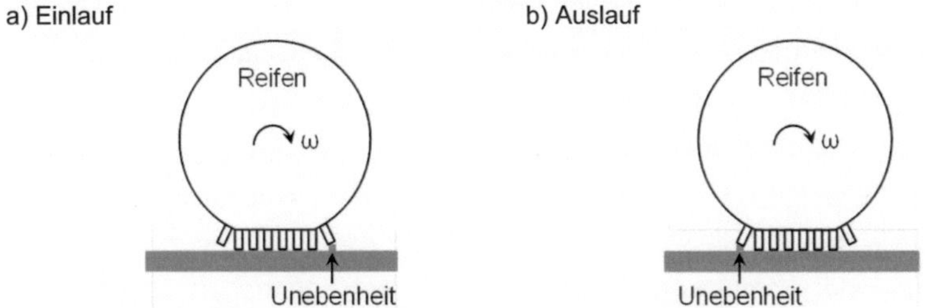

Abbildung 4.42:   Schematische Darstellung des Überrollversuchs.

4.4 Fazit

Abschnitt 4 beschreibt zunächst die Grundlagen der Modellierungstechniken

- die gemischte *Euler-Lagrange*-Betrachtungsweise, die eingesetzt wird, um den Rollvorgang rotationssymmetrischer, deformierter Körper abzubilden,

- die Finite Elemente Methode, welche genutzt wird, um die Bewegungsgleichung komplexer Strukturen unter der Beachtung von Randbedingungen numerisch zu lösen, und

- die *Craig-Bampton*-Methode, die innerhalb der Strukturdynamik häufig eingesetzt wird, um Modelle großer Dimension auf eine Auswahl physikalischer und generalisierter Freiheitsgrade zu reduzieren.

Im Abschnitt 4.2 wird die Erzeugung eines FE-Reifenmodells, eines FE-Hohlraummodells und eines FE-Radmodells erläutert. Die Rotation des Gesamtsystems Reifen-Hohlraum-Rad wird durch eine gemischte *Euler-Lagrange*-Betrachtung im Programmsystem ABAQUS abgebildet. Dazu wird ein Modellierungsansatz vorgestellt, der es erlaubt auch für das nicht vollkommen rotationsymmetrische Rad eine gemischte *Euler-Lagrange*-Betrachtung einzusetzen [Grol12b]. Die korrekte Abbildung der Strukturdynamik des Rades erfordert eine feine Diskretisierung in Umfangsrichtung, was eine große Dimension des Gesamtmodells und damit ansteigende Rechenzeiten bedeutet.

Bei Berücksichtigung der nichtlinear-viskoelastischen Materialeigenschaften für einen Arbeitspunkt (eine Deformationsfrequenz und -amplitude) im Modell wird durch Berechnung der Eigenfrequenzen des rollenden Reifen-Hohlraum-Rad-Modells gezeigt, dass die Eigenfrequenzen des Versuchs im IPS durch Berechnung der komplexen Eigenfrequenzen gut angenähert werden. Ein Aufspalten zumindest der niederfrequente Reifen-Eigenfrequenzen wird nicht berechnet. Im stehend modellierten Reifen-Hohlraum-Rad-Modell werden die Eigenfrequenzen gegenüber dem Rollzustand bei leicht erhöhten Eigenfrequenzen berechnet. Die Differenz der Eigenfrequenzen zwischen stehendem und rollendem System ist dabei weitaus geringer als im Versuch. Die Parameter des für den Rollzustand abgestimmten Materialmodells führen dazu, dass die Eigenfrequenzen des EMA-Versuchs (stehendes System) und des stehenden Simulationsmodells voneinander abweichen.

Die gewonnenen Erkenntnisse bedeuten, dass die zur korrekten Abbildung eines EMA-Versuchs angepassten Materialmodelle, wie beispielsweise in [Kind09] nicht geeignet sind, um die Eigenfrequenzen des rollenden Systems vorherzusagen. Im Rollzustand wird das Material zyklisch im Latschbereich stark deformiert, was bei dem nichtlinear-viskoelastischen Elastomermaterial eine Änderung des Speicher- und Verlustmoduls zur Folge hat (vgl. Abschnitt 2.1.1). Somit müssen geeignete Materialuntersuchungen durchgeführt werden, um die eingesetzten Materialmodelle (vgl. Abschnitt 4.1.2) für einen Arbeitspunkt korrekt zu bedaten. Mit solchen Materialparametern im Modell kann der EMA-Versuch dann nicht mehr berechnet werden. Die Eigenfrequenzen des stehenden Systems ohne zyklische große Deformation werden unterschätzt (vgl. Abschnitt 4.2.1). Heutige Materialmodelle in kommerziellen FE-Codes sind nur in der Lage linear-viskoelastisches Materialverhalten abzubilden, so dass immer nur ein Arbeitspunkt des nichtlinearen Materialverhaltens gekennzeichnet durch eine Deformationsamplitude und -frequenz, die einer Rollgeschwindigkeit entspricht, im Modell abgebildet werden kann.

In den Ausrollversuchen fielen die Reifen-Eigenfrequenzen mit zunehmender Geschwindigkeit. Dies geschieht auch in geringerem Maße in der Simulation. In der Messung ist der Effekt durch die Elastomermaterialentfestigung bei zyklischer bimodaler Belastung bedingt. In der Simulation rührt der Effekt aus der *MLE*-Matrix $\underline{\mathbf{W}}$ [Brin07]. Unter Berücksichtigung der Entfestigung aufgrund der *MLE*-Matrix werden in [Gare11] durch Model Updating die geänderten Speichermoduli der Elastomermaterialien im Simulationsmodell für die Geschwindigkeiten 20, 60 und 100 km/h ermittelt.

In Abschnitt 4.2.6 wird ferner das Gesamtmodell aus Reifen, Hohlraum und Rad auf die Versteifung des Elastomermaterials mit steigender Frequenz untersucht. Dazu werden während einer Eigenfrequenzberechnung durch Definition einer *PE*-Frequenz die viskoelastischen Materialeigenschaften für eine definierte Frequenz ausgewertet. Mit zunehmender *PE*-Frequenz steigen die Reifen-Eigenfrequenzen an. Unterhalb 100 Hz führt eine Erhöhung der *PE*-Frequenz von 0 auf 100 Hz zu einem Anstieg der Eigenfrequenzen kleiner 1 %. Zwischen 100 und 200 Hz steigen durch eine weitere Erhöhung der *PE*-

Frequenz auf 200 Hz die Reifen-Eigenfrequenzen um 1.6 bis ca. 6 % (mit der Frequenz zunehmend). Aufgrund der Akustik-Struktur-Kopplung zwischen Reifen und Hohlraum steigen auch die Eigenfrequenzen der Hohlraumresonanz um ca. 1 Hz pro 100 Hz Erhöhung der PE-Frequenz an. Neben dem ansteigenden Speichermodul, steigt der Verlustmodul im interessierenden Frequenzbereich mit zunehmender *PE*-Frequenz. Unterhalb 100 Hz nimmt der Verlustmodul stark zu, während er oberhalb von 200 Hz kaum mehr zunimmt.

Für das erzeugte Vollmodell des rotierenden gyroskopischen Systems Reifen-Hohlraum-Rad werden in Abschnitt 4.2.7 Möglichkeiten und Einschränkungen der Reduktion zu einer Substruktur analysiert. In Abschnitt 4.2.8 wird das Gesamtsystem zu einer Substruktur reduziert. Physikalische Freiheitsgrade werden im Reifenzentrum zur Kopplung an Radführungsmodelle und im Reifenlatsch zur Anregung des Modells durch eine Fahrbahn beibehalten.

Substrukturmodelle können nur für eine definierte *PE*-Frequenz im Programmsystem ABAQUS erzeugt werden, so dass die viskoelastischen Materialeigenschaften nur für eine Frequenz berücksichtigt werden. Aufbauend auf den Erkenntnisse aus Abschnitt 4.2.6 werden folgende Handlungsempfehlungen gegeben

- Erzeugung mehrerer Substrukturen zur detaillierten Abbildung der Eigenfrequenzen und besonders der materialbedingten Energiedissipation der Eigenformen im Frequenzbereich unterhalb 100 Hz, da die Eigenformen in diesem Frequenzbereich große globale, hauptsächlich vertikale und horizontale Bewegungen ausführen [Whee05] und somit hohe Kraft- bzw. Beschleunigungsamplituden bewirken. Davon sollte jeweils eine mit den ungefähren Lagen der ersten Längs-[1,0]-*asym* und Vertikalresonanz [1,0]-*sym* des Reifens korrespondieren.

- Reduzierung der Anzahl der Substrukturen im höheren Frequenzbereich, wenn Rechenzeit- bzw. Kapazität eingespart werden muss, da der Einfluss der PE-Frequenz auf die Dämpfung abnimmt und höhere Eigenfrequenzen des Reifens im rollenden Zustand in diesem Frequenzbereich anhand von Kraft- oder Beschleunigungsspektren schlecht identifiziert werden können.

- Zur genauen Abbildung der Eigenfrequenzen des Hohlraummediums Reduktion einer Substruktur in dem Frequenzbereich, in dem die Hohlraumresonanz zu erwarten ist, da die Reifenelastomermaterialeigenschaften auf die Lage der Hohlraum-Eigenfrequenz einwirken. Zur Prognose der Frequenzlage kann Formel (2.14) dienen.

Die berechneten Eigenfrequenzen des fest eingespannten Reifen-Hohlraum-Rad-Systems werden mit den im Ausrollversuch ermittelten Eigenfrequenzen verglichen. Dadurch wird wie zuvor im Versuch (Abschnitt 3.3.33.3.3) auch in der Simulation aufgezeigt, dass die mechanische Eingangsimpedanz der Radaufhängung die Eigenfrequenzen des Reifen-Hohlraum-Rad-Systems beeinflusst. Um die mechanische Eingangsimpedanz der in den Versuchen verwendeten Kraftschluss-Radführung abzubilden, wird ein FE-Modell der Kraftschluss-Radführung erstellt. Dieses wird durch Model Updating an die Ergebnisse des EMA-Versuches (Abschnitt 3.3) angepasst, da die detailgetreue Abbildung der Rollen- und Kugelumlauflager der Kraftschluss-Radführung für lineare FE-Analysen ungeeignete, komplizierte Kontaktrechnungen bedeutet. Im nächsten Abschnitt 5.2 werden die Modelle der Kraftschluss-Radführung sowie des Reifen-Hohlraum-Rad-Modells gekoppelt und die Wechselwirkungen aufgezeigt.

Zur Anregung des Reifen-Hohlraum-Rad-Modells wird in einem modularen Ansatz ein Anregungsmodell der normalen Richtung umgesetzt, das auf dem bekannten Prinzip der Bettungsmodellierung basiert. Der vorgestellte Ansatz ist eine Weiterentwicklung der Vorarbeiten von [Eich91], [Eich94], [Bach98], [Trab05], [Gaeb09]. Die Parametrierung des Modells erfolgt anhand der in den Abschnitten 3.4 und 3.5 durchgeführten Versuche (statische Kontaktdruckmessung und Überrollung von makroskopischen Unebenheiten). In den aus der Literatur bekannten Bürstenmodellen wird davon ausgegangen, dass die lineare Auslenkung der die Profilelemente abbildenden Bürstenelemente durch den Schlupf, die Längsposition im Latsch und den Reibwert bestimmt wird. Durch die in dieser Arbeit durchgeführten Versuche wurde gezeigt, dass die Profilelemente bei Eintritt des Kontakts im Einlauf aufgrund der Abrollbewegung des Reifens mit einer aus der Fahrbahn herausstehenden Unebenheit umso stärker entgegen der Drehrichtung ausgelenkt werden, je höher die Unebenheit ist (vgl. Abschnitt 3.5.2, Abbildung 3.47 b)). Aufbauend auf dieser

Erkenntnis wird ein tangentiales Bettungsmodell entwickelt, dem als zusätzliche Eingangsgröße die resultierende Texturhöhe aus dem Normalanregungsmodell übergeben wird. Das Bettungsmodell sieht linear elastische, ungekoppelte Federelemente analog zur Modellierung von Gäbel [Gaeb09] vor. Durch Vergleich von Messung und Simulation der Längskraftverläufe wird gezeigt, dass die Simulation die Kraftamplituden und -mittelwerte sehr gut vorhersagt. Nach erfolgter Normalanregungssimulation auf der in den Versuchen eingesetzten 0/16-Waschbeton-Fahrbahn wird die Längsanregungssimulation mit der resultierenden Texturhöhe als Eingangsgröße durchgeführt. Im folgenden Abschnitt werden die erzeugten Anregungsverläufe aus dem Wegbereich in den Frequenzbereich überführt und in einer modalen Superpositionsrechnung auf das Reifen-Hohlraum-Rad-Modell aufgebracht.

5   Validierung

Um die experimentell analysierten Wechselwirkungen zwischen dem System Reifen-Hohlraum-Rad und der Radführung (Abschnitt 3.3.30) in der Simulation abzubilden, wurden im vorigen Abschnitt ein FE- und ein Substruktur-Modell des Systems Reifen-Hohlraum-Rad und ein FE-Modell der Kraftschluss-Radführung entwickelt. Durch die vorangegangene experimentelle Analyse der Strukturdynamik des Systems Reifen-Hohlraum-Rad wurde gezeigt, dass sich der Rollzustand vom stehenden Zustand unterscheidet. Im Rollzustand ist das System an die Radführung angebunden und wird durch die Fahrbahn angeregt. Es wurde gezeigt, dass die mechanische Eingangsimpedanz der Radführung sowie die Fahrbahntextur die gemessenen Kräfte im Radmittelpunkt beeinflusst. Somit müssen zur Validierung die Modelle aller Teilsysteme kombiniert mit dem Anregungsmodell betrachtet werden. Dies erschwert die Validierung, da eine Modellungenauigkeit in jedem der Teilmodelle verborgen sein kann. Um die Komplexität der Validierung zu reduzieren wird im nächsten Abschnitt 5.1 zunächst die modellierte Anregung auf den fest eingespannten Reifen aufgebracht. Dabei wird der Einfluss der Radführung vernachlässigt. In Abschnitt 5.2 wird das Substrukturmodell an das Kraftschluss-Radführungsmodell angebunden und die Wechselwirkungen werden analysiert. Dabei wird der Einfluss der Anregung im ersten Schritt vernachlässigt. Anschließend wird der komplette Modellierungsprozess aller Teilmodelle analysiert und bewertet (Abschnitt 5.3).

5.1   Simulation der Anregung des Reifen-Hohlraum-Rad-Systems

In Abschnitt 4.3 wurde die Entwicklung eines Anregungsmodells beschrieben. Die berechneten Deformationen in Vertikal- und Längsrichtung der Profilelemente werden für alle Reifen-Fahrbahn-Kontaktknoten in den Frequenzbereich überführt. In Abschnitt 4.2.8 wurde ein Substrukturmodell des Reifen-Hohlraum-Rad-Systems mit im Reifen-Fahrbahn-Kontaktbereich beibehaltenen Freiheitsgraden erzeugt. Diese Freiheitsgrade werden in der Vertikal- und

Längsrichtung durch eine real- und imaginärwertige Fusspunktanregung beaufschlagt. Die Fusspunktanregung erfolgt in ABAQUS durch die *Steady-State-Dynamic (SSD)-Analysis*-Prozedur, die die linearisierte, dynamische Antwort eines Systems auf eine harmonische Anregung im Frequenzbereich berechnet [AB6.10]. Somit gehört die Prozedur zu den linearen Störungsrechnungen. Die Systemantwort wird auf Basis generalisierter Koordinaten berechnet [AB6.10], so dass zuerst zwei Eigenfrequenzberechnungsschritte (real, komplex) durchgeführt werden. Dabei wird die so genannte *SIM*-Architektur [AB6.10] genutzt, um nichtdiagonale Dämpfungseffekte (Material- und Elementdämpfung) in der *SSD*-Prozedur zu berücksichtigen. Das beschriebene Vorgehen bietet eine effektive Alternative zur Berechnung der Systemantwort auf Basis physikalischer Koordinaten, welche einen höheren Rechenaufwand erfordert. In den Eigenfrequenzberechnungsschritten werden die Freiheitsgrade im Reifen-Fahrbahn-Kontakt jeweils mit einer großen Masse (vgl. Abschnitt 4.3.1) verbunden, damit in der nachfolgenden Anregungsrechnung an diesen Freiheitsgraden eine Anregung (Weg, Geschwindigkeit, Beschleunigung) aufgebracht werden kann. Die Eigenfrequenzen werden durch dieses Vorgehen so berechnet, als wären die Freiheitsgrade unverschieblich. In Abschnitt 4.3.1 wird gezeigt, dass die Eigenfrequenzen des Reifen-Hohlraum-Rad-Systems durch diese Randbedingung mit geringeren Abweichungen zum Versuch berechnet werden als bei freien Freiheitsgraden. Wird in der anschließenden Anregungsrechnung mit *Base-Motion*-Prozedur die *SSD*-Prozedur genutzt, erlaubt ABAQUS die Berechnung resultierender Beschleunigungen oder Kraftantworten nur auf Basis generalisierter Koordinaten.

Bei Berechnung einer Kraftantwort am Radflansch des Reifen-Hohlraum-Rad-Modells der Koppelstelle zur Radführung, kommt es in der verwendeten ABAQUS-Version zu einem Berechnungsfehler[41]. Kraftantworten werden durch das Programm falsch, Beschleunigungen korrekt berechnet. Beschleunigungen können allerdings nicht mit den durch die Messnabe gemessenen Kräften des Versuchs (vgl. Abschnitt 3.2.1) verglichen werden. Um den Be-

---

[41] Der entdeckte Programmfehler wurde von SIMULIA, Herstellerfirma der Software ABAQUS bestätigt. Als Lösung wurde die Nutzung der SIM-Architektur empfohlen. Zur Berücksichtigung der Akustik-Struktur-Kopplung innerhalb einer Substruktur bei Nutzung der SIM-Architektur wurde keine Aussage durch SIMULIA getroffen.

rechnungsfehler zu umgehen, sollte die SIM-Architektur in den Eigenfrequenzberechnungsschritten genutzt werden. Die SIM-Architektur kann bei nicht zu Substrukturen reduzierten Modellen, die eine Akustik-Struktur-Kopplungen enthalten, die Beiträge der Akustik nicht berücksichtigen [AB6.10]. In dieser Arbeit wird zur Abbildung des Reifen-Hohlraum-Rad-Systems das zur Substruktur reduzierte Modell genutzt, dass die Beiträge einer Akustik-Struktur-Kopplung berücksichtigt, jedoch keine Akustik-Struktur-Kopplung darstellt. Die Substruktur enthält keine Druckfreiheitsgrade.

Einfluss der Auflösung des Anregungsspektrums

Beim Vergleich von gemessenen und berechneten Kraftspektren muss beachtet werden, dass in der Messung ein Zeitfenster in den Frequenzbereich transformiert wird, indem der Reifen mehr als 16 m (mehr als den Trommelumfang) abfährt. Dies ist erforderlich um eine ausreichende Auflösung zu erreichen. In der Simulation werden die Anregungsmodelle über die vermessenen Fahrbahnlänge von 4 m geführt. Somit steht nur ein Drittel des Trommelumfangs zur Verfügung. Die Anregung dieser 4 m kann in einem Fenster oder in mehreren Fenstern jeweils mit reduzierter Frequenzauflösung gegenüber dem Versuch ausgewertet werden. Um den Einfluss dieser Frequenzauflösung der Anregung sowie der überfahrenen Fahrbahnlänge aufzuzeigen, werden die Kraftspektren an der Nabe mit variierender Auflösung untersucht. Im ersten Fall werden nfft = 2^{11} Werte, entsprechend ca. 4 m Fahrbahnlänge innerhalb eines Fensters in den Frequenzbereich (*Hanning*-Fensterfunktion) überführt. Im zweiten Fall werden nfft = 2^{10} Werte in einem Fenster zusammengefasst, wodurch die Auflösung weiter reduziert wird. Um dennoch 4 m der Fahrbahn zu berücksichtigen, werden drei Fenster (*Hanning*-Fensterfunktion, 50% *Overlap*) in den Frequenzbereich überführt und als Anregung auf das Substrukturmodell aufgegeben. Die resultierende Kraftantwort wird als Mittelwert aus drei Simulationsrechnungen gebildet.

In Abbildung 5.1, Abbildung 5.2, Abbildung 5.3 und Abbildung 5.4 sind jeweils die Kraftantwortspektren im Reifenzentrum im Vergleich zu den im Versuch gemessenen Kraftantworten (vgl. Abschnitt 3.2.2) zunächst für einen Frequenzbereich unterhalb 200 Hz aufgetragen. Dargestellt sind die Geschwindigkeiten 60 und 100 km/h. Das Reifenverhalten wird durch zwei Substrukturmodelle für PE = 80 Hz (unterhalb 120 Hz) und PE = 200 Hz (oberhalb 120 Hz) abgebildet. In Abschnitt 4.2.6 wurde bereits analysiert, dass die Materialdämpfung des im Reifen eingesetzten Elastomermaterials im betrachteten Frequenzbereich mit der Frequenz bis zu einem Plateau (200 - 250 Hz) hin zunimmt. Deshalb wird die Systemantwort durch die Substruktur für PE = 80 Hz oberhalb ihrer PE-Frequenz überschätzt. Um die Systemantwort möglichst genau zu berechnen, wird eine Substruktur jeweils für einen eingeschränkten Frequenzbereich um ihre PE-Frequenz herum genutzt. Resultierend ergeben sich die in den Diagrammen dargestellten Kurvenverläufe. In dieser Simulation ist das Reifen-Hohlraum-Rad-System nicht an die Messnabe der Kraftschluss-Radführung gekoppelt. Somit wird in den Ergebnissen der Einfluss der mechanischen Eingangsimpedanz der Radführung nicht berücksichtigt. In den Diagrammen sind für beide Strukturmodifikationen der Radführung die gemessenen Kraftspektren dargestellt. Unterscheiden sich diese, ist der entsprechende Frequenzbereich im Diagramm gekennzeichnet.

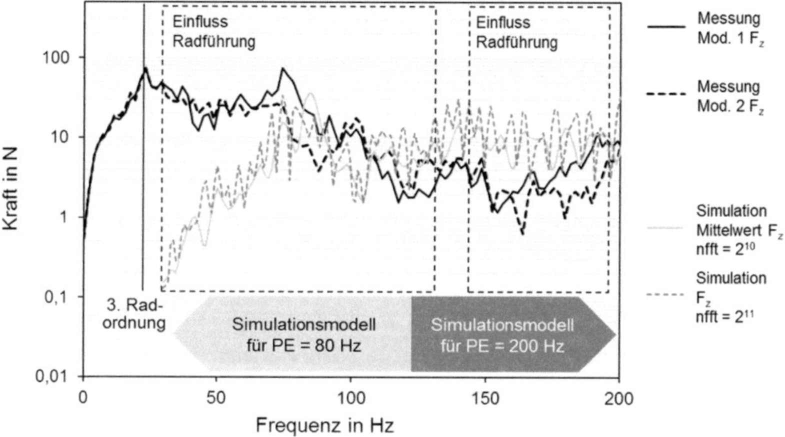

Abbildung 5.1: Vergleich der gemessenen und berechneten Vertikalkraftspektren bei 60 km/h.

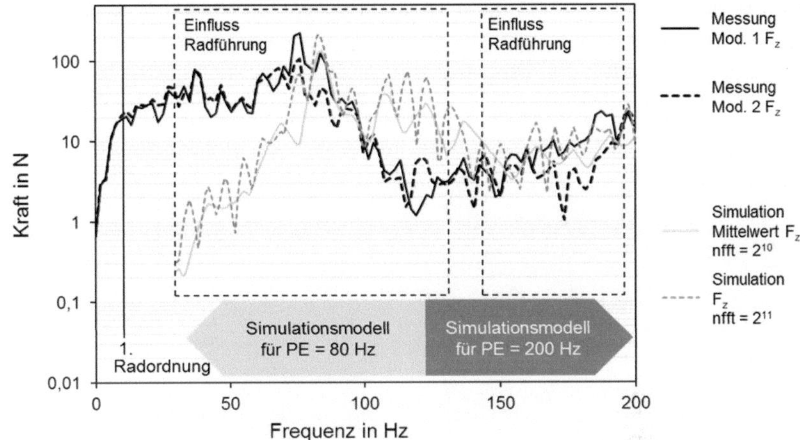

Abbildung 5.2:   Vergleich der gemessenen und berechneten Vertikalkraftspektren bei 100 km/h.

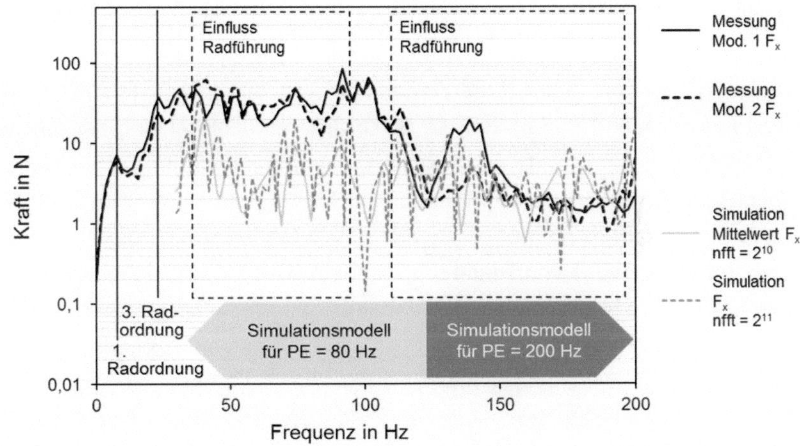

Abbildung 5.3:   Vergleich der gemessenen und berechneten Längskraftspektren bei 60 km/h.

Mit zunehmender Geschwindigkeit nahmen die Vertikalkraftamplituden in der Messung zu (vgl. Abschnitt 3.2.2). In der Simulation nehmen die Kraftantworten mit zunehmender Geschwindigkeit ebenfalls zu. Die Simulation kann die Lage der [1,0]-*sym*-Reifen-Eigenfrequenz bei ca. 75 Hz in den Vertikalkraftspektren und der ([1,0]-*asym+torsional*-Reifen-Eigenfrequenz bei ca. 37 Hz in den Längskraftspektren gegenüber der Messung gut abbilden.

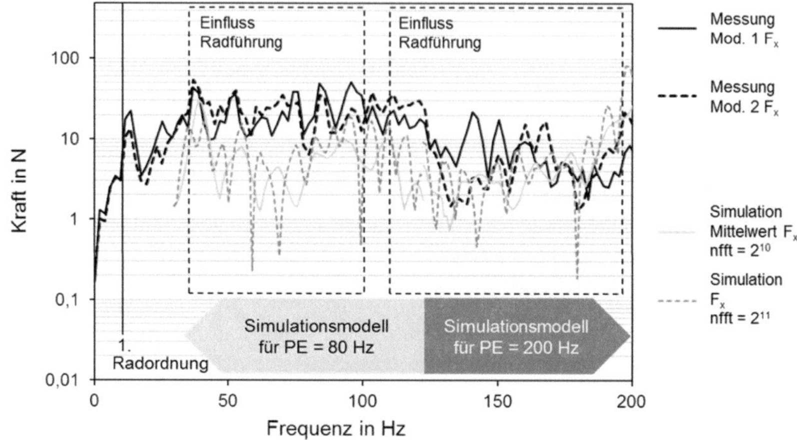

Abbildung 5.4:   Vergleich der gemessenen und berechneten Längskraftspektren bei 100 km/h.

Unterhalb diesen ersten Eigenfrequenzen ergeben sich Differenzen zwischen Messung und Simulation, die durch die Vernachlässigung der mechanischen Eingangsimpedanz der Radführung (vgl. Abschnitt 5.2) und die nicht abgebildete Anregung durch Reifenungleichförmigkeiten herrühren. In Abschnitt 3.2.6 wurde erläutert, dass mit zunehmenden Texturamplituden der Fahrbahn der Einfluss von Reifenungleichförmigkeiten auf die Anregung des Reifen-Hohlraum-Rad-Systems im Vergleich zum Einfluss der Textur abnimmt. Dennoch wurde aufgezeigt, dass bis zur dritten Radordnung noch Anteile aus den Reifenungleichförmigkeiten zur Schwingungsanregung beitragen. In den Abbildungen sind, wenn sie zu prägnanten Peaks führen, die erste bis dritte Radordnung gekennzeichnet. In Abschnitt 3.3.3 wurde gezeigt, dass die mechanische Eingangsimpedanz der Radführung die Kraftantwort im Reifenzentrum besonders im unteren Frequenzbereich beeinflusst. In dieser Simulation wird die Einspannung des Reifens im Zentrum als starr angenommen.

Ferner waren die vermessenen Übergänge der Fahrbahnkassetten in den Texturspektren unauffällig (Analyse der Fahrbahntextur in Abschnitt 3.4.2). Da aber nur zwei der acht Übergänge analysiert wurden und diese Übergänge vor den Reifenmessungen neu geformt wurden, könnte deren Einfluss in der Simulation unterschätzt werden. Acht um nur 1.2 mm aus der Fahrbahntextur herausstehende Übergänge würden bei 12 m Trommelumfang und entsprechend acht Fahrbahnkassettenübergängen zu einer bedeutenden Anregung im Frequenzbereich unterhalb 120 Hz führen. Diese könnte zu den Abweichungen zwischen Messung und Simulation in diesem Frequenzbereich beitragen.

Bei langem Fenster (nfft = 2^{11}) weisen die Kraftantwortspektren starke Amplitudenschwankungen auf. Dies rührt aus dem Anregungssignal, das für einzelne Frequenzen Überhöhungen aufweist. Bei kürzerem Fenster (nfft = 2^{10}) ist die Auflösung des Anregungsspektrums im Frequenzbereich reduziert. Zum Teil werden die diskreten Spitzen durch die verminderte Auflösung verschmiert. Nun werden die Anregungsspektren der einzelnen kurzen Fenster phasenrichtig auf das Reifenmodell aufgegeben und die Kraftantworten ermittelt. Die Kraftantworten der einzelnen Fenster werden anschließend gemittelt dargestellt. Durch diese Mittelung wird eine weitere Glättung der dargestellten Kraftspektren bewirkt.

Um vergleichbar zum Versuch mehrere Spektren zu mitteln, wird zur Darstellung des höheren Frequenzbereichs eine Auflösung von nfft = 2^{10} gewählt. In Abbildung 5.5 bis Abbildung 5.10 sind die berechneten Vertikal-, Längs- und Querkraftspektren im Vergleich zum Versuch für 60 und 100 km/h dargestellt.

Die Abweichungen der Kraftantworten der drei Simulationen (< 30 N) sind im Vergleich zu den Abweichungen von zwei am gleichen Tag nacheinander durchgeführten Versuchen mit demselben oder zwei baugleichen Reifen (< 20 N) leicht erhöht. Wie beschrieben wird im Versuch ein Zeitfenster länger als eine Trommelumdrehung in den Frequenzbereich überführt und die Kraftantwort im Frequenzbereich über fünf bis zehn Spektren gemittelt (vgl. Abschnitt 3.2.1). Vor diesem Hintergrund kann das Substrukturmodell die gemessenen Kraftverläufe im Frequenzbereich von 100 bis 300 Hz trotz Vernachlässigung der mechanischen Eingangsimpedanz der Kraftschlussradführung im Modell gut abbilden. Besonders der Längskraftverlauf von Simulation und der Messung bei Modifikation 2 der Kraftschluss-Radführung stimmen sehr gut überein. Durch die Strukturmodifikation 2 wird die Kraftschluss-

Radführung in der Längsrichtung bedeutend versteift. Somit bedeutet die Simulation mit fester Anbindung des Rades eine gute Annahme in dieser Raumrichtung.

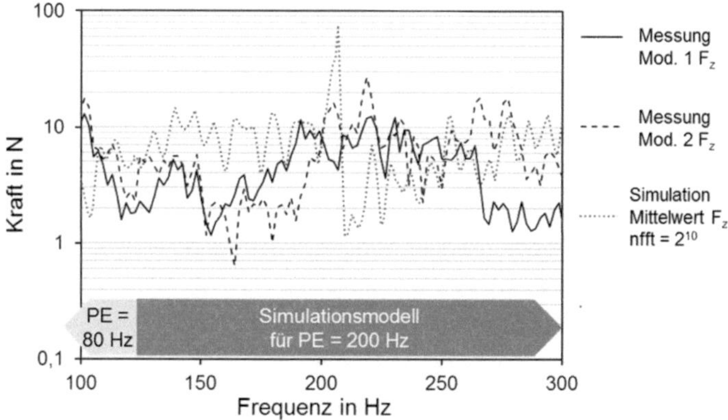

Abbildung 5.5:   Vergleich der Vertikalkraftspektren F_z bei 60 km/h.

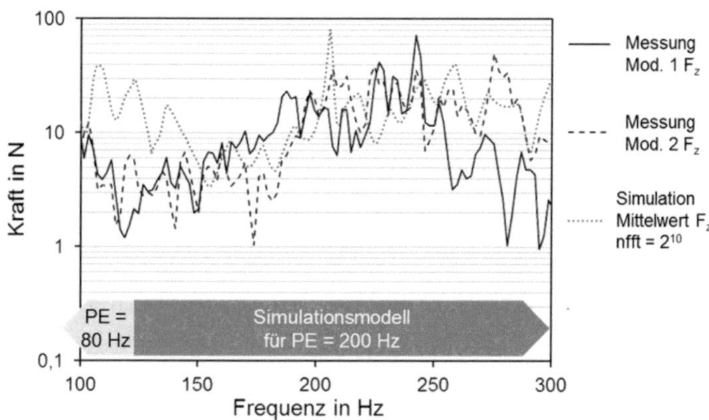

Abbildung 5.6:   Vergleich der Vertikalkraftspektren F_z bei 100 km/h.

Bei beiden Geschwindigkeiten bildete das Substrukturmodell die Lage der Hohlraumresonanzen im Berechnungsschritt der komplexen Eigenfrequenzen gut ab (vgl. Abschnitt 4.2.5). In der Anregungsrechnung werden bei den entsprechenden Frequenzen die Vertikalkraftantworten des ersten Astes überschätzt, während der zweite Ast unterschätzt wird. Möglicherweise liefert die

Vertikalanregung auf dem betrachteten Fahrbahnabschnitt zu wenig Energie um die Resonanz anzuregen. Im Längskraftspektrum wird die Amplitude beider Äste der Hohlraumresonanz leicht überschätzt.

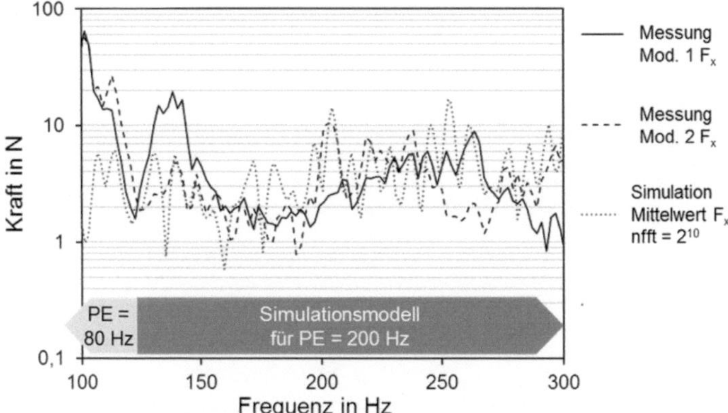

Abbildung 5.7: Vergleich der Längskraftspektren F_x bei 60 km/h.

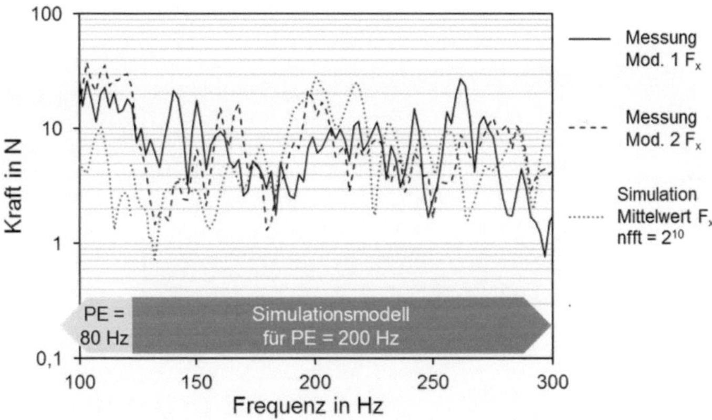

Abbildung 5.8: Vergleich der Längskraftspektren F_x bei 100 km/h.

Einfluss der Längsanregung

In Abschnitt 3.2.7 wurde gezeigt, dass der Reibbeiwert der Fahrbahn durch Schmiermittel im Reifen-Fahrbahn-Kontakt stark abgesenkt wird, was zu einer Abnahme der Längsauslenkungen der Profilelemente führt (vgl. [Ludw98], [Fach00]). Resultierend waren die Kraftamplituden an der Messnabe in

265

Längs- und Querrichtung reduziert. Wichtig ist zu beachten, dass die Amplitude der Längsauslenkung im Versuch nicht bekannt ist.

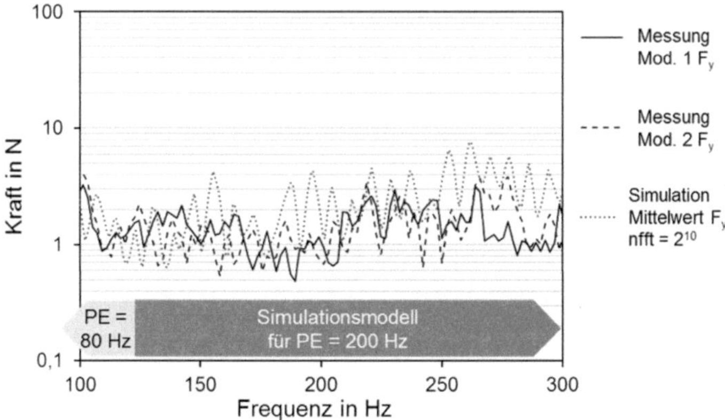

Abbildung 5.9:   Vergleich der Querkraftspektren F_y bei 60 km/h.

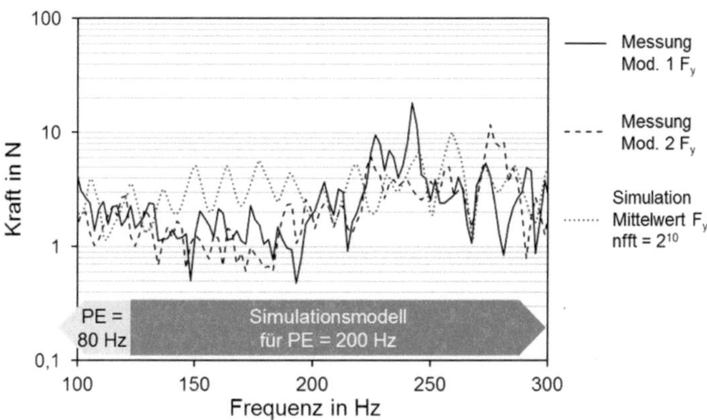

Abbildung 5.10:   Vergleich der Querkraftspektren F_y bei 100 km/h.

In der Simulation wird exemplarisch die Längsanregung um 50 % reduziert, um den Einfluss der Anregung durch Profilelementverformungen in Längsrichtung zu untersuchen. Die Vertikalanregung ist unverändert. Abbildung 5.11 zeigt den Vergleich der simulierten Kraftspektren bei Variation der Längsanregung. Die Simulationsergebnisse sind für PE = 80 Hz im Diagramm abgebildet. Um das Diagramm übersichtlich zu gestalten, sind die Simulationen bei

PE = 30 Hz und PE = 200 Hz nicht abgebildet. Somit sind die Kraftamplituden nur innerhalb des Diagramms und nicht mit den zuvor vorgestellten Ergebnissen vergleichbar. Die Kraftspektren bei reduzierter Längsanregung sind in grau abgebildet.

In den Vertikalkraftspektren sind bei Variation der Längsanregung keine Unterschiede auszumachen (Abbildung 5.11). Darin stimmt die Simulation mit dem Versuchsergebnis überein. In den in Abschnitt 3.2.7 beschriebenen Versuchen wurde beschrieben, dass das Vertikalkraftspektrum kaum durch die reduzierte Längsauslenkung der Profilelemente beeinflusst wird. Die hauptsächlich vertikal ausgerichteten Schwingformen, die für die Peaks in den Vertikalkraftspektren verantwortlich sind, werden stärker durch die vertikalen Deformationsvorgänge im Latschbereich angeregt.

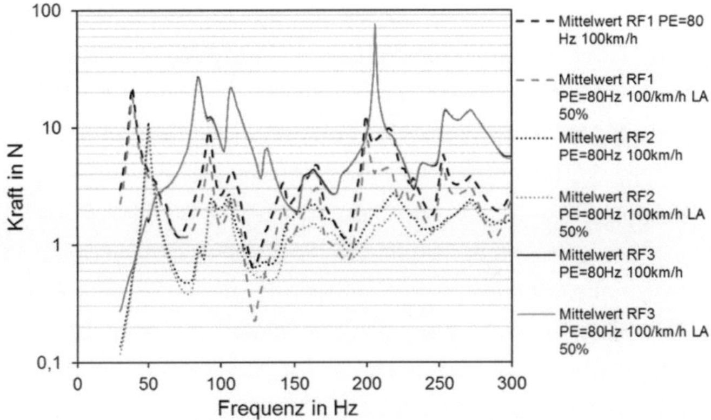

Abbildung 5.11: Vergleich des berechneten Vertikal- (RF3), Längs- (RF1) und Querkraftspektrums (RF2) (Reifen fest eingespannt, Rotation frei) bei Variation der Längsanregung bei einer Rollgeschwindigkeit von 100 km/h.

Das bei verminderter Längsanregung simulierte Längskraftspektrum ist im gesamten Frequenzbereich gegenüber der nicht reduzierten Längsanregung reduziert. Der ersten Peak im Spektrum, der von der [1,0]-*asym*-Reifeneigenform herrührt, nimmt um 10 % ab. Weiterhin wird die Längskraftamplitude im Bereich der Hohlraumresonanz durch die Längsanregungsabsenkung um 2 % verringert. Im Versuch mit vermindertem Reibbeiwert der Fahrbahn wurde das Längskraftspektrum durch die reduzierte Längsauslenkung besonders stark beeinflusst. Der Einfluss der Längsauslenkung auf die [1,0]-*asym*-Reifeneigenform und die Amplitude der Hohlraumresonanz wurden in Abschnitt 3.2.7 aufgezeigt. Im Versuch wurden die Amplituden stärker vermindert als in der Simulation.

Das simulierte Querkraftspektrum wird stärker durch die reduzierte Längs-auslenkung beeinflusst als das Vertikalkraft- und weniger stark als das Längs-kraftspektrum. Der erste Peak im Spektrum entsteht durch die [1,1]-*lateral*-Reifeneigenform. Die Amplitude dieses Peaks wird um 2.5 % reduziert. Auf-grund dessen, dass die Anregung im Reifenlatsch flächig (fünf Spuren quer zur Fahrtrichtung) erfolgt, ist dieses Ergebnis plausibel. In den in Abschnitt 3.2.7 beschriebenen Versuchen wurde der Peak der [1,1]-*lateral*-Reifeneigen-form ebenfalls auf der Fahrbahn mit vermindertem Reibbeiwert abgesenkt.

Die vorgestellte Variation der Längsanregung zeigt das Potential des in Ab-schnitt 4.3 entwickelten Modells für die Anregung des Reifens in tangentialer Richtung auf. Dabei ist zu beachten, dass in dem Modell davon ausgegangen wird, dass kein Gleiten vorliegt. Diese Annahme ist dadurch begründet, dass [Bode62] und [Fach00] auf trockener Fahrbahn kein Gleiten maßen und auch die in Abschnitt 3.5 beschriebenen Messergebnissen kein Hinweis auf Gleiten liefern. Dennoch könnte an einzelnen Profilelementen lokal auf der rauen Fahrbahn (Mikro-) Gleiten vorliegen. Bei dem Versuch mit vermindertem Reib-wert durch schmiermittelbenetzte Fahrbahn ist davon auszugehen, dass die Profilelementauslenkung im Vergleich zur trockenen Fahrbahn abnimmt und Gleiten auftritt. Durch die Reduktion der Längsanregung um 50 % in der Si-mulation wird dies nur angenähert.

Zwischenfazit

Trotz Vernachlässigung der Kraftschluss-Radführung wird im ersten Schritt der Validierung zumindest für den Frequenzbereich oberhalb 100 Hz eine ausreichende Übereinstimmung zwischen Versuch und Simulation erreicht. Der Einfluss der in der Anregung berücksichtigten Fahrbahnlänge, der Fre-quenzauflösung, der Anregung sowie der Einfluss der Längsanregung werden gezeigt. In Abschnitt 5.2 werden das Substrukturmodell des Systems Reifen-Hohlraum-Rad mit der Radführung verbunden und die Wechselwirkungen analysiert.

5.2 Kopplung des Reifen-Hohlraum-Rad-Modells mit der Kraftschluss-Radführung

In Abschnitt 4.2.4 wurde erläutert, dass die Knoten der Messnabenfrontfläche der Kraftschluss-Radführung mit Kontakt zum Radflansch starr mit einem Referenzknoten „Nabe" im Nabenzentrum verbunden sind. Für das Rad wurden die Knoten der Kontaktfläche am Radflansch starr mit einem Referenzknoten „Rad" im Radzentrum verbunden (vgl. Abschnitt 4.2.8). Die Verbindung zwischen Rad und Messnabe wird mit einem freien Rotationsfreiheitsgrad um die y-Achse modelliert, während die übrigen Freiheitsgrade fest verbunden werden.

Zur Verbindung zweier Teilsysteme bietet ABAQUS folgende Ansätze. *Connector-Elemente* werden dazu genutzt komplizierte mechanische Interaktionen (z.B. Feststellvorrichtungen wie Schnappverbindungen, die erst nach Erreichen einer definierten Kraft oder Verschiebung einrasten) von zwei verschiedenen Teilsystemen eines Modells abzubilden [AB6.10]. *Multipoint-Constraints* sind ein effizienterer Ansatz, da sie die Freiheitsgrade des Gleichungssystems eliminieren [AB6.10]. Nach Elimination der Freiheitsgrade besteht keine Möglichkeit die Kräfte und Momente an der Kontaktstelle zu berechnen.

Der Abgleich mit dem Ausrollversuch erfordert die Berechnung von Kräften und Momenten an der Verbindungsstelle, so dass beide Systeme durch ein *Connector-Element* zwischen beiden Referenzknoten „Nabe" und „Rad" verbunden werden. Die Modelle der verbundenen Systeme zeigt Abbildung 5.12, wobei im linken Teil a) die Strukturmodifikation 1 (Mod. 1) und im rechten Teil b) die Strukturmodifikation 2 (Mod. 2) dargestellt ist.

Für die im Folgenden beschriebene Analyse wird eine Reifen-Hohlraum-Rad-Substruktur des durch 168 Elemente über dem Umfang diskretisierten FE-Modells für eine Geschwindigkeit von 60 km/h bei PE = 30 Hz (vgl. Abschnitt 4.2.6) mit beiden Varianten des Modells der Kraftschluss-Radführung (Mod. 1 und Mod. 2) verbunden. Die Freiheitsgrade im Reifen-Fahrbahn-Kontakt werden durch die *Base-Motion*-Prozedur mit großen Massen gekoppelt. Die realen und komplexen Eigenwerte und -formen der gekoppelten Systeme werden im Frequenzbereich bis 360 Hz berechnet. Die Eigenformen werden hinsichtlich der Anteile der Subsysteme analysiert. Tabelle 5.1 enthält die komplexen Eigenfrequenzen, die der Kraftschluss-Radführung zugeordnet werden, im Vergleich zu denen ohne angekoppelten Reifen. Diejenigen Eigenformen, bei denen zwischen gekoppeltem und ungekoppeltem System Eigenfrequenzdifferenzen größer 1 Hz berechnet werden, sind hervorgehoben.

a) Strukturmodifikation 1 (Mod. 1)

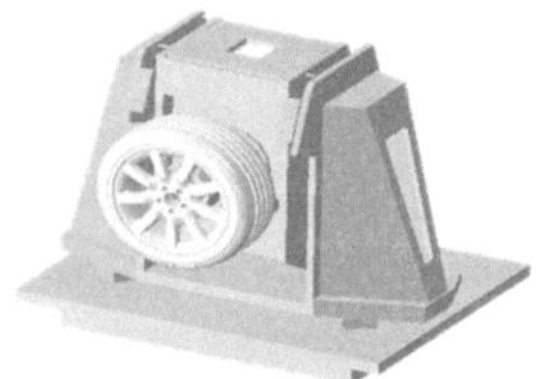

b) Strukturmodifikation 2 (Mod. 2)

Abbildung 5.12:   Gekoppelten Modelle von Reifen-Hohlraum-Rad und Kraftschluss-Radführung in Mod. 1 und Mod. 2.

Zunächst wird die Strukturmodifikation 1 diskutiert. Die erste Eigenform der Radführung (Tabelle 5.1, Abbildung 5.16) ist durch eine Sturzbewegung des Sturzkastens und eine Hubbewegung des Radlastkastens gekennzeichnet. Bei der zweiten Eigenform führt der Radlastkasten eine Hubbewegung aus, der Sturzkasten schwingt in Querrichtung. Mit der zusätzlichen Masse durch das System Reifen-Hohlraum-Rad an der Messnabe sinken diese Eigenfrequenzen. Die fünfte Eigenform ist eine Hubbewegung des Radlastkastens, wobei der Sturzkasten gegenphasig dazu ebenfalls eine Vertikal- und Sturzbewegung ausführt (Abbildung 5.17). Der Radlastkasten wird durch die zusätzliche Steifigkeit des Reifens versteift, so dass diese Eigenfrequenz trotz der zusätzlichen Masse ansteigt. Bei der elften Eigenform schwingt der Sturzkasten in y-Richtung, der Radlastkasten und die Seitenstützen führen gegenphasig dazu ebenfalls in y-Richtung Schwingungen aus. Bei 167.6 Hz tordiert der Sturzkasten um die Vertikalachse wobei der Radlastkasten gegenphasig dazu ebenfalls um diese Achse tordiert. Die Seitenstützen schwingen gegenphasig zueinander in Quer- und Längsrichtung. Beide Eigenfrequenzen werden durch die angekoppelte Masse an der Messnabe, die große Schwingwege ausführt, abgesenkt. Die höheren Eigenfrequenzen der Kraftschluss-Radführung werden durch die Kopplung kaum beeinflusst.

	Mod. 1 Komplexe Eigenfrequenzen in Hz			Mod. 2 Komplexe Eigenfrequenzen in Hz		
Nr.	gekoppelt	unge-koppelt	Differenz	gekoppelt	unge-koppelt	Differenz
1	**29.7**	**31.8**	**-2.1**	**37.8**	**42.3**	**-4.5**
2	**48.2**	**50.1**	**-1.9**	60.2	60.4	-0.2
3	65.5	65.5	-0.0	**69.4**	**72.3**	**-2.9**
4	66.8	66.1	0.7	**88.8**	**90.0**	**-1.2**
5	**70.7**	**71.8**	**1.1**	108.2	108.8	-0.6
6	82.6	83.1	-0.5	**121.5**	**122.7**	**-1.2**
7	114.1	114.5	-0.4	130.7	130.9	-0.2
8	117.3	118.0	-0.7	151.1	151.3	-0.2
9	132.5	132.7	-0.2	159.9	160.8	-0.9
10	154.3	154.4	-0.1	176.2	176.3	-0.1
11	**164**	**165.0**	**-1.0**	**190.2**	**191.5**	**-1.3**
12	**167.6**	**169.0**	**-1.4**	215.5	215.6	-0.1
13	233.0	233.1	-0.1	238.6	238.6	0
14	236.7	236.7	0	243.5	243.5	0
15	287.4	287.4	0	297.0	297.0	0

Tabelle 5.1: Komplexe Eigenfrequenzen der ungekoppelten und der mit dem Reifen-Hohlraum-Rad-System (168 Elemente, 60 km/h, PE = 30 Hz) gekoppelten Kraftschluss-Radführung.

Durch Erhöhung der Geschwindigkeit auf 100 km/h erfährt die Reifen-Hohlraum-Rad-Struktur eine Entfestigung. Im Modell erfolgt eine vergleichbare Reduktion der Steifigkeit durch die *MLE*-Matrix $\underline{W}$ (vgl. Abschnitt 4.2.5), die sich durch sinkende Eigenfrequenzen auswirkt. Die Abweichungen zum Modell für 60 km/h und PE = 30 Hz sind in Abbildung 5.13 dargestellt. Die Eigenfrequenzen der Kraftschluss-Radführung sinken um maximal 2 % im Vergleich zu den in Tabelle 5.1 aufgeführten Eigenfrequenzen. Der maximale Wert wird für die zweite Eigenfrequenz der Radführung erreicht. Somit ist die Änderung der Eigenfrequenzen im Vergleich zum ungekoppelten System eine Kombination aus Massen- und Steifigkeitseinfluss. Durch das angekoppelte System Reifen-Hohlraum-Rad erfährt die Radführung zusätzliche Masse, aber auch zusätzliche Steifigkeit. Der Einfluss der Reifen-Steifigkeit und –masse auf die Eigenfrequenzen der Kraftschluss-Radführung nimmt mit höherer Frequenz ab, bis oberhalb von ca. 120 Hz keine Änderungen der Eigenfrequenzen der Kraftschluss-Radführung mehr erkennbar sind (Abbildung 5.13).

Für einige Schwingformen steigt die Eigenfrequenz minimal (< 0.01%) an (Abbildung 5.13). Dieser Effekt resultiert neben der numerischen Genauigkeit aus den Randbedingungen im Modell. Die Reifen-Fahrbahn-Kontakt-Freiheitsgrade werden durch die großen angekoppelten Massen als unverschieblich angenommen. Diese Annahme ist in der positiven z-Richtung (vertikal) nicht vollkommen zutreffend. In der Realität sind die Kontaktpunkte in dieser Richtung frei, aber mit der anteiligen Radlast belastet. Erfährt die Reifenstruktur im Modell nun eine Entfestigung, wird die Anbindung zur Fahrbahn in vertikaler Richtung weniger steif angenommen und die Eigenfrequenzen steigen.

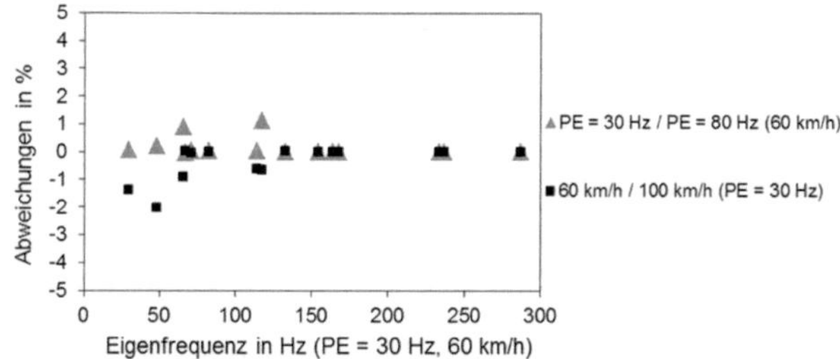

Abbildung 5.13:   Einfluss von Reifensteifigkeit und Rollgeschwindigkeit auf die Eigenfrequenzen der Kraftschluss-Radführung Mod. 1.

Wird die PE-Frequenz bei Erzeugung des Substrukturmodells erhöht, nimmt die Steifigkeit des Reifens zu (vgl. Abschnitt 4.2.6). Da die Masse erhalten bleibt, werden die Eigenfrequenzen, die der Kraftschluss-Radführung zugeordnet werden, resultierend weniger stark abgesenkt (Abbildung 5.13). Bei einer Erhöhung der PE-Frequenz um 50 Hz treten im Vergleich zu den in Tabelle 5.1 dargestellten Eigenfrequenzen Frequenzerhöhungen von maximal 1 % auf. Auch hier nimmt der Einfluss der Reifensteifigkeit auf die Eigenfrequenzen der Kraftschluss-Radführung mit zunehmender Frequenz ab und ist oberhalb von ca. 120 Hz kaum mehr erkennbar (unterhalb 0.1 Hz). Beispielhaft sei hier die achte Eigenfrequenz der Kraftschluss-Radführung herausgegriffen, bei der die Seitenstützen, der Sturzkasten und der Radlast-kasten Schwingungen in Längsrichtung ausführen. Auch hier ist die Reifen-steifigkeit für eine Anhebung der Eigenfrequenz der Kraftschluss-Radführung verantwortlich.

Für die zweite Strukturmodifikation der Radführung (Mod. 2) sinkt die erste Eigenfrequenz (vgl. Tabelle 5.1) der Radführung im gekoppelten System mit 4.5 Hz besonders stark ab. Der Radlastkasten führt eine Hubbewegung aus (Abbildung 5.22). Die dritte Eigenform ist eine Torsionsbewegung des Sturz- und Radlastkastens um die vertikale Achse (Abbildung 5.23). Die obere An-bindung des Sturzkastens an das Prüfstandsportal führt zu größeren Schwingwegen an seinem unteren Ende und zu bedeutenden Schwingwegen auf Höhe der Messnabe. Die vierte Eigenform ist eine Vertikalbewegung des Sturzkastens einschließlich des Radlastkastens zusammen mit den oberen Versteifungselementen (Abbildung 5.24). Bei der sechsten Eigenform domi-niert eine Translationsbewegung des Sturzkastens (zusätzliche Torsion um die z-Achse) und der Radlastkasten tordiert um eine durch die Messnabe gelegte y-Achse. Hierbei schwingen die Seitenstützen und die seitlichen Ver-steifungen in Querrichtung (y-Richtung). Wie zuvor für die Mod. 1 sinken die Eigenfrequenzen der Radführung durch die zusätzliche angekoppelte Masse des Reifens. Die Absenkung einzelner Eigenfrequenzen ist bei Mod. 2 stärker als bei Mod. 1, da bei diesen Eigenformen die Schwingwege der Messnabe und des Radlastkastens dominieren (durch die Versteifungselemente werden die Schwingwege des Sturzkastens reduziert). Bei angekoppeltem Reifen wird die schwingende Masse im Vergleich zu den Eigenformen der Mod. 1, bei denen der Sturzkasten ebenfalls die Schwingbewegungen ausführt, prozentu-al stärker erhöht.

Der Einfluss der Rollgeschwindigkeit und der Reifensteifigkeit auf die Ei-genfrequenzen der Kraftschluss-Radführung Mod. 2 ist in Abbildung 5.14 dargestellt. Mit Erhöhung der Rollgeschwindigkeit auf 100 km/h sinken die Eigenfrequenzen der Kraftschluss-Radführung um weniger als 1.2 %, wobei genau dieser Wert für die erste Eigenfrequenz der Radführung Mod. 2 erreicht wird. Der Einfluss der Geschwindigkeit nimmt mit zunehmender Frequenz ab. Im Frequenzbereich oberhalb von 125 Hz werden keine Änderungen mehr berechnet. Aufgrund der in vertikaler Richtung fixierten Freiheitsgrade im Reifen-Fahrbahn-Kontakt steigt die vierte Eigenfrequenz mit zunehmender Geschwindigkeit (abnehmende Reifensteifigkeit) an. Die zugehörige Eigenform ist eine Vertikalbewegung des Sturzkastens.

Wird durch Erhöhung der PE-Frequenz (PE =80 Hz) die Steifigkeit des Reifen-Hohlraum-Rad-Systems erhöht, steigen die Eigenfrequenzen der Kraftschluss-Radführung um weniger als 0.31 % (Abbildung 5.14). Der Einfluss nimmt mit zunehmender Frequenz ab bis er ab 125 Hz kaum mehr auszumachen ist.

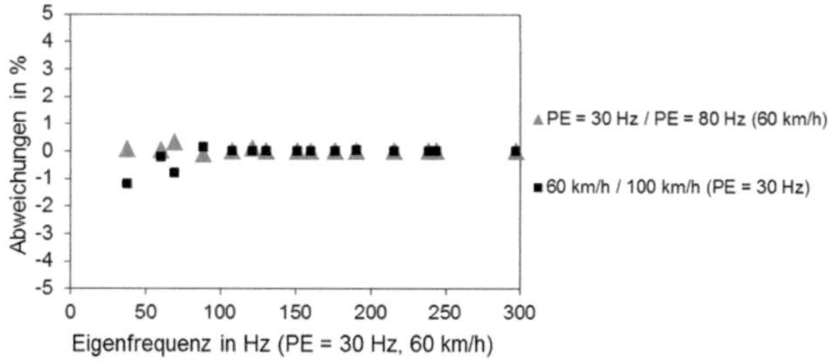

Abbildung 5.14:   Einfluss von Reifensteifigkeit und Rollgeschwindigkeit auf die Eigenfrequenzen der Kraftschluss-Radführung Mod. 2.

Wie die der Radführung zuzuordnenden Eigenfrequenzen werden auch die Eigenfrequenzen des Reifen-Hohlraum-Rad-Systems durch die Kopplung beeinflusst. In Tabelle 5.2 sind die ersten zehn Eigenfrequenzen, die Reifen, Hohlraum und Rad zuzuordnen sind, für die beiden Variationen der Kraftschluss-Radführung zusammengefasst. In Abbildung 5.15 wird der Einfluss der Kopplung auf die Eigenfrequenzen des gekoppelten Reifen-Hohlraum-Rad-Systems für Mod. 1 und Mod. 2 visualisiert.

Besonders für die [1,0]-Reifen-Eigenfrequenzen hat die Kopplung an die Radführung einen starken Einfluss auf die Frequenzlage. Die [1,0]-*asym*-Reifen-Eigenfrequenz sinkt um 2.1 Hz bei Kopplung an die Radführung Mod.1 und um 1.6 Hz bei Kopplung an die Radführung Mod. 2. Bei der Strukturmodifikation Mod. 1 wird die [1,1]-*steering*-Reifen-Eigenfrequenz um 2.9 Hz und bei Mod.2 um 1.3 Hz verringert. Bei diesen Schwingformen schwingen große Massenanteile an der Radführung (Messnabe, Radlastkasten) bedingt durch die Reifen-Eigenschwingungen in der Längsrichtung mit, so dass der Frequenzabfall durch die mitschwingende Masse begründet ist. Die symmetrischen [1,0]-Eigenform ändert sich im gekoppelten System im Vergleich zum ungekoppelten, fest eingespannten Rad. Zur anschaulichen Erklärung sei das in der vertikalen Richtung nicht eingespannte Rad angeführt. Bei diesem System führen Reifengürtel und Rad eine gegenläufige Schwingbewegung bei einer im Vergleich zur [1,0]-*sym*-Eigenform erhöhten Eigenfrequenz aus. Beim dem an die Radführung gekoppelten System ist eine Starrkörperbewegung des Rades gegenläufig zur [1,0]-*sym*-Gürtelschwingung möglich. Das Rad ist über die Steifigkeit der Radführung an deren Masse gekoppelt. Die zugehörige Eigenform ist in Tabelle 5.2 durch einen Stern * gekennzeichnet. Die Eigenfrequenz dieser Eigenform erscheint gegenüber der [1,0]-*sym*-Eigenform des fest eingespannten Systems um 2.2 Hz (Mod. 1) bzw. um 2.6 Hz (Mod. 2) erhöht. Die Differenz in Tabelle 5.2 ist ebenfalls durch einen Stern * gekennzeichnet, da es sich bei den beiden Eigenfrequenzen nicht um die gleiche Schwingform handelt. Bei der benachbarten sechsten Eigenfrequenz der Radführung (Mod. 1) bzw. der vierten Eigenfrequenz der Radführung (Mod. 2) führt diese, wie zuvor beschrieben, Vertikalschwingungen aus (vgl. Tabelle 5.1). Die [2,0]-*asym*-Reifen-Eigenfrequenz wird durch die Kopplung an die Radführung (Mod. 2) erhöht. Hier tritt derselbe Effekt auf, wie zuvor für die [1,0]-*sym*-Eigenform. Das nicht fest eingespannte Rad führt ebenfalls Schwingbewegungen aus und die Eigenfrequenz wird erhöht. Bei der benachbarten fünften Eigenfrequenz der Kraftschluss-Radführung (Mod. 2) führt der Sturzkasten zusammen mit dem Radlastkasten und der Messnabe Schwingungen in Vertikalrichtung aus.

Um 250 Hz werden die Rad-Eigenfrequenzen des Reifen-Hohlraum-Rad-Systems stark verschoben (vgl. Abschnitt 4.2.5). Bereits in Abschnitt 4.2.3 wurde ausgeführt, dass die Rad-Eigenfrequenzen durch die Einspannung beeinflusst werden. Durch Berücksichtigung der mechanischen Eingangsimpedanz der Radführung in Mod. 1 und 2 wird die Lage der Rad-Eigenfrequenzen beeinflusst. Die Radeigenfrequenzen werden abgesenkt, da ein Teil der Radführungsmasse bei den Radeigenschwingformen im gekoppelten System mitschwingt.

	Mod. 1 **Komplexe Eigenfrequenzen in Hz**			**Mod. 2** **Komplexe Eigenfrequenzen in Hz**		
	ge-koppelt	**unge-koppelt**	**Differenz**	**ge-koppelt**	**unge-koppelt**	**Differenz**
[1,0]-asym	**36.8**	**38.9**	**-2.1**	37.3	38.9	-1.6
[1,1]-lateral	49.7	49.3	0.4	49.1	49.3	-0.2
[1,1]-steering	**60.9**	**63.8**	**-2.9**	**62.5**	**63.8**	**-1.3**
[1,0]-sym*	**86.1**	**83.9**	**2.2***	**86.5**	**83.9**	**2.6***
[2,1]	91.0	90.3	0.7	90.9	90.3	0.6
[2,0]-asym	93.1	92.6	0.5	**93.6**	**92.6**	**1.0**
[3,0]	102.7	102.8	-0.1	103.2	102.8	0.4
[2,1]	112.2	112.2	0	112.2	112.2	0
[2,0]	115.8	116.7	-0.9	116.8	116.7	0.1
[3,0]	117.0	117.4	-0.4	117.4	117.4	0

Tabelle 5.2: Komplexe Eigenfrequenzen des ungekoppelten und des mit der Kraftschluss-Radführung gekoppelten Reifen-Hohlraum-Rad-System (168 Elemente, 60 km/h, PE = 30 Hz), mit * gekennzeichnete Eigenform entspricht nicht dem ungekoppelten System.

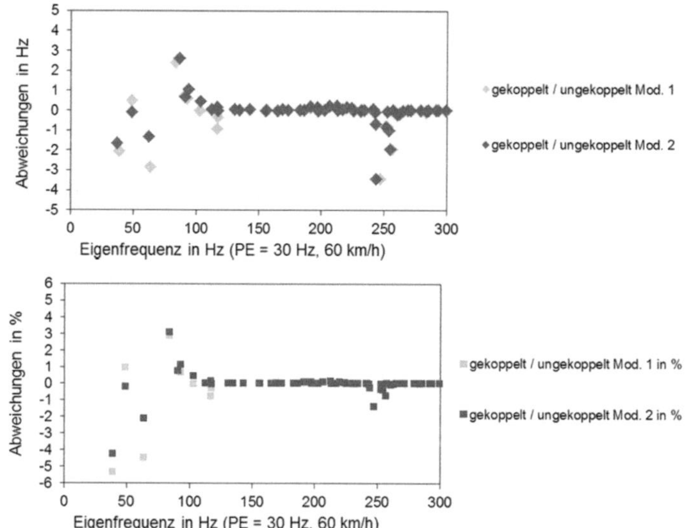

Abbildung 5.15: Einfluss der mechanischen Eingangsimpedanz der Kraftschluss-Radführung auf die Eigenfrequenzen des Systems Reifen-Hohlraum-Rad.

Die ersten fünfzehn komplexen Schwingformen des gekoppelten Systems sind für die Kraftschluss-Radführung Mod. 1 in Abbildung 5.16 bis Abbildung 5.20 dargestellt. Durch die Darstellung der Schwingformen wird deutlich, dass die erste, siebte, achte und neunte Schwingform der Radführung (Mod. 1) zur erhöhten Kraftamplituden in der vertikalen Richtung und in der Querrichtung führen. Die siebte Eigenform ist durch eine Längsschwingung der Seitenstützen gekennzeichnet, wobei der Sturzkasten gleichphasig dazu in Längs- und Vertikalrichtung schwingt. Bei der dritten und vierten Schwingform schwingt der Reifen in der [1,1]-*lateral*-Eigenform. Bei der dritten Eigenfrequenz ist diese Schwingform bedingt durch die Deformationen der Kraftschluss-Radführung. Ein vergleichbarer Effekt kann für die fünfte und sechste Schwingform des Systems beobachtet werden. Die fünfte entspricht der [1,1]-*steering*-Eigenform des Reifens. Bei der sechsten Eigenform führt der Gesamtaufbau der Radführung eine Längsschwingung aus. Der Reifen schwingt bei beiden Eigenfrequenzen in der [1,1]-*steering*-Eigenform, so dass für diese Frequenzen Amplitudenüberhöhungen im Rückstellmoment zu erwarten sind. Die zehnte Eigenschwingform ist die [1,0]-*sym**-Reifeneigenform. In der vertikalen Richtung bewirkt eine weniger steife Anbindung des Reifens (durch die Eigenform der Kraftschluss-Radführung bei 82.6 Hz mit Translationen in vertikaler Richtung), dass bei dieser Eigenform das Rad gegen den Gürtel schwingt, was eine Erhöhung der Eigenfrequenz bewirkt. Die folgenden Eigenformen sind Formen des Reifens, deren Eigenfrequenzen weniger stark durch die Kopplung beeinflusst werden (vgl. Tabelle 5.2).

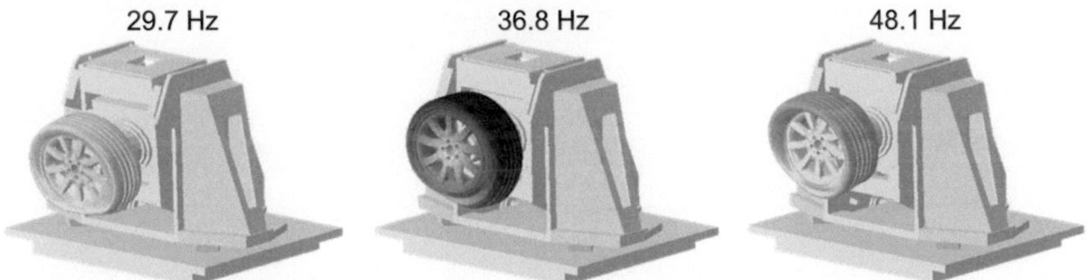

Abbildung 5.16: Komplexe Eigenfrequenzen und -formen des gekoppelten Systems Reifen-Hohlraum-Rad und Kraftschluss-Radführung Mod. 1.

In Abbildung 5.21 b) sind die berechneten komplexen Eigenfrequenzen für den fest eingespannten Reifen (hellgraue Quadrate) im Vergleich zu denen bei an die Kraftschluss-Radführung (KRF) gekoppeltem System (graue Dreiecke) aufgetragen. In grauen Dreiecken sind zusätzlich die Eigenfrequenzen, die der Kraftschluss-Radführung zugewiesen werden und bei denen der Reifen vergleichbare Eigenformen ausführt, mit in das Diagramm übernommen. Außerdem sind die aus den Kraftspektren ausgelesenen Eigenfrequenzen des Reifens während des Ausrollversuches (schwarze Kreise) in dem Diagramm dargestellt.

Abbildung 5.17:   Komplexe Eigenfrequenzen und -formen des gekoppelten Systems Reifen-Hohlraum-Rad und Kraftschluss-Radführung Mod. 1.

Abbildung 5.18:   Komplexe Eigenfrequenzen und -formen des gekoppelten Systems Reifen-Hohlraum-Rad und Kraftschluss-Radführung Mod. 1.

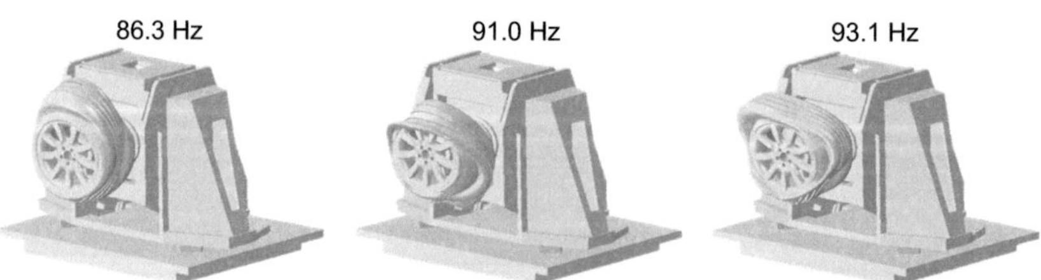

Abbildung 5.19:   Komplexe Eigenfrequenzen und –formen des gekoppelten Systems Reifen-Hohlraum-Rad und Kraftschluss-Radführung Mod. 1.

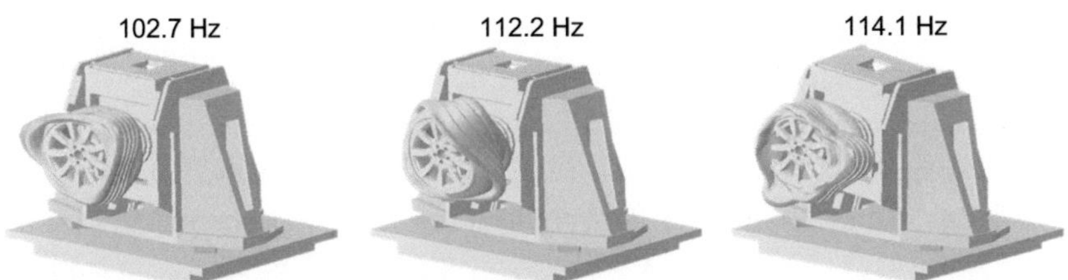

Abbildung 5.20:   Komplexe Eigenfrequenzen und –formen des gekoppelten Systems Reifen-Hohlraum-Rad und Kraftschluss-Radführung Mod. 1.

a)   b)

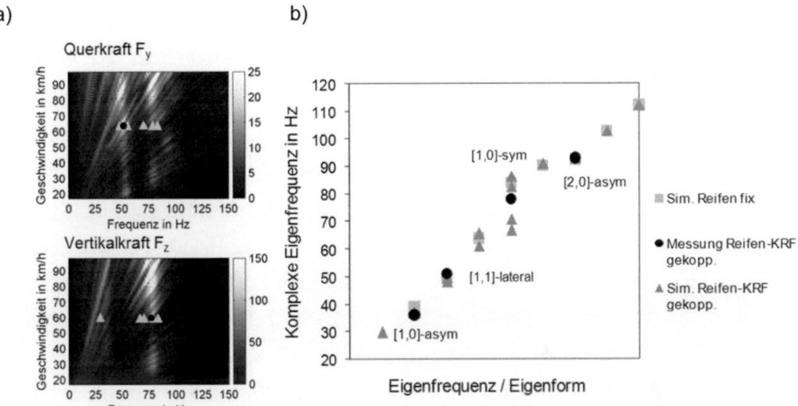

Abbildung 5.21:   Eigenfrequenzen des mit 60 km/h rollenden Reifen-Hohlraum-Rad-System (Messung Reifen-KRF gekopp.) im Vergleich zur Simulation (60 km/h, PE = 30 Hz) komplexer Eigenfrequenzen bei fest eingespanntem Reifen (Sim. Reifen fix) und bei an der Kraftschluss-Radführung (Mod. 1) angekoppeltem Reifen (Sim. Reifen-KRF gekopp.).

Die Lage der [1,0]-*asym*-Reifen-Eigenfrequenz wird in der gekoppelte Simulation besser vorhergesagt als bei fester Einspannung. Die [1,1]-*lateral*-Reifen-Eigenfrequenz wird in der Simulation kaum durch die Kopplung beeinflusst, allerdings wird die zusätzliche Eigenfrequenz der Kraftschluss-Radführung eine Amplitudenerhöhung im Kraftspektrum bewirken. Offenbar wurde daher bei der Auswertung der Ausrollversuche (vgl. Abschnitt 3.2.2) anstelle der [1,1]-*lateral*-Reifen-Eigenfrequenz die Eigenfrequenz der Kraftschluss-Radführung bzw. eine Kombination aus beiden ausgelesen. Die Frequenzlage der [1,1]-*steering*-Reifen-Eigenfrequenz wird durch die Kopplung in der Simulation wenig verändert. Wie zuvor beschrieben führt der Reifen bei einer weiteren Eigenfrequenz der Kraftschluss-Radführung die [1,1]-*steering*-Eigenform aus. Diese Eigenfrequenz kann nicht mit dem Versuch abgeglichen werden, da die Aufzeichnung des Rückstellmoments bei dem Versuch mit der Strukturmodifikation 1) fehlerbehaftet war. Die [1,0]-*sym**-Reifen-Eigenfrequenz wird durch das Simulationsmodell im Vergleich zur Messung überschätzt. Auch hier könnte aber in der Messung eine Kopplung mit der Radführungseigenfrequenz bei 70.6 Hz aufgetreten sein, die insgesamt im Kraftspektrum eine Überhöhung bei 78 Hz bewirkt. Dazu muss gesagt werden, dass im Versuch aufgrund der im System vorliegenden dissipativen Effekte zwei Eigenfrequenzen unter Umständen als eine Eigenfrequenz des Systems interpretiert werden. Im Gegensatz dazu werden in der Simulation im Rahmen der numerischen Genauigkeit zwei Lösungen des Eigenwertproblems (4.104) berechnet.

In Abbildung 5.22 bis Abbildung 5.26 sind die ersten zwölf Schwingformen des gekoppelten Systems aus Reifen-Hohlraum-Rad und der Kraftschluss-Radführung Mod. 2 abgebildet. Die erste Schwingform wird durch die [1,0]-*asym*-Reifen-Eigenfrequenz dominiert. Messnabe und Radlastkasten führen bedingt durch die Reifendeformation Vertikal- und Längsschwingungen aus, wobei der Sturzkasten um die Vertikalachse tordiert. Die zweite Eigenform ist eine Hubschwingung des Radlastkastens mit der Messnabe, wobei der Reifen eine vertikale Bewegung ausführt. Bei 37 Hz werden daher erhöhte Kraftamplituden in Längs- und Vertikalrichtung auftreten. Es folgen zwei Eigenformen bei denen der Reifen die [1,1]-*lateral*-Eigenschwingform ausführt, wobei die höherfrequente von beiden dem Prüfstand zuzuordnen ist. Die Eigenform bei 62.5 Hz ist die [1,1]-*steering*-Reifeneigenform. Bei 69.3 Hz bildet der Reifen ebenfalls diese Schwingform aus, wozu er durch den tordierenden Sturzkasten der Radführung angeregt wird. Die höherfrequente dieser beiden Eigenfrequenzen könnte bei Auswertung des Spektrums des Rückstellmomentes die Interpretation der Reifeneigenform erschweren. Die siebte Eigenform ist die [1,0]-*sym**-Reifeneigenform. Die achte Eigenform ist eine Schwingung der Radführung in Vertikal- und Querrichtung. Die übrigen dargestellten Eigenformen sind Reifeneigenformen mit Ausnahme der Radführungseigenfrequenz bei 108.2 Hz.

Vergleichbar zur Abbildung 5.21 b) sind in Abbildung 5.27 b) die berechneten komplexen Eigenfrequenzen für den fest eingespannten Reifen im Vergleich zu denen bei an die Kraftschluss-Radführung (KRF) gekoppeltem Reifen (Mod. 2) und zu den aus den Kraftspektren ausgelesenen Eigenfrequenzen während des Ausrollversuches aufgetragen. Zusätzlich sind die Eigenfrequenzen der Kraftschluss-Radführung, bei denen der Reifen vergleichbare

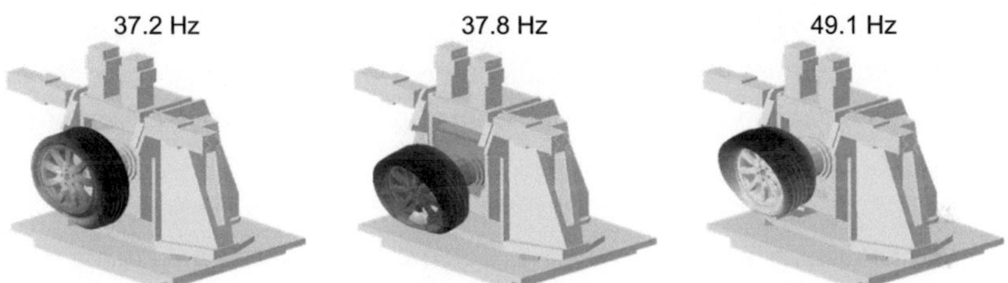

Abbildung 5.22:   Komplexe Eigenfrequenzen und –formen des gekoppelten Systems Reifen-Hohlraum-Rad und Kraftschluss-Radführung Mod. 2.

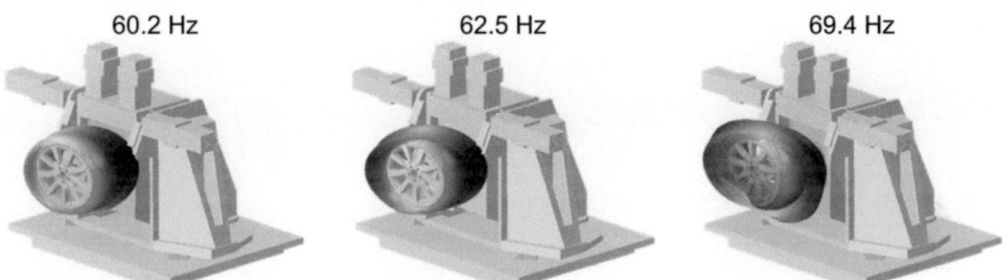

Abbildung 5.23:   Komplexe Eigenfrequenzen und –formen des gekoppelten Systems Reifen-Hohlraum-Rad und Kraftschluss-Radführung Mod. 2.

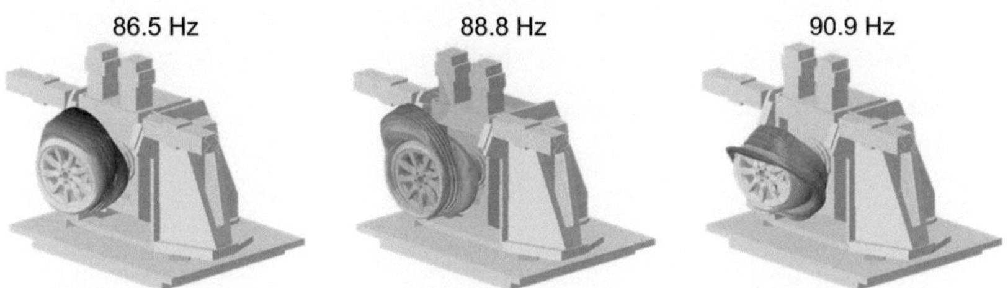

Abbildung 5.24:   Komplexe Eigenfrequenzen und –formen des gekoppelten Systems Reifen-Hohlraum-Rad und Kraftschluss-Radführung Mod. 2.

Eigenformen ausführt, mit in das Diagramm übernommen. Auch hier wird die [1,0]-*asym*-Reifen-Eigenfrequenz durch die gekoppelte Simulation besser vorhergesagt als bei fester Einspannung. Diese wird im Versuch weniger stark durch die Kopplung abgesenkt als bei Mod.1, was die Modelle gut abbilden. Die [1,0]-*sym**-Reifen-Eigenfrequenz wird im gekoppelten Modell höherfrequenter berechnet als im Versuch ausgelesen (vgl. Abbildung 5.27 a)). Im Versuch wird das Auslesen der Eigenfrequenz durch die breite Amplitudenüberhöhung in der Vertikalkraft erschwert (vgl. Abbildung 5.27 a)). Dies kann durch die nächst höherfrequente Radführungseigenform bedingt sein. Nimmt man an, dass diese Eigenform der Radführung in der Realität niederfrequenter liegt (Annahme gründet auf dem Ergebnis der *OMA* der Radführung in Abschnitt 3.3.2 in der eine Radführungsresonanz bei 68 Hz gemessen wurde) und die Simulation aufgrund der unzureichend bekannten Randbedingungen diese Eigenfrequenz überschätzt, bewirken beide Resonanzen in Kombination die breite Amplitudenüberhöhung in der Vertikalkraft.

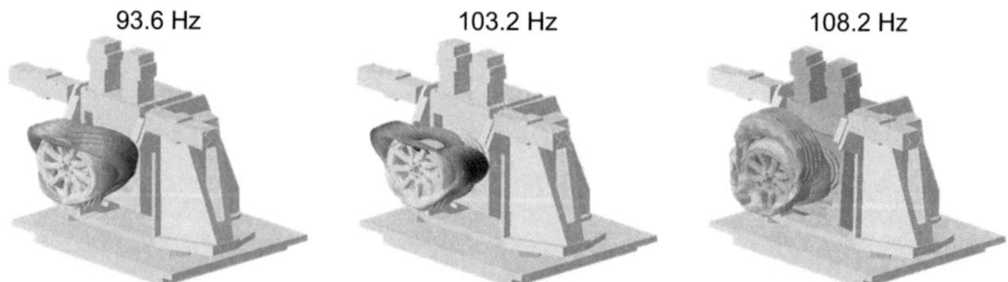

Abbildung 5.25:   Komplexe Eigenfrequenzen des und –formen gekoppelten Systems Reifen-Hohlraum-Rad und Kraftschluss-Radführung Mod. 2.

Abbildung 5.26:   Komplexe Eigenfrequenzen des und –formen gekoppelten Systems Reifen-Hohlraum-Rad und Kraftschluss-Radführung Mod. 2.

Die [1,1]-*lateral*-Reifen-Eigenfrequenz wird durch die Kopplung kaum beeinflusst. Während bei Mod. 1 noch eine Eigenform der Kraftschluss-Radführung die Auswertung der Messung beeinflusste, kann durch die Strukturversteifung (Mod. 2) diese Eigenfrequenz zu einer höheren Frequenz verschoben und die bewirkten Amplituden verringert werden (vgl. Abbildung 5.16, Abbildung 5.17, Abbildung 5.22, Abbildung 5.23). Die [1,1]-*steering*-Eigenfrequenz des Reifens wird durch das Modell auch im gekoppelten Zustand bei einer geringeren Frequenz berechnet als sie aus dem Momentenspektrum auszulesen ist (vgl. Abbildung 5.27). In dem Momentenspektrum des Versuchs (Abbildung 5.27) wird aber deutlich, dass oberhalb der Reifen-Eigenfrequenz eine weitere Resonanz bei Geschwindigkeiten über 40 km/h angeregt wird. Somit bilden die gekoppelten Modelle die Reihenfolge der auftretenden Resonanzen gut ab, die Frequenzlage wird für beide unterschätzt. Hierzu muss angemerkt werden, dass das Modell der Radführung Mod. 2 nicht durch einen EMA-Versuch abgeglichen werden konnte. Es weist Schnittstellen zum Prüfstandsportal auf, deren Modellierung nicht validiert werden konnte. Da bereits für Mod.1 aufgezeigt wurde, wie kompliziert eine genau Abbildung der Schnittstellen der Radführung ist (vgl. Abschnitt 4.2.4), sind die aufgezeigten Ungenauigkeiten zum größten Teil auf die Abbildung der Radführung zurückzuführen. Derselbe Effekt kann zu den Abweichungen bei der Wiedergabe der Frequenzlage der [1,0]-*sym**-Reifen-Eigenfrequenz führen. Weiterhin ist die Resonanz im Spektrum der Vertikalkraft sehr breit, so dass das Auslesen der Frequenzlage aus dem Spektrum erschwert wird. Das Auswerten des Versuchs wird weiterhin durch eine vertikal ausgerichtete Eigenfrequenz der Radführung in demselben Frequenzbereich erschwert. Diese wurde durch das beschriebene Modell bei 85 Hz berechnet. Deren Frequenzlage ist ebenfalls unsicherheitsbehaftet, da die Modellierung von Mod. 2 nicht validiert werden konnte. Außerdem ist nicht auszuschließen, dass die experimentell gewonnenen Spektren durch Eigenformen des Reifens und der Radführung, die zwar hauptsächlich in anderen Raumrichtungen ausgerichtete Schwingformen ausführen, aber auf die Vertikalkraft rückwirken, beeinflusst werden.

Zwischenfazit

Insgesamt werden durch die Verbindung des Reifen-Hohlraum-Radmodells mit dem Radführungsmodell (Mod.1 und Mod. 2) die Wechselwirkungen zwischen beiden Systemen im Frequenzbereich unterhalb 300 Hz deutlich. Die Stärke der Wechselwirkungen wird durch die vorliegende Reifensteifigkeit (zum Beispiel durch die durch variierende Rollgeschwindigkeit bewirkte Strukturentfestigung) und die Reifenmasse beeinflusst. Im unteren Frequenzbereich sind die Wechselwirkungen besonders stark (bis 4.5 Hz Frequenzverschiebung der [1,0]-*asym*-Reifen-Eigenfrequenz). Sie nehmen mit zunehmender Frequenz ab. Der Einfluss der Reifensteifigkeit ist ebenfalls im unteren Frequenzbereich am stärksten und ab ca. 120 Hz nicht mehr erkennbar. Die gekoppelten Modelle (Mod. 1 und Mod. 2) können die im Versuch aufgezeigten Wechselwirkungen mit der Kraftschluss-Radführung mit vertretbarer Genauigkeit vorhersagen. Wichtig für eine gute Vorhersage ist eine detaillierte Abbildung der strukturmechanischen Eigenschaften der Radführung sowie der Schnittstellen der Radführung (und des Reifen-Hohlraum-Rad-Systems) zur Umgebung, damit die Strukturdynamik der Subsysteme durch die Substrukturmodelle gut vorhergesagt wird.

a)   b)

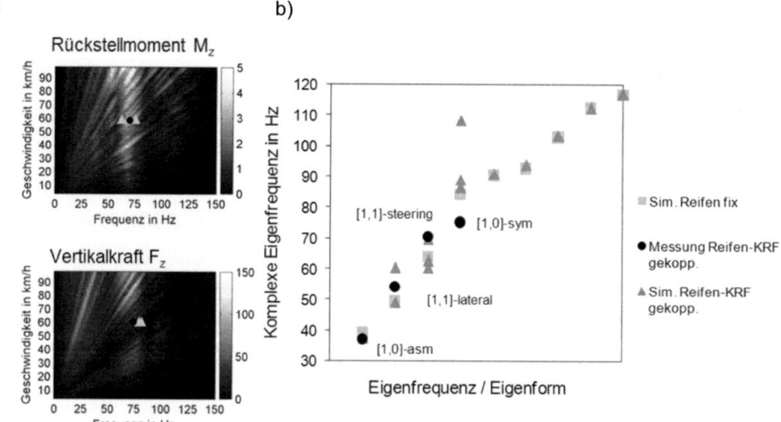

Abbildung 5.27:   Eigenfrequenzen des mit 60 km/h rollenden Reifen-Hohlraum-Rad-System (Messung Reifen-KRF gekopp.) im Vergleich zur Simulation (60 km/h, PE = 30 Hz) komplexer Eigenfrequenzen bei fest eingespanntem Reifen (Sim. Reifen fix) und bei an der Kraftschluss-Radführung (Mod. 2) angekoppeltem Reifen (Sim. Reifen-KRF gekopp.).

Analyse des gekoppelten Systems unter Anregung

Auf das mit dem Radführungsmodell gekoppelte Reifen-Hohlraum-Radmodell wird nach Berechnung der real- und komplexwertigen Eigenfrequenzen die Anregung aus Abschnitt 5.1 an den Freiheitsgraden im Reifen-Fahrbahn-Kontakt in Längs- und Vertikalrichtung aufgebracht.

Abbildung 5.28 zeigt die spektrale Darstellung der Vertikalkraftschwankungen für die zwei untersuchten Strukturmodifikationen der Kraftschluss-Radführung. Vergleichend dazu sind die simulierten Vertikalkraftschwankungen bei einer Geschwindigkeit von 60 km/h aufgetragen. Die gemessenen Vertikalkraftspektren unterscheiden sich für die Strukturmodifikationen bei ca. 30 Hz (vgl. Abschnitt 3.3.30). Für die Mod. 1 wird den Reifen-Eigenfrequenzen eine vertikal ausgerichtete Schwingform der Radführung überlagert. Diese wird im Vertikalkraftspektrum deutlich und wird auch durch das Modell der Mod. 1 (Kurve: „Mod. 1 Fz") berechnet. Durch die Kopplung des Reifen-Hohlraum-Rad-Modells an die Kraftschluss-Radführung bewirkt die Schwingform der Radführung einen Peak im simulierten Vertikalkraftspektrum. Dieser wurde zuvor im nicht gekoppelten Modell (Kurve: „Mittelwert Fz") nicht berechnet. Die Vertikalkraftamplituden sind bei Mod. 2 (Kurve: „Mod.2 Fz") im Vergleich zu Mod. 1 zwischen 40 und 50 Hz erhöht. Im Modell der Mod. 2 treten diese erhöhten Amplituden zwischen 36 und 45 Hz auf. Vergleichbar ist auch die Vertikalkraftamplitude des Modells von Mod. 2 im Frequenzbereich um 75 Hz gegenüber Mod. 1 erhöht. Der Versuch zeigt bei dieser Frequenz einen gegenläufigen Effekt zum Modell. Für 95 Hz zeigt der Versuch eine höhere Vertikalkraftamplitude für Mod. 2, die die Simulation bei ca. 80 Hz abbildet. Im Frequenzbereich zwischen 100 und 200 Hz wird durch das gekoppelte Modell eine weitere Annäherung an die Versuchsergebnisse erreicht.

Die simulierten Längskraftspektren zeigen für die Strukturmodifikation Mod. 2 die aus dem Versuch gegenüber Mod. 1 bekannte Amplitudenüberhöhung bei ca. 38 Hz. Für die simulierten Längskraftspektren wird in den gekoppelten Modellen im Vergleich zu dem gefesselten Reifen-Hohlraum-Rad bei den Geschwindigkeiten 60 und 100 km/h keine weitere Annäherung an den Versuch erreicht.

Abbildung 5.29 zeigt die spektrale Darstellung der Querkraftschwankungen für die zwei untersuchten Strukturmodifikationen der Kraftschluss-Radführung in Versuch und Simulation bei 60 km/h. Durch die Kopplung wird im gesamten Frequenzbereich besonders zwischen 30 und 100 Hz gegenüber dem gefesselten System („Mittelwert Fy") eine bedeutende Annäherung an die Versuchsergebnisse erreicht. Diese Verbesserung wird bei 60 und 100 km/h erreicht. Dadurch dass die Linearführung der Radführungsbodenplatte in der Querrichtung während der Messungen durch eine Bremse fixiert ist, stellt die gefesselte Bodenplatte der Radführung im Modell eine gute Approximation dar.

Zwischenfazit

Durch die gekoppelten Modelle werden die Abweichungen zwischen Messung und Simulation im Frequenzbereich unter 100 Hz verringert. Im Vertikalkraftspektrum werden einige im Versuch auftretende Wechselwirkungen zwischen dem System Reifen-Hohlraum-Rad und der Radführung in den unterschiedlichen Strukturmodifikationen abgebildet. Im Querkraftspektrum wird eine bedeutende Annäherung von Versuch und Simulation erreicht. Bestehende Abweichungen zwischen Messung und Simulation resultieren aus den unzureichend bekannten Randbedingungen der Kraftschluss-Radführung an den Grenzen der Betrachtung. Ferner bedeutet das in Abschnitt 4.2.4 zur Abbildung der Kugelumlauf- und Segmentlager durchgeführte Model-Updating, dass ein mathematisches Optimum angestrebt wird. Dieses korrespondiert nicht zwangsläufig mit realitätsgetreuer physikalischer Abbildung. Abweichungen zwischen Modell und Realität zum Beispiel bezüglich der Fesselung der Bodenplatte der Radführung beeinflussen auch die durch Optimierung gefundenen Parameter an anderen Teilen der Struktur.

5.3 Performance des Substrukturmodells Reifen-Hohlraum-Rad

Dimension

Das Substrukturmodell weist im Vergleich zum Vollmodell eine stark reduzierte Dimension auf. Tabelle 5.3 fasst die Freiheitsgradanzahl von Vollmodell und Substruktur für zwei untersuchte Diskretisierungen zusammen. In den Modellen wird die gleiche Anzahl von physikalischen Freiheitsgraden beibehalten. ABAQUS berechnet bei der Substrukturerzeugung sogenannte innere Knoten, deren Anzahl mit der Anzahl der generalisierten Freiheitsgrade korrespondiert. Im Frequenzbereich bis 900 Hz werden 600 bis 700 generalisierte Freiheitsgrade berechnet, die in dieser Arbeit nicht alle im Detail analysiert

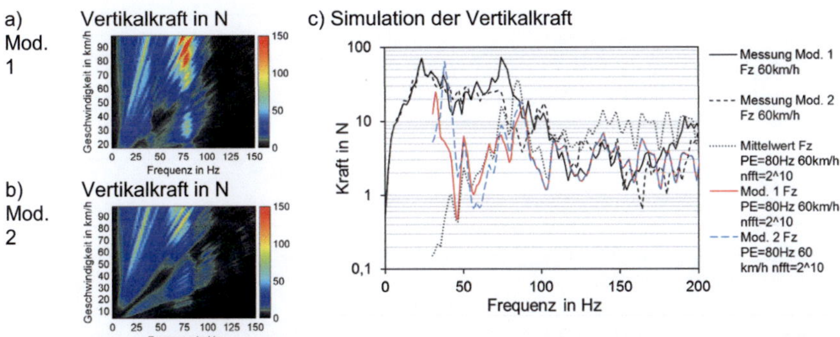

Abbildung 5.28:   Vertikalkraftschwankungen bei Strukturmodifikation a) Mod.1 und b) Mod. 2 der Kraftschluss-Radführung im Ausrollversuch c) Simulierte Vertikalkraftschwankungen für beide Strukturmodifikationen „Mod. 1" und „Mod. 2" im Vergleich zum gefesselten System „Mittelwert Fz" bei 60 km/h.

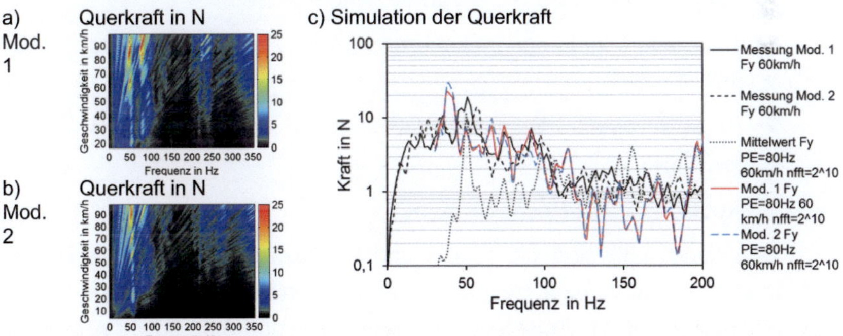

Abbildung 5.29:   Querkraftschwankungen bei Strukturmodifikation a) Mod.1 und b) Mod. 2 der Kraftschluss-Radführung im Ausrollversuch c) Simulierte Querkraftschwankungen für beide Strukturmodifikationen „Mod. 1" und „Mod. 2" im Vergleich zum gefesselten System „Mittelwert Fz" bei 60 km/h.

werden. Im höheren Frequenzbereich treten viele Eigenformen an lokal begrenzten Gebieten der Struktur auf [Brin07]. Die Frequenzlage dieser lokalen Eigenformen ist abhängig von der Anzahl der Elemente über dem Rad-/Reifenumfang. Die Dimension des grob diskretisierten Vollmodells beträgt nach der Reduktion 0.76 % des Vollmodells. Das Substrukturmodell des fein diskretisierten Vollmodells weist 0.35 % der Dimension des Vollmodells auf.

Modellvariante		Anzahl der Freiheitsgrade	
Anzahl Elemente auf dem Umfang ohne Kontaktbereich	Anzahl Elemente im Kontaktbereich	Vollmodell	Substruktur
134	34	1 453 143	5 132
30	34	639 239	4 894

Tabelle 5.3: Anzahl der Freiheitsgrade in Vollmodell und Substruktur.

Abbildungsgenauigkeit

Um die Güte der Reduktion aufzuzeigen, werden zunächst die realen und komplexen Eigenfrequenzen von Vollmodell und Substruktur unter folgenden Randbedingungen berechnet

- Fahrbahn-Kontakt-Freiheitsgrade festgehalten
- Translation in Längs-, Quer- und Vertikalrichtung im Radzentrum festgehalten
- Rotation um die Längs- und Vertikalachse im Radzentrum festgehalten und
- Rotation um die Reifenachse frei.

In Abbildung 5.30 sind die realen und komplexen Eigenfrequenzen der Substruktur über den Eigenfrequenzen des zugehörigen Vollmodells aufgetragen. Abbildung 5.31, Abbildung 5.32 und Abbildung 5.33 sowie Abbildung A.6 und Abbildung A.7 in Anhang A.4 zeigen die prozentualen Abweichungen der realen bzw. komplexen Eigenfrequenzen von Vollmodell und Substruktur bei verschiedenen PE-Frequenzen und Diskretisierungen des Vollmodells. In den Abbildungen gibt der schwarze Kurvenverlauf eine ideale Übereinstimmung an.

In Abbildung 5.30 ist erkennbar, dass die Eigenformdichte mit der Frequenz ansteigt. In beiden Diagrammen ist eine gute Übereinstimmung zwischen den Eigenfrequenzen des Vollmodells und der Substruktur erkennbar. Anhand der prozentualen Abweichung der berechneten realwertigen Eigenfrequenzen in Abbildung A.6 und Abbildung A.7 ist erkennbar, dass die maximale Abweichung bei ca. 3 % (Eigenform: [1,0]-*asym*) liegt. Die übrigen Abweichungen der realen Eigenfrequenzen liegen unter 0.5 %. Dieses Verhalten zeigt sich unabhängig von der Diskretisierung, der Geschwindigkeit des Vollmodells und der PE-Frequenz. Die Abweichungen der komplexen Eigenfrequenzen liegen insgesamt unter 0.5 %.

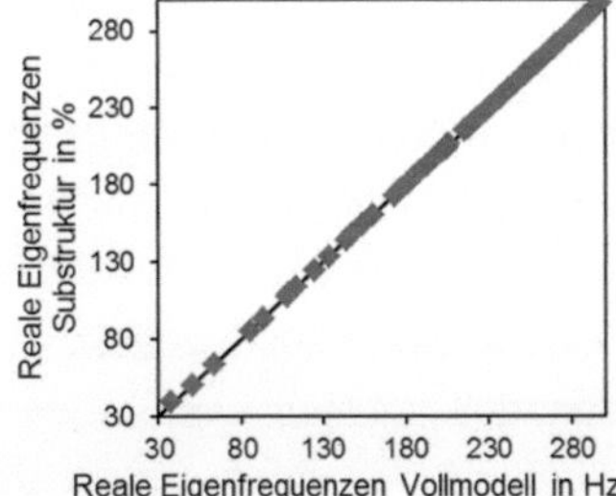
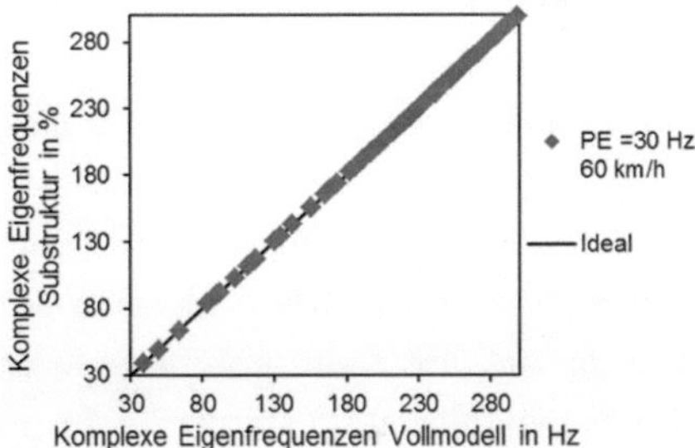

Abbildung 5.30: Vergleich von Vollmodell und Substruktur, mit 60 km/h rollendes Gesamtsystem (168 Elemente) bei PE = 30 Hz.

Da der rollende Zustand des Modells zur Substruktur reduziert wird, soll dieser auch im reduzierten System abgebildet werden. Um diesen Zustand korrekt abzubilden, ist die Berücksichtigung der gyroskopischen Matrix, die in der Substruktur innerhalb der viskosen Dämpfungsmatrix beibehalten wird, notwendig. Diese wird bei Berechnung der komplexen Eigenfrequenzen berücksichtigt. Somit werden die komplexen Eigenfrequenzen des Vollmodells sehr gut durch die Substruktur approximiert. Bei verfügbarer Rechnerkapazität sollte eine höhere Cut-Frequenz gewählt werden, da bereits in Abschnitt 4.2.8 und [Grol12b] gezeigt wird, dass die Abweichungen zwischen Vollmodell und Substruktur dann weiter reduziert werden.

Für die Substruktur des fein diskretisierten Vollmodells werden für 60 km/h bei PE = 30 Hz bei der Cut-Frequenz 900 Hz die komplexen Eigenfrequenzen mit einer maximalen Abweichung von unter 0.21 % berechnet (Abbildung 5.31). Im Vergleich dazu sind in Abbildung 5.32 die Abweichungen der komplexen Eigenfrequenzen des Substrukturmodells für 60 km/h bei PE = 200 Hz abgebildet. Mit zunehmender PE-Frequenz nehmen die Abweichungen zu, wobei sie für PE = 200 Hz unter 1 % liegen. Für das grob diskretisierte Modell tritt dieser Effekt ebenfalls auf (vgl. Abbildung A.6 und Abbildung A.7). Abweichungen größer 1 % ergeben sich für die Eigenfrequenzen des Hohlraums und des Rades ab ca. 215 Hz bei PE =200 Hz (Abbildung 5.32). Tendenziell werden bei der höheren PE-Frequenz die Eigenfrequenzen des Vollmodells durch das Substrukturmodell unterhalb 200 Hz eher überschätzt (Abbildung 5.32). Bei gleich bleibender Cut-Frequenz werden für ein mittels PE-Frequenz versteiftes Modell im höheren Frequenzbereich nahe der Cut-Frequenz weniger Eigenfrequenzen bei Substrukturerzeugung berechnet. Somit werden weniger generalisierte Freiheitsgrade in die Substruktur eingebaut. Insgesamt wird so der Einfluss der PE-Frequenz auf die Struktur in einem Substrukturmodell leicht überschätzt. Ein vergleichbarer Effekt, wenn auch weniger stark ausgeprägt, tritt beim grob diskretisieren Vollmodell auf. Für das Modell mit feiner Diskretisierung werden mehr Eigenfrequenzen besonders für die Radstruktur (vgl. Abschnitt 4.2.3) unterhalb der Cut-Frequenz berechnet und in die Substruktur eingebaut. Resultierend sind die Abweichungen des Substrukturmodells geringer.

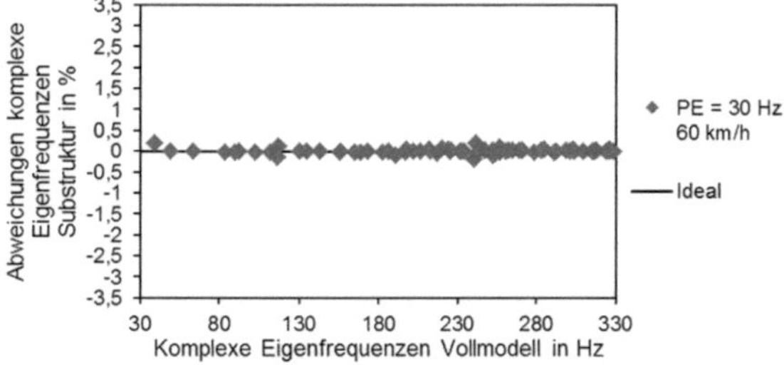

Abbildung 5.31:   Prozentuale Abweichung der komplexen Eigenfrequenzen von Vollmodell und Substruktur, mit 60 km/h rollendes Gesamtsystem (168 Elemente) bei PE = 30 Hz.

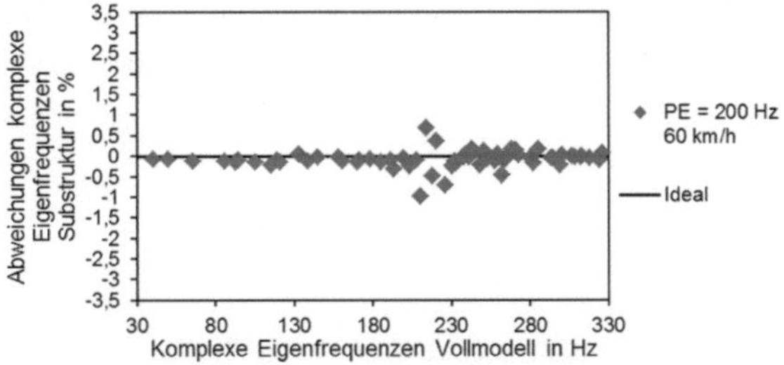

Abbildung 5.32:   Prozentuale Abweichung der komplexen Eigenfrequenzen von Vollmodell und Substruktur, mit 60 km/h rollendes Gesamtsystem (168 Elemente) bei PE = 200 Hz.

In Abbildung 5.33 sind die Abweichungen der komplexwertigen Eigenfrequenzen des mit 100 km/h rollenden, bei PE = 200 Hz ausgewerteten Vollmodells und der daraus reduzierten Substruktur dargestellt. Mit zunehmender Geschwindigkeit steigen die Abweichungen im Vergleich zu denen des mit 60 km/h rollenden Modells. Abweichungen größer 1 % ergeben sich bereits für eine Reifen-Eigenfrequenz bei 189 Hz. Oberhalb von 300 Hz werden Abweichungen bis 2 % berechnet. Für geringere PE-Frequenzen werden die Eigenfrequenzen durch das Substruktur-Modell auch bei 100 km/h mit Abweichungen unterhalb 1 % vorhergesagt. Die Abweichungen oberhalb von 300 Hz nehmen stark zu.

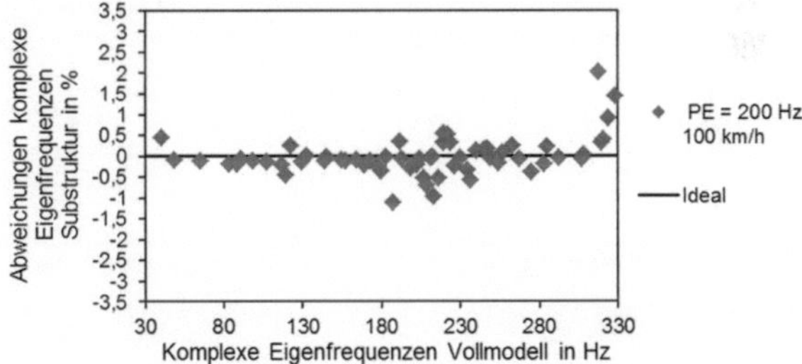

Abbildung 5.33:   Prozentuale Abweichung der komplexen Eigenfrequenzen von Vollmodell und Substruktur, mit 100 km/h rollendes Gesamtsystem (168 Elemente) bei PE = 200 Hz.

Somit ist festzuhalten, dass die gyroskopische Matrix $\underline{G}$ in der Substruktur mit guter Genauigkeit beibehalten wird, wobei eine bedeutende Reduktion der Modelldimension erreicht wird. Für zunehmende Geschwindigkeit und zunehmende PE-Frequenz nimmt die Abbildungsgüte der Substruktur ab. Ist eine bessere Abbildungsgenauigkeit als die hier dargestellten 2 % angestrebt, wird eine höhere Cut-Eigenfrequenz empfohlen. Im folgenden Abschnitt wird analysiert wie sich die beschriebene Reduktion der Modelldimension auf die Rechenzeiten auswirkt.

Berücksichtigung der Radnachgiebigkeit und des Hohlraums

Abbildung 5.34 zeigt die Abweichungen der Eigenfrequenzen zwischen einem Modell, in dem die Nachgiebigkeit des Rades sowie das Hohlraummedium berücksichtigt sind, und einem Modell mit starrem Rad und ohne Hohlraummedium. Durch das starre Rad werden die Reifeneigenfrequenzen erhöht. Die Abweichungen zwischen den Modellen sind für die *[1,0]*-, *[2,1]*- und *[2,0]*-Reifeneigenformen am größten. Oberhalb der Hohlraumresonanz sind beide Modelle nicht mehr vergleichbar, da diese Resonanzen in einem der Modelle fehlen. Aus diesem Grund sind die Abweichungen bis 200 Hz abgebildet.

Der starke Einfluss der Radnachgiebigkeit auf die niederfrequenten Reifeneigenformen zeigt, dass das Rad als flexibler Körper im Modell berücksichtigt werden muss. Hierin zeigt sich eine bedeutende Weiterentwicklung des in dieser Arbeit vorgestellten Modells.

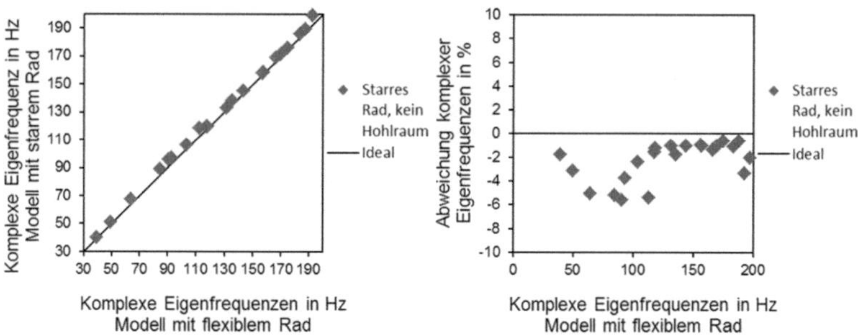

Abbildung 5.34:   Abweichungen der komplexen Eigenfrequenzen eines Modells mit starrem Rad ohne Hohlraummedium gegenüber einem Modell mit flexiblem Rad und mit Hohlraummedium.

Berechnungsaufwand

Um den Aufwand zu quantifizieren, muss eine geeignete Bewertungsgröße definiert werden. In ABAQUS wird nach einer Berechnung die benötigte Zeit für alle in der Simulation nacheinander ausgeführten Berechnungsschritte ausgegeben. Im 2d-Reifenmodell sind das die Beaufschlagung mit Luftdruck, die Aufbringung der Randbedingungen im Felgenkontaktbereich und die Spannungsanfangsbedingungen für die Kordlagen (vgl. Abschnitt 4.2.1). Im dreidimensionalen Modell sind es Gleichgewichtsrechnung, Radlastberechnung und Berechnung des Rollzustandes. Diese Berechnungsschritte müssen ausgeführt werden, bevor die Substruktur erzeugt werden kann. Sie fallen ebenfalls an, wenn vergleichend mit einem Vollmodell eine Fusspunkt-Anregung berechnet wird. Ist man also an der Rechenzeiteinsparung durch Nutzung einer Substruktur im Vergleich zum Vollmodell interessiert, müssen der Aufwand zur Erzeugung der Substruktur und die Einsparung bei Nutzung der Substruktur gegenüber gestellt werden. Der Aufwand für die Erzeugung einer Substruktur fällt nur einmal an, auch wenn die Substruktur mehrfach genutzt wird. Daher wird zunächst der Aufwand für die Erzeugung angegeben und in Bezug zur Einsparung bei Nutzung der Substruktur gesetzt.

Die ABAQUS-Ausgabe der benötigten Rechenzeit unterscheidet zwischen reiner CPU-Zeit (*user time*), der Kernel-CPU-Zeit, die das Betriebssystem für den ABAQUS Prozess benötigt (*system time*), der Summe aus reine CPU- und Kernel-CPU-Zeit (*total cpu time*) und der „echten" physikalischen Zeit (*wallclock time*). Die Differenz zwischen *total cpu time* und *wallclock time* ist im Wesentlichen die Zeit, die für Lese-/Schreib-Vorgänge auf die Festplatte benötigt wird. Möglichst unabhängig von der verwendeten Hardware ist der Aufwand durch die *user time* anzugeben. Um einen Vergleich zwischen Berechnung eines Vollmodells und einer Substruktur auf derselben Maschine anzustellen, ist die *wallclock time* die bestgeeignete Vergleichsgröße, da Lese-/Schreib-Vorgänge mit berücksichtigt werden [Schi10]. Bei Modellen mit einer großen Anzahl an Freiheitsgraden können Lese-/Schreib-Vorgänge einen großen Anteil an der *wallclock time* ausmachen, wenn die Kapazität des Arbeitsspeichers nicht ausreicht um alle benötigten Daten und Variablen während der Rechnung abzulegen. Bei den in dieser Arbeit untersuchten (Voll-) Modellen wurde die Kapazität des Arbeitsspeichers des Arbeitsspeichers häufig überschritten, so dass Daten während der Berechnung auf die Festplatte ausgelagert werden mussten. Die Datenmenge kann so groß werden, dass ABAQUS auf Basis einer a-priori Abschätzung für die Mindestgröße des Arbeitsspeichers entscheidet, dass die Berechnung auf der verwendeten Maschine nicht ausführbar ist. Es kommt vor, dass ein aus mehreren Subsystemen bestehendes Vollmodell als solches auf der zur Verfügung stehenden Maschine nicht berechenbar ist. Durch Reduktion einiger Subsysteme zu Substrukturen kann dann das Gesamtsystem wieder berechenbar werden. In einem solchen Fall lohnt der Aufwand für die Reduktion unabhängig von der benötigten Rechenzeit.

In Tabelle 5.4 sind die Zeitausgaben der zu vergleichenden ABAQUS-Berechnungen zusammengefasst. Da alle im Rahmen dieser Forschungsarbeit durchgeführten Berechnungen auf einer Maschine ausgeführt wurden, wird im Folgenden nur die *wallclock time* diskutiert. Zur Erzeugung der Substruktur mit dem vorgeschalteten Eigenfrequenzberechnungsschritt und der Substrukturerzeugung aus einem fein diskretisierten Vollmodell (168 Elemente über dem Umfang) werden rd. 24 Stunden benötigt. Die *wallclock time* für die Berechnung der real- und komplexwertigen Eigenfrequenzen des Vollmodells beträgt rd. 5 Stunden. Dieselben Berechnungsschritte benötigen mit dem Substrukturmodell wenige Minuten. Die Anregungsrechnung umfasst die Eigenfrequenzberechnungen, real und komplex, sowie die Fusspunktanregungsrechnung. Dieser weitere Berechnungsschritt verlängert die Rechenzeit bei Nutzung der Substruktur kaum. Ein vergleichbarer Berechnungsschritt für das Vollmodell konnte bei gleichen Ausgabeanforderungen im Rahmen dieser Arbeit nicht durchgeführt werden. Durch die Ausgabeanforderungen wird der auf der Maschine verfügbarer Arbeitsspeicher überschritten. Ohne Ausgabeanforderungen ist der Schritt zwar rechenbar aber mit dem Substrukturmodell nicht mehr vergleichbar. Die dafür benötigte Zeit wird auf vier Stunden abgeschätzt. Somit kann geschlossen werden, dass der Zeitaufwand für eine Substrukturerzeugung immer dann lohnt, wenn mindestens drei Anregungsrechnungen durchgeführt und deren Ergebnisse verglichen werden sollen. In gekoppelten Modellen kann die Erzeugung immer dann lohnen, wenn das gekoppelte Modell ohne Substruktur nicht berechenbar wäre.

Zwischenfazit

Es wird gezeigt, dass die realen und komplexen Eigenfrequenzen des Substrukturmodells sehr gut mit denen des Vollmodells übereinstimmen. Die komplexen Eigenfrequenzen des Substrukturmodells weichen bei einer *Cut*-Frequenz von 900 Hz um maximal 2 % abhängig von der gewählten *PE*-Frequenz und der modellierten Geschwindigkeiten von denen des Vollmodells ab. Das Substrukturmodell weist mit bis zu 700 generalisierten Freiheitsgraden und ca. 1200 physikalischen Freiheitsgraden eine Dimension von unter 1 % der Dimension des Vollmodells auf. Somit kann auch für ein Rollgeräuschmodell, das die Strukturdynamik des Reifen, des Hohlraums und des Rades mit einschließt, in akzeptabler Zeit die Strukturdynamik des Gesamtsystems berechnet werden.

Modell	Berechnungs-schritt	ABAQUS-Zeitangabe	Zeit in Sekunden	Zeit in Stunden (h) / Minuten (min)
Vollmodell (168 Elemente auf dem Umfang)	Substruktur-erzeugung	*user time*	63 797	17 h 40 min
		system time	2 486	40 min
		total cpu time	66 283	18 h 20 min
		wallclock time	85 900	23 h 50 min
Vollmodell (168 Elemente auf dem Umfang)	Real- und komplexwertige Eigen-frequenzen	*user time*	15 024	4 h 10 min
		system time	535	10 min
		total cpu time	15 560	4 h 20 min
		wallclock time	18 297	5 h 5 min
Substrukturmodell des Vollmodells mit 168 Elemente auf dem Umfang	Real- und komplexwertige Eigenfrequenzen	*user time*	89	< 2 min
		system time	2	< 1 min
		total cpu time	91	< 2 min
		wallclock time	95	< 2 min
Substrukturmodell des Vollmodells mit 168 Elemente auf dem Umfang	Real- und komplexwertige Eigenfrequenzen und Fuss-punktanregung	*user time*	119	< 2 min
		system time	3	< 1 min
		total cpu time	122	2 min
		wallclock time	126	2 min

Tabelle 5.4: Zusammenfassung der Berechnungszeit für die Erzeugung einer des fein diskretisierten Reifen-Hohlraum-Rad-Modells

6 Schlussfolgerung und weitere Entwicklungen

In der vorliegenden Forschungsarbeit wurde gezeigt, dass Finite-Elemente-Modelle und aus diesen reduzierte Substrukturmodelle die komplizierten Wechselwirkungen zwischen Reifen, Hohlraum und Rad im Rollzustand abbilden. Zum Aufbau eines solchen Finite-Elemente-Modells wird eine genaue Beschreibung des Reifenaufbaus einschließlich der komplexen Eigenschaften der Elastomermaterialien (vgl. Abschnitt 2.1.1) benötigt. Hierbei muss auf die Angaben des Reifenherstellers vertraut werden, dennoch ermöglicht das Finite-Elemente-Modell die Abbildung der Reifeneigenschwingungen im interessierenden Frequenzbereich mit geringerem Parametrierungsaufwand als bei kommerziellen Reifenmodellen. Die langen Rechenzeiten groß dimensionierter Finite-Elemente-Modelle werden durch die Nutzung von Substrukturen stark reduziert, so dass das vorgeschlagene Substrukturmodell bei sich ständig verkürzenden Entwicklungszeiten großes Potential bietet.

In weiteren Forschungsarbeiten kann das entwickelte Substrukturmodell mit Modellen realer Fahrzeug-Radführungen gekoppelt und durch begleitenden Fahrversuch auch in diesem Zustand validiert werden. Dem Fahrzeughersteller liegen Modelle realer Radführungen vor, deren Abbildungsgenauigkeit im Interesse des Herstellers liegt. Somit kann davon ausgegangen werden, dass diese Modelle die Realität detaillierter abbilden, als die hier vorgestellten Modelle der Kraftschluss-Radführung. Resultierend ist eine weiter steigende Abbildungsgenauigkeit der gekoppelten Modelle zu erwarten.

Zur Einsparung des Model-Updating Prozess in [Gare11] um die Rollgeschwindigkeitsbedingte Materialentfestigung abzubilden, ist die Weiterentwicklung von Materialmodellen für nichtlinear-viskoelastische Materialien erforderlich. Ansätze dazu werden zum Beispiel von [Hoef08] gezeigt. Die Implementierung in kommerzielle Finite-Elemente-Programmsysteme steht aus. Vor dem Hintergrund der Abbildung der strukturmechanischen Eigenschaften von in Radführungen eingesetzten Elastomerlagern im NVH-Gesamtfahrzeugmodell ist die Weiterentwicklung der Materialmodelle auch im Interesse des Fahrzeugherstellers. Insgesamt ist dazu eine Weiterentwicklung der Materialtests erforderlich. Materialuntersuchungen unter bimodaler Anregung [Wran08] sollten in dem für das Rollgeräusch relevanten Frequenzbereich (30 bis 300 Hz) durchgeführt werden. Werden diese Weiterentwicklungen an unabhängigen Forschungseinrichtungen betrieben, können zukünftig auch Finite-Elmente-Reifenmodelle unabhängig vom Reifenhersteller aufgebaut werden. Dazu sollten weiterhin die Versuchsmethoden zur Validierung des Reifenmodells im rollenden Zustand vorangetrieben werden. In dieser Forschungsarbeit wurden die Kraftspektren im Reifenzentrum ausgewertet, was im Frequenzbereich unterhalb 100 Hz auch bei hohen Rollgeschwindigkeiten gelingt. Von Kindt [Kind09] wird eine Betriebsschwingungsanalyse bei vergleichsweise geringen Geschwindigkeiten am rollenden Reifen durchgeführt. Ein kombinierter Ansatz aus beiden Methoden kann, bei hohen Geschwindigkeiten ausgeführt, weitere Erkenntnisse über die Strukturdynamik rollender Reifen liefern.

In dieser Forschungsarbeit wurden neue Erkenntnisse zum Vertikal- und Tangentialkraftverlauf bei Überrollung von Unebenheiten der Fahrbahn entwickelt. Der Kontaktbereich wurde systematisch an den Kontaktzustand auf rauen Fahrbahnen angenähert. Die vorgestellte Methodik bietet großes Potential für weiterführende Erforschung des Kontaktverhaltens von Reifen auf rauen Fahrbahnen und zur Erweiterung der vorgestellten Anregungsmodellierungen (z.B. in der Reifenquerrichtung). Die entwickelte Vorrichtung kann um mehrere Sensoren erweitert werden, mit denen die Kontaktkräfte an mehreren Profilrippen gleichzeitig vermessen werden. Die Anregungsmodelle sollten auf längere Fahrbahnabschnitte angewendet werden, um die Übereinstimmung zwischen gemessenen und simulierten Kraftspektren weiter zu verbessern.

Weiterhin bietet die vorgestellte Untersuchung zum Einfluss der Profilelementverformung in Längsrichtung auf die Schwingungsanregung des Reifen-Hohlraum-Rad-Systems großes Potential. Es wurden neue Erkenntnisse zum Einfluss der Oberflächenbeschaffenheit auf die Lage der Reifen-Eigenfrequenzen erarbeitet. Durch erwärmtes Schmiermittel kann in nachfolgenden Versuchen die für die durchgeführten Versuche beschriebene Wärmeabfuhr vermindert werden. Somit ist eine Trennung der Einflussgrößen möglich, wodurch neue Erkenntnisse zu erwarten sind. Die durchgeführten Versuche mit

Schmiermittel im Reifen-Fahrbahn-Kontakt (vgl. Abschnitt 3.2.7) haben gezeigt, dass einzelne Reifeneigenformen sehr empfindlich auf die Erweichung der Anbindung zur Fahrbahn reagieren. Es wurde gezeigt, dass die Frequenzlage einiger Reifeneigenformen besonders durch die Kontaktrandbedingungen zur Fahrbahn beeinflusst wird. Andere werden durch die Strukturdynamik der Radführung beeinflusst. Besonders die Untersuchung der Randbedingungen im Kontakt bietet Potential für weitere Forschungsarbeiten. Die Einbringung von Steifigkeits- und Dämpfungselementen im Kontaktbereich könnte zur Abbildung bestimmter Betriebszustände des Reifens (Sturzwinkel) notwendig sein, wenn sie auch für die in dieser Forschungsarbeit untersuchten Rand- und Betriebsbedingungen noch weniger wichtig war.

7 Zusammenfassung

In dieser Forschungsarbeit wurden die Voraussetzungen erarbeitet den Einfluss von Radführungskomponenten auf die Übertragungseigenschaften von Körperschall über das Fahrwerk in den Fahrzeugaufbau abzubilden. Es wurde ein im Frequenzbereich bis 300 Hz gültiges Rollgeräusch-Reifenmodell entwickelt, das mit dem numerischen Modell des Gesamtfahrzeugs verbunden werden kann. Für dieses Modell wurde ein Anregungsmodell aufgebaut, das die abrollbedingte Schwingungsanregung des Reifens durch Straßenunebenheiten abbildet. Die Simulation bildet die Rollgeräuschanregung für eine Standardkombination aus Reifentyp und Straßenoberfläche ab. Der Zustand des freien Rollens wurde bei Geradeausfahrt sowohl experimentell als auch numerisch untersucht.

Der komplizierten Strukturdynamik des gekoppelten Systems Reifen-Hohlraum-Rad begegnend wurden die Subsysteme zunächst einzeln beschrieben und analysiert. Durch eine experimentelle Modalanalyse am System Reifen-Hohlraum-Rad wurden die Schwingformen des stehenden Systems im Frequenzbereich bis 300 Hz, die hauptsächlich durch die Deformation eines der Subsysteme bestimmt werden, sichtbar gemacht. Der Einfluss des Rollzustandes auf einzelne Resonanzen des Systems wurde durch Versuche am Reifen-Innentrommel-Prüfstand des Instituts für Fahrzeugsystemtechnik untersucht. Dabei diente die Kenntnis der Schwingformen aus der experimentellen Modalanalyse der Analyse von Betriebsbedingungseinflüssen wie Fülldruck, Radlast, Füllgas, Fahrbahntextur und Rollgeschwindigkeit auf die an der Radnabe gemessenen Kraftspektren. Es wurde gezeigt, dass die Eigenfrequenzen des Subsystems Reifen im Rollzustand im Vergleich zum stehenden System zu niedrigeren Frequenzen verschoben werden und mit steigender Geschwindigkeit weiter fallen. Erklärt wurde dieses Phänomen durch die Materialentfestigung des russgefüllten Elastomers bei großen Deformationen (Payne-Effekt) und die multimodale Belastung des Materials während des Rollens. Im Rollzustand bewirken die niederfrequenten Reifen-Eigenformen klare Amplitudenüberhöhungen in den Kraftspektren in vertikaler bzw. horizontaler Richtung, so dass diese kein Indiz für das rotationsbedingte Aufspalten der Eigenfrequenzen, die durch das Ringmodell z.B. bei [Kind09] berechnet werden, liefern. Die Hohlraumresonanzen hingegen spalten mit zunehmender Rotationsgeschwindigkeit in zwei Äste auf. Für das verwendete Aluminiumrad zeigten sich im entsprechenden Frequenzbereich bei Geschwindigkeiten über 80 km/h geschwindigkeitsabhängige Resonanzen in den Kraftspektren. Dies spricht für ein rotationsbedingtes Aufspalten der doppelten Pole, der Felgenbiegeschwingungen und des Felgen-*Pitch*. Allerdings zeigt sich nur der erste Ast der aufspaltenden Pole im Versuch. Möglicherweise wurden die Radresonanzen durch die Fahrbahn unzureichend angeregt, überlagerten sich gegenseitig oder wurden durch eine Resonanz der Kraftschluss-Radführung überlagert.

Die Eigenfrequenzen der Subsysteme zeigten sowohl im stehenden als auch im rollenden Zustand Abhängigkeiten von Fülldruck, Radlast, Füllgas und der Temperatur. Wobei es bei der Radlast im Rollzustand zu einer Überlagerung aus Gürtellängenverkürzung und Materialentfestigung kommt. Ferner wurde gezeigt, dass die Fahrbahntextur Einfluss auf die Anregung der Eigenformen und die Ausprägung der Kraftamplituden bei Radordnungen des rollenden Systems hat. Im Rollzustand interagiert das gekoppelte System Reifen-Hohlraum-Rad innerhalb eines komplexen Kontaktzustandes mit der rauen Fahrbahn. Durch Variation der Oberflächenbeschaffenheit, die eine Absenkung des Reibwertes bedeutete, wurde für einzelne Reifeneigenformen die Bedeutung des Kontaktzustandes für die Lage der Eigenfrequenzen gezeigt. Es wurde weiterhin dargestellt, dass die Anbindung des Rades an die Nabe Einfluss auf die Reifeneigenformen/-frequenzen hat. Für den festen Rotationsfreiheitsgrad im stehenden Zustand wurden zwei getrennte Eigenformen ermittelt, für den freien Rotationsfreiheitsgrad wurden die beiden Eigenformen zu einer Einzigen mit Anteilen von Torsions- und Starrkörperbewegung bei deutlich niedrigerer Frequenz.

Die Wechselwirkung zwischen dem System Reifen-Hohlraum-Rad und der Radführung wurde im Prüfstandsversuch durch Variation der mechanischen Eingangsimpedanz durch strukturversteifende Modifikationen an der verwendeten, sogenannten Kraftschluss-Radführung des Innentrommelprüfstandes untersucht. Die Radführung wurde für sich allein genommen für eine der

Strukturmodifikationen durch experimentelle Modalanalyse und zusammen mit dem rollenden Reifen durch Betriebsmodalanalyse untersucht. Es wurde gezeigt, dass die Strukturdynamik der Radführung Einfluss auf die an der Messnabe gemessenen Kraftspektren hat. Um die experimentell analysierten Wechselwirkungen zwischen den Systemen, Reifen-Hohlraum-Rad und Radführung, in der Simulation abzubilden, wurde ein Finite-Elemente-Modell der Kraftschluss-Radführung entwickelt. Dieses wurde für eine der Strukturmodifikationen durch Model-Updating an die Ergebnisse der experimentellen Modalanalyse angepasst.

In dem kommerziellen Programmsystem ABAQUS wurde ein Finite-Elemente-Reifenmodell aufgebaut. Da die Hohlraumresonanz einen deutlichen Einfluss auf den Geräuschkomfort hat, wurde die Reifenstruktur-Hohlraum-Kopplung in dem erstellten Finite-Elemente-Modell berücksichtigt. Um die tieffrequenten Radeigenschwingungen zu berücksichtigen, wurden die Strukturdynamik des Rades sowie die Kopplung zu Reifen und Hohlraum in das Finite-Elemente-Modell mit einbezogen. Die Rotation des Systems wurde durch eine gemischte Euler-Lagrange Betrachtungsweise, die eine effektive Berechnung des stationären Rollzustandes ermöglicht, abgebildet. Es wurde gezeigt, dass eine im interessierenden Frequenzbereich gültige Substruktur des rollenden Systems erhalten wird, wenn zusätzlich zu den physikalischen die generalisierten Freiheitsgrade bis zu einer Cut-Frequenz von 900 Hz beibehalten und moderate Rollgeschwindigkeiten gewählt werden (bis 100 km/h). Der Vergleich von Vollmodell und Substruktur bewies, dass eine Erhöhung der Cut-Frequenz auch im gyroskopischen System die Abbildungsgenauigkeit der Substruktur verbessert. Durch eine Erhöhung der Geschwindigkeit wird die Abbildungsgenauigkeit verschlechtert, wobei für die betrachteten Geschwindigkeiten 20, 60 und 100 km/h die in der praktischen Anwendung erforderliche Genauigkeit erreicht wurde. Bei Berechnung der komplexer Eigenfrequenzen des Finite-Elemente-Modells sowie des Substrukturmodells spalten die doppelten Pole der Hohlraum- und Radresonanzen zu zwei einzelnen Polen auf. Somit erfolgte insgesamt eine Weiterentwicklung der bisher üblichen Substruktur-Modelle des Reifens.

Bisherige in kommerziellen Programmsystemen implementierte Materialmodelle sind nicht in der Lage den der Materialentfestigung bei großer Deformation zugrundeliegenden Payne-Effekt abzubilden. Im Rollzustand wird das Material zyklisch im Latschbereich stark deformiert, was bei dem nichtlinear viskoelastischen Elastomermaterial eine Änderung des Speicher- und Verlustmoduls und im Vergleich zum stehenden System sinkende Eigenfrequenzen zur Folge hat. Somit mussten zur Abbildung der Eigenfrequenzen im stehenden und rollenden Zustand unterschiedliche Werte in den Materialmodellen im Finite-Elemente-Modell eingesetzt werden. Da das Materialmodell den rollenden Zustand abbildet, kann es den stehenden Zustand nicht genauso gut abbilden.

In den durchgeführten Versuchen am Innentrommel-Prüfstand fielen die Reifen-Eigenfrequenzen mit zunehmender Geschwindigkeit aufgrund der multimodalen Materialbelastung weiter. Sinkende Eigenfrequenzen mit zunehmender Rollgeschwindigkeit werden auch in der Simulation bedingt durch die *MLE*-Matrix $\underline{\mathbf{W}}$ berechnet [Brin07]. Die *MLE*-Matrix berücksichtigend wurde in [Gare11] ein Optimierungsverfahren umgesetzt, um den geänderten Speichermodul des Elastomermaterials im Simulationsmodell für die Geschwindigkeiten 20, 60 und 100 km/h zu ermitteln. Auch hier bieten kommerzielle Programmsysteme bisher keine Materialmodelle, die den Entfestigungseffekt abbilden.

Zur besseren Abbildung der fahrbahnbedingten Anregung des Reifens wurde der Kontakt des Reifens mit der Fahrbahntextur in vertikaler und horizontaler Richtung untersucht. Während des Rollvorgangs werden die Reifenprofilelemente in vertikaler und horizontaler Richtung deformiert. Um die daraus hervorgehenden Anregungsanteile zu quantifizieren und räumlich zuzuordnen, wurde zunächst die bei den Versuchen am IPS verwendete Fahrbahntextur hochauflösend vermessen. Beide Texturen wiesen im Bereich großer Wellenlängen eine geringere Welligkeit und geringere spektrale Intensität als Fahrbahntexturen von realen Straßenoberflächen auf. Dies ist auf den Aufbau der Fahrbahnen innerhalb der Trommelkassetten und die geringe Nutzung im Vergleich zu realen Straßenoberflächen zurückzuführen. Anschließend wurden im statischen Versuch die Kontaktdrücke in vertikaler Richtung auf einer unebenen Fahrbahn bestimmt. Dabei steht der Reifen nur auf den Asperitäten der Fahrbahnoberfläche auf.

Weiterhin wurden die Kontaktkräfte in drei Raumrichtungen durch eine stein-ähnliche sensierende Unebenheit dynamisch erfasst. In vertikaler Richtung nahm die Kontaktkraft mit zunehmender Unebenheitshöhe und Geschwindigkeit zu. Die Längskraftamplitude betrug bei allen untersuchten Unebenheitshöhen ca. 30% der Vertikalkraftamplitude. Der gesamte Längskraftverlauf wurde mit zunehmender Unebenheitshöhe in Richtung positiver Längskräfte verschoben. Dies bedeutet eine zunehmende Längsverformung der Profilelemente entgegen der Rotationsrichtung bei Kontakt mit der aus der Fahrbahn herausstehenden Unebenheit. Diese wird während des Kontaktdurchlaufs nicht zurückgebildet. Durch mehrere Unebenheiten im Kontaktbereich wurde der Kontaktzustand auf rauen Fahrbahnen weiter angenähert. Zusätzliche Unebenheiten in Längsrichtung bewirken ein „Aufstehen" des Reifens auf den Unebenheiten, infolge derer die effektive Höhe einer Unebenheit sinkt. Somit ist resultierend die Längsauslenkung entgegen der Rotationsrichtung bei mehreren Unebenheiten in Längsrichtung geringer als bei nur einer Unebenheit.

Durch Variation des Reibwertes bei gleichbleibender Textur wurde die Längsauslenkung der Profilelemente reduziert und anhand der Radnabenkräfte die Bedeutung der Längsauslenkung der Profilelemente für die Schwingungsanregung einzelner Eigenformen (z.B. Gürteltranslation in Längsrichtung und 1. Ast der Hohlraumresonanz) des Reifens gezeigt.

Aufbauend auf den Erkenntnissen der experimentellen Analyse wurde ein Anregungsmodell entwickelt, das die Fahrbahntextur als Eingangsgröße hat und die experimentell ermittelten Kraftverläufe bei Überrollung einer oder mehreren Unebenheiten in Vertikal- und in Längsrichtung abbildet. Durch die Abbildung der Längsrichtung wurde insgesamt eine Weiterentwicklung bisher verfügbarer Anregungsmodelle erreicht. Das Modell wurde auf den betrachteten Reifen parametriert und auf die in den Versuchen eingesetzte Fahrbahntextur angewandt. In der vertikalen Richtung bildet das Modell die mit zunehmender Rollgeschwindigkeit abnehmende Eindringtiefe des Reifenelastomers in die Textur ab. In Längsrichtung gibt das Modell die Amplituden und Mittelwerte der gemessenen Kraftverläufe gut wieder. Die Zeitverläufe der vertikalen und horizontalen Kontaktkraft bei Anwendung des Modells auf eine raue Fahrbahntextur wurden in den Frequenzbereich transformiert.

Um das zu entwickelnde Substrukturmodell zu validieren wurde die modellierte Anregung aufgebracht. Das Substrukturmodell wurde an das Modell der
Kraftschluss-Radführung angebunden und die Wechselwirkungen der Teilsysteme wurden analysiert. Anschließend wurde der Modellierungsprozess validiert sowie bewertet, dabei wurde der Einfluss überlagerter Störungen z.B.
durch Reifen-Ungleichförmigkeiten aufgezeigt.

A Anhang

A.1 Konventionen

Koordinatensystem

Zur Untersuchung der Fahrzeugdynamik ist die Beschreibung der Kräfte zwischen Reifen und Fahrbahn einer der wichtigsten Punkte [Oost97]. Die Computer-Simulation der Fahrzeugdynamik gewinnt mit der beständigen Forderung nach kürzeren Entwicklungszeiten an Bedeutung. Um Testdaten zur Parametrierung von Reifenmodellen zwischen Reifen- und Fahrzeughersteller oder unabhängigen Forschungsinstitutionen standardisiert auszutauschen, wurde 1991 der internationale TYDEX-Workshop eingeführt [Oost97]. Zur Fehlervermeidung werden standardisierte Koordinatensysteme definiert. Das in diesem Zusammenhang definierte C-Achsensystem wird auch in dieser Arbeit verwandt. Die Grundlage des Koordinatensystems bildet die ISO 8855, wobei bei beibehaltenen Achsenrichtungen der Ursprung für das C-Achsensystem in den Mittelpunkt des Rades gelegt wird [Oost97]. Das C-Achsensystem ist in Abbildung A.1 dargestellt.

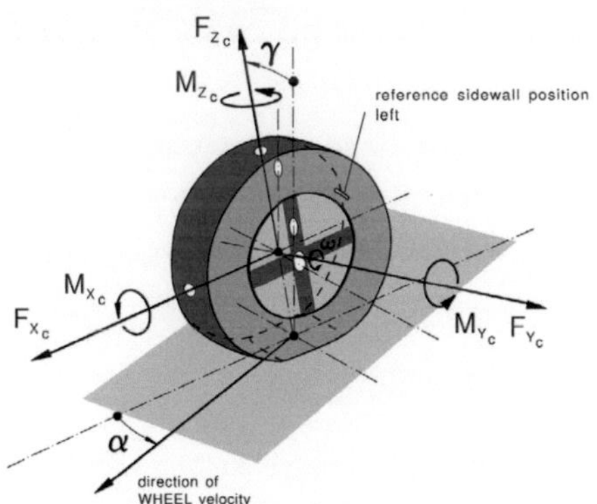

Abbildung A.1:   C-Achsensystem des TYDEX-Formates [Oost97].

Die positive Umfangs- bzw. Längskraft F_x weist in Fahrtrichtung, die positive Vertikalkraft bzw. Radlast F_z zeigt in vertikaler Richtung von der Fahrbahn weg, so dass die positive Richtung der Seiten-(führungs-)kraft F_y durch die Rechte-Hand-Regel gebildet wird. Das Kipp- oder Sturzmoment M_x ist das Moment um die Achse der Längskraft (x-Achse). Ein Brems- oder Antriebsmoment M_y ist das Moment um die Achse der Seitenkraft (y-Achse). Das Rückstellmoment M_z ist das Moment um die z-Achse. Ferner ist der Schräglaufwinkel α der Winkel zwischen Radebene und tatsächlicher Richtung der Fahrzeuggeschwindigkeit. Der Sturzwinkel γ gibt den Neigungswinkel der Radebene zu einer im Aufstandspunkt errichteten Senkrechten quer zur Fahrzeuglängsachse.

Mathematische Konventionen

Für die in Arbeit zusammengefassten Grundlagen der Modellierungstechniken werden zur Unterscheidung der Variablen folgende Regeln wie zuvor bei [Nack04], [Damm06] und [Brin07] befolgt

- Großbuchstaben geben materielle Variablen und Operatoren wieder, z.B. $\mathbf{V}, GRAD$

- Kleinbuchstaben geben räumliche Variablen und Operatoren wieder, z.B. $\mathbf{v}, grad$

- Durch ein Dach gekennzeichnete Variablen geben den Bezug zur Referenzkonfiguration wieder, bei Operatoren wird dann der erste Buchstaben in Großbuchstaben wiedergegeben z.B. $\hat{\mathbf{v}}, Grad$.

A.2 Standard-Betriebsbedingungen

Für das innerhalb dieser Arbeit zu entwickelnde Modell gelten folgende Standard-Betriebsbedingungen. Es wird der Zustand des freien Rollens betrachtet, Antriebs- bzw. Bremsmoment sind demnach gleich Null. Außerdem liegen am Reifen Schräglauf- und Sturzwinkel gleich Null vor. Abgebildet wird der Referenzbetriebszustand von 2.8 bar Reifenfülldrück im warm gefahrenen Zustand

(30 min bei 80 km/h), die Radlast von 5 kN, bei den Rollgeschwindigkeiten 20, 60 und 100 km/h. Nach der dreißigminütigen Warmfahrprozedur hatte der Reifen bei Versuchen auf trockener Fahrbahn eine Temperatur zwischen 29 und 34°C.

A.3 Experimente

Experimentelle Modalanalyse

Parameter		Wert	
Nennkraft	Sinus	440	N
	Rauschen	311	N
Frequenzbereich		2 – 6500	Hz
maximale Beschleunigung	Sinus	110	g
	Rauschen	80	g
Masse Schwingsystem		0.4	kg
max. Spannung		72	V
max. Strom		18	A
max. Geschwindigkeit		1.5	m/s
Schwingweg		25.4	mm
Nutzlast	vertikal	6	g
	horizontal	0.5	kg
Gewicht mit Gestell		18	kg

Tabelle A.1: Technische Daten des *Schwingerreger S 51144* der TIRA GmbH [Tira08].

Radadapter

Abbildung A.2:   Darstellung des Radadapters.

Reifen-Innentrommel-Prüfstande (IPS)

Parameter	Wert	
Innendurchmesser der Trommel	3.8	m
Breite der Lauffläche	270	mm
Fahrgeschwindigkeit auf Safety-Walk	200	km/h
Fahrgeschwindigkeit auf Asphaltfahrbahnoberfläche	150	km/h
Antriebsleistung der Trommel	310	kW
Antriebsleistung am Rad	200	kW
Raddrehzahl	2000	1/min
Maximaler Reifendurchmesser	980	mm
Maximale Vertikal-, Lateral- und Längskraft	15	kN

Tabelle A.2: Technische Daten des Reifen-Innentrommel-Prüfstandes.

Ordnungsdarstellungen

a)   b)

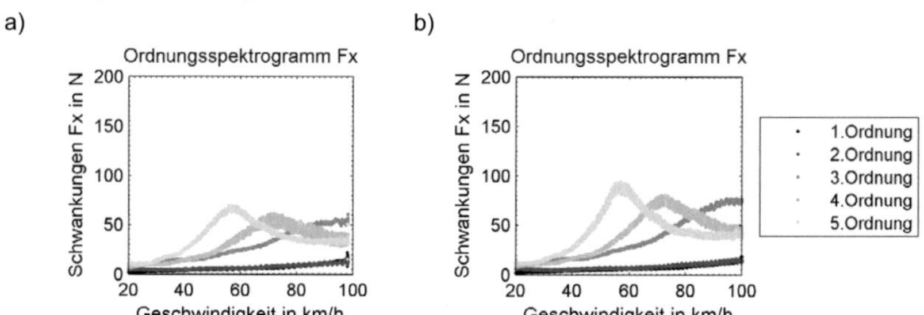

Abbildung A.3:   Kraftschwankungen F_x in Längsrichtung a) 5 kN b) 6 kN.

Laserdaten

Parameter	Wert	
Bezugsabstand s_A	15	mm
Messbereich s_B	± 3	mm
Durchmesser des Laserstrahls	50	µm
Linearität (%s_B)	0.1	%
Vertikale Auflösung	0.6	µm
Triangulationswinkel	43	°

Tabelle A.3: Technische Daten des Lasers [Fisc99].

Häufigkeitsverteilungen der Unebenheitshöhe der 0/16 Waschbeton-Fahrbahn

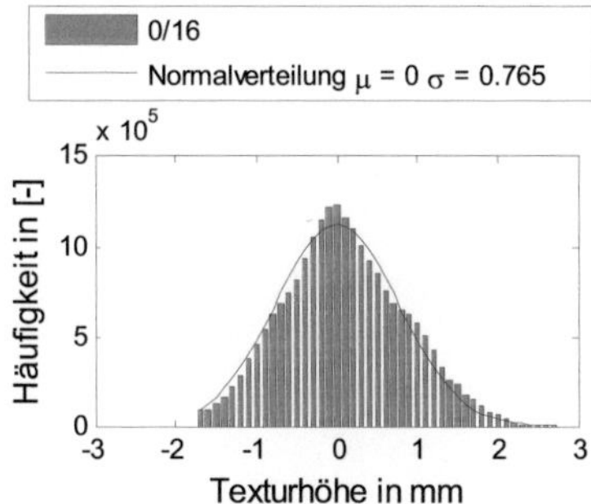

Abbildung A.4:   Verteilung der Unebenheitshöhe der vermessenen 0/16 Waschbeton-Fahrbahn.

Visualisierung der Fahrbahn 0/11-Beton

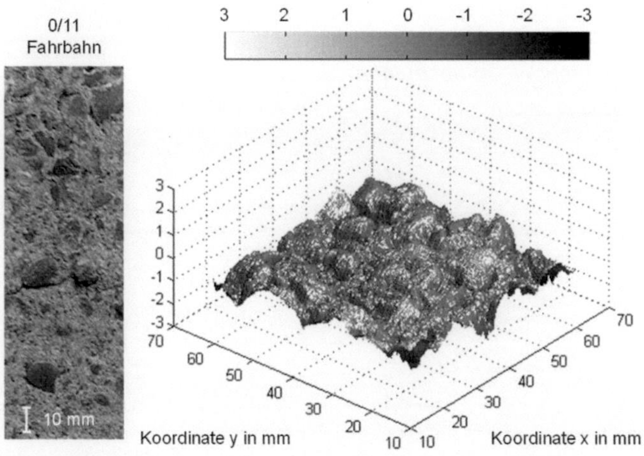

Abbildung A.5:   Links: Photographie des 0/11-Betons; Rechts: Darstellung der Vermessung eines 50 x 50 mm 0/11-Beton-Textur-Abschnitts inklusive Kompensation der Geschwindigkeitsdifferenzen.

A.4 Simulation

Untersuchung unterschiedlicher Netze des Radmodells

Eigenform	Ausgangs-modell	36 Quadrat-ische Ele-mente	72 Quadrat-ische Ele-mente	36 Line-are Ele-mente	144 Line-are Ele-mente
FB 2,1	274.11	275.59	276.14	393.21	290.20
FB 2,2	274.64	276.28	276.83	393.78	290.87
FP, 1	305,08	301.34	303.11	337.22	313.57
FP, 2	305,56	301.34	303.22	337.52	313.97
FA	465.73	453.87	461.41	509.1	576.77
FB 3,1	549.38	565.47	562.51	978.98	598.14
FB 3,2	550.75	565.55	562.52	979.00	598.15
Durchschnittliche Abweichung in %		1.69	1.2	39.01	8.38

Tabelle A.4: Vergleich der Eigenfrequenzen des nicht rotierenden realen Radmodells für unterschiedliche Elemente

Vergleich Vollmodell – Substruktur

a) Reale Eigenfrequenzen   b) Komplexe Eigenfrequenzen

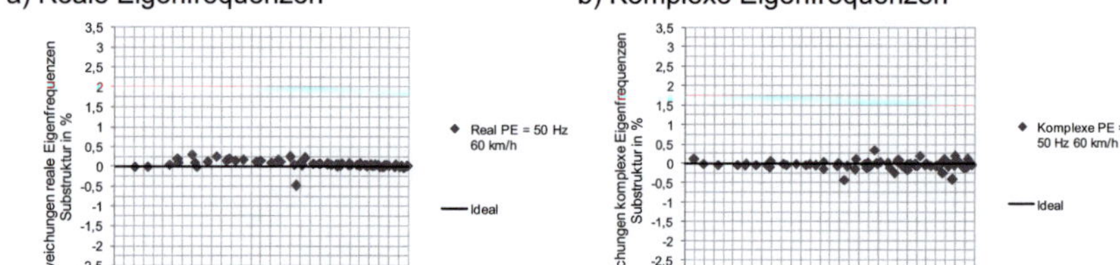

Abbildung A.6:   Vergleich von Vollmodell und Substruktur, mit 60 km/h rollendes Gesamt-system (64 Elemente) bei PE = 50 Hz.

a) Reale Eigenfrequenzen   b) Komplexe Eigenfrequenzen

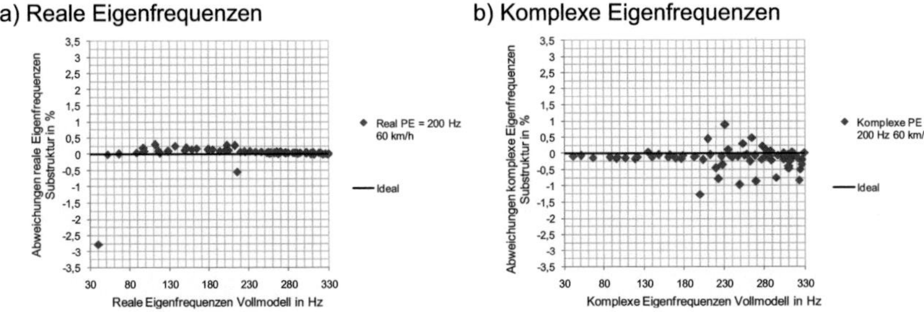

Abbildung A.7:   Vergleich von Vollmodell und Substruktur, mit 60 km/h rollendes Gesamt-system (64 Elemente) bei PE = 200 Hz.

B Abbildungsverzeichnis

C Tabellenverzeichnis

D Zeichen und Abkürzungen

D.1 Zeichen und Operatoren

Zeichen	Bedeutung	Einheit
α	Schräglaufwinkel	°
α_A	Winkel zwischen Anregungsrichtung und x-z-Ebene des Reifens	°
α_B	Bezugswinkel	°
α_R	massenproportionaler Dämpfungskoeffizient	-
β_A	Winkel zwischen Anregungsrichtung und Tangentialebene an den Reifen im Anregungs- und Referenzpunkt	°
β_R	steifigkeitsproportionaler Dämpfungskoeffizienten	-
γ	Sturzwinkel	°
γ_A	Winkel auf dem Reifenumfang im Bezug zum Reifenlatsch	°
$\gamma(t)$	Scherdeformation	-
γ_0	Amplitude der Scherdeformation	-
γ_V	Strömungswiderstandskoeffizient	-
$\gamma_{FX}^2(\omega)$	Kohärenzfunktion für Signal f(t) und x(t)	-
δ	Phasenwinkel	°
$\xi(s)$	Unebenheitssignal	mm
$\boldsymbol{\eta}$	Vektor der virtuellen Verschiebung	m
$\tilde{\boldsymbol{\eta}}$	Vektor der virtuellen Knotenverschiebungen	m
ϑ	Absolute Temperatur	K
κ_{Gas}	Isentropenexponent eines Gases	-
λ	Texturwellenlänge	m
μ	Eigenwert	s^{-2}
$\tilde{\mu}$	Erster Eigenwert des Slave-Modells	s^{-2}
μ_c	*Cut*-Eigenwert	s^{-2}
μ_A	Mittlere Auslöseverzögerung der Lichtschranke	s
ξ	Unebenheitssignal	m
π	Zahl Pi	-
ρ	Massendichte in der Momentankonfiguration	kg/m³

ρ_0	Massendichte in der Ausgangskonfiguration	kg/m³
ρ_f	Dichte eines Fluids	kg/m³
$\hat{\rho}$	Massendichte in der Referenzkonfiguration	kg/m³
ρ_{Gas}	Dichte des Reifen-Füllgases	kg/m³
$\boldsymbol{\sigma}$	Cauchy Spannungstensor	N/m²
$\sigma(t)$	Spannung	N/m²
σ_0	Spannungsamplitude	N/m²
σ_e	Gleichgewichtsspannung	N/m²
τ	Relaxationszeit	s
$\widetilde{\varphi}_{CB}$	Craig-Bampton-Set der beibehaltenen Eigenvektoren	-
φ_{Rad}	Raddrehwinkel	°
ϕ	Abbildung Ausgangs- auf Momentankonfiguration	-
φ	Bewegung in materiellen Koordinaten	m
$\hat{\phi}$	Abbildung Referenz- auf Momentankonfiguration	-
$\hat{\boldsymbol{\phi}}$	Relativbewegung bezogen auf Referenzkonfiguration in materiellen Koordinaten	m
χ	Abbildung Ausgangs- auf Referenzkonfiguration	-
$\boldsymbol{\chi}$	Starrkörperbewegung in räumlichen Koordinaten	m
$\boldsymbol{\psi}$	Eigenvektor	m
$\widetilde{\boldsymbol{\psi}}$	Eigenvektor des Slave-Modells	m
ω	Kreisfrequenz	Hz
ω_E	Natürliche Eigenkreisfrequenz	Hz
Γ_e	Finites Element	-
Δ	Differenzenoperator	$1/m^2$
Δf_{i_H}	Frequenzunterschied der Hohlraumresonanz i-ter Ordnung durch Doppler-Effekt	Hz
Δf_{i_R}	Frequenzunterschied der Reifenordnung i-ter Ordnung durch Doppler-Effekt	Hz
$\widetilde{\Psi}$	Spezifische Freie Helmholtz Energiefunktion	Nm/kg
Ω	Wellenzahl	1/m
Ω_0	Bezugswellenzahl	1/m
Ω_I, Ω_{II}	Grenzwellenzahlen	1/m
$\boldsymbol{\Omega}$	Vektor der Winkelgeschwindigkeiten	rad/s

a	Fläche	m^2
$\hat{a}$	Fläche in der Referenzkonfiguration	m^2
a	Räumliche Beschleunigung	m/s^2
a_T	Verschiebung der Verlustmodul-Frequenzkurve nach WLF-Gleichung	-
b$_L$	Latschbreite	mm
$\overline{\mathbf{b}}$	Massenkraftdichte	m/s^2
c	konvektive Geschwindigkeit	m/s
c	cylindrical-Index	-
c	Federsteifigkeit	N/m
c_1	Materialabhängiger Parameter	-
c_2	Materialabhängiger Parameter	-
c_{Gas}	Schallgeschwindigkeit des Reifen-Füllgases	m/s
c_t	Tangentiale Steifigkeit	N/m
d	Differenzialoperator	-
d	Unebenheitsdurchmesser	mm
d et	Determinante	-
d iv	Räumliche Divergenz	1/m
f	Frequenz	Hz
f_a	Abtastrate	Hz
f_c	Cut-Frequenz	Hz
f_i	Eigenfrequenz der i-ten Eigenform	Hz
f_{i_H}	Eigenfrequenz der i-ten Hohlraumresonanz	Hz
f_{KH}	Frequenz der horizontal ausgerichteten Hohlraumresonanz	Hz
$f_{Ki_H,th,A1/A2}$	theoretisch berechnete Frequenz des 1. Bzw. 2. Astes der Hohlraumresonanz im rotierenden System	Hz
f_{KV}	Frequenz der horizontal ausgerichteten Hohlraumresonanz	Hz
f$_n$	n-te Frequenz für die viskoelastische Materialeigenschaften ausgewertet werden	Hz
$f_{n,i}$	lokale Kraft an der Feder an der Position i	N
$f_{n,i,j}$	lokale Kraft an der Feder an der Position i, j,	N
f	Oberflächen und Volumenkräfte	N
f$_c$	Kontaktkraftvektor	N
f$_e$	Kräfte der eingeprägten Lasten	N
f$_i$	MLE-Trägheitskräfte	N

$\mathbf{f}_\sigma$	Innere Kräfte des Spannungszustandes	N
$f(t)$	Eingangssignal	-
grad	Räumlicher Gradient	1/m
g	Gestaltfaktor	%
h	Anzahl vom einfachen Maxwell-Elementen	-
i_H	Ordnung der Hohlraum-Schwingung	-
i_R	Ordnung der radialen Reifen-Schwingung	-
k	Koppelfedersteifigkeit	N/m
l	Anzahl der beibehaltenen Eigenvektoren	-
l_A	Länge der Aufstandsfläche	m, mm
m	meridional-Index	-
m_F	Anzahl der Master-Freiheitsgrade	-
m_{Fz}	Quotienten aus der deformierten Querschnittsfläche im Latsch und der Querschnittsfläche des unbelasteten Reifens	-
n_F	Anzahl der Freiheitsgrade eines FE-Modells	-
n_E	Anzahl Finiter Elemente	-
n_{Rad}	Raddrehzahl	1/s
$\mathbf{n}$	Flächennormale in der Momentankonfiguration	-
$\hat{\mathbf{n}}$	Flächennormale in der Referenzkonfiguration	-
p	Überdruck im Fluid (über statischem Druck)	N/m²
p_{Gas}	Druck im Reifen-Füllgas	N/m² bzw. bar
p_{Bezug}	Bezugsfülldruck	N/m² bzw. bar
r_H	Mittlerer Hohlraumradius	m
s_F	Anzahl der Slave-Freiheitsgrade	-
s_A	Bezugsabstand zwischen Sensor und Messobjekt	mm
s_B	Messbereich des Triangulationslasers	mm
s_t	Tangentiale Auslenkung	mm
sp	Spur eines Tensors	-
t	Zeit	s
$\mathbf{t}$	Spannungsvektor	N/m²
$t_{E,v}$	Eindringzeit	s
$t_{E,v}$	Eindringzeit bei Geschwindigkeit v	s

$\mathbf{u}_N$	Einfederungsvektor in normaler Richtung	mm
$u_{n,i}$	Lokale Einfederung der Feder an der Position i	mm
$u_{n,i,j}$	Lokale Einfederung der Feder an der Position i,j	mm
$\dot{\mathbf{u}}^f$	Geschwindigkeit eines Fluidpartikels	m/s
$\ddot{\mathbf{u}}^f$	Beschleunigung eines Fluidpartikels	m/s^2
v	Volumen	m^3
$\hat{v}$	Volumen in der Referenzkonfiguration	m^3
$\mathbf{v}$	Räumliche Geschwindigkeit	m/s
v_{Rad}	Radgeschwindigkeit	m/s
v_T	Trommelgeschwindigkeit	m/s
$\hat{\mathbf{v}}$	Relativgeschwindigkeit	m/s
w	Welligkeit	-
$\mathbf{w}$	Führungsgeschwindigkeit	m/s
$x(t)$	Antwortsignal	-
$\mathbf{y}$	Vektor der modalen Koordinaten	-
$\mathbf{z}$	Ortsvektor in der Momentankonfiguration	m
Bn	Biegung der n-ten Ordnung	-
B	Betrachteter Körper	-
Div	Divergenz in der Referenzkonfiguration	1/m
DIV	Materielle Divergenz	1/m
$\underline{\mathbf{D}}_N$	Dämpfungsmatrix in normaler Richtung	kg/s
$\underline{\mathbf{D}}_S$	Strukturdämpfungsmatrix	kg/s^2
$\underline{\mathbf{D}}_V$	Viskose Dämpfungsmatrix	kg/s
$\mathbf{E}$	Greenscher Verzerrungstensor	-
$\mathbf{F}$	Materieller Deformationsgradient	-
$\mathbf{F}_G$	Kraftvektor der Master-Freiheitsgrade	N
$\mathbf{F}_K$	Vektor der Knotenkräfte	N
$\mathbf{F}_m$	Vektor der Kräfte an den Master-FHG	N
$\mathbf{F}_N$	Kraftvektor in normaler Richtung	N

$F_{N,Soll}$	Wert der vorgegebenen Normalkraft	N
$\mathbf{F}_s$	Vektor der Kräfte an den Slave-FHG	N
$\hat{\mathbf{F}}$	Relativer Deformationsgradient	-
F_x	Umfangs- bzw. Längskraft	N
$F_{Sx,n}$	Umfangs- bzw. Längskraft gemessen am Unebenheitssensor an Messposition n	N
$F_{Sx,Max,n}$	Maximalwert der Umfangs- bzw. Längskraft gemessen am Unebenheitssensor an Messposition n	N
F_y	Seiten-(führungs-)kraft	N
$F_{Sy,n}$	Seiten- bzw. Querkraft gemessen am Unebenheitssensor an Messposition n	N
F_z	Vertikalkraft bzw. Radlast	N
$F_{Sz,n}$	Vertikalkraft gemessen am Unebenheitssensor an Messposition n	N
$F_{Sz,Max,n}$	Maximalwert der Vertikalkraft gemessen am Unebenheitssensor an Messposition n	N
$G(t)$	Spannungsrelaxationsmodul	N/mm^2
$\underline{\mathbf{G}}$	Gyroskopische Matrix	kg/s
G^*	Komplexer Schubmodul	N/mm^2
G'	Speichermodul	N/mm^2
G''	Verlustmodul	N/mm^2
G_e	Gleichgewichtsmodul	N/mm^2
Grad	Gradient in der Referenzkonfiguration	1/m
GRAD	Materieller Gradient	1/m
H	Querschnittshöhe	mm
$H(\omega)$	Übertragungsfunktion	-
$H_1(\omega)$	Schätzer der Übertragungsfunktion	-
$H_2(\omega)$	Schätzer der Übertragungsfunktion	-
$\mathbf{I}$	Impuls	N s
$\underline{\mathbf{I}}$	Einheitsmatrix	-
I	Erste Invariante	-
II	Zweite Invariante	-
III	Dritte Invariante	-
J	Jacobi-Determinante des materiellen Deformationsgradienten	-
$J(t)$	Kriechnachgiebigkeit	N/mm^2
$\mathbf{J}$	Drehimpuls	N m s

K	Kinetische Energie	kg m^2/s^2
K_f	Kompressionsmodul eines Fluids	N/m^2
$\underline{\mathbf{K}}_N$	Steifigkeitsmatrix in Normaler Richtung	kg/s^2
$\underline{\mathbf{K}}$	Steifigkeitsmatrix	kg/s^2
$\underline{\mathbf{K}}_c$	Kontaktsteifigkeitsmatrix	kg/s^2
$\underline{\mathbf{K}}_G$	„Guyan"-Steifigkeitsmatrix	kg/s^2
$\underline{\mathbf{K}}_{mm}$	Partitionierte Steifigkeits-Untermatrix	kg/s^2
$\underline{\mathbf{K}}_{ms}$	Partitionierte Steifigkeits-Untermatrix	kg/s^2
$\underline{\mathbf{K}}_{sm}$	Partitionierte Steifigkeits-Untermatrix	kg/s^2
$\underline{\mathbf{K}}_{ss}$	Partitionierte Steifigkeits-Untermatrix	kg/s^2
M	Masse	kg
M_{Gas}	Molaren Masse	kg/mol
$M(\omega)$	Spektrum des Rauschens auf dem Anregungssignal	-
M_x	Kipp- oder Sturzmoment	Nm
M_y	Brems- oder Antriebsmoment	Nm
M_z	Rückstellmoment	Nm
$\underline{\mathbf{N}}$	Matrix der Formfunktion	-
$N(\omega)$	Spektrum des Rauschens auf dem Antwortsignal	-
P	Pitch	-
PE$_\text{n}$	Property Evaluation für Auswertung viskoelastischer Materialeigenschaften	Hz
$\mathbf{P}$	Erster Piola-Kirchhoff-Spannungstensor	N/mm^2
$\hat{\mathbf{P}}$	Erster Piola- Kirchhoff-Spannungstensor in der Referenzkonfiguration	N/mm^2
Q	Wärmezufuhr	kg m^2/s^2
R	Universelle Gaskonstante	J/(mol K)
R/2	Halbe maximale Profiltiefe	m
$\underline{\mathbf{R}}_G$	„Guyan"-Kondensationsmatrix	-
$\underline{\mathbf{R}}$	Dynamische Kondensationsmatrix	-
R$_\text{max}$	Maximale Profiltiefe	m
R$_{\text{ls}}{}^2$	Bestimmtheitsmaß bei Least-Square-Fit	-
$R_{\xi\xi}$	Autokorrelationsfunktion des Unebenheitssignals	-
S	Entropie	kg m^2/Ks^2
S_0	Spektrale Intensität	m^3

Symbol	Beschreibung	Einheit
$\mathbf{S}$	Zweiter Piola-Kirchhoff Spannungstensor	N/mm^2
$S_{FF}(\omega)$	Autoleistungsspektrum des Signals f(t)	-
$S_{FX}(\omega)$	Kreuzleistungsspektrum aus Signal f(t) und x(t)	-
$S_{\xi\xi}$	Spektrale Leistungsdichte des Unebenheitssignals ξ	m^3
$S_{approx,1,2}$	Approximationsfunktionen für die Spektrale Leistungsdichte	m^3
T	Temperatur des viskoelastischen Stoffes in WLF-Gleichung	K
T_{Bezug}	Bezugstemperatur	K
T_{Gas}	Gastemperatur	K
T_{Rad}	Reifentemperatur	°C
T_{Raum}	Umgebungstemperatur	°C
T_S	Bezugstemperatur in WLF-Gleichung	K
$\overline{\mathbf{T}}$	Vektor der bekannten Oberflächenspannung	N/mm^2
$\underline{\mathbf{T}}_G$	Koordinatentransformationsmatrix der „Guyan"-Reduktion	-
$\underline{\mathbf{T}}_{CMS}$	Transformationsvorschrift der Craig-Bampton-Reduktion	-
U	Innere Energie	$kg\,m^2/s^2$
V	Volumen	m^3
$\mathbf{v}$	Materielle Geschwindigkeit	m/s
W	Leistung	$kg\,m^2/s^2$
$\underline{\mathbf{W}}$	MLE-Inertialmatrix	kg/s^2
W	Reifenbreite	mm
$\mathbf{X}$	Vektor der Knotenverschiebungen	m
$\mathbf{X}_m$	Vektor der Verschiebungen an Master-FHG	m
$\mathbf{X}_s$	Vektor der Verschiebungen an Slave-FHG	m
$X(\omega)$	Fourier-Transformierte des Signals x(t)	-
$\mathbf{Z}$	Ortsvektor in der Ausgangskonfiguration	-

D.2 Abkürzungen

Abkürzung	Bedeutung
ALE	Arbitrary Lagrangian Eulerian
CAD	Computer Aided Design: rechnergestütztes Konstruieren
CFFD	Curve-Fitting Frequency Domain Decomposition, zu Deutsch: Kurvenanpassung Frequenzbereichs-Dekomposition
CNC	Computerized Numerical Control
CO_2	Kohlenstoffdioxid
EFFD	Enhanced Frequency Domain Decomposition, zu Deutsch: Erweiterte Frequenzbereichs-Dekomposition
EMA	Experimentelle Modalanalyse
FAST	Institut für Fahrzeugsystemtechnik
FE	Finite Elemente
FEM	Finite Elemente Methode
FFT	Fast Fourier Transformation, zu Deutsch: Schnelle Fourier-Transformation
FOSM	Full Order Subdivided Model, unterteiltes Vollmodell
FRF	Frequency Response Function, zu Deutsch: Übertragungsfunktion
H2	Doppel-Hump
IGES	Initial Graphics Exchange Specification
IPS	Reifen-Innentrommel-Prüfstand des FAST
J	Hornausführung der Felge
L	Foliensensitivität: „Low"
LAN	Local Area Network, zu Deutsch: Rechnernetzwerk auf lokalen Gebiet z.B. im Unternehmen
LFF	Lehrstuhl für Fahrzeugtechnik
LKW	Lastkraftwagen
MAC	Modal Assurance Criterion
MDOF	Multiple-Degree-of-Freedom, zu Deutsch: Mehrfreiheitsgrad (-verfahren)
MLE	Mixed Lagrangian Eulerian
MPD	Mean Profile Depth, zu Deutsch: Mittlere Profiltiefe
OMA	Operational Modal Analysis, zu Deutsch: Betriebsmodalanalyse
PKW	Personenkraftwagen
PSDE	Position Sensitive Device Element
R	Abkürzung für Radial(-Reifen)

RMS	Root-Mean-Square, zu Deutsch: Quadratischer Mittelwert
ROSM	Reduced Order Subdivided Model, reduziertes unterteiltes Modell
SDOF	Single-Degree-of-Freedom, zu Deutsch: Einfreiheitsgrad (-verfahren)
sFOM	Simplified Full Order Model, vereinfachtes Vollmodell
sFOSM	Simplified Full Order Subdivided Model, vereinfachtes unterteiltes Vollmodell
SL	Foliensensitivität: „Super Low"
SST	Steady-State-Transport
SMG	Symmetric-Model-Generation
SRT	Symmetric-Results-Transfer
USL	Foliensensitivität: „Ultra Super Low"
WLF	William-Landel-Ferry (-Gleichung)
*.bmp	zweidimensionales Rastergrafikformat-Format
*.iges	Initial Graphics Exchange Specification Format
*.mat	MATLAB internes Matrixformat-Format
*.txt	Textformat
0/11	Fahrbahnoberfläche, die Gesteine im Größenbereich 0 bis 11 mm enthält
0/16	Fahrbahnoberfläche, die Gesteine im Größenbereich 0 bis 16 mm enthält
2-D	Zweidimensional
3-D	Dreidimensional

E Literaturverzeichnis

[Abs09]   Dassault Systèmes SIMULIA

ABAQUS Schulungsunterlagen zur Schulung „Gummi- und Viskoelastizität mit ABAQUS basierend auf Version 6.8" der Dassault Systèmes SIMULIA, in Aachen vom 12./13. Februar 2009.

[AB6.10]   ABAQUS. Analysis Manual. 6.10.FE1, 2011.

[Alla88]   Allaei, D., Soedel, W., Yang, T.Y.

Vibration analysis of non-axisymmetric tires. In: Journal of Sound and Vibration, Nr. 122, Seiten 11-29, 1988.

[Ande05]   Andersson P.

Modelling Interfacial Details in Tyre/Road Contact – Adhesion Forces and Non-Linear Contact Stiffness. PhD Thesis, Department of Civil and Environmental Engineering, Division of Applied Acoustics, Vibroacoustic Group, Chalmers University of Technology, Göteborg, Sweden, 2005.

[Ande08]   Andersson, P.B.U., Kropp, W.

Time domain contact model for tyre/road interaction including nonlinear contact stiffness due to small-scale roughness. In: Journal of Sound and Vibration, Nr. 318, Seiten 296–312, 2008.

[AT6.10]   ABAQUS. Theory Manual. 6.10.FE1, 2011.

[Bach98]   Bachmann, T.

Wechselwirkungen im Prozess der Reibung zwischen Reifen und Fahrbahn. In: Fortschrittberichte VDI Reihe 12, Nr. 360, 1998.

[Bach99]   Bachmann, V.

Untersuchungen zum Einsatz von Reifensensoren im Pkw. VDI-Fortschrittsberichte, Reihe 12 Nr. 381, VDI-Verlag, Düsseldorf 1999.

[Bate02]   Batel, M.

Operational Modal Analysis – Another Way of Doing Modal Testing. Sound and Vibration Magazine, August, 2002.

[Bath72]   Bathe, K. J., Wilson, E. L.

              Large Eigenvalue Problems in Dynamic Analysis. In: Journal of
              Engineering Mechanics Division. In: Proceedings of the ASCE
              98, Seiten 1471–1485, 1972.

[Beck01]   Beckenbauer, T., Kuijpers, A.

              Prediction of pass-by levels depending on the road surface pa-
              rameters by means of a hybrid model. Proceedings of Inter Noi-
              se 2001. Netherlands, 2001.

[Beck08]   Beckenbauer, T.

              Physik der Reifen-Fahrbahn-Geräusche. Geräuschmindernde
              Fahrbahnbeläge in der Praxis. Lärmaktionsplanung 4. Informa-
              tionstag. Müller BBM, München, 2008.

[Bede09]   Bederna, C., Saemann, E.-U.

              Contributions to a better understanding of tire cavity noise.
              NAG/DAGA Rotterdam 2009.

[Bekk10]   Bekke, D.A., Wijnant, Y.H., Boer de, A.

              Experimental review on interior tire-road noise models. In: Inter-
              national Conference on Noise and Vibration Engineering, ISMA
              2010, 20.-22. September, Leuven, Belgium, 2010.

[Bell10]   Bella, D., Lindner, G.

              Tire Modeling for NVH Simulation using Properties Derived in
              Test. In: SIMVEC, Berechnung und Simulation im Fahrzeugbau
              2010, Baden-Baden, Deutschland, 16.-17. November, 2010.

[Berg05]   Bergström, J.

              Calculation of Prony Series Parameters From Dynamic Fre-
              quency Data. Abgerufen am 29.11.2011 von http://polymerfem.
              com/polymer_files/Prony _Series_Conversion.pdf, 2005.

[Benz08]   Benz, R.

              Fahrzeugsimulation zur Zuverlässigkeitsabsicherung von karos-
              seriefesten Kfz-Komponenten. Dissertation, Universität Karlsru-
              he (TH), 2008.

[Bode62]   Bode, G.

              Kräfte und Bewegungen unter rollenden Lastwagenreifen. In:
              ATZ Automobiltechnische Zeitschrift, Jahrgang 64, Nr. 10, Sei-
              ten 300 – 306, 1962.

[Boeh01]   Böhm, J.

              Der Payneeffekt: Interpretation und Anwendung in einem neuen
              Materialgesetz für Elastomere. Dissertation, Universität Re-
              gensburg, 2001.

[Bohn88]   Bohn, D. A.

Environmental Effects on the Speed of Sound. In: Journal of the Audio Engineering Society, Band 36, Nr.4, April 1988.

[Bouh96]   Bouhaddi, N., Fillod, R.

Modal reduction by a simplified variant of dynamic condensation. In: Journal of Sound and Vibration, 191(2), Seiten 233-250, 1996.

[Boul05]   Boulahbal, D., Pankau, J., Gauterin, F.

Sensitivity of Steering Wheel Nibble to Suspension Parameters, Tire Dynamics, and Brake Judder. In: In: SAE International, Technical Paper 2005-01-2316, SAE 2005 Noise and Vibration Conference and Exhibition Traverse City, Michigan, USA, 16. - 19. Mai, 2005.

[Brau69]   Braun, H.

Untersuchung von Fahrbahnunebenheiten und Anwendung der Ergebnisse. Dissertation Universität Braunschweig, Braunschweig, 1969.

[Brin07]   Brinkmeier, M.

Modellierung und Simulation der hochfrequenten Dynamik rollender Reifen. Universität Hannover, Institut für Baumechanik und Numerische Mechanik, Hannover, 2007

[Brinc01]   Brincker, R., Zhang, L., Andersen, P.

Modal identification of output-only systems using frequency domain decomposition. Institute of Physics Publishing, Smart Materials and Structures, Nr. 10, Seiten 441-445, 2001.

[Brinc07]   Brincker, R., Andersen, P., Jacobsen, N.-J.

Automated Frequency Domain Decomposition for Operational Modal Analysis. In: Proceedings of The 25th International Modal Analysis Conference (IMAC), Orlando, Florida, 2007.

[Bsch99]   Bschorr, O.

Leistungsverhältnis des in den Außen- und in den Torusraum abgestrahlten Reifenlärms. In: VDI-Berichte, Nr. 1494, Düsseldorf, 1999.

[Bsch01]   Bschorr, O.

Bestimmung des straßenbedingten Verkehrslärms durch Messung des Torusgeräuschs. In: VDI-Berichte, Nr. 1632, Düsseldorf, 2001.

[Burk97]   Burke, A. M., Olatunbosun, O. A.

Material Property Derivation for Finite Element Modelling of Tires. Präsentiert bei 16. Jährlichen Treffen der Tire Society, 18.-19. März, 1997.

[Brow81]   Browne A., Ludema, K. C., Clark S. K.

Contact between the tire and the roadway. In: Mechanics of pneumatic tires. Hrsg. S. K. Clark. US. Department of Transportation, National Highway Traffic Safety Administration, Washington, D.C., USA, 1981.

[Chal06]   Chalmers, Continental, UH, UNIVPM, CRF, BKSV

Silence – Improved rolling model and suggestions with design solutions for low noise tyres. Abgerufen am 18.11.2011 von http://www.silence-ip.org/site/fileadmin/SP_C/ SILENCE_CD1_1_.pdf, 2006

[Chen03]   Chengjian, F., Dihua, G.

Tire Modeling for Vertical Properties Including Enveloping Properties Using Experimental Modal Parameters. In: Vehicle System Dynamics, Band 40, Nr. 6, Seiten 419 – 433. 2003.

[Clar81]   Clark, S.K. (Hrsg.)

Mechanics of Pneumatic Tires. U.S. Department of Transportation, National Highway Traffic Safety Administration, Washington, D.C., USA, 1981.

[Crai68]   Craig, R.R. Jr., Bampton, M.C.C.

Coupling of substructures for dynamic analysis. In: American Institute of Aeronautics and Astroautics Journal, Band 6, Nr. 7, Seiten 1313-1319, 1968.

[Cunh06]   Cunha, A., Caetano, E., Magalhães, F., Moutinho, C.

From Input-Output to Output-Only Modal Identification of Civil Engineering Structures. F11 Selected Papers, SAMCO Final Report, 2006.

[Damm06]   Damme, S.

Zur Finite-Element-Modellierung des stationären Rollkontakts von Rad und Schiene. Dissertation. Institut für Mechanik und Flächentragwerke, Fakultät für Bauingenieurwesen der Technischen Universität Dresden, 2006.

[DeRo99]   De Roo F., Gerretsen, E., Hoffmans, W. G. J.

Dutch tyre-road noise emission model– adjustments and validation. Proceedings of Inter Noise, Fort Lauterdale, Florida, USA, 1999.

[Diec92]   Dieckmann, T.

Der Reifenschlupf als Indikator für das Kraftschlusspotential. Dissertation, Universität Hannover, 1992.

[Dods73]   Dods, C., Robsen, J.

The description of road surface roughness. Journal of Sound and Vibration, Nr. 31, Seiten 175-183, 1973.

[Donn05]   Donnet, J.-B., Custodero, E.

Reinforcement of Elastomers by particulate fillers. In: Science and Technology of Rubber. Elsevier Academic Press, 2005. Kramer O, Hvidt S, Ferry JD (1994) Dynamic mechanical properties. In: Mark J.E., Erman B., Eirich F.R. (Hrsg.) Science and technology of rubber, 3. Edition, Academy Press, San Diego, 1994.

[Dopo03]   Doporto, M., Mundl, R., Wies, B.

Zusammenwirken von Profil und Laufflächenmischung zur Erzielung eines optimalen Reifenverhaltens. In: ATZ Automobiltechnische Zeitschrift, Jahrgang 105, Nr. 3, Seiten 238 – 249, 2003.

[Dorf05]   Dorfi, H. R., Wheeler, R. L., Keum, B. B.

Vibration Modes of Radial Tires: Application to Non-rolling and Rolling Events. In: SAE International, SAE Noise and Vibration Conference, Traverse City, Michigan, USA, 2005.

[Doug09]   Douglas, R.A.

Tyre/road contact stresses measured and modeled in three coordinate directions. NZ Transport Agency research report 384, 2009.

[Douv06]   Douville, H., Masson, P., Berry, A.

On-resonance transmissibility methodology for quantifying the structure-borne road noise of an automobile suspension assembly. In: Journal of Applied Acoustics, Nr. 67, Seiten 358-382, 2006.

[Eich91]   Eichhorn, U., Roth, J.

Kraftschluss zwischen Reifen und Fahrbahn – Einflussgrößen und Erkennung. In: VDI Berichte, Nr. 916, Seiten 169-183, 1991.

[Eich94]   Eichhorn, U.

Reibwert zwischen Reifen und Fahrbahn – Einflussgrößen und Erkennung. VDI Fortschritt-Berichte, Reihe 12, Verkehrstechnik/ Fahrzeugtechnik, Nr. 222, Düsseldorf, VDI-Verlag, 1994.

[Eise08]   Eisele, G., Wolff, K., Dohm, M., Abtahi, R, Hüser, M.

             Optimierung des Fahrwerksgeräusches. In: ATZ Automobile-
             technische Zeitschrift, Jahrgang 110, Nr. 3, 2008.

[Endo84]   Endo, M., Hatamura, K., Sakata, M., Taniguchi, O.

             Flexural vibration of a thin rotating ring. In: Journal of Sound and
             Vibration, Band 92, Nr. 2, Seiten 261-272, 1984.

[Enge98]   Engel, H. G.

             Systemansatz zur Untersuchung von Wahrnehmung, Übertra-
             gung und Anregung bremserregter Lenkunruhe in Personen-
             kraftwagen. Fortschr.-Ber. VDI Reihe 12 Nr. 354, VDI Verlag,
             Düsseldorf, Deutschland, 1998.

[Ewin00]   Ewins, D.

             Modal Testing: Theory, Practice and Application. Research
             Studies Press LTD, Philadelphia, USA, 2000.

[Fach00]   Fach, M.

             Lokale Effekte der Reibung zwischen Pkw-Reifen und Fahr-
             bahn. VDI-Fortschrittsberichte, Reihe 12 Nr. 411, VDI-Verlag,
             Düsseldorf 2000.

[Fada02]   Fadavi, A.

             Modélisation numérique des vibrations d'un pneumatique et de
             la propagation du bruit de contact. PhD Thèse, École des Ponts
             Paris Tech, Frankreich, 2002.

[Fari92]   Faria, L. O., Oden, J. T. Yavari, B., Tworzydlo W. W., Bass, J.
             M., Becker E.B.

             Tire Modeling by Finite Elements. In: Tire Science and Technol-
             ogy, TSTCA, Band 20, Nr. 1, Januar – März, 1992.

[Feng09]   Feng, Z. C., Gu, P., Chen, Y., Li, Z.

             Modeling and Experimental Investigation of Tire Cavity Noise
             Generation Mechanisms for a rolling Tire. SAE International,
             Warrendale, USA, 2009.

[Fisc99]   Fischlein, H.

             Untersuchung des Fahrbahnoberflächeneinflusses auf das
             Kraftschlussver-halten von Pkw-Reifen. Dissertation, Institut für
             Produktentwicklung, Abteilung für Kraftfahrzeugbau, VDI Verlag
             GmbH, Karlsruhe, 1999.

[Frey95]   Frey, M., Gnadler, R., Günter, F.

             Untersuchung der Verlustleistung an PKW-Reifen. VDI Berichte
             1224, Reifen, Fahrwerk, Fahrbahn. VDI-Verlag, Düsseldorf,
             1995.

[Fris95]   Friswell, M.I., Mottershead, J.E.

Finite Element Model Updating in Structural Dynamics. Kluwer Academic Publishers, Dordrecht, Boston, London, 1995.

[Fuji11]   Fuji Film Corporation.

Produktinformation Prescale Films. [www.fujifilm.com/products/ prescale/prescalefilm; abgerufen am 10.03.2011]

[Gaeb09]   Gäbel, G. S.

Beobachtung und Modellierung lokaler Phänomene im Reifen-Fahrbahn-Kontakt. Dissertation, Institut für Dynamik und Schwingungen, Gottfried Wilhelm Leibnitz Universität Hannover, 2009.

[Gagl09]   Gagliano, C., Tondra, M., Fouts, B., Geluk, T.

Development of an Experimentally Derived Tire and Road Surface Model for Vehicle Interior Noise Prediction. In: SAE International, Paper Nr. 2009-01-0068, 2009.

[Gare11]   Gareis, B.

Parameteroptimierung der Steifigkeitskennwerte eines struktur-dynamischen Finite-Elemente-Modells rollender Reifen durch Model Updating. Unveröffentlichte Diplomarbeit am Lehrstuhl für Fahrzeugtechnik, Institut für Fahrzeugsystemtechnik, Karlsruher Institut für Technologie,, Karlsruhe, 2011.

[Gasc89]   Gasch, R., Knothe, K.

Strukturdynamik. Band 2: Kontinua und ihre Diskretisierung. Springer Verlag, Berlin, 1989.

[Gaut05]   Gauterin, F., Ropers, C.

Modal tyre models for road noise improvement. Vehicle System Dynamics, Band 43, Beiheft, Seiten 297-304, 2005.

[Gaut07]   Gauterin, F.

Fahrzeugkomfort und Akustik. Skript zur Vorlesung. Universität Karlsruhe (TH), 2007.

[Gaut08]   Gauterin, F., Grollius, S.

Reifen-Fahrbahn-Geräusche unter Antriebsmoment. Geräusch- und Schwingungskomfort von Kraftfahrzeugen, Haus der Technik, München, 27.-28.5.2008.

[Gaut09]   Gauterin ,F., Grollius, S., Braun, M.

Influence of Tangential Force, Wheel Load and Inflation Pressure on Tire Road Noise. 3rd Dresden Workshop Tires: Road and Vehicle Interaction8.5.2009.

[Gehm81]   Gehman, S. D.

Rubber structure and properties. In: Mechanics of pneumatic tires. Hrsg. S. K. Clark. US. Department of Transportation, National Highway Traffic Safety Administration, Washington, D.C., USA, 1981.

[Geng07]   Geng, Z., Popov, A.A., Cole, D.J.

Measurement, identification and modeling of damping in pneumatic tyres. In: International Journal of Mechanical Sciences, Band 49, Seiten 1077 – 1094, 2007.

[Gieß10]   Gießler, M., Gauterin, F., Wiese, K., Wies, B.

Thermal Imaging on the Force Transmission of Tyres on Winter Tracks under Laboratory Conditions. In 19th Aachener Kolloquium Fahrzeug- und Motorentechnik 2010, Aachen, Germany, 2010.

[Gimm05]   Gimmler, H., Ammon, D., Rauh, J.

Road Profiles: Mobile Measurement, Data Processing for Efficient Simulation and Assessment of Road Properties. VDI-Berichte Nr. 1912, Germany, 2005.

[Gips06]   Gipser, M.

Ftire, a Physically Based, Application-Oriented Tire Model for Use with Detailed MBS and FEM Suspension Models, www.ftire.com, 2006.

[Gips07]   Gipser, M.

FTire - the tire simulation model for all applications related to vehicle dynamics. In: Vehicle System Dynamics, Band 45, Nr.1, Seiten 139 – 151, 2007.

[Ghor06]   Ghoreishy, M. H. R.

Steady state rolling analysis of a radial tyre: comparison with experimental results. Proceedings of Institution of Mechanical Engineers, Part D: Journal of Automobile Engineering, Bd. 220, 2006.

[Gnad95]   Gnadler, R., Unrau, H.-J., Fischlein, H., Frey, M.

Ermittlung von µ-Schlupf-Kurven an Pkw-Reifen. FAT-Schriftenreihe Nr. 119, Forschungsvereinigung Automobiltechnik e.V., Frankfurt am Main, 1995.

[Grol09a]   Grollius, S.

Rollgeräusch – Reifenmodell. 4. Projektmeeting, Weissach, 2. April 2009.

[Grol09b]   Grollius, S.

Rollgeräusch – Reifenmodell.5. Projektmeeting, Sindelfingen, 22. Juli 2009.

[Grol11]   Grollius, S., Pfriem, M., Gauterin, F.

Development and Use of a Novel Tyre-road-obstacle Contact Force Measurement Method. Zur Veröffentlichung eingereicht bei: Proceedings of the Institution of Mechanical Engineers, Part D, Journal of Automobile Engineering, Dezember 2011.

[Grol12b]   Grollius, S., Schirmaier F., Gareis, B. Gauterin G.

Modeling the Gyroscopic Split of Eigenfrequencies due to Steady State Rolling in a Tire-Cavity-Wheel Substructure Model. Veröffentlichung geplant bei: Proceedings of the Institution of Mechanical Engineers, Part D, Journal of Automobile Engineering, Mai 2012.

[Grol12]   Grollius, S., Kühbauch, B., Gauterin, F.

Development of a 3D Road Texture Measurement Method as a First Step Towards Tyre Road Contact Simulation. Zur Veröffentlichung eingereicht bei: Proceedings of the Institution of Mechanical Engineers, Part D, Journal of Automobile Engineering, August 2011.

[Grom09]   Gromes, J.

Experimentelle Modalanalyse - Inbetriebnahme eines Modalanalyse-Prüfplatzes für Reifen. Unveröffentlichte Diplomarbeit am Lehrstuhl für Fahrzeugtechnik, Institut für Fahrzeugsystemtechnik, Karlsruher Institut für Technologie, Karlsruhe, 2009.

[GuMc09]   Gu, P., McKee, M.

An Innovative Method of Simulating Tire Non-Uniformity Forces for Vehicle Vibration Sensitivity Measurement. SAE 2009 Noise and Vibration Conference and Exhibition. SAE Technical Paper 2009-01-2086, 2009, doi:10.4271/2009-01-2086.

[Gund00]   Gunda, R., Gau, S., Dohrmann, C.

Analytical Model of Tire Cavity Resonance and Coupled Tire/Cavity Modal Model. In: Tire Science and Technology, TSTCA, Band 28, Nr. 1, Januar – März, 2000.

[Guya65]   Guyan, R.

Reduction of stiffness and mass matrices (simultaneous stiffness and nondiagonal mass matrix reduction in structural analysis). In: American Institute of Aeronautics and Astroautics Journal, Bd. 3, Nr. 2, Seite 380, 1965.

[Haer05]   Härtel, V., Wrana, C.

The dynamic response of tire compounds to monomodal and bimodal excitations, Workshop tires: trends and future perspectives, Dresden, 2005.

[Hame00]   Hamet, J.-F., Klein, P.

Road texture and tire noise. Proceedings of inter noise 2000, France. 2000.

[Have99]   Haverkamp, M.

Untersuchung der Hohlraumresonanz im Reifen durch Analyse der Energieübertragung. In: VDI-Berichte, Nr. 1494, Düsseldorf, 1999.

[Have04]   Haverkamp, M., Grochowicz, J., Marschner, H., Pankau, J., Rostek, M., Gauterin, F.

Bremsenknarzen: Phänomenologie & Abhilfe. In: ATZ Automobiltechnische Zeitschrift, Jahrgang 106, Nr. 7-8, 2004.

[Haya07]   Hayashi, T.

Experimental Analysis of Acoustic Coupling Vibration of Wheel and Suspension Vibration on Tire Cavity Resonance. In: SAE International, USA, 2007.

[HeFu01]   He J., Fu Z.-F.

Modal analysis. Butterworth Heinemann. Oxford 2001.

[Hein97]   Heinrich, G.

Struktur, Eigenschaften und Praxisverhalten von Gummi. Fortsetzung aus GAK 9/97, Seite 687 ff, 1997.

[Heim05]   Heimes T.

Finite Thermoinelastizität: Experimente, Materialmodellierung und Implementierung in die FEM am Beispiel einer technischen Gummimischung, Dissertation, Universität der Bundeswehr, München, 2005.

[Heiß08]   Heißing, B. Ersoy, M.

Fahrwerkhandbuch. Vieweg und Teubner, Wiesbaden, 2008.

[Herk08]   Herkt, S.

Model Reduction of Nonlinear Problems in Structural Mechanics: Towards a Finite Element Tyre Model for Multibody Simulation. Dissertation, Universität Kaiserslautern, 2008.

[Hint75]   Hintz, R.M.

Analytical methods in component mode synthesis. In: American Institute of Aeronautics and Astroautics Journal, Band 13, Nr. 8, Seiten 1007-1016, 1975.

[Hoep08]   Hoepke, E., Breuer, S.

Nutzfahrzeugtechnik. Grundlagen, Systeme, Komponenten. 5. Auflage. Vieweg + Teubner, GWV Fachverlage GmbH, Wiesbaden, 2008.

[Hoda11]   Hodapp, M.

Optimierung vereinfachter Schnittstellenmodelle eines Finite-Elemente-Modells mittels Parameterschätzverfahren. Unveröffentlichte Studienarbeit am Lehrstuhl für Fahrzeugtechnik, Institut für Fahrzeugsystemtechnik, Karlsruher Institut für Technologie, Karlsruhe, 2011.

[Hoef08]   Höfer, P., Lion, A.

Modeling of frequency- and amplitude-dependent material properties of filler-reinforced rubber. Journal of the Mechanics and Physics of Solids, doi: 10.1016/j.jmps.2008.11.004, 2008.

[Holz00]   Holzapfel, G. A.

Nonlinear Solid Mechanics – A Continuum Approach for Engineering. John Wiley & Sons Ltd., Chichester, England, 2000.

[Huan87a]   Huang, S. C., Soedel, W.

Effects of coriolis acceleration on the free and forced in-plane vibrations of rotating rings on elastic foundation. In: Journal of Sound and Vibration, Band 115, Nr. 2, Seiten 253-274, 1987.

[Huan87b]   Huang, S. C., Soedel, W.

Response of rotating rings to harmonic and periodic loading and comparison with the inverted problem. In: Journal of Sound and Vibration, Band 118, Nr. 2, Seiten 253-270, 1987.

[Hurt60]   Hurty, W. C.

Vibrations of Structural Systems by Component-Mode Synthesis. In: Journal of Engineering Mechanics (ASCE), Band 86, Nr. 4, Seiten 51-69, 1960.

[Hurt65]   Hurty, W. C.

Dynamic Analysis of Structural Systems using component modes. In: American Institute of Aeronautics and Astroautics Journal, Band 3, Nr.4, Seiten 678-685, 1965.

[Iron65]   Irons, B. M.

Structural eigenvalue problems elimination of unwanted variables. In: American Institute of Aeronautics and Astroautics Journal, Bd. 3, Nr. 2, Seiten 961-962, 1965.

[Isel09]   Isel. Produktinformation. www.isel-germany.de Abgerufen am 20.10.2009.

[Jaco07]   Jacobsen, N.-J., Andersen, P., Brincker, R.

Eliminating the Influence of Harmonic Components in Operational Modal Analysis. In: Proceedings of The 25th International Modal Analysis Conference (IMAC), Orlando, Florida, 2007.

[John85]   Johnson, K.L.

Contact Mechanics, Cambridge University Press, 1985.

[Kabe00]   Kabe, K., Koishi, M.

Tire Cornering Simulation Using Finite Element Analysis. Journal of Applied Polymer Science, Band 78, 2000.

[Kali97]   Kaliske, M., Rothert, H.

On the finite element implementation of rubber-like materials at finite strains. In: Engineering Computations 14, Nr. 2. Seiten 216-232, 1997.

[KaoK87]   Kao, B.G., Kuo, E. Y., Adelberg, M.L., Sundaram, S.V., Richards, T.R., Charek, L.T.

A New Tire Model for Vehicle NVH Analysis. In: SAE Technical Paper Nr. 870424, 1987, doi:10.4271/870424.

[Kind09]   Kindt, P.

Structure-Borne Tyre/Road Noise due to Road Surface Discontinuities. Dissertation, Katholieke Universiteit Leuven, Leuven (Heverlee), Belgien, 2009.

[Koeh02]   Köhne,S. H.

Messung der Kräfte und Bewegungen von profilierten Reifen in der Kontaktfläche auf einem Trommelprüfstand bei realen Geschwindigkeiten, Dissertation, Fakultät für Maschinenbau Universität Karlsruhe (TH), 2002.

[Kois98]   Koishi, M., Kabe, K., Shiratori, M.

Tire Cornering Simulation Using an Explicit Finite Element Analysis Code. In: Tire Science and Technology, TSTCA, Band 26, Nr. 2, April – Juni 1998.

[Kopr11]   Koprowski-Theiß, N.

Kompressible viskoelastische Werkstoffe: Experimente Modellierung und FE-Umsetzung, Dissertation, Naturwissenschaftlich-Technischen Fakultät III, Chemie, Pharmazie, Bio- und Werkstoffwissenschaften der Universität des Saarlandes, 2011.

[Kout09]   Koutsovasilis, P.

Model Order Reduction in Structural Mechanics. Dissertation, Institut für Bahnfahrzeuge und Bahntechnik, Fakultät Verkehrswissenschaften "Friedrich List", Technische Universität Dresden, 2009.

[Kram94]   Kramer, O., Hvidt, S., Ferry, J.D.

Dynamic Mechanical Properties. In: Science and Technology of Rubber. Elsevier Academic Press, 1994. Kramer O, Hvidt S, Ferry JD (1994) Dynamic mechanical properties. In: Mark JE, Erman B, Eirich FR (eds) Science and technology of rubber, 2nd edn. Academy Press, San Diego., 1994.

[Krau09]   Krauss, O.

Erprobung und Beurteilung von Komplettradsystemen zur Reduzierung des abrollbedingten Reifengeräuschs. Unveröffentlichte Diplomarbeit am Lehrstuhl für Fahrzeugtechnik, Institut für Fahrzeugtechnik und Mobile Arbeitsmaschinen, Karlsruher Institut für Technologie, Karlsruhe, 2009.

[Krau10]   Krauss, O., Gauterin, F., Klempau, F., Leister, G.

Cavity Noise of Passenger Car Tires – Influencing Factors and Optimization Measures. In: ATZlive (Veranst.): chassis.techplus 2010. München, 2010.

[Krop92]   Kropp, W.

Ein Modell zur Beschreibung des Rollgeräuschs eines unprofilierten Gürtelreifens auf rauher Straßenoberfläche. VDI Fortschritt-Berichte, Reihe 11: Schwingungstechnik, Nr. 166, 1992.

[Kueh09]   Kühbauch, B.

Texturvermessung und Beschreibung der Fahrbahn an einem Reifen-Innentrommel-Prüfstand. Unveröffentlichte Studienarbeit am Lehrstuhl für Fahrzeugtechnik, Institut für Fahrzeugtechnik und Mobile Arbeitsmaschinen, Karlsruher Institut für Technologie, Karlsruhe, 2009.

[Kumm64]   Kummer, H.W., Meyer, W.E.

Die Kraftübertragung zwischen Reifen und Fahrbahn. Automobiltechnische Zeitschrift 66, Band 9, 1964.

[Kumm66]   Kummer, H.W.

A unified theory of rubber and tyre friction. Pennsylvania State University, Research Bulletin B94, Juli 1966.

[Kung87]   Kung, L. E., Soedel, W., Yang, T.Y.

On the vibration transmission of a rolling tire on a suspension system due to periodic tread excitation. In: Journal of Sound and Vibration, Band 115, Nr. 1, Seiten 37-63, 1987.

[LeeS03]   Lee, J.-U., Suh, J.-K., Jeong, S.-K-., Kandarpa, S., Ahsan, A., Wolf, W. L.

Development of Input Loads for Road Noise Analysis. In: SAE International, Technical Paper Nr. 2003-01-1608, 2003.

[Leis09]   Leister, G.

Fahrzeugreifen und Fahrwerkentwicklung. Strategie, Methoden, Tools. Vieweg und Teubner, 1. Aufl., 2009.

[Lema98]   Lemaitre, J., Chaboche, J.-L.

Mechanics of Solid Materials. Cambridge University Press, 1998.

[Lion00]   Lion, A.

Thermomechanik von Elastomeren, Bericht Nr. 1/2000 des Instituts für Mechanik, Universität Kassel, Habilitationsschrift, 2000. [http://kobra.bibliothek.uni-kassel.de/handle/urn:nbn:de:hebis: 34-2007092619247, abgerufen am 31.03.2010]

[Lion03]   Lion, A., Kardelky, C., Haupt, P.

On the frequency and amplitude dependence of the Payne effect: theory and experiments. Rubber Chemistry Technology, Band 76, Seiten 533 -547, Hrsg. American Chemical Society, Akron, OH, USA. 2003.

[Lion04]   Lion, A., Kardelky, C.

The Payne effect in finite viscoelasticity: constitutive modeling based on fractional derivatives and intrinsic time scales. In: International Journal of Plasticity, 20, Seiten 1313-1345, 2004.

[Lion06]   Lion, A.

Dynamische Modellierung von elastomeren Bauteilen. Forschungsbericht 2002-2006 der Universität der Bundeswehr, München, 2006 [http://forschu ng.unibw-muenchen.de/berichte/ 2006/d9lrahfzfsqeqameyazccymtjxix3c.pdf, abgerufen am 31.03.2010]

[Lipp74]   Lippmann, S.A., Oblizajek, K.L.

The Distribution of Stress Between the Tread and the Road for Freely Rolling Tires. SAE Paper Nr. 740072, 1974.

[Lope07]   Lopez, I., Blom, R.E.A., Roozen, N.B., Nijmeijera H.

Modeling vibrations on deformed rolling tyres - a modal approach. In: Journal of Sound and Vibration, Band 307, Seiten 481 – 494, 2007.

[Ludw98]   Ludwig, D.

Untersuchungen zur Profilelementverformung von Pkw-Reifen auf realer Fahrbahn bei Geradeausfahrt unter besonderer Berücksichtigung von Verschleiß und Reibwert. VDI-Fortschrittsberichte, Reihe 12 Nr. 363, VDI-Verlag, Düsseldorf 1998.

[Lupk03]   Lupker, H.

Tyre and road wear prediction. In: VDI-Berichte, Nr. 1791, Seiten 119 – 136, 2003.

[MacN71]   MacNeal, R.H.

A hybrid method of component mode synthesis. In: Computers and Structures, Band 1, Nr. 4, Seiten 581-601, 1971.

[Maju07]   Majumdar, P. K., Liu, Z,. Lesko, J.J., Cousins, T.

Analysis of Cellular FRP Composite Bridge Deck Utilizing Conformable Tire Patch Loading. In: Composites and Polycon 2007, American Composites Manufracturers Association. Tampa, USA, 2007.

[Manc97]   Mancosu, F., Matrascia, G., Cheli, F.

Techniques for Determining the Parameters of a Two-Dimensional Tire Model fort the Study of Ride Comfort. In: Tire Science and Technology, Band 25, Nr. 3, Seiten 187 – 213, 1997.

[Manc98]   Mancosu, F., Da Re, D.

Non-linear Modal Rolling Tyre Model For Dynamic Simulation With Adams. In: European Adams Users´ Conference, Paris, 1998.

[Mart01]   Martin, O.

Verbesserung von Finite-Element-Modellen komplexer Bauteile mit Hilfe gemessener modaler Größen. VDI-Verlag, Düsseldorf, 2001.

[Mats98]   Matschinsky, W.

Radführungen der Straßenfahrzeuge. Springer Verlag, Berlin, Heidelberg, 1998.

[Mich05r]   Société de Technologie Michelin.

Der Reifen. Rollwiderstand und Kraftstoffersparnis. Reifenwerke KgaA, 1. Deutsche Auflage, Karlsruhe, 2005.

[Mich05k]   Société de Technologie Michelin.

Der Reifen. Komfort – mechanisch und akustisch. Hrsg. Michelin Reifenwerke KgaA, 1. Deutsche Auflage, Karlsruhe, 2005.

[Moha03]   Mohanty, P., Rixen, D.J.

Modifying the era identification for operational modal analysis in the presence of harmonic perturbations. 16. ASCE Engineering Mechanics Conference, 16.-18. Juli 2003. Universität Washington, Seattle, 2003.

[Mold10]   Moldenhauer, P.

Modellierung und Simulation der Dynamik und des Kontakts von Reifenprofilblöcken. Dissertation, Technischen Universität Bergakademie Freiberg, 2010.

[Moli03]   Molisani L.R., Burdisso R.A., Tsihlas, D.

A coupled tire structure/acoustic cavity model. In: International Journal of Solids and Structures, Band 40, Seiten 5125 – 5138, 2003.

[Nack93]   Nackenhorst, U.

On the finite element analysis of steady state rolling contact. In M.H. Aliabadi and C. A. Brebbia, editors, Contact Mechanics – Computational Techniques, Seiten 53-60, Computational Mechanics Publication, Southampton, Bosten, 1993.

[Nack00]   Nackenhorst, U.

Rollkontaktdynamik, Numerische Analyse der Dynamik rollender Körper mit der Finite Elemente Methode, Institut für Mechanik, Universität der Bundeswehr Hamburg, Habilitation, 2000.

[Nack04]   Nackenhorst, U.

The ALE-formulation of bodies in rolling contact – Theoretical foundations and finite element approach. Computer Methods in Applied Mechanics and Engineering, Nr. 193, Seiten 4299-4322, 2004.

[Nack08]   Nackenhorst, U., Brinkmeier, M.

On the dynamics of rotating and rolling structures. In: Archive of Applied Mechanics, Band 78, Nr. 6, Seiten 477-488, 2008.

[Newm73]   Newman, M., Pipano, A.

Fast Modal Extraction in NASTRAN via the FEER Computer Program. NASA TM X-2893, 2nd NASTRAN Users Symposium Langley, Seiten 485-506, VA, USA, 1973.

[Oden86]   Oden, J. T., Lin, T.L.

On the general rolling contact problem for finite deformations of a viscoelastic cylinder. In: Computer Methods in Applied Mechanics and Engineering, Band 57, Nr. 3, Seiten 297-367, ISSN 0045-7825, 1986.

[Oert99]   Oertel, C., Fandre, A.

Ride Comfort Simulations and Steps Towards Life Time Calculations. In: International ADAMS Users' Conference, Berlin, Germany, 1999.

[Ohta00]   Ohta, H., Hayashi, E.

Vibration of linear guideway type recirculating linear ball bearings. In: Journal of Sound and Vibration, Band 235, Nr. 5, Seiten 847-861, 2000.

[Olat02]   Olatunbosun, O. A., Burke, A. M.

Finite Element Modeling of Rotating Tires in the Time Domain. In: Tire Science and Technology, TSTCA, Band 30, Nr. 1, Januar-März, 2002.

[Olat04]   Olatunbosun, O. A., Bolarinwa, O.

FE Simulation of the Effect of Tire Design Parameters on Lateral Forces and Moments. Tire Science and Technology, TSTCA, Band 32, Nr. 3, Juli – September, 2004.

[Oost97]   Oosten, J.J.M., Unrau, H.-J., Riedel, A., Bakker, E.

TYDEX Workshop: Standardization of Data Exchange in Tyre Testing and Tyre Modeling. In: Vehicle System Dynamics Supplement 27. Seiten 272-288, 1997.

[Parl80]   Parlett, B. N.

The Symmetric Eigenvalue Problem. Prentice-Hall, Englewood Cliffs, New Jersey, 1980.

[Payn60]   Payne, A.

A note on the existence of a yield point on the dynamic modulus of loaded vulcanisates. Journal of applied Polymer Science, Bd. 3, Seiten 127 ff., 1960.

[Pesc90]   Peschel, W.

Modalanalyse im Reifenbau. Technische Universität Wien, Institut für Maschinendynamik, Wien, Österreich, 1990.

[Pfri10]   Pfriem, M.

Einführung eines innovativen Messsystems zur Erfassung der Anregung von PKW-Reifen durch die Fahrbahn. Unveröffentlichte Diplomarbeit am Lehrstuhl für Fahrzeugtechnik, Institut für Fahrzeugsystemtechnik, Karlsruher Institut für Technologie, Karlsruhe, Oktober, 2010.

[Popo09]   Popov, V.

Kontaktmechanik und Reibung. Springer-Verlag. Berlin, 2009.

[QuZ04]   Qu, Z.-Q.

Model order reduction techniques: with applications in finite element analysis. Springer, London, Großbritannien, 2004.

[Raok03]   Rao, K. V. N., Kumar, R. K., Bohara, P. C.

Transient Finite Element Analysis of Tire Dynamic Behaviour. In: Tire Science and Technology, TSTCA, Band31, Nr. 2, Seiten 104-127, April – Juni, 2003.

[Raok07]   Rao, K. V. N., Kumar, R. K.

Simulation of Tire Dynamic Behavior Using Various Finite Element Techniques. In: International Journal of Computational Methods in Engineering Science and Mechanics, Nr. 8, Seiten 363 – 372, 2007.

[Reim88]   Reimpell, J., Sponagel, P.

Fahrwerktechnik: Reifen und Räder. Hrsg. J. Reimpell. 2. überarbeitete Auflage, Vogel-Buchverlag Würzburg, 1988.

[Reim01]   Reimpell, J., Stoll, H., Betzler, J.W.

The automotive chassis. Engineering Principles. SAE International and Edward Arnold Publishing/Bookpoint, 2. Aufl., 2001.

[Renk01]   Renken, P.

Beitrag der Fahrbahnoberfläche aus Asphalt zur Erhöhung der Fahrsicherheit, des Fahrkomforts und der Verringerung der Geräuschemissionen. In: VDI-Berichte Nr. 1632, Düsseldorf, Seite 91 ff., 2001.

[Rieg08]   Riegel, M., Wiedemann, J.

Messung des Reifen-Fahrbahn-Geräusches im Innenraum eines Pkw. In: ATZ Automobiltechnische Zeitschrift, Jahrgang 110, Nr. 09, 2008.

[Rich90]   Richards, T.L.

Finite Element Analysis of structural-acoustic coupling in tires. In: Journal of Sound and Vibration Band 149, Nr.2, Seiten 235 – 243, 1990.

[Rich86]   Richards, T. R., Charek, L. T., Scavuzzo, R. W.

The effects of Spindle and Patch Boundary Conditions on Tires Vibration Modes. SAE Paper Nr. 860243, 1986.

[Rich11]   Richter, S., Kreyenschulte,H., Saphiannikova,M., Götze,T., Heinrich, G.

Studies of the so-called jamming phenomenon in filled rubbers using dynamical-mechanical experiments. In: Macromolecular Symposium, Seiten 141-149, 2011.

[Rodr98]   Rodrigues-Ferran, A., Casadei, F., Huerta, A.

ALE stress update for transient and quasistatic processes. In: International Journal of Numerical Methods in Engineering, Nr. 34, Seiten 241-262, 1998.

[Rope05]   Ropers, C.

Untersuchung der Reifenschwingung bei Überfahrt von Einzel-hindernissen. In: VDI-Berichte, Nr. 1912, Seiten 387 ff., Düssel-dorf, 2005.

[Roth93]   Roth, J.

Untersuchung zur Kraftübertragung zwischen PKW-Reifen und Fahrbahn unter besonderer Berücksichtigung der Kraft-schlusserkennung im rotierenden Rad. VDI-Fortschrittsberichte, Reihe 12, Nr. 195, VDI-Verlag, Düsseldorf, 1993.

[Rubi75]   Rubin, S.

Improved component-mode representation for structural dynam-ics analysis. In: American Institute of Aeronautics and Astro-nautics Journal, Band 13, Nr. 8, Seiten 995-1006, 1975.

[Saka90]   Sakata, T., Morimura, H., Ide, H.

Effects of Tire Cavity Resonance on Vehicle Road Noise. Tire Science and Technology, TSTCA, Band 18, Nr. 2, April – Juni, 1990.

[Sand02]   Sandberg, U., Ejsmont, J. A.

Tyre/Road Noise Reference Book. INFORMEX, SE-59040 Kisa, Sweden, 2002.

[Scav94]   Scavuzzo, R. W., Charek, L. T. Sandy, P. N.

Influence of Wheel Resonance on Tire Acoustic Cavity Noise. SAE Paper Nr. 940533, SAE International, Warrendale, USA, 1994.

[Schi08]   Schilders, W. H. A., van der Vorst, H. A., Rommers, J.

Model Order Reduction: Theory, Research Aspects and Appli-cations. Berlin, Heidelberg [u.a.], Springer Verlag, 2008.

[Schi10]   Schirmaier, F.

Kopplung reduzierter Modelle rotierender Systeme am Beispiel des Systems Reifen / Kavität / Felge. Unveröffentlichte Diplomarbeit am Lehrstuhl für Fahrzeugtechnik, Institut für Fahrzeugsystemtechnik, Karlsruher Institut für Technologie, Karlsruhe, September, 2010.

[Schu05]   Schube, F.

Numerische Simulation der Beanspruchung von Abgassystemen durch Fahrbahnunebenheiten. In: MTZ, Nr. 11, Jahrgang 66, 2005.

[Schu81]   Schuring, D. J., Skinner, G. T., Rae, J.

Contained Air Flow in a Radial Tire. SAE Paper Nr. 810165, SAE International, Warrendale, USA, 1981.

[Sell08]   Sell, H., Ehrt, T., Meß, M.

Schwingungstechnisch optimierte Bauteile für das Fahrwerk. In: ATZ Automobiltechnische Zeitschrift, Jahrgang 110, Nr. 2, 2008.

[Seta03]   Seta, E., Kamegawa, T., Nakajima, Y.

Prediction of snow/tire interaction using explicit FEM and FVM. In: Tire Science and Technology, TSTCA, Band 31, Seiten 173 – 188, 2003.

[Shir00]   Shiraishi, M., Yoshinaga, H., Miyori, A., Takahashi, E.

Simulation of Dynamically Rolling Tire. In: Tire Science and Technology, TSTCA, Band 28, Nr. 4, Oktober – Dezember, 2000.

[Silb05]   Silber, G., Steinwender, F.

Bauteilberechnung und Optimierung mit der FEM: Materialtheorie, Anwendungen, Beispiele; mit 5 Tabellen und zahlreichen Beispielen. Teubner, Stuttgart, 1. Auflage, 2005.

[Skee05]   Skeen, M., Lucas, G., Forbes, G., Caresta, M.

Brüel & Kjær Pulse Labshop Primer. University of New South Wales, School of Mechanical and Manufacturing Engineering, 2005. [www.varg.unsw.edu.au, abgerufen am 15.07.2012].

[Stee11]   Steen, van der, R., Lopez, I., Nijmeijer, H.

Experimental and numerical study of friction and stiffness characteristics of small rolling tires. In: Tire Science and Technology, TSTCA, Band 39, Seiten 5 – 19, Nr. 1, Januar – März, 2011.

[Sven03]   Svendenius, J., Wittenmark, B.

Brush Tire Model with Increased Flexibility. In Proceedings of the European Control Conference Cambridge, UK, 2003.

[Thom08]   Thomaier, M.

Optimierung der NVH-Eigenschaften von Pkw-Fahrwerkstruk-
turen mittels Active-Vibration-Control. Dissertation, Technische
Universität Darmstadt, 2008.

[Thom95]   Thompson, J. K.

Plane Wave Resonance in the Tire Air Cavity as a Vehicle Interior Noise Source. In: Tire Science and Technology, TSTCA,
Band 23, Seiten 2 – 10, Nr. 4, Januar – März, 1995.

[Tira08]   Tira Schwingtechnik.

Technische Dokumentation Schwingprüfanlage TV 51144.
Schalkau, 2008.

[Trab05]   Trabelsi, A.

Automotive Reibwertprognose zwischen Reifen und Fahrbahn.
In: Fortschritt Berichte VDI Reihe 12, Nr. 608, 2005.

[Trou02]   Troulis, M.

Übertragungsverhalten von Radaufhängungen für Personenwa-
gen im komfortrelevanten Frequenzbereich – Simulationsmodell, experimentelle Untersuchungen und Konzeption einer Prüfeinrichtung. Dissertation Universität Karlsruhe, ISBN 978-3-
8322-0850-9, Shaker Verlag, Aachen 2002.

[Tsuj05]   Tsujiuchi, N., Koizumi, T., Oshibuchi, A., Shima, I.

Rolling tire vibrations caused by road roughness. In: SAE International, Paper Nr. 2005-01-2524, SAE Noise and Vibration
Conference, Traverse City, Michigan, USA, 2005.

[Ushi88]   Ushijima, T. und Takayama, M.,

Modal Analysis of Tire and System Simulation. SAE Paper Nr.
880585, SAE International Congress and Exhibition, Detroit, MI,
USA, März 1988.

[Vels09]   Velske, S., Mentlein, H., Eymann, P.

Strassenbau, Strassenbautechnik. 6. Aufl., Werner Verlag, Köln,
2009.

[Vibr03]   Vibrant Technology Inc.

Me'scope VES 4.0 Operating Manual Vol.1 Tutorial, USA, 2003.

[Wall00]   Wallentowitz, H.

Vertikal-/Querdynamik von Kraftfahrzeugen. 4. Auflage, Schriftenreihe Automobiltechnik, Aachen, 2000.

[Walz05]   Walz, M.

Dynamisches Verhalten von gummi-gefederten Eisenbahnrä-
dern. Dissertation, Fakultät für Maschinenwesen, Technische
Hochschule Aachen, 2005.

[Webe10]   Weber, O.

Entwicklung einer Messeinrichtung zur punktuellen Kräfteerfas-
sung zwischen Reifen und Fahrbahn. Unveröffentlichte Diplomarbeit am Lehrstuhl für Fahrzeugtechnik, Institut für Fahrzeugsystemtechnik, Karlsruher Institut für Technologie, Karlsruhe,
2010.

[Whee05]   Wheeler, R.L., Dorfi, H.R., Keum, B.B.

Vibration Modes of Radial Tires: Measurement, Prediction, and
Categorization Under Different Boundary and Operating Conditions. In: SAE International, SAE 2005 Noise and Vibration Conference and Exhibition Traverse City, Michigan, USA, 16. -19.
Mai, 2005.

[Wieh05]   Wiehler, H.-G., Wellner, H.

Strassenbau – Konstruktion und Ausführung. 5. Auflage, Huss-
Medien GmbH, Verlag Bauwesen, Berlin, 2005.

[Will55]   Williams, M. L., Landel, R. F., Ferry, J. D.

The Temperature Dependence of Relaxation Mechanisms in
Amorphous Polymers and Other Glass-forming Liquids, In:
Journal of the American Chemical Society, 1955.

[Will03]   Willner, K.

Kontinuums- und Kontaktmechanik. Berlin, Heidelberg [u.a.],
Springer Verlag, 2003.

[Wran03]   Wrana, C., Fischer, C., Härtel, V.

Dynamische Messungen an gefüllten Elastomersystemen bei
mono- und bimodaler sinusförmiger Anregung. KGK Kautschuk
Gummi Kunststoffe 56. Jahrgang, Nr. 9, 2003.

[Wran08]   Wrana, C., Härtel, V.

Dynamic mechanical analysis of filled elastomers. KGK Kautschuk Gummi Kunststoffe 61. Jahrgang, Nr. 12, 2008.

[Wrig01]   Wriggers, P.

Nichtlineare Finite-Element-Methoden. Berlin, Heidelberg [u.a.],
Springer Verlag, 2001.

[YamG00] Yam, L. H., Guan, D. H., Zhang, A. Q.

Three-dimensional Mode Shapes of a Tire Using Experimental Modal Analysis. In: Experimental Mechanics, Band 40, Nr. 4, 2000.

[YooC05] Yoo, B. K., Chang, K.-J.

Road Noise Reduction Using a Source Decomposition and Noise Path Analysis. In: In: SAE International Nr. 2005-01-2502, SAE 2005 Noise and Vibration Conference and Exhibition Traverse City, Michigan, USA, 16.-19. Mai, 2005.

[Zege98] Zegelaar, P.W.A.

The dynamic response of tyres to brake torque variations and road unevennesses. PhD Thesis, Delft University of Technology, The Netherlands, 1998.

[Zehn83] Zehn, M.

Substruktur-Superelementtechnik für die Eigenschwingungsberechnung dreidimensionaler Modelle mit Hilfe der FEM. In: Technische Mechanik, Band 4, Nr. 4, 1983.

[Zell09] Zeller, P. (Hrsg.), Saemann, E.U.

Handbuch Fahrzeugakustik. Grundlagen, Auslegung, Berechnung, Versuch. Kapitel 11: Reifen-Fahrbahngeräusch, Vieweg und Teubner, Wiesbaden, 2009.

[Zhan98] Zhang, Y., Palmer, T., Farahani, A.

A Finite Element Tire Model and Vibration Analysis: A New Approach. In: Tire Science and Technology, TSTCA, Band 26, Nr. 3, Seiten 149-172, Juli-September, 1998.

[Zhan05] Zhang, L., Brincker, R. Andersen, P.

An Overview of Operational Modal Analysis: Major Development and Issues. In: Proceedings of the 1st International Operational Modal Analysis Conference (IOMAC), Copenhagen, Denmark, 2005.

[Zief08] Ziefle M., Nackenhorst, U.

Numerical techniques for rolling rubber wheels: treatment of inelastic material properties and frictional contact. In: Computational Mechanics, Band 42, Nr. 3, Seiten 337-356, 2008.

[D74361]   DIN 74361

Scheibenräder: Anschlußmaße, Befestigungsmuttern und – schrauben.

2008.

[I13473]   ISO 13473-1

Characterisation of pavement texture utilizing surface profiles – Part 1: Determination of mean profile depth. International Organisation for Standardisation (ISO), Genf, Schweiz, 1997.

[ETRTO]   European Tyre and Rim Technical Organisation

Standard Manual 2010. ETRTO, Avenue Brugmann, 32/2, 1060 Bruxelles. 2010.

Karlsruher Schriftenreihe Fahrzeugsystemtechnik
(ISSN 1869-6058)

Herausgeber: FAST Institut für Fahrzeugsystemtechnik

Die Bände sind unter www.ksp.kit.edu als PDF frei verfügbar
oder als Druckausgabe bestellbar.

Band 1 Urs Wiesel
 **Hybrides Lenksystem zur Kraftstoffeinsparung im schweren
 Nutzfahrzeug.** 2010
 ISBN 978-3-86644-456-0

Band 2 Andreas Huber
 **Ermittlung von prozessabhängigen Lastkollektiven eines
 hydrostatischen Fahrantriebsstrangs am Beispiel eines
 Teleskopladers.** 2010
 ISBN 978-3-86644-564-2

Band 3 Maurice Bliesener
 **Optimierung der Betriebsführung mobiler Arbeitsmaschinen.
 Ansatz für ein Gesamtmaschinenmanagement.** 2010
 ISBN 978-3-86644-536-9

Band 4 Manuel Boog
 **Steigerung der Verfügbarkeit mobiler Arbeitsmaschinen
 durch Betriebslasterfassung und Fehleridentifikation an
 hydrostatischen Verdrängereinheiten.** 2011
 ISBN 978-3-86644-600-7

Band 5 Christian Kraft
 **Gezielte Variation und Analyse des Fahrverhaltens von
 Kraftfahrzeugen mittels elektrischer Linearaktuatoren
 im Fahrwerksbereich.** 2011
 ISBN 978-3-86644-607-6

Band 6 Lars Völker
 **Untersuchung des Kommunikationsintervalls bei der
 gekoppelten Simulation.** 2011
 ISBN 978-3-86644-611-3

Band 7 3. Fachtagung
 **Hybridantriebe für mobile Arbeitsmaschinen.
 17. Februar 2011, Karlsruhe.** 2011
 ISBN 978-3-86644-599-4

Karlsruher Schriftenreihe Fahrzeugsystemtechnik
(ISSN 1869-6058)

Herausgeber: FAST Institut für Fahrzeugsystemtechnik

Karlsruher Schriftenreihe Fahrzeugsystemtechnik
(ISSN 1869-6058)

Herausgeber: FAST Institut für Fahrzeugsystemtechnik